KPMG AG Wirtschaftsprüfungsgesellschaft (Hrsg.) ·
Compliance Management im Wandel

Zusätzliche digitale Inhalte für Sie!

Zu diesem Buch stehen Ihnen kostenlos folgende digitale Inhalte zur Verfügung:

- Online-Version ✓
- Online-Training
- Aktualisierung im Internet
- Zusatz-Downloads
- App
- Digitale Lernkarten
- WissensCheck

Schalten Sie sich das Buch inklusive Mehrwert direkt frei.

Scannen Sie den QR-Code **oder** rufen Sie die Seite **www.nwb.de** auf. Geben Sie den Freischaltcode ein und folgen Sie dem Anmeldedialog. Fertig!

Ihr Freischaltcode

BIGY-BMJM-AKMB-XAUK-LVIN-IC

www.nwb.de

Compliance Management im Wandel

Ein Praxisleitfaden für die Einrichtung eines ganzheitlichen CMS

- CMS nach IDW PS 980
- Integration ausgewählter Teilrechtsgebiete in das CMS
- Praxishinweise

Herausgegeben von der

KPMG AG Wirtschaftsprüfungsgesellschaft

nwb

ISBN 978-3-482-**67691**-8

Satz: PMGi Agentur für intelligente Medien GmbH, Hamm
Druck: CPI books, Leck

GRUßWORT

Das Compliance Management System (CMS) ist und bleibt der wesentliche Treiber in der Diskussion rund um die gute Unternehmensführung (Corporate Governance). Die Frage, wie eine angemessene Aufbau- und Ablauforganisation geschaffen werden kann, die die relevanten rechtlichen Teilbereiche und die darin enthaltenen Risikoszenarien identifiziert und bewertet, um ausgehend von dieser Analyse geeignete und wirksame Compliance Maßnahmen einzurichten, ist für jedes Unternehmen hochgradig relevant. Es spielt keine Rolle mehr, ob es sich um börsennotierte Unternehmen oder Familienunternehmen handelt, die Regulatorik und die Anforderungen der internationalen Zusammenarbeit machen hier keine nennenswerten Unterschiede mehr.

Dabei geht es schon lange nicht mehr nur um Anti-Korruption oder Kartellrecht. Die anhaltende Diskussion um das Steuer IKS bzw. Tax CMS, die Datenschutzgrundverordnung, Geldwäsche- und Sanktionsanforderungen sind hinzugekommen. Die Herausforderung Produkte nachweislich nur in den Markt zu bringen, wenn Abgasvorschriften oder vereinfacht Produktqualitätsanforderungen eingehalten sind, erweitert wiederum das CMS. Und im Zuge der Nachhaltigkeitsinitiativen der UN und zuletzt verstärkt der EU rücken Menschenrechte, Umweltschutz und Arbeitssicherheit genauso in den Fokus des CMS, wie ein angemessenes Lieferkettenmanagement.

Mitten in der Coronakrise – am 21.4.2020 – hat das Bundesministerium der Justiz und für Verbraucherschutz (BMJV) den Referentenentwurf zum sog.Verbandssanktionengesetz (Gesetz zur Stärkung der Integrität in der Wirtschaft, VerSanG-E) veröffentlicht. Damit wird die Frage, ob ein CMS im Haftungsfall sanktionsmildernd wirken kann, voraussichtlich bejaht, ebenso wie die Anforderung, ein CMS einrichten zu müssen.

Die alles entscheidende Frage, wie das CMS nun einzurichten ist, bleibt hingegen gesetzlich unbeantwortet und somit Bestandteil der öffentlichen Diskussion. Das ist einerseits begrüßenswert, da so die individuelle Begebenheit des Unternehmens berücksichtigt werden kann. Gleichwohl gilt auch: Ein formell zugekauftes Compliance Programm bzw. ein Papiertiger, der weder akzeptiert noch gelebt wird, kann nicht als „angemessen" bewertet werden und wird voraussichtlich auch keine nennenswerte Sanktionsmilderung mit sich bringen.

Wie also geht das nun, ein „angemessen und wirksames CMS" einzurichten? Es gibt nicht das eine CMS, das standardisiert zu implementieren ist und zu jedem Unternehmen passt. Es darf erwartet werden, dass Unternehmen ihrer Sorgfaltspflicht zur CMS Einrichtung dahingehend nachkommen, dass sie sich mit den für ihr Unternehmen relevanten Themenfeldern und Szenarien auseinandersetzen und dies auch dokumentieren. Dazu gehört sicher auch, zu verstehen und zu bewerten, was die Branche jeweils macht, was als „good practice" oder best practice gilt. Die bestehenden Rahmenkonzepte des IDW PS 980, der ISO Norm 19600 und später ISO 37301 oder auch der Leitfaden des amerikanischen Department of Justice (DOJ) sollten hier eine sinnvolle Unterstützung sein.

Mit diesem Buch führen wir durch die bekannten Elemente des CMS und geben Hinweise darüber, wie das System angemessen aufgebaut werden kann und zwar im Hinblick auf eine etwaige Prüfung. Die Autoren sind allesamt seit vielen Jahren in der Compliance Beratung und Prüfung tätig und blicken auf eine Vielzahl an Prüfungen zurück.

Im ersten Teil beleuchten *Jan-Hendrik Gnändiger* und Kollegen den aktuellen Stand und die Entwicklung von Compliance Management in Deutschland in den letzten Jahren. Zudem wird die Prüfung nach IDW PS 980 dargestellt und die Vorgehensweise vom Readiness Check bis hin zur Wirksamkeitsprüfung beschrieben.

Im zweiten Teil führen die Hauptautoren *Verena Brandt*, *Marc Stauder* und *Jan-Hendrik Gnändiger* durch die Elemente des Prüfungsstandards und beschreiben hierzu die Good Practices im Compliance Management sowie die Erfahrungen aus der Praxis.

Der dritte Teil beschäftigt sich mit aktuellen Entwicklungen im Compliance Management. Das Thema e-Crime, welches in viele Compliance Bereiche hineinspielt, wird dabei von *Michael Sauermann* vorgestellt. *Stefan Otremba* betont in seinem Beitrag die Wichtigkeit der Kultur für das Thema Compliance und die Integration von Compliance und Integrität, welche in vielen Unternehmen zu beobachten ist. Im Kapitel Monitorship gibt *Verena Brandt* Einblicke in die Herausforderungen welche Unternehmen im Rahmen eines US Monitorship begegnen und geht hierbei auf die aktuellen Entwicklung in der US-Gesetzgebung ein, welche sich durch den aktuellen Leitfaden des DOJ ergeben haben. *Jan-Hendrik Gnädiger* gibt im Kapitel zum ISO 37001 Standard Einblicke in die ISO-Prüfung eines Anti-Korruption Managements und einen Ausblick auf den neuen ISO 37301 zur Zertifizierung von CMS.

Der vierte Teil des Buchs beschäftigt sich mit der erfolgreichen Integration weiterer Rechtsgebiete in das CMS nach der Prägung des IDW PS 980. Das Augenmerk liegt hierbei auf neuen Entwicklungen und neuen Themen für das Compliance Management. Aus diesem Grund beschreibt *Barbara Scheben* zunächst den Aufbau eines Datenschutz Managementsystem unter den Anforderungen der EU-DSGVO, wie sie seit Mai 2018 für Unternehmen, welche Daten in der EU bzw. von in der EU Ansässigen verarbeiten, gilt. In einem weiteren Kapitel geht sie dann auf das Thema Geldwäsche und die Umsetzung im CMS ein. Im Kapitel Tax Compliance veranschaulicht *Marc Stauder* die Integration von steuerrechtlichen Anforderungen in ein Compliance Management, wie dies inzwischen von den Verwaltungsbehörden gefordert und von den Unternehmen nachzuweisen ist. Im Anschluss wirft *Verena Brandt* mit Kollegen ein neues Licht auf das bekannte Thema Kartellrecht und stellt dies insbesondere in Bezug zu den aktuellen Entwicklungen des VerSanG-E. *Christian Hell* beschreibt die neuen Anforderungen an die Unternehmen hinsichtlich der CSR-Berichtspflichten, wie sie sich aus dem CSR-Richtlinienumsetzungsgesetz ergeben, und wie diese im Rahmen des Compliance Managements betrachtet werden können. Der Abschnitt IT-Compliance von *Guido Havers* und Kollegen beschäftigt sich mit den regulatorischen Anforderungen an die IT und wie diesen i. S. einer IT-Compliance organisatorisch und prozessual begegnet werden kann. *Gerd Krause* gibt Einblicke in eines der neuen Themenfelder im Compliance Management und beschäftigt sich im Kapitel Technical Compliance mit der Thematik, wie technische Anforderungen im Rahmen eines CMS betrachtet und wie Ansätze des Qualitätsmanagements damit verknüpft werden können. Im letzten Kapitel des Buchs wird ebenfalls durch *Gerd Krause* das Teilgebiet des Arbeitsschutzes betrachtet, welcher insbesondere durch die Entwicklungen im Rahmen der Corona-Pandemie noch weiter an Bedeutung gewonnen hat.

Ich danke den Autoren für ihre Arbeit an diesem Buch und wünsche allen Lesern einige neue Erkenntnisse beim Lesen und Erfolg bei der praktischen Umsetzung.

Köln, im August 2020

WP/StB Dipl.-Kfm. Dr. Jan-Hendrik Gnändiger

AUTORENVERZEICHNIS

WP/StB Verena Brandt

Claudia Dietrich

WP/StB Dr. Jan-Hendrik Gnändiger

WP Guido Havers

Christian Hell

Yann Paul Hengstenberg

Timo Herold

Maximilian Kirch

Katharina Kleff

Gerd Krause

Dr. Stefan Otremba

StB Julia Quade

RA Dr. Gerrit Rixen

Max Fabian Röhner

Carolin Sander

Michael Sauermann

RAin Barbara Scheben

Florentin Schlegel

RA Dr. Hannes Schwinn, Lic. en Droit (Lyon III)

WP/StB Marc Stauder

RA Timo Wiesch

INHALTSVERZEICHNIS

ABBILDUNGSVERZEICHNIS

TABELLENVERZEICHNIS

ABKÜRZUNGSVERZEICHNIS

A

a. F.	alte Fassung
AasS	Attack-as-a-Service
AG	Aktiengesellschaft
ASiG	Arbeitssicherheitsgesetz

B

BaFin	Bundesanstalt für Finanzdienstleistungsaufsicht
BB	Zeitschrift Betriebs-Berater
BCM	Business Continuity Management
BDSG	Bundesdatenschutzgesetz
BKA	Bundeskriminalamt
BMJV	Bundesministerium der Justiz und für Verbraucherschutz
BNP	Banque Nationale de Paris
BSI	Bundesamt für Sicherheit in der Informationstechnik
bspw.	beispielsweise

C

CB	Zeitschrift Compliance Berater
CCO	Chief Compliance Officer
CCZ	Corporate Compliance Zeitschrift
CERT	Computer Emergency Response Team
CMS	Compliance Management System
COSO	Commission of Sponsoring Organizations of the Treadway Commission
CPI	Corruption Perception Index
CRA	Compliance Risk Assessment

D

DB	Zeitschrift – Der Betrieb
DCGK	Deutscher Corporate Governance Kodex
DFSS	Design for Six Sigma
DGUV	Deutsche Gesetzliche Unfallversicherung
DICO	Deutsches Institut für Compliance e.V.
DOJ	Department of Justice
DoS	Denial of Service
DSGVO	Datenschutz-Grundverordnung (VO EU 2016/679)

DSMS	Datenschutz-Management-System
DStR	Zeitschrift Deutsches Steuerrecht

E

ECI	Ethics and Compliance Initiative
EU	Europäische Union
EWR	Europäischer Wirtschaftsraum

F

FCA	Financial Conduct Authority
FCPA	Foreign Corrupt Practices Act
FIU	Financial Intelligence Unit
FKVO	Fusionskontrollverordnung

G

GeschGehG	Gesetz zum Schutz von Geschäftsgeheimnissen
ggf.	gegebenenfalls
GmbHR	Zeitschrift GmbH-Rundschau
GRC	Corporate Governance, Risk Management und Compliance Management
GrCh	Charta der Grundrechte der Europäischen Union
GwG	Geldwäschegesetz

H

HSBC	Hongkong and Shanghai Banking Corporation

I

i. d. R.	in der Regel
i. H.	in Höhe
IBRD	International Bank for Reconstruction and Development
ICC	Internationale Handelskammer
IDA	International Development Association
IDW	Institut der Wirtschaftsprüfer in Deutschland
IKS	internes Kontrollsystem
IoT	Internet of Things
ISO	International Organization for Standardization
IT	Informationstechnologie

K

KI	Künstliche Intelligenz
KYC	Know-Your-Customer

M

M&A	Mergers & Acquisitions

N

NAP	Nationalen Aktionsplan für Wirtschaft und Menschenrechte
NZA	Neue Zeitschrift für Arbeitsrecht
NZG	Neue Zeitschrift für Gesellschaftsrecht

O

o. g.	oben genannt(e)
o. O.	ohne Ort/ohne Ortsangabe
o. S.	ohne Seitenangabe
OCEG	Open Compliance and Ethics Group
OFAC	U.S. Department of the Treasury's Office of Foreign Assets Control
OWiG	Gesetz über Ordnungswidrigkeiten

P

PEP	politisch exponierte Person
PKS	Polizeiliche Kriminalstatistik
ProdSG	Produktsicherheitsgesetz

R

RL	Richtlinie
RMS	Risikomanagement System
RPA	Robotic Process Automation

S

SCP	Compliance Sanctions Program
SDG	UN Sustainable Development Goals
SEC	Securities and Exchange Commission
SoC	Social Compliance
SOX	Sarbanes-Oxley Act
SteuK	Zeitschrift Steuerrecht kurzgefaßt

T

TKG	Telekommunikationsgesetz
TQM	Total Quality Management

U

u. U.	unter Umständen
Ubg	Zeitschrift – Die Unternehmensbesteuerung
UNCAC	UN Convention against Corruption
UTM	Unified Threat Management
UWG	Gesetz gegen den unlauteren Wettbewerb

V

VerSanG-E	Referentenentwurf Verbandssanktionengesetz
VO	Verordnung
VUKA	Volatilität, Unsicherheit, Komplexität und Ambiguität

W

WpDVerOV	Verordnung zur Konkretisierung der Verhaltensregeln und Organisationsanforderungen für Wertpapierdienstleistungsunternehmen
WpHG	Wertpapierhandelsgesetz

Z

z. B.	zum Beispiel
ZD	Zeitschrift für Datenschutz
ZGR	Zeitschrift für Unternehmens- und Gesellschaftsrecht
ZHR	Zeitschrift für das gesamte Handelsrecht und Wirtschaftsrecht
ZIP	Zeitschrift für Wirtschaftsrecht
ZRFC	Zeitschrift Risk, Fraud & Compliance
ZWH	Zeitschrift Wirtschaftsstrafrecht und Haftung im Unternehmen

I. Quo Vadis CMS

1. Aktueller Stand Compliance Management Systeme in Deutschland

WP/StB Dr. Jan-Hendrik Gnändiger und Timo Herold

In den 1980er Jahren häuften sich Fälle von Korruption und Insiderhandel in der amerikanischen Finanzbranche und da in dem Zusammenhang verhängte Bußgelder und Geldstrafen nicht die gewünschten Verhaltensänderungen bewirkten, wurden neue Wege beschritten. So ermöglichten die 1991 überarbeiteten *U. S. Federal Sentencing Guidelines* explizit ein vermindertes Strafmaß, für den Fall, dass beklagte Unternehmen interne Regelungen zur Prävention von Gesetzesverstößen implementieren, kommunizieren und überwachen.[1] Dadurch wurde der Grundstein für das Compliance Management System (CMS) gelegt.

Der aus dem angelsächsischen Sprachgebrauch übernommene Begriff Compliance stammt ursprünglich aus dem medizinischen Bereich. Eine gesetzliche Definition des Compliance-Begriffs hat in Deutschland bisher nicht stattgefunden und ist durch die Unterschiede des deutschen Rechtssystems zum amerikanischen, welchem die Unternehmenshaftung zugrunde liegt, auch nur eingeschränkt übertragbar.[2] Im betriebswirtschaftlichen und rechtswissenschaftlichen Kontext steht Compliance für die Regeltreue von Unternehmen und somit für die Einhaltung von Gesetzen, Richtlinien und freiwilligen Kodizes.[3] Der Deutsche Corporate Governance Kodex (DCGK) definiert Compliance als die in der Verantwortung des Vorstands liegende Einhaltung der gesetzlichen Bestimmungen und unternehmensinternen Richtlinien.[4] In manchem Unternehmen wird die Definition um die „freiwillige Selbstverpflichtung" ergänzt. Demzufolge ist das Compliance Management die Summe an Maßnahmen, welche dazu dienen, die auf Basis einer Risikoanalyse als notwendig identifizierte Regeleinhaltung (Compliance) sicherzustellen. Im Sinne eines angemessen eingerichteten und wirksamen CMS geht es auch darum, die Organisation und entsprechende Maßnahmen nachweisbar vorzuhalten.[5]

In den 1990er Jahren und zu Beginn der 2000er Jahre wurde das Compliance Management auch in Deutschland in Unternehmen eingeführt, jedoch blieb das systematische Betreiben eines CMS beschränkt auf wenige große oder durch spezialgesetzliche Vorschriften regulierte Unternehmen, wie bspw. in der Finanzbranche. Bei den Großunternehmen wurde dies maßgeblich durch ihre internationale Tätigkeit und den Bezug durch die USA getrieben.[6] Auch thematisch war der Begriff Compliance eingeschränkt auf die Rechtgebiete Anti-Korruption, Kartellrecht und in der Finanzbranche auch Insiderhandel und Geldwäsche. Eine flächendeckende Imple-

1 Vgl. *Geißler*, Harvard Business Manager 2/2004 S. 17.

2 Vgl. *Mittendorf*, Compliance Management System als Haftungsbegrenzungsinstrument in der mittelständischen Wirtschaft, Berlin 2017, Rz. 5–28 (5).

3 Vgl. *Hauschka/Moosmayer/Lösler*, 1. Einführung, in: Hauschka/Moosmayer/Lösler (Hrsg.), Corporate Compliance: Handbuch zur Haftungsvermeidung im Unternehmen, 3. Aufl. 2016, Rz. 1–85 (2).

4 Vgl. *BMJV*, Bekanntmachung des Deutschen Corporate Governance Kodex in der Fassung v. 24.6.2014 (BAnz AT 30.9.2014 B1, 4.1.3).

5 Vgl. *United States Sentencing Commission*, 2018 Guidelines Manual, § 8 B 2.1., S. 517 ff.

6 Vgl. *Labinsky*, Environmental Compliance: Eine rechtsvergleichende Untersuchung der Unternehmensorganisationspflichten in den USA und Deutschland mit Fokus auf dem Umweltrecht, 2019, S. 39.

mentierungswelle wurde gegen Ende der 2000er Jahre durch mehrere Unternehmensskandale ausgelöst. Inzwischen wurden entsprechende Systeme in fast allen deutschen Großunternehmen und in großen Teilen des Mittelstands eingeführt.[7]

Dies wurde begleitet durch die Entwicklung und Veröffentlichung entsprechender Rahmenwerke für die Prüfung bzw. Zertifizierung von CMS oder als Praxisleitfaden für die Implementierung. Im Jahr 2011 veröffentliche das Institut der Wirtschaftsprüfer in Deutschland (IDW) mit dem Prüfungsstandard 980 (IDW PS 980) „Grundsätze ordnungsmäßiger Prüfung von Compliance Management Systemen" ein Rahmenwerk für die Prüfung von CMS.[8] Dieses Rahmenwerk ist mit seinen sieben Grundelementen in Deutschland nach wie vor die Basis für Compliance Management. Im gleichen Jahr veröffentlichte der TÜV Rheinland mit dem TR CMS 101:2011 „Standard für Compliance Management Systeme" ebenfalls ein Rahmenwerk für die Prüfung bzw. Zertifizierung. Dieser wurde 2015 durch eine neue Fassung „Standard für Compliance-Management-Systeme" (TR CMS 101:2015) abgelöst und um den Compliance-Leitfaden (TR CMS 100:2015) ergänzt.[9]

Auch auf internationaler Ebene wurde durch die Internationale Organisation für Normung (ISO) im Jahr 2014 ein Standard mit Empfehlungen und Umsetzungsbeispielen veröffentlicht. Der ISO 19600:2014 „Compliance Management Systeme" stellt dabei eine Grundnorm für CMS dar und basiert auf Vorläufern aus Australien und Österreich.[10] Beim ISO 19600 handelt es sich um einen Einrichtungsstandard, bei dem kein Zertifikat ausgestellt wird. Eine Bescheinigung über die Einhaltung der aufgeführten Leitlinien lässt sich aber bspw. im Rahmen einer IDW PS 980 Prüfung oder nach ISAE 3000 (International Standard on Assurance Engagements von der International Federation of Accountants (IFAC)) erteilen. Mit dem ISO 37001:2016 „Anti-bribery management systems" wurde durch die ISO ein weiterer Standard für das Spezialgebiet Anti-Korruption veröffentlicht. Dieser wird insbesondere von international tätigen Unternehmen dafür genutzt ihr Anti-Korruptions-Managementsystem zu implementieren und zunehmend auch danach zu zertifizieren. Für 2021 ist mit dem ISO 37301 die Zertifizierung des gesamten CMS nach ISO Standard voraussichtlich möglich. Und der am 21.4.2020 durch das Bundesministerium der Justiz und für Verbraucherschutz (BMJV) veröffentlichte Referentenentwurf zum viel diskutierten sog. Verbandssanktionengesetz (Gesetz zur Stärkung der Integrität in der Wirtschaft, VerSanG-E) bringt eine weitere Dynamik in das Thema.

Allerdings sind CMS in deutschen Unternehmen nicht mehr auf das Thema Anti-Korruption beschränkt. Durch die zunehmende Regulierung und die Forderung nach entsprechenden Systemen rücken stetig weitere Rechtsgebiete bei den Unternehmen in den Fokus. Im Anwendungserlass (AEAO) zu § 153 AO im Jahr 2016 hat das Bundesministerium der Finanzen zur Abgrenzung von Berichtigungs- und Selbstanzeigen Stellung genommen und hier verlautbart, dass wenn der Steuerpflichtige ein innerbetriebliches Kontrollsystem eingerichtet hat, dies gegen das Vorliegen eines Vorsatzes oder der Leichtfertigkeit sprechen kann. Das innerbetriebliche Kontrollsystem kann somit als Teilbereich eines CMS, welches grundsätzlich auf die Einhaltung steuerlicher Vorschriften gerichtet ist (Tax CMS) angesehen werden, welches bei Vorliegen ent-

7 Vgl. *Bussmann/Salvenmoser/Jeker*, CCZ 5/2016 S. 235–240.

8 Vgl. IDW PS 980, WPg Supplement 2/2011 S. 78 ff., FN-IDW 4/2011, S. 203 ff.

9 Vgl. *Schlegel*, Zeitschrift für Fraud, Risk & Compliance 2/2016 S. 55–62.

10 Vgl. *Fissenewert*, Praxishandbuch internationale Compliance-Management-Systeme, 2015, S. 53–54.

haftend wirkt.[11] Das IDW hat hierzu im Jahr 2016 einen Praxishinweis „Ausgestaltung und Prüfung eines Tax Compliance Management Systems gemäß IDW PS 980“ veröffentlicht. Aber auch das Thema Geldwäsche ist mit Novellierung des Geldwäschegesetzes (GwG) im Jahr 2017 und damit der Umsetzung der 4. EU-Geldwäscherichtlinie in nationales Recht ein neues Compliance Teilgebiet. Was zuvor nur ein branchenspezifisches Compliance-Gebiet für Unternehmen der Finanzbranche war wurde durch die erweiterte Verpflichtung der sog. Güterhändler zu einem relevanten Teilgebiet für viele Industrie- und Handelsunternehmen.[12] Eine weitere regulatorische Erweiterung des Compliance-Fokus ist in den vergangenen Jahren im Bereich des Datenschutzes zu beobachten. Dies wurde von dem Inkrafttreten der EU Datenschutz-Grundverordnung im Jahr 2018 getrieben. Hierdurch entstanden für die Unternehmen weitere Dokumentations- und insbesondere Rechenschaftspflichten, welche die Handhabung im Rahmen eines CMS notwendig machen.

Weitere regulatorische Treiber können in rechtsgebietsübergreifenden Leitlinien gesehen werden. Am 30.4.2019 hat das Department of Justice (DOJ) Criminal Division seine Richtlinien für Corporate-Compliance-Programme aktualisiert und diese umfassend erweitert. Die aktuellen DOJ-Richtlinien mit dem Titel „Evaluation of Corporate Compliance Programs“ erweitern die vorherige „Compliance Guidance 2017“ um das Doppelte. Darin formuliert das US-Justizministerium seine Erwartungen an die Gestaltung, die Umsetzung und die Wirksamkeit von Compliance Programmen. Hinzugekommen sind insgesamt 61 neue Faktoren, die sich über diese drei großen Themenbereiche erstrecken. Zwar ist die DOJ Guidance kein Gesetz mit unmittelbarer Rechtswirkung, bietet aber den Verfolgungsbehörden in den USA Leitlinien zur Beurteilung, ob Compliance Programme angemessen konzeptioniert und effektiv umgesetzt sind. Sie sollte auch von Nicht-US-Unternehmen für den Auf- und Ausbau ihrer Systeme genutzt werden, da aufgrund der extraterritorialen Wirkung des US-Strafrechts und der verhältnismäßig geringen Anforderungen, die eine Zuständigkeit der US-Verfolgungsbehörden begründen, auch deutsche Unternehmen in den Fokus geraten können. Durch seine Funktion als Bewertungshilfe für die Verfolgungsbehörden bei der Durchführung einer Investigation und bei Sanktionsentscheidungen gibt die DOJ Guidance somit Orientierung, welche Umstände sich schärfend oder mildernd auswirken.[13]

In eine ähnliche Richtung geht auch der Referentenentwurf des BMJV, VerSanG-E. Dieser sieht vor, dass Unternehmen im Falle von Straftaten drastischer und auf andere Art sanktioniert werden, als es bisher nach dem Gesetz über Ordnungswidrigkeiten (OWiG) der Fall war. Gleichzeitig werden Anreize geschaffen, damit Unternehmen kriminelles Verhalten bereits im Vorfeld verhindern und begangene Straftaten selbstständig aufklären. Auf Basis des VerSanG-E soll ein Unternehmen zukünftig für Verbandstaten, welche aus den Unternehmen heraus begangen wurden, sanktioniert werden, sofern es entweder durch die Tat bereichert werden sollte oder eine unternehmensbezogene Pflicht verletzt wurde. Dies kann erfolgen, wenn eine Leitungsperson in die Tat involviert ist oder wenn die Tat durch mangelhafte Aufsicht erleichtert worden ist. Damit stellt das VerSanG-E die bisherige Rechtspraxis in Deutschland auf eine neue Basis. Unternehmen müssen hierauf mit der Einrichtung bzw. Weiterentwicklung entsprechender Systeme rea-

11 Vgl. *Pielke*, Tax Compliance: Effektive Organisation der Einhaltung steuerlicher Pflichten, 2018, S. 5–10.
12 Vgl. *Euskirchen*, Geldwäscheprävention und Compliance Management Systeme, 2017, S. 8–9.
13 Vgl. *Federmann/Gnändiger/Scheben*, Zeitschrift für Fraud, Risk & Compliance 6/2019 S. 268–275.

gieren, denn das Vorliegen eines geeigneten CMS kann bereits dazu führen, dass die Voraussetzungen einer Sanktionierung nicht vorliegen. Sollte eine Verbandssanktion ausgesprochen werden, ist das Vorliegen eines geeigneten CMS maßgeblich für die Art und die Höhe dieser.

Doch nicht nur durch regulatorische Änderungen rücken Themen in den Fokus der öffentlichen Wahrnehmung. In der Automobilindustrie ist, ausgelöst durch den Diesel-Skandal, eine Erweiterung des Compliance Managements durch Produkt bzw. Technische Compliance zu beobachten. Dabei geht es um die organisierte Vermeidung des Inverkehrbringens von nicht sicheren Produkten, die klassische Produkthaftung, bzw. von Produkten, welche nicht den zugesagten Eigenschaften bzw. rechtlichen Vorschriften entsprechen. Dies wurde in der Vergangenheit oftmals im Rahmen des Qualitäts- oder auch des Umweltmanagements gehandhabt; dieses Thema rückt nun als neues Compliance Gebiet in das CMS.

Die Lieferkette wird ein weiterer Aspekt werden. Die Vereinten Nationen und vor allem die westliche Wertegemeinschaft rücken die Einhaltung von Menschenrechten, Umweltschutz und Arbeitssicherheit (Social Compliance) in den Fokus des CMS. Insbesondere aufgrund der Tatsache, dass das Supply Chain Management in einer eigenen Aufbau- und Ablauforganisation organisiert ist, wird die Integration der genannten Anforderungen eine interessante Aufgabe sein. Vereinfacht muss das Unternehmen sicherstellen, dass die Arbeitsteilung entlang der Lieferkette die entsprechenden Vorgaben einhält – das wird im Zuge der anhaltenden Globalisierung und Nutzung immer tiefergehenden Zuliefererpyramiden eine interessante Diskussion werden.

Der Erweiterung des Fokus der CMS durch weitere Rechtsgebiete steht in vielen Unternehmen die Frage nach einer Senkung der Kosten und Erhöhung der Effizienz der Systeme gegenüber. Hier ist das Spannungsfeld zwischen mehr oder gleichbleibender Sicherheit bei gleichzeitiger Reduktion des damit verbundenen Aufwands zu erfüllen, welchem sich viele Compliance Verantwortliche aktuell ausgesetzt sehen. Dies können Unternehmen nur durch die konsequente Integration neuer Themen in bestehende Systeme und durch Digitalisierung dieser erreichen. Neue Rechtsgebiete sollten soweit möglich in die bestehenden Prozesse und Organisation integriert sein. Hierdurch können Abläufe und Methoden sowie hierfür eingesetzte Softwarelösungen mehrfach genutzt werden und es lassen sich dadurch entsprechende Skaleneffekte realisieren. Zudem verhindert dies eine Mehrfachbelastung für die Fachbereiche, denn die wesentlichen Compliance Kosten entstehen oftmals nicht durch die direkten Kosten im Rahmen einer Compliance Organisation sondern durch die indirekten Kosten, welche durch die Teilnahme der Fachbereiche an den Compliance Prozessen entstehen. In einigen Unternehmen lässt sich dies bereits beobachten, bei denen in die bestehenden CMS, die ursprünglich auf Anti-Korruption und Kartellrecht ausgerichtet waren, bereits weitere Rechtsgebiete wie z. B. Datenschutz integriert wurden. In den meisten Unternehmen fand diese Integration bisher nicht statt und die einzelnen Rechtegebiete werden durch unterschiedliche Bereiche und Silos gesteuert. Die möglichen Synergieeffekte bleiben dadurch ungenutzt.

Zusätzlich besteht für Compliance Verantwortliche die Möglichkeit in die Digitalisierung ihrer Abläufe zu investieren und dadurch die Effizienz zu steigern. Die heutige Technik bietet hierzu unterschiedliche Möglichkeiten. In einem ersten Schritt können hierzu heute manuell durchgeführte Prozesse und Dokumentation in einer digitalen Lösung abgebildet werden. Zudem lassen sich einfache, repetitive Tätigkeiten durch Robotic Process Automation (RPA) entsprechend automatisieren. Dies kann z. B. durch einen einfachen regelbasierten Chat-Bot für einen Compliance Helpdesk realisiert werden. In einer nächsten Ausbaustufe kann dies durch Künstliche Intelligenz (KI) bzw. Machine Learning noch weiter vorangetrieben werden, so dass auch komplexere Vorgänge durch eine Maschine erledigt werden können. Auch der Einsatz von Data Analytics ist für Compliance Abteilungen denkbar, bspw. wenn es um die Geschäftspartner Due Diligence geht oder beim Aufdecken von Verstößen. Somit kann nicht nur die Effizienz, sondern auch die Effektivität der Systeme durch den Einsatz von Technologie erhöht werden. Auch hier ist gibt es einige Unternehmen, die in einzelnen Bereichen bereits in die Digitalisierung ihres CMS investiert haben, jedoch lässt sich auch hier sagen, dass der aktuelle Stand noch hinter den Möglichkeiten zurückbleibt.

Bei all den neuen technischen Möglichkeiten spielt aber weiterhin der Mensch die entscheidende Rolle für das Thema Compliance. Das DOJ betont hierbei insbesondere die Rolle der Kultur für die Wirksamkeit des Compliance Programms. Das Management sollte eine „Kultur der Ethik und Einhaltung der Gesetze" schaffen und fördern und dies durch das eigene Verhalten demonstrieren. Im Rahmen der Überwachung und Verbesserung sollen die Unternehmen die Compliance Kultur überprüfen und dies über alle Mitarbeiterebenen hinweg. Dies ist in Analogie zum PS 980, in welchem auch die Kultur als die Basis für das CMS definiert ist.[14] Diese Diskussion findet in Deutschland und Europa schon länger statt, aber die Entwicklung ist noch nicht abgeschlossen und die Unternehmen müssen auch in Zukunft noch stärker in die Förderung der Kultur investieren. Dies gelingt nicht durch detailliert ausgearbeitete und digitalisierte Compliance Maßnahmen, sondern durch adressatengerechte Kommunikation und Schulung sowie die Einbindung von Compliance in die operativen Geschäftsprozesse im Unternehmen. Dies kann wiederrum durch den Einsatz geeigneter Technologie erreicht bzw. verbessert werden.

Ein weiterer Aspekt zur Verbesserung der Compliance Kultur ist die ethische Dimension des Compliance Managements. Durch die Erweiterung von Compliance Management von einem rein auf die Einhaltung rechtlicher Vorschriften ausgerichteten hin zu einem wertebasierten Compliance Management, welches die Ziele und Erwartungen der Stakeholder in die Konzeption von Compliance integriert, lässt sich auch die Akzeptanz und das Bewusstsein bei den eigenen Mitarbeitern steigern.[15]

Compliance ist heute in den meisten Unternehmen eine fest verankerte Disziplin, die aber in der Vergangenheit und insbesondere in der Zukunft einem großen Wandel unterliegt. Unternehmen müssen sich ständig an das regulatorische Umfeld anpassen und für sich erkennen, welche rechtlichen Themenfelder für das Unternehmen entscheidend sind um diese durch geeignete Managementsysteme zu steuern und weiter in Compliance zu investieren. Dies gilt natürlich insbesondere für die Unternehmen, die bisher nicht oder nur wenig in Compliance investiert haben, denn es gilt noch mehr als früher der Ausspruch des ehemaligen US-Staatsanwalts *Paul McNulty*: *„If you think compliance is expansive, try non-compliance"*.

In wirtschaftlich schwieriger werden Zeiten müssen die Investitionen jedoch sinnvoll gewählt sein. Compliance Management muss dabei digitaler werden als dies bisher in den meisten Unternehmen der Fall ist; gleichzeitig müssen die einzelnen Systeme besser integriert werden, um den Anforderungen nach Effizienz aber auch Effektivität gerecht zu werden. Dazu müssen die Unternehmen konsequent ihre Prozesse auf solche Potentiale prüfen und hierbei sind Unterneh-

14 Vgl. ebenda.
15 Vgl. *Brendel/Herold/Schlegel*, CGO Magazin, Ausgabe 01/2020, S. 12–17.

men, die gerade erst in Compliance investieren im Vorteil, da sie keine Transformation auf eingetreten Pfaden beschreiten, sondern von Beginn an in effiziente Lösungen investieren. Ein lohnendes Investment ist in jedem Fall auch in Zukunft das Investment in den Menschen und die Kultur, denn bei allen neuen Themen und Technologien bleibt der Mensch am Ende der entscheidende Faktor für ein funktionierendes Compliance Management.

2. Was sind Readiness Check und Wirksamkeitsprüfung?

WP/StB Dr. Jan-Hendrik Gnändiger, Timo Herold und Florentin Schlegel

Eine CMS-Prüfung nach IDW PS980 kann anhand der folgenden drei Prüfungstypen durchgeführt werden:

- Konzeptionsprüfung
- Angemessenheitsprüfung
- Wirksamkeitsprüfung

Es gilt zu beachten, dass die drei Prüfungstypen inhaltlich aufeinander aufbauen und daher chronologisch nacheinander durchgeführt werden sollten. Die Bescheinigung eines CMS auf Wirksamkeit nach IDW PS980 hat die größte Aussagekraft, stellt aber zur gleichen Zeit auch den ressourcen- und zeitaufwendigsten Prüfungstypen dar. Im Rahmen einer Wirksamkeitsprüfung prüft der CMS-Prüfer die Annahmen der Konzeptions- und Angemessenheitsprüfung und bescheinigt darüber hinaus, ob die Compliance Grundsätze und Maßnahmen in einem bestimmten Zeitraum (dem Prüfungszeitraum) wirksam waren.

In der Praxis lässt sich schnell erkennen, dass unterschiedliche Unternehmen teilweise stark divergierenden Anforderungen an ein CMS stellen. So können Branchen, Unternehmensgrößen und Rechtsgebiete die Ausgestaltung eines CMS in unterschiedliche Richtungen beeinflussen. Für den Transfer der Prüfungsvorgaben des IDW PS980 auf das zu prüfende CMS bedarf es daher der Expertise und Erfahrung der beauftragten Wirtschaftsprüfungsgesellschaft. In der Regel bedarf der erfolgreiche Abschluss einer CMS-Prüfung nach IDW PS980 Anpassungen des bestehenden CMS.

Um einer Einschränkung oder gar Versagung der Bescheinigung entgegen zu wirken, sollten im Vorhinein der CMS-Prüfung grundlegende Vorbereitungen getroffen werden. Werden schwerwiegende Mängel in der Konzeption, Ausgestaltung oder Wirksamkeit einzelner Grundelemente des CMS erst im Rahmen der Prüfungsdurchführung festgestellt, so ergeben sich, entsprechend der Wesentlichkeit der entdeckten Mängel, zwangsläufig Feststellungen. Die Prüfungspraxis zeigt, dass zahlreiche Feststellungen durch eine sorgfältige Prüfungsvorbereitung im Vorhinein der Prüfungsdurchführung verhindert werden können.

Diese Prüfungsvorbereitung kann vom Unternehmen selbst oder mit der Unterstützung eines Beraters vorgenommen werden und sollte jedenfalls grundlegende Entscheidungen zum zu prüfenden Rechtsgebiet, der regionalen Abgrenzung und des Prüfungstyps inklusive der eventuellen Auswahl des Stichtags bzw. des Prüfungszeitraums umfassen. Zusätzlich sollte eine Bestandsaufnahme der Compliance-relevanten Systeme und Prozesse erfolgen und eine CMS-Beschreibung des zu prüfenden Teilrechtsgebiets angefertigt werden. Idealerweise beauftragt das Unternehmen den CMS-Prüfer zur Durchführung eines Readiness Checks, in welchem die Prüfbereitschaft des CMS festgestellt wird und notwendige Anpassungen des CMS rechtzeitig durchgeführt werden können.

2.1 Von der Prüfungsvorbereitung zum Readiness Check

Um die Prüfbereitschaft eines CMS sicherzustellen, sollten Unternehmen folgende Fragestellungen im Rahmen einer sorgfältigen Prüfungsvorbereitung beantworten:

2.1.1 Definition der zu prüfenden Teilrechtsgebiete

Grundsätzlich gilt: Unternehmen sollten die Einhaltungen aller gesetzlichen Vorgaben anstreben. Im Rahmen einer CMS-Prüfung ist es jedoch ratsam, diese auf ein rechtliches Teilgebiet einzuschränken; so sollte in einer Prüfung z. B. nur das CMS zum Thema Anti-Korruption geprüft werden. Ggf. können in weiteren CMS-Prüfungen Themen wie Datenschutz oder Menschenrechte untersucht werden. Auch wenn eine Prüfung des CMS ohne Beschränkung auf einzelne Teilrechtsgebiete theoretisch möglich ist, sollte dies aufgrund der Komplexität und Vielzahl an rechtlichen Vorgaben und entsprechenden Prüfungshandlungen jedenfalls vermieden werden. Eine Fokussierung auf einzelne Teilrechtsgebiete für eine CMS-Prüfung erhöht deren Ressourceneffizienz erheblich. Bei der Auswahl der Teilrechtsgebiete sollten Unternehmen risikoorientiert anhand der möglichen Konsequenzen von Verstößen (z. B. finanzielle Schäden, Reputation, etc.) vorgehen. Jene Teilrechtsgebiete mit den wesentlichsten negativen Konsequenzen sollten primär geprüft werden.

2.1.2 Regionale Abgrenzung

Neben der sachlichen Beschränkung auf ein definiertes Teilrechtsgebiet sollten Unternehmen auch die geographischen Gegebenheiten in Betracht ziehen. Ausländische Tochterunternehmen bzw. Niederlassungen unterliegen dem Rechtssystem des jeweiligen Sitzlandes. Dieses kann mitunter von dem Rechtssystem des Sitzlandes des Mutterunternehmens erheblich abweichen. Grundsätzlich gilt auch diesbezüglich: Unternehmen sollten die Einhaltung aller lokalen gesetzlichen Vorgaben anstreben und sich diese auch im CMS widerspiegeln. Je nach Bedeutung des zu prüfenden Teilrechtsgebiets in den ausländischen Tochterunternehmen muss definiert werden, welche Regionen in die CMS-Prüfung miteinbezogen bzw. ausgeschlossen werden sollen.

2.1.3 Auswahl des Prüfungstyps

Je nach Motivation des beauftragenden Unternehmens und Entwicklungsstand des CMS muss vorab festgelegt werden, welche Art der CMS-Prüfung erfolgen soll. Der IDW PS 980 sieht folgende Prüfungstypen vor:

Die **Konzeptionsprüfung** beurteilt, ob die Aussagen der CMS-Beschreibung angemessen dargestellt sind, ob sie auf sämtliche Grundelemente eines CMS eingehen und ob sie keine wesentlichen falschen Angaben und keine unangemessenen Verallgemeinerungen oder unausgewogenen und verzerrenden Darstellungen enthalten.

Die **Angemessenheitsprüfung** beurteilt, ob die Grundsätze und Maßnahmen des CMS geeignet sind, mit hinreichender Sicherheit sowohl Risiken für wesentliche Regelverstöße rechtzeitig zu erkennen als auch solche Regelverstöße zu verhindern und ob diese Grundsätze und Maßnahmen implementiert sind. Die Angemessenheitsprüfung bezieht sich immer auf einen zu definierenden Stichtag. Alles Prüfungshandlungen beziehen sich auf den Stand des CMS zu dem gewählten Stichtag.

Die **Wirksamkeitsprüfung** untersucht, ob die Grundsätze und Maßnahmen in den laufenden Geschäftsprozessen von den hiervon Betroffenen nach Maßgabe ihrer Verantwortlichkeit zur Kenntnis genommen und beachtet werden. Sie bezieht sich dabei immer auf einen Prüfungszeitraum, der mindestens sechs Monate betragen soll. Bezogen auf diesen Zeitraum werden die Prüfungshandlungen durchgeführt.

Da sich die einzelnen Prüfungstypen in dem Umfang der durchzuführenden Prüfungshandlungen und Aussagekraft einer möglichen Bescheinigung unterscheiden, kommt der Wahl des Prüfungstyps große Bedeutung zu. Die Prüfungstypen können einzeln beauftragt werden, wobei die Prüfungen aufeinander aufbauen, so dass eine Wirksamkeitsprüfung eine Konzeptions- und Angemessenheitsprüfung einschließt. Idealerweise erfolgt im ersten Schritt die Konzeptionsprüfung, darauf aufbauend die Angemessenheitsprüfung und zum Schluss die Wirksamkeitsprüfung. Für eine fortwährende Sicherstellung eines wirksamen CMS empfiehlt es sich, die Wirksamkeitsprüfung im Abstand von drei Jahren zu wiederholen.

2.1.4 Bestandsaufnahmen bestehender Compliance-Komponenten

In aller Regel bestehen in Unternehmen bereits Vorgaben zu einzelnen Compliance-Komponenten – bspw. zu Berechtigungskonzepten, Unterschriftenregelungen, Richtlinien oder Sanktionierungen. Im Rahmen der Prüfungsvorbereitung empfiehlt es sich, all diese bereits bestehenden Prozesse oder Systeme systematisch in ein Inventar aufzunehmen. Um die spätere CMS-Prüfung möglichst effizient zu halten, sollten die einzelnen Compliance-Komponenten der Struktur der sieben Grundelemente des IDW PS 980 folgen. Bei der Bestandsaufnahme müssen die je nach definiertem Teilrechtsgebiet am stärksten betroffenen Abteilungen direkt miteinbezogen werden. So kommt bspw. der IT-Abteilung im Rahmen einer CMS-Prüfung zum Thema Datenschutz erhöhte Bedeutung in der Bestandsaufnahme bestehender Systeme und Prozesse zu.

Nur auf Grundlage der durchgeführten Inventarisierung der vorhandenen CMS-Elemente kann abgeleitet werden, in welchem Entwicklungsstadium sich das CMS befindet und in welchen Bereichen eine Prüfung sinnvoll ist.

2.1.5 Erstellen einer CMS-Beschreibung

Eine CMS-Prüfung gem. IDW PS 980 ist grundsätzlich eine Systemprüfung. Die Zielsetzung der Prüfung liegt nicht in dem Erkennen von einzelnen Regelverstößen, sondern in der Beurteilung von Konzeption, Angemessenheit, Implementierung und Wirksamkeit der eingerichteten Kontrollen und Prozesse. Daher ist es erforderlich, für das jeweilige Teilrechtsgebiet eine CMS-Beschreibung zu erstellen. Der CMS-Prüfer untersucht folglich die einzelnen Aussagen der CMS-Beschreibung auf deren Konzeption, Angemessenheit und Wirksamkeit. Die CMS-Beschreibung sollte mit dem Ziel erstellt werden, dem späteren Adressaten ein umfassendes Bild über das CMS zum jeweiligen Teilrechtsgebiet zu verschaffen. Die CMS-Beschreibung sollte sich an den sieben Grundelementen des IDW PS 980 orientieren.[16] Dabei müssen nicht sämtliche Maßnahmen vollständig aufgelistet werden. Oftmals empfiehlt es sich, die Lesbarkeit der CMS-Beschreibung zu erhöhen, indem auf weitere, detailliertere Richtlinien oder Prozessvorgaben verwiesen und die CMS-Beschreibung kurzgehalten wird. Wichtig ist jedoch, dass alle wesentlichen Elemente des CMS in der Beschreibung erläutert werden.

Da die CMS-Prüfung auf Grundlage der CMS-Beschreibung durchgeführt wird, muss letztere am Stichtag bzw. zu Beginn des Prüfungszeitraums in der finalen Version vorliegen.

16 Vgl. IDW PS 980 Rz. 11 ff.

2.1.6 Durchführung eines Readiness Checks

Die oben beschriebenen Schritte 2.1.1 bis 2.1.5 der Prüfungsvorbereitung können in einigen Fällen von der Compliance Abteilung eines Unternehmens selbstständig durchgeführt werden. Für den Fall einer Angemessenheits- oder Wirksamkeitsprüfung ist es zielführend, bereits vor dem Start der Prüfungsdurchführung einen Readiness Check durch einen Dritten, ggf. den CMS-Prüfer, durchführen zu lassen. Dieser kann sicherstellen, dass das vorliegende CMS und die vorhandene Dokumentation die sieben Grundelemente des IDW PS 980 ausreichend abdecken. Zusätzlich wird im Rahmen eines Readiness Checks festgestellt, ob anhand des vorliegenden CMS und der vorhandenen Dokumentation ein objektiver Nachweis von Angemessenheit bzw. Wirksamkeit möglich ist. Wenn diese zwei Punkte nicht bereits vor der Prüfungsdurchführung erfüllt sind, sind Feststellungen als Ergebnis der CMS-Prüfung nach IDW PS 980 unvermeidbar. Somit empfiehlt es sich in aller Regel, einen Readiness Check im Vorhinein der CMS-Prüfung durchführen zu lassen.

Ein externer Prüfer kann in diesem Schritt das CMS mit frischem Blick und idealerweise branchenübergreifendem Expertenwissen analysieren. Dieser kann auch einen ersten Benchmark bezüglich der Anforderungen des IDW PS 980 durchführen. Dazu wird der Prüfer anhand der sieben Grundelemente vorhandene Unterlagen sichten und bewerten sowie Interviews durchführen, um weitergehende Informationen zu gewinnen. So werden z. B. Strategiepapiere zur Bewertung der Compliance Ziele, Verhaltenskodizes bezüglich der Compliance Kultur oder Richtlinien bezüglich des Compliance Programms untersucht. Schritt für Schritt werden die vorhandenen CMS-Komponenten entlang der sieben Elemente nach IDW PS 980 aufgenommen.

Der CMS-Prüfer wird den Readiness Check mit einer Übersicht an Empfehlungen abschließen. Diese kann das Unternehmen im Rahmen der sog. Remediation Phase noch vor der Prüfungsdurchführung umsetzen und so vermeidbare Feststellungen verhindern. Nichtsdestotrotz kann auch ein erfolgreicher Readiness Check inklusive Umsetzung der Empfehlungen nicht garantieren, dass die spätere CMS-Prüfung ohne Feststellungen endet. Zum einen zielt der Readiness Check nur auf die Sicherstellung grundsätzlicher Anforderungen ab, während speziell die Angemessenheits- bzw. Wirksamkeitsprüfung explizit auf eine sehr viel höhere Detailtiefe abzielen. Zum anderen unterliegt jedes Management System dem inhärenten Risiko, dass Vorgaben nicht so umgesetzt werden wie vorgesehen und damit unwirksam sind.

Bevor eine CMS-Prüfung durchgeführt wird, müssen Unternehmen einige Überlegungen durchführen, um die Erfolgswahrscheinlichkeit und Effizienz der Prüfung zu erhöhen – von der sachlichen und regionalen Abgrenzung des Prüfungsgegenstandes über die Wahl des Prüfungstyps, die Bestandsaufnahme vorhandener CMS-Komponenten und die Erstellung einer CMS-Beschreibung. Speziell die Durchführung eines Readiness Checks mithilfe eines externen Dritten kann dabei unterstützen, Feststellungen im CMS-Bericht im Vorhinein zu vermeiden und die Effizienz und Wirksamkeit des CMS zu erhöhen.

2.2 Von der Prüfbereitschaft zur Wirksamkeitsbescheinigung

Das vorherige Kapitel beschreibt wesentliche Maßnahmen der Prüfungsvorbereitung, also jene Tätigkeiten, die bereits vor der Durchführung einer CMS-Prüfung abgeschlossen werden müssen. An dieser Stelle wird nun die CMS-Prüfung nach IDW PS 980 bzw. deren Prüfungstypen, -plan, -durchführung und Berichterstattung erläutert.

2.2.1 Die drei Prüfungstypen nach IDW PS 980

Wie bereits erläutert, muss ein Unternehmen definieren, welches Ziel es mit der CMS-Prüfung verfolgt. Je nach Zielsetzung unterscheiden sich die Prüfungstypen mitunter erheblich in ihren Anforderungen, aber auch in der Aussagekraft der ggf. ausgestellten Bescheinigung. So ist die Wahl des Prüfungstyps von wesentlicher Bedeutung. Der Prüfungsstandard sieht folgende drei Prüfungstypen zur Prüfung von CMS vor:

- Konzeptionsprüfung
- Angemessenheitsprüfung
- Wirksamkeitsprüfung

Bei der **Konzeptionsprüfung** beurteilt der CMS-Prüfer, ob die Aussagen (Claims) in der CMS-Beschreibung zur Konzeption des CMS angemessen präsentiert werden. Der CMS-Prüfer führt insbesondere Befragungen von Mitarbeitern durch (z. B. der gesetzlichen Vertreter des Unternehmens oder des Compliance-Beauftragten) und sichtet die relevanten Organisationsunterlagen (z. B. Richtlinien, Protokolle und Sitzungsberichte) und gleicht die auf diese Weise eruierten Informationen mit der CMS-Beschreibung als Soll-Objekt ab. Die Beurteilung der Konzeption des CMS – d. h. Konzeptionsprüfung im engeren Sinn – bildet die Grundlage für die Angemessenheits- und Funktionsprüfung.[17] Hierbei ist anzumerken, dass bei einem zuvor durchgeführten Readiness Check auf eine gesonderte Konzeptionsprüfung verzichtet werden kann, sofern das Unternehmen die Verbesserungsvorschläge des CMS-Prüfers im Wesentlichen umgesetzt hat.

Die **Angemessenheitsprüfung** baut auf den Ergebnissen der Konzeptionsprüfung auf und umfasst sie damit immer. Neben der Beurteilung, ob die in der CMS-Beschreibung enthaltenen Aussagen keine wesentlichen Falschaussagen enthalten (Konzeptionsprüfung), trifft der CMS-Prüfer hier eine Aussage darüber, ob die in der CMS-Beschreibung dargestellten Grundsätze und Maßnahmen geeignet sind, wesentliche Compliance Verstöße mit einer hinreichenden Sicherheit zu verhindern, aufzudecken, zu sanktionieren, und ob die Grundsätze und Maßnahmen zu einem bestimmten Zeitpunkt implementiert waren. Um den Erfordernissen des erweiterten Auftragsumfangs einer Angemessenheitsprüfung im Vergleich zu einer Konzeptionsprüfung gerecht zu werden, muss der CMS-Prüfer umfangreichere Prüfungshandlungen durchführen. So müssen die Befragungen der gesetzlichen Vertreter und der Compliance-Verantwortlichen des Unternehmens auch deren Qualifikation und Kompetenz sowie deren Stellung im Unternehmen thematisieren.

Ferner wird der CMS-Prüfer die gesetzlichen Vertreter und die Compliance-Verantwortlichen zu potenziellen System-Schwachstellen sowie tatsächlichen Compliance-Verstößen befragen und die Reaktionen des Unternehmens auf solche Verstöße eruieren. Die für den Teilbereich relevanten maßgeblichen Grundsätze und Maßnahmen (z. B. Einkaufsrichtlinie) werden auch hinsichtlich ihrer Eignung (Design) und ihrer Implementierung zu einem gewissen Zeitpunkt beurteilt. Um dieses Ziel zu erreichen, beobachtet der CMS-Prüfer Arbeitsabläufe im Unternehmen, die für den Teilbereich von Relevanz sind, und wertet Unterlagen aus, die von dem CMS selbst generiert wurden (z. B. Dokumentation zu festgestellten Verstößen und damit einhergehende Sanktionen).[18] Die Angemessenheitsprüfung des CMS entspricht ihrem Wesen nach der Prüfung der

17 Vgl. IDW PS 980 Rz. A31.
18 Vgl. IDW PS 980 Rz. A33.

Angemessenheit des Internen Kontrollsystems gem. IDW PS 261 n. F. Eine Anlehnung an die dort skizzierte Vorgehensweise ist somit ratsam.

Die **Wirksamkeitsprüfung** stellt die aufwendigste und intensivste Prüfungsform dar. Gleichzeitig besitzt die vom CMS-Prüfer ausgestellte Bescheinigung über ihre Durchführung jedoch auch die größte Aussagekraft. Die Wirksamkeitsprüfung setzt auf der Prüfung der Konzeption sowie der Angemessenheit und Implementierung der in der Beschreibung dargestellten Grundsätze und Maßnahmen auf. Zusätzlich trifft der CMS-Prüfer in seiner Bescheinigung hier eine Aussage darüber, ob die Compliance-Grundsätze und -Maßnahmen in einem bestimmten Zeitraum wirksam waren. Damit bezieht sich die Wirksamkeitsprüfung zusätzlich auf die durchgehende Anwendung der Grundsätze und Maßnahmen in dem Wirksamkeitszeitraum. Der Prüfer untersucht, ob die Maßnahmen und Kontrollen in dem Wirksamkeitszeitraum von den Mitarbeitern des Unternehmens befolgt wurden und diesen die für die Wahrnehmung der Aufgaben erforderlichen Informationen zur Verfügung standen.[19] Die Prüfungshandlungen sind im Vergleich zu einer Angemessenheitsprüfung umfassender, da der CMS-Prüfer für den Wirksamkeitszeitraum zusätzliche Prüfungshandlungen durchführt. Letztere bestehen neben Interviews dann auch aus der Durchsicht von Nachweisen zur Einhaltung des definierten Compliance Programms im Wirksamkeitszeitraum (z. B. Durchführung der Compliance Trainings nach dem Trainingsplan, Beobachtung der tatsächlichen Durchführung der in der CMS-Beschreibung vorgegebenen Maßnahmen sowie die tatsächliche Einhaltung von Genehmigungsverfahren).[20] Auch hier entspricht die Wirksamkeitsprüfung ihrem Wesen nach der Funktionsprüfung im Rahmen der Prüfung interner Kontrollen gem. IDW PS 261 n. F.

Die Prüfungstypen unterscheiden sich in der Detailtiefe der Durchführung wesentlich. Entsprechend ist auch die Aussagekraft einer Bescheinigung der Wirksamkeit höher als jene der Angemessenheit oder Konzeption. Jedenfalls gilt: Die Prüfungstypen und deren entsprechenden Prüfungshandlungen bauen konsekutiv aufeinander auf, d. h., dass im Rahmen einer Wirksamkeitsprüfung auch die Angemessenheit und Konzeption des zu prüfenden CMS begutachtet werden.

2.2.2 Die Phasen der Wirksamkeitsprüfung

In diesem Abschnitt wird der Ablauf einer CMS-Prüfung in ihren wesentlichen Grundzügen exemplarisch dargestellt. Dieser Ablauf wird wegen folgender Überlegung auf Grundlage der Wirksamkeitsprüfung erläutert:

Eine Wirksamkeitsprüfung umfasst stets die Beurteilung der Konzeption sowie die Angemessenheit und Implementierung der in der CMS-Beschreibung dargestellten Grundsätze und Maßnahmen. Somit eignet sie sich am besten dafür, einen Überblick über den Ablauf einer CMS-Prüfung zu geben.

Der Prüfungsstandard fokussiert in seinem Aufbau klar die Wirksamkeitsprüfung. Die separate Beauftragung für eine Konzeptions- oder Angemessenheitsprüfung (oder gar Ihre Veröffentlichung) wird als erteilte Einzelprüfung immer auf dem Weg zur Wirksamkeitsprüfung gesehen und dient chronologisch eher der begleitenden Weiterentwicklung des CMS.

19 Vgl. IDW PS 980 Rz. A34.
20 Vgl. IDW PS 980 Rz. A36.

Zum gegenwärtigen Zeitpunkt fragen die Unternehmen eine Wirksamkeitsprüfung am häufigsten nach, während die Konzeptionsprüfung im Vergleich zur Angemessenheits- und Wirksamkeitsprüfung von untergeordneter Bedeutung ist. Das liegt – trotz der höheren Anforderungen, die eine Wirksamkeitsprüfung an ein CMS stellt – vor allem an der hohen Aussagekraft und Verwertbarkeit einer von einem CMS-Prüfer ausgestellten Wirksamkeitsbescheinigung im Vergleich zu einer Bescheinigung für die anderen Auftragstypen. So ist davon auszugehen, dass voraussichtlich lediglich eine Bescheinigung über eine Wirksamkeitsprüfung eine haftungsreduzierende Wirkung für die gesetzlichen Vertreter eines Unternehmens haben kann.

Folgende Abbildung stellt die Phasen der Wirksamkeitsprüfung dar:

ABB. 1: Die Phasen der Wirksamkeitsprüfung[21]

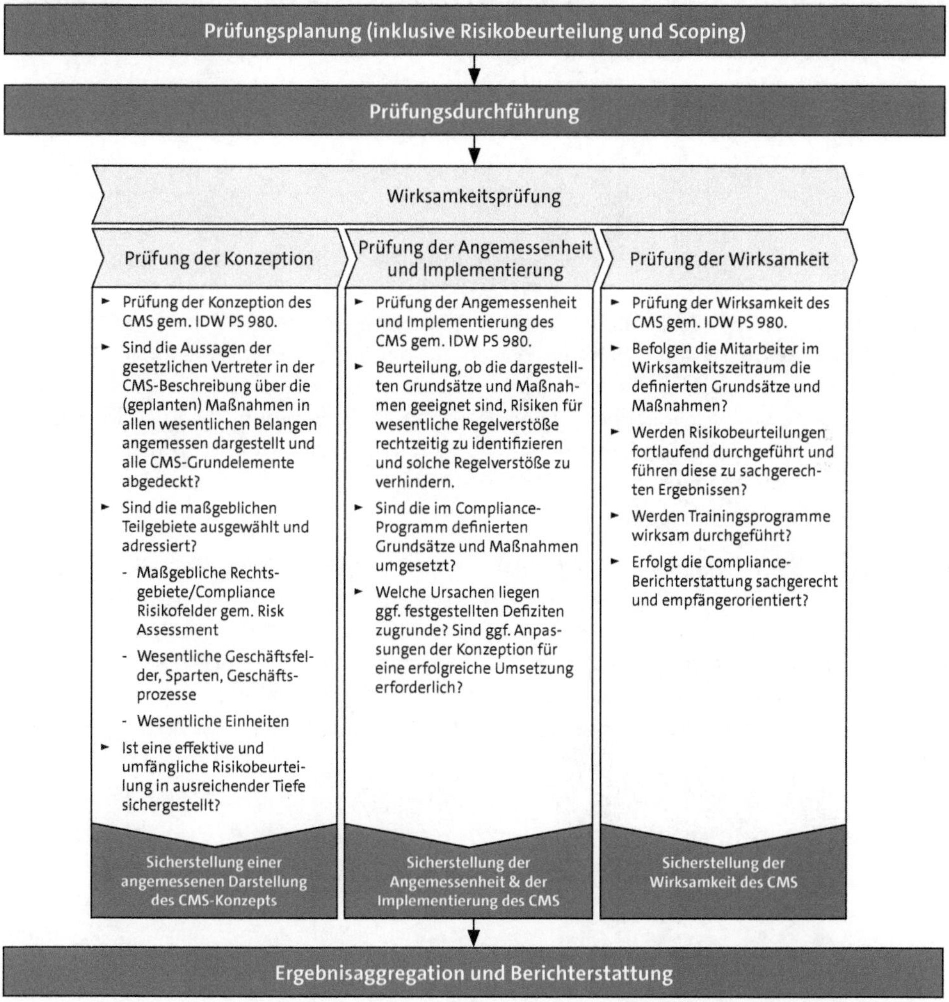

21 Eigene Darstellung.

Die CMS-Prüfung lässt sich in die Phasen der Prüfungsplanung, der Prüfungsdurchführung sowie der Ergebnisaggregation und Berichterstattung einteilen.

In der obigen Abbildung wird die Berichterstattung am Ende der Wirksamkeitsprüfung verortet, während über die Konzeption sowie Angemessenheit- und Implementierung des CMS zumeist keine separate Berichterstattung erfolgt, sofern die Konzeption und Angemessenheit lediglich im Rahmen der Wirksamkeitsprüfung geprüft werden. Dieses stellt die gegenwärtig von den meisten Unternehmen präferierte Form der Beauftragung dar. Jedoch kann die Prüfung auch so geplant werden, dass die Konzeptions-, Angemessenheits- und Wirksamkeitsprüfung mit einem zeitlichen Abstand voneinander durchgeführt werden, so dass auch am Ende einer Prüfung der Konzeption oder der Angemessenheit eine Berichterstattung durch den CMS-Prüfer erfolgt. Der Prüfungsstandard IDW PS 980 bietet den Unternehmen auf diesem Gebiet bewusst eine große Flexibilität.

2.2.2.1 Prüfungsplanung

Am Anfang jeder CMS-Prüfung wird die Prüfung in sachlicher, zeitlicher und personeller Hinsicht geplant. Die Prüfungsplanung verfolgt das Ziel, aufbauend auf den gewonnenen Kenntnissen über die Geschäftstätigkeit und Unternehmensstruktur sowie in Abhängigkeit von dem festgelegten Teilbereich (z. B. Antikorruption) ein risikoorientiertes Prüfprogramm (Audit Program) zu entwickeln. Dieses umfasst alle Prüfungshandlungen, die der CMS-Prüfer vor dem Hintergrund der in der CMS-Beschreibung enthaltenen Aussagen zum CMS sowie zu den im Rahmen des Risk Assessment identifizierten Risiken auf der Ebene des CMS festlegt. Da der CMS-Prüfer auf der einen Seite die Aussagen des Unternehmens in der CMS-Beschreibung prüft, auf der anderen Seite die beschriebenen Grundsätze und Maßnahmen hinsichtlich ihrer Eignung, Implementierung und Wirksamkeit beurteilt, besitzt die PS 980-Prüfung den Charakter einer Systemprüfung. Dies bedeutet auch, dass der CMS-Prüfer nicht nach tatsächlichen Compliance-Verstößen fahndet (keine forensische Untersuchung).

Wie bereits erläutert bildet die CMS-Beschreibung die Basis der Prüfung. Sie stellt die Compliance-Grundsätze und -Maßnahmen, idealerweise bereits anhand der sieben Grundelemente des IDW PS 980, dar. Der Prüfer sichtet die CMS-Beschreibung sowie ggf. weitere Unterlagen, um die Eignung der Grundsätze und Maßnahmen in Bezug auf die Subelemente des IDW PS 980 zu beurteilen. Subelemente konkretisieren das jeweilige Grundelement und sollen die Wirksamkeit des CMS sicherstellen. Für das Grundelement „Kultur“ werden diese beispielhaft in der Tabelle 1 dargestellt:

TAB. 1: Grundelement und Subelemente für das Grundelement Kultur[22]

Grundelement	Subelement
Kultur	**Top Management Ownership und Commitment** *„das die Unternehmenswerte vermittelnde Verhalten der gesetzlichen Vertreter“* (Rz. A14)
	Leadership *„das integere, verantwortungsvolle und werte-orientierte Verhalten der Mitglieder des Managements auf allen Managementebenen im Einklang mit den zu beachtenden Regeln“* (Rz. A14)
	Unternehmenskultur *„die aufgestellten und kommunizierten Verhaltensgrundsätze“* (Rz. A14)
	Personalpolitik/Disziplinarmaßnahmen *„der Führungsstil und die Personalpolitik des Unternehmens (z. B. Bedeutung der Kompetenz und Erfahrung der Mitarbeiter)“* (Rz. A14) *„die Anreizsysteme, mit denen regelkonformes Verhalten gefördert wird, einschließlich der Berücksichtigung von Compliance bei Personalbeurteilungen und Beförderungen“* (Rz. A14)
	Aufsichtsrat *„die Stellung des und die Art der Aufgabenwahrnehmung durch das Aufsichtsorgan im Zusammenhang mit Risikomanagement und Compliance“* (Rz. A14)

Dabei wird der Prüfer nur zu jenen Aussagen der CMS-Beschreibung Prüfungshandlungen durchführen, die er als wesentliche Aussagen bzw. Grundsätze und Maßnahmen einstuft. Wesentliche Aussagen in der CMS-Beschreibung (Significant Claims) sind Aussagen, aus denen entweder ein wesentlicher Fehler auf der Ebene der CMS-Beschreibung oder ein wesentlicher Fehler auf der Ebene des CMS selbst resultieren kann. Ein wesentlicher Fehler in der CMS-Beschreibung liegt u. a. dann vor, wenn

- die CMS-Beschreibung eine falsche Behauptung enthält, die für den Berichtsadressaten entscheidungsrelevant ist oder
- eine Irreführung des Berichtsadressaten daraus resultieren kann, dass unangemessene Verallgemeinerungen oder unausgewogene bzw. verzerrende Darstellungen gegeben werden.[23]

Im Gegensatz zu einer Jahresabschlussprüfung ist die Bestimmung der Wesentlichkeit sowohl auf der Ebene der Beschreibung als auch auf der Ebene des CMS von qualitativen Erwägungen geprägt, da es nicht möglich ist, wie z. B. bei einer Jahresabschlussprüfung auf der Basis von Kennzahlen (z. B. der Höhe der Bilanzsumme oder der Umsatzerlöse) eine Wesentlichkeitsgrenze zu berechnen bzw. festzulegen. Darüber hinaus sind die zu prüfenden Angaben überwiegend vorwiegend qualitativer Art und daher nicht anhand eines quantitativen Maßstabs zu beurteilen.

22 Eigene Darstellung.
23 Vgl. IDW PS 980 Rz. A25.

Für die als wesentlich definierten Aussagen bzw. Maßnahmen definiert der CMS-Prüfer Prüfungshandlungen. Die folgende Abbildung soll die gemachten Ausführungen abschließend beispielhaft verdeutlichen. Die Summe der vom Prüfer festgelegten Prüfungshandlungen ergibt das Prüfprogramm (siehe 2.2.4 Prüfungsdurchführung):

ABB. 2: Der Weg der CMS-Beschreibung zum Prüfprogramm[24]

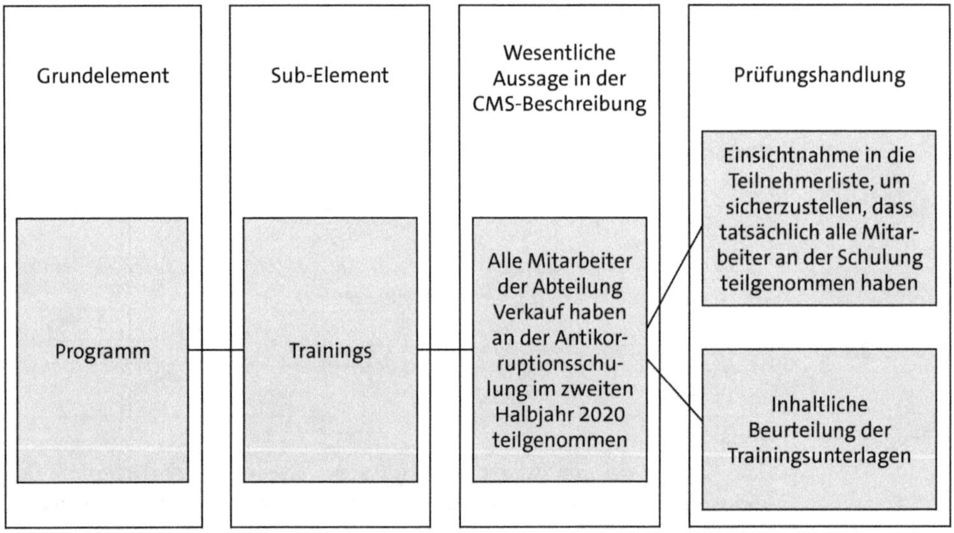

Genauso wie das Unternehmen seine konkreten Maßnahmen und Prozesse auf der Basis einer Risikoanalyse konzipiert, muss auch der CMS-Prüfer seine Prüfungshandlungen risikoorientiert durchführen. Die Risikoorientierung ist gleichzusetzen mit einer Fokussierung der Prüfungshandlungen auf die Grundsätze und Maßnahmen des CMS, welche bedeutsam für seine Wirksamkeit sind. Die Identifizierung und Bewertung der Compliance Risiken eines Unternehmens wird im Allgemeinen als Risk Assessment bezeichnet. Die Risikoorientierung eines CMS-Auftrags ist notwendig, um das Prüfungsziel einer Wirksamkeitsprüfung nach IDW PS 980 zu erreichen, eine Prüfungsaussage über die Wirksamkeit des CMS mit einer hinreichenden Sicherheit zu treffen. Ferner stellt die Risikoorientierung die Effizienz der Auftragsdurchführung sicher und führt zu einer Reduzierung des Prüfungsaufwands.

2.2.2.2 Prüfungsdurchführung

Die Prüfungsdurchführung besteht aus der Bearbeitung der im Prüfprogramm festgelegten Prüfungshandlungen. Ausgangspunkt der Entwicklung des Prüfprogramms ist die Zuordnung der in der CMS-Beschreibung enthaltenen Aussagen zu den Grundelementen und den sie konkretisierenden Subelementen. Somit beziehen sich die Prüfungshandlungen des CMS-Prüfers auf zwei Ebenen:

24 Eigene Darstellung.

1. Ebene: Die in der CMS-Beschreibung enthaltenen Aussagen (Aussageebene).

2. Ebene: Die Beurteilung der Angemessenheit und Wirksamkeit der Grundsätze und Maßnahmen (Systemebene).

Innerhalb der beiden Ebenen ist eine Vielzahl von Prüfungshandlungen denkbar. Die Gesamtheit aller Prüfungshandlungen wird im Prüfprogramm zusammengefasst. Die Prüfungshandlungen werden in Abhängigkeit von dem Teilbereich und der konkreten Ausgestaltung des CMS durch den CMS-Prüfer nach pflichtgemäßem Ermessen bestimmt. Sie umfassen u. a. die Durchführung von Interviews sowie die Ziehung von Stichproben. Stichprobenziehungen sind vor allem für die Beurteilung der Wirksamkeit der Grundsätze und Maßnahmen in dem Wirksamkeitszeitraum notwendig.[25] Die folgende Abbildung stellt die möglichen Formen der Prüfungshandlungen dar:

ABB. 3: Systematisierung der Prüfungshandlungen eines CMS-Prüfers[26]

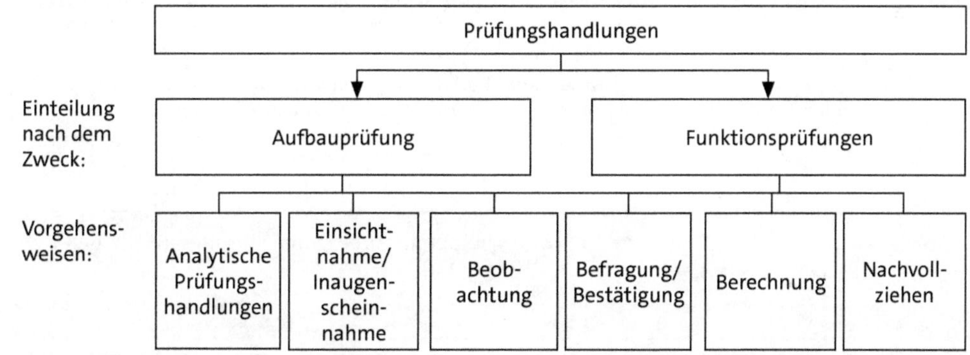

Die Prüfung der CMS-Beschreibung beinhaltet eine Überprüfung der Aussagen hinsichtlich Vollständigkeit (*Completeness*), Bestand (*Existence*) und Genauigkeit (*Accuracy*) sowie hinsichtlich der Verständlichkeit und Darstellung. Die Prüfungshandlungen des CMS-Prüfers bestehen vor allem aus Interviews mit den CMS-Beauftragten und den gesetzlichen Vertretern. Ferner wird der CMS-Prüfer auch Nachweise für die Implementierung und Durchführung anfordern. Die folgende Darstellung ordnet die Prüfungsziele auf Aussageebene (Vollständigkeit, Bestand etc.) den sie konkretisierenden Merkmalen zu. Letztere sind als Kriterien zu verstehen, anhand derer der CMS-Prüfer die Aussage in der CMS-Beschreibung beurteilt.

25 Vgl. IDW PS 980 Rz. 46.
26 Angelehnt an IDW PS 300 (2006) Rz. 14.

ABB. 4: Die Prüfungsziele auf Aussageebene[27]

Completeness	► Die Aussage informiert über den relevanten Sachverhalt vollständig und unterschlägt keine wesentlichen Informationen.
Occurence and accuracy	► Dargestellte Maßnahmen, Handlungen, Ereignisse basieren auf tatsächlichem Geschehen im Prüfungszeitraum. ► Aussagen zur Wirksamkeit, Durchführung von Maßnahmen, Entwicklungen, etc. basieren auf einer ordnungsgemäßen Sachverhaltsermittlung und Selbstbeurteilungen. ► Die Aussage entspricht den Anforderungen des zugrundeliegenden Rahmenwerks.
Understandability and presentation	► Die Aussage ist angemessen, eindeutig und nicht irreführend. ► Die Aussage ist verständlich und angemessen strukturiert und wird in einem Kontext dargestellt, der insgesamt ein *„True and fair view"* des CMS ermöglicht. ► Soweit zutreffend ist die Aussage vergleichbar und stetig im Verhältnis zu Aussagen in einer Vorperiode oder anderen CMS-Teilbereichen.

Zusammenfassend zielen die einzelnen Prüfungstypen in ihrer Durchführung auf die Beantwortung folgender Fragestellungen ab:

ABB. 5: Fragestellungen bei der Prüfungsdurchführung[28]

Prüfung des Designs	► Geeignet und angemessen, das Compliance Ziel zu erreichen? ► Gibt es konkrete rechtliche Anforderungen?
Prüfung der Implementierung	► Sind Grundsätze bekannt gemacht? ► Sind Maßnahmen/Kontrollen tatsächlich eingerichtet?
Prüfung der Wirksamkeit	► Wer führt die Maßnahme durch? ► Wie wird sie durchgeführt? ► Welche Nachweise gibt es? ► Wie häufig wird die Maßnahme durchgeführt? ► Wird das Ziel der Maßnahme erreicht?

2.2.2.3 Berichterstattung

Der CMS-Prüfer muss in der letzten Phase der CMS-Prüfung die **Prüfungsfeststellungen** hinsichtlich der Konzeption, Angemessenheit und Implementierung sowie Wirksamkeit des CMS

27 Eigene Darstellung.
28 Eigene Darstellung.

für die Ableitung des Gesamturteils auswerten, sofern er Beanstandungen festgestellt hat. Die Beurteilung der Prüfungsfeststellungen ist abhängig von der vom CMS-Prüfer bestimmten Wesentlichkeit. Wesentliche Prüfungsfeststellungen (aggregiert oder einzeln) können in Bezug auf Angemessenheit und Wirksamkeit eine Auswirkung auf das Prüfungsurteil haben. Nicht wesentliche Prüfungsfeststellungen führen zu keiner Einschränkung des Prüfungsurteils, sondern lediglich zu einer Berichterstattung als ergänzende Feststellung oder Empfehlung.

Stellt der CMS-Prüfer Regelverstöße fest, wird er das Management und die gesetzlichen Vertreter des Unternehmens hierüber zeitnah informieren. Es liegt zunächst in der Verantwortung des Unternehmens, die festgestellten Regelverstöße hinsichtlich ihrer Umstände und Gründe zu untersuchen.

Da die CMS-Prüfung nicht darauf ausgerichtet ist, tatsächliche Regelverstöße zu entdecken, haben diese nicht zwingend eine Auswirkung auf das Prüfungsurteil, sofern sie keinen systematischen Fehler darstellen. Denn trotz der Implementierung wirksamer Kontrollen besteht bei allen Kontrollsystemen, so auch beim CMS, ein nicht eliminierbares Restrisiko für z. B. Management Override, Human Error oder Kollusion. So muss ein wesentlicher Verstoß auch im untersuchten Teilbereich nicht zwingend zu der Schlussfolgerung führen, dass das CMS an sich nicht wirksam ist. Vielmehr kann es Fälle geben, bei denen eben solche Verstöße trotz eines wirksamen CMS aus den genannten Gründen auftreten.

Die **Berichterstattung** über die CMS-Prüfung erfolgt regelmäßig in der Form eines Prüfungsberichts und einer Bescheinigung nach IDW PS 980. Der CMS-Prüfer wird eine sog. uneingeschränkte Bescheinigung ausstellen, wenn er im Rahmen der Prüfung keine wesentlichen Beanstandungen identifiziert hat. Im Gegensatz dazu ist das Prüfungsurteil einzuschränken, wenn die Beanstandung im Zeitpunkt der Berichterstattung wesentlich, aber für einen Teil des CMS abgrenzbar ist. Sind hingegen die festgestellten Mängel nicht eingrenzbar, da z. B. die Beanstandungen aufgrund einer nicht angemessenen Konzeption des CMS oder aufgrund von wesentlichen Feststellungen in der Compliance Kultur oder den Risk Assessments das gesamte CMS betreffen, ist das Prüfungsurteil durch den CMS-Prüfer zu versagen.

Sofern das Unternehmen es wünscht, kann der CMS-Prüfer über die Konzeption, die Angemessenheit und Implementierung sowie die Wirksamkeit eine separate Berichterstattung erstellen. Diese Form kann dann angebracht sein, wenn die drei Stufen der Wirksamkeitsprüfung in einem zeitlichen Abstand voneinander durchgeführt werden sollen.

2.3 Mehrjähriger Prüfplan

An dieser Stelle ist klar, dass der Weg zum Erhalt einer Bescheinigung nach IDW PS 980 ein komplexer und entsprechend zeit- und ressourcenaufwendiger Prozess ist. Umso mehr wird dabei deutlich, dass eine sorgfältige Prüfungsvorbereitung, idealerweise inklusive Readiness Check durch den CMS-Prüfer, Bedingung für einen positive Bescheinigung sind.

Neben dem Ressourcenaufwand muss vor allem der benötigte Zeitaufwand transparent dargelegt und besprochen werden. Allein für die Wirksamkeitsprüfung gilt ein Untersuchungszeitraum von mindestens sechs Monaten. Während der benötigte Zeitaufwand für einen Readiness Check bzw. die Konzeptionsprüfung je nach ausgewähltem Teilrechtsgebiet, Unternehmensgröße und Entwicklungsstand des CMS stark variieren kann, gilt der Wirksamkeitszeitraum von mindestens sechs Monaten als gesetzt.

Wie bereits dargelegt bauen die unterschiedlichen Prüfungstypen aufeinander auf und sollten insofern auch chronologisch nacheinander durchgeführt werden. Einige Überlegungen (sachliche und regionale Abgrenzung des Prüfungsgegenstands, Wahl des Prüfungstyps, Bestandsaufnahme vorhandener CMS-Komponenten, Erstellung einer CMS-Beschreibung) können vom Unternehmen im Rahmen der Prüfungsvorbereitung selbstständig vorgenommen werden. Spätestens beim Readiness Check sollte der externe Prüfer hinzugezogen werden. Zwischen Readiness Check und Start der CMS-Prüfung gem. IDW PS 980 ist es wichtig, ausreichend Zeit für Umsetzung mögliche Empfehlungen des Readiness Checks zu lassen. Darauffolgend kann die Konzeptions- bzw. Angemessenheitsprüfung gestartet werden. Der benötigte Zeitaufwand für diese Prüfungsschritte kann nicht allgemeingültig definiert werden, da je nach ausgewähltem Teilrechtsgebiet Prüfungshandlungen in unterschiedlichem Ausmaß durchgeführt werden müssen. Nach der Angemessenheitsprüfung folgen mindestens sechs Monate Wirksamkeitsprüfung. In manchen Prüfkonstellationen kann es sich ergeben, dass der Stichtag der Angemessenheitsprüfung in den Wirksamkeitszeitraum fällt. Grundsätzlich empfiehlt es sich jedoch, die einzelnen Prüfungstypen nacheinander abzuschließen. Die CMS-Prüfung nach IDW PS 980 endet mit der Erstellung des Berichts durch den Prüfer.

Ein idealtypischer Verlauf kann daher wie folgt dargestellt werden:

ABB. 6: Idealtypischer Verlauf einer CMS-Prüfung[29]

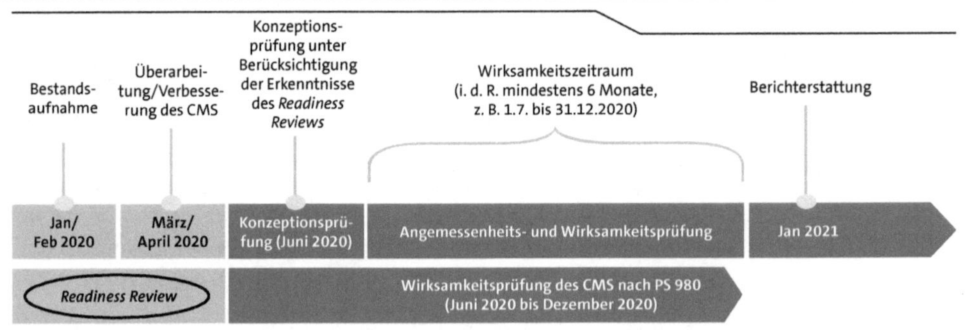

Um eine andauernde Wirksamkeit, Effizienz und Verbesserung des CMS zu erreichen, empfiehlt es sich, die Wirksamkeitsprüfung alle drei Jahre zu wiederholen. Nur so kann sichergestellt werden, dass das CMS auch bei hoher Mitarbeiterfluktuation, geänderten Strukturen oder neuen Gesetzen bzw. neuer Rechtsprechung angemessen und wirksam ist. In diesem Fall ist es möglich auf den Erkenntnissen der Vorprüfung aufzubauen und eine Differenzprüfung vorzunehmen. Dies bedeutet, dass lediglich die neuen oder geänderten Elemente einer entsprechenden Angemessenheitsprüfung unterzogen werden. Darauf aufbauend wird dann die Wirksamkeitsprüfung anhand der Stichproben des neuen Wirksamkeitszeitraums durchgeführt und Interviews mit neuen Ansprechpartnern geführt. Dies erlaubt eine effiziente Wirksamkeitsprüfung und gibt dem Unternehmen die Sicherheit, dass das CMS nach wie vor wirksam implementiert ist.

29 Eigene Darstellung.

II. Elemente eines wirksamen Compliance Management Systems

WP/StB Dr. Jan-Hendrik Gnändiger

Ein wirksames Compliance Management System (CMS) erstreckt sich über alle Bereiche und Prozesse eines Unternehmens, da die Risiken innerhalb der Geschäftsprozesse entstehen und auch dort gesteuert werden müssen und nicht nur zentral bspw. in der Rechtsabteilung. Deswegen umfasst ein CMS immer zentrale und dezentrale Elemente zur Bewältigung der Compliance Aufgaben. Dies kann bspw. durch das Three-Lines of Defense-Modell verdeutlicht werden, in dem die Geschäftsbereiche, durch die konkrete Umsetzung der Compliance Maßnahmen und ihren Beitrag zum System, die erste Linie der Verteidigung bilden. Die zweite Linie bilden die zentralen Bereiche wie Compliance oder Rechtsabteilung, welche die Vorgaben an die erste Verteidigungslinie machen, die Compliance Prozesse steuern und die Einhaltung dieser beiden Punkte überwachen. Die letzte Verteidigungslinie bildet dann die unabhängige Überwachung des Systems bspw. durch die Interne Revision.[30]

Gerade daher sollte das CMS als integraler Bestandteil einer guten Corporate Governance eines Unternehmens verstanden werden. Die genaue Ausgestaltung des CMS ist dabei von unterschiedlichen Faktoren abhängig, jedoch sollten seine Kernelemente nicht getrennt voneinander betrachtet werden: Sie stehen in einer wechselseitigen, nicht überschneidungsfreien Beziehung. Die konkrete Ausgestaltung überlässt das IDW der jeweiligen Organisation bzw. dem Unternehmen. Grund hierfür ist die Abhängigkeit von der Geschäftstätigkeit und der damit einhergehenden Fokussierung des CMS auf definierte Teilbereiche (Anti-Korruption, Geldwäsche, Datenschutz, etc.).

Das Institut der deutschen Wirtschaftsprüfer (IDW) hat mit der Veröffentlichung seines Prüfungsstandards (PS) 980 zur Prüfung von CMS die Compliance Landschaft in Deutschland nachhaltig geprägt. Dieser nimmt die Aufteilung eines CMS in sieben Elemente vor, welche im Folgenden erläutert werden sollen. Die einfache 7-Elemente-Struktur ist an anerkannte internationale Standards angelehnt und ist daher auch an aktuelle Rahmenwerke im internationalen Umfeld anschlussfähig.[31]

---

30 Vgl. *Schneider*, Wirkungsvolle Compliance, 2018, S. 101 f.

31 Vgl. u. a. *U.S. Department of Justice – Criminal Division*, Evaluation of Corporate Compliance Programs, 2020, online abrufbar unter: http://go.nwb.de/j9xe7 (Abruf 24.7.2020); *U.S. Department of Justice – Criminal Division and SEC Enforcement Division*, FCPA – A Resource Guide to the U.S. Foreign Corrupt Practices Act. Second Edition, Criminal Division of the U.S. Department of Justice and the Enforcement Division of the U.S. Securities and Exchange Commission, 2020, online abrufbar unter: http://go.nwb.de/wsg0j (Abruf 24.7.2020).

1. Compliance Kultur

WP/StB Dr. Jan-Hendrik Gnändiger, Maximilian Kirch und Katharina Kleff

Als das erste der sieben Grundelemente eines CMS definiert der IDW PS 980 die Compliance Kultur als Grundlage für die Angemessenheit und Wirksamkeit eines CMS.[32] Mit der zentralen Positionierung durch den IDW PS 980 wird dem Element bewusst eine vorrangige Bedeutung im Gesamtsystem zugewiesen. Auch international gilt die Compliance Kultur als essentieller Bestandteil eines CMS, wird sie doch ausdrücklich im UK-Bribery-Act sowie US-amerikanischen Federal-Sentencing-Guidelines-Manual genannt.[33] Laut der ISO 19600, dem Rahmenwerk für internationale CMS der Internationalen Organisation für Normung (ISO), wird die Compliance Kultur als Werte-, Ethik- und Glaubensinhalte beeinflussendes Konstrukt verstanden. Daher sollte sichergestellt werden, dass alle Mitarbeiter eines Unternehmens ein Bewusstsein für rechtskonformes Verhalten und entsprechende Werte aufweisen und diese auch auf allen Ebenen der Unternehmensstruktur gelebt werden – sie bestimmen die Compliance Kultur maßgeblich.

Führungskräfte sollten verinnerlichen, dass der wirtschaftliche Erfolg eines Unternehmens einer soliden ethischen Basis bedarf und die Übernahme sozialer und rechtlicher Verantwortung impliziert. Im Mittelpunkt der Führungsaufgabe sollte daher auch die Schaffung einer Compliance Kultur stehen. Diese ist als integraler Bestandteil der Unternehmenskultur zu verstehen, welche in einer Wechselbeziehung zu den Strukturen und Kontrollsystemen des Unternehmens steht, hängen doch deren Akzeptanz und Umsetzung bei den Mitarbeitern von der Unternehmenskultur im Allgemeinen und für das CMS von der Compliance Kultur im Speziellen ab.[34] Kann ein integres Verhalten eines jeden Einzelnen im Unternehmen etwa durch kollektiv gelebte Verhaltens- und Entscheidungsmuster dauerhaft erreicht werden, spricht dies für eine nachhaltige und wirksame Compliance Kultur.

32 Vgl. IDW PS 980 Rz. 23.

33 Vgl. UK Bribery Act 2010, abrufbar unter: http://go.nwb.de/s42wg, 2011 (abgerufen am 28.5.2020).

34 Vgl. *Gnändiger/Steßl*, Im Blickpunkt: Akzeptanz von Compliance Management-Systemen auf Mitarbeiterebene, BB 2012 o. S.

1.1 Subelemente

Der IDW PS 980 nennt für eine Ausgestaltung des CMS verschiedene Subelemente, die auf die Bildung einer Compliance Kultur hinwirken und diese ausmachen.[35]

ABB. 7: Subelemente der Compliance Kultur[36]

1.1.1 Personalpolitik

Faktoren, die präventiv Compliance Verstöße verhindern und zur Akzeptanz des CMS beitragen, sind die Arbeitsatmosphäre sowie die allgemeine Personalpolitik.[37] Die Entscheidung eines Mitarbeiters, sein Verhalten an den Compliance Vorgaben auszurichten, hängt neben der eigenen ethischen Grundeinstellung stark von dem Wohlbefinden am Arbeitsplatz und der Verbundenheit zum Arbeitgeber ab. Charakterisierend für eine gute Personalpolitik sind faire und transparente Einstellungs- und Beförderungsprozesse sowie eine gute Kommunikations- und Informationsstrategie von Seiten der Personalabteilung. Auch diese kann regelkonformes Verhalten fördern, indem sie das ethische und rechtskonforme Verhalten von Mitarbeitern bei Personalbeurteilungen und Beförderungen berücksichtigt. Auch dadurch können Unzufriedenheit und Frustration unter den Mitarbeitern reduziert und in der Folge Vorhaben verhindert werden, sich mit illegalen Mitteln das zu nehmen, was ihnen ihrer Meinung nach zusteht.[38]

35 Vgl. IDW PS 980 Rz. A14.

36 Eigene Darstellung.

37 Vgl. IDW PS 980 Rz. A14.

38 Vgl. *Graeff/Grieger* (Hrsg.), Was ist Korruption?, 2012, o. S.

1.1.2 Top Management Commitment

Die Effekte „ethischer Führung" in Bezug auf die Compliance Kultur hängen davon ab, ob sie authentisch vermittelt werden können. Die zentrale Fragestellung ist, inwieweit es sich bei dem Compliance Commitment lediglich um ein „Lippenbekenntnis" handelt: Die Durchdringung einer Organisation durch eine glaubhafte Compliance Kultur lässt sich regelmäßig bereits am „Tone from the Top" festmachen, also dem, was durch die Führungskräfte in Bezug auf Compliance und Integrität kommuniziert und an Verhalten vorgelebt wird.

Erforderlich hierfür ist ein unmissverständliches Bekenntnis der Führungsebene zur Einhaltung der relevanten Normen, Richtlinien und der Orientierung an Werten. Dies gelingt durch das authentische Vorleben eines regelkonformen Verhaltens sowie einer Selbstverpflichtung des Top Managements, um als Multiplikator auf die Compliance Wahrnehmung der Mitglieder einer Organisation zu wirken. Es liegt in der unmittelbaren Verantwortung von Führungskräften und Entscheidungsträgern, ein klares Bekenntnis zu den unternehmenseigenen Compliance Standards zu geben und dieses mittels entsprechender Statements öffentlich und intern zu kommunizieren. Ziel sollte es sein, dass die definierten Compliance Standards vom Management tagtäglich gelebt werden, um diese kaskadenartig in die Organisation tragen zu können. Der IDW PS 980 spricht hierbei von „aufgestellten und kommunizierten Verhaltensgrundsätzen".[39] Deren Anwendung von den Mitarbeitern im Unternehmen trägt schlussendlich zum Erfolg, d. h. zur Entfaltung der Wirksamkeit, eines Compliance Systems bei.[40] Aber auch für die nachgelagerte Führungsebene ist es essenziell, Werte i. S. eines „Tone from the Middle" an die Mitarbeiter zu vermitteln. Ein integres, verantwortungsvolles und wertorientiertes Verhalten der Mitglieder aller Managementebenen und die Befolgung von Regeln[41] beeinflusst eine wirksame Compliance Kultur maßgeblich. Top Management, Middle Management und alle anderen Führungskräfte sollten jedoch nicht nur hinter dem stehen, was sie „zu Compliance" kommunizieren, sondern dies regelmäßig tun, um entsprechende Botschaften zu festigen und zu verankern.[42]

39 IDW PS 980 Rz. A14.

40 Vgl. ISO 19600.

41 Vgl. IDW PS 980 Rz. A14.

42 Vgl. *Gnändiger/Steßl*, Im Blickpunkt: Akzeptanz von Compliance Management-Systemen auf Mitarbeiterebene, BB 2012 o. S.

ABB. 8: Tone from the Top[43]

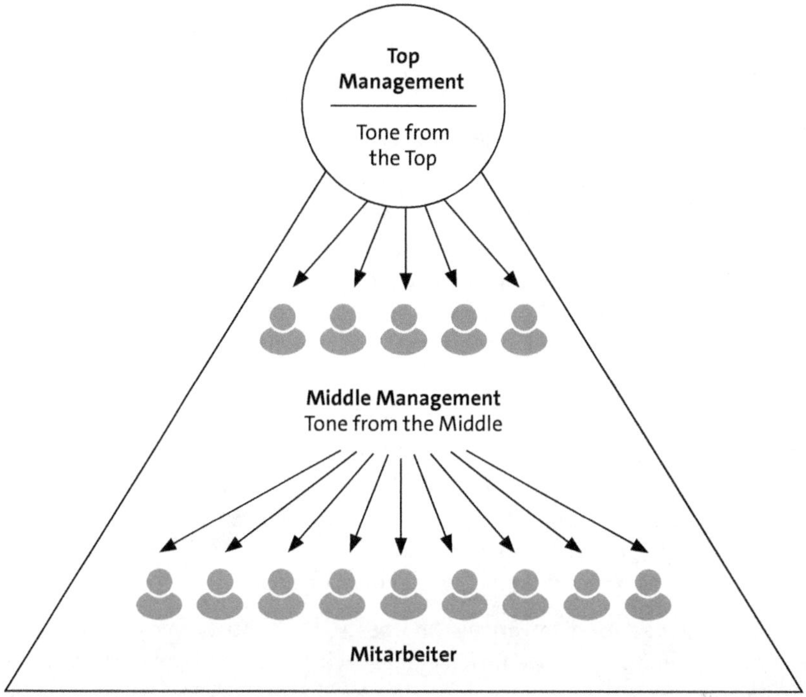

Zudem sollten diese Botschaften durch geeignete Kommunikationsinstrumente transportiert und dadurch transparent werden. Geeignet sind prägnante Formulierungen entlang des Leitbilds des Unternehmens sowie weiterer Verhaltensregeln, etwa im Rahmen einer Ethikrichtlinie (Code of Conduct).

Glaubhaft wird ein Tone from the Top insbesondere dann, wenn die Unternehmensleitung verdeutlicht, dass im Interesse eines wertorientierten Verhaltens im Zweifelsfall auch wirtschaftliche Einbußen in Kauf genommen werden. Zudem ist anzuraten, Compliance Themen in jeder ordentlichen Sitzung der Geschäftsleitung zum Gegenstand der Tagesordnung zu machen. Entscheidend ist hier Authentizität auf der Führungsebene – nachahmendes Verhalten auf nachgelagerten Hierarchieebenen kann eher erreicht werden, wenn das Commitment ein „*Walk the Talk*" zur Folge hat.

1.1.3 Führungsstil

Um als Vorbild entsprechende Werte und Grundeinstellungen vermitteln zu können, sollte die Leitungsebene einen geeigneten Führungsstil wählen. Hierzu führt die Forschung einige Ansätze an, die den Zusammenhang von Führung und Werten darstellen. *Becker* und *Arnold* verstehen Führung als „die beabsichtigte Beeinflussung von Einstellungen und Verhalten von Organisati-

43 Eigene Darstellung.

onsmitgliedern mit dem Zweck, die explizit und implizit formulierten Ziele einer Organisation zu erreichen. Führung heißt, andere dazu zu bewegen, das zu tun oder zu unterlassen, was der Führende im Interesse der Organisation an Leistung und Verhalten erwartet."[44]

Im Hinblick auf die Vielzahl von Subelementen der Compliance Kultur ist auch der Führungsstil hierunter zu subsumieren[45] und aufgrund seiner hohen Relevanz für den Aufbau einer Compliance Kultur als separater Indikator zu betrachten.

Für die Bildung einer Unternehmenskultur sind vor allem Wertvorstellungen und -ideale entscheidend. Geprägt werden diese durch Handlungen, zwischenmenschliche Beziehungen und Kommunikation und damit ist der Blickwinkel der Unternehmensführung insbesondere auf die Bildung dieser zu richten. Die Führungskraft muss in ihrer Funktion als sozialer Architekt die ethischen Grundwerte formulieren, an denen sich das Unternehmen orientieren soll und somit Vertrauen aufbauen, Prozesse strukturieren und den Rahmen für ethische Orientierung vorgeben.[46] Durch eine ethische Führung werden bestimmte Werte identifiziert, konsequent kommuniziert und weiterverfolgt.

Charakteristisch für ethische Führungskräfte sind ihre Vorbildlichkeit, ihre inspirierende Motivation, Charisma, intellektuelle Stimulation sowie ihre individuelle Wertschätzung der Mitarbeiter und die Unterstützung dieser. Führungspersönlichkeiten, mit denen Mitarbeiter einen ethischen Führungsstil assoziieren, gelingt es über derartige Ausstrahlungseffekte Erwartungen, Motivationen und Sichtweisen von Mitarbeitern zu verändern und zu bündeln.

Theorien zur Didaktik des sozialen Lernens und des sozialen Austauschs untermauern die Bedeutung einer ethischen Führung. Demnach eignen sich Menschen durch Beobachtung und anschließendes Ausprobieren Verhaltensweisen und Werte ihrer Führungskraft an, sofern diese authentisch wirkt. Glaubwürdig und attraktiv erscheinen sie insbesondere dann, wenn die zugrundeliegenden Handlungen und Entscheidungen transparent dargestellt werden und so leicht als Verhaltensvorbild fungieren können – im besten Falle spiegeln die Mitarbeiter die Werte ihrer Unternehmensleitung wider.

Neben dem Schaffen von gemeinsamen Werten in der Organisation ist das Aufbauen von Vertrauen als essenzielle Aufgabe der Unternehmensführung zu sehen, wodurch Werte nachhaltig in das Unternehmen getragen werden können. Ein authentisches, auf gemeinsamen Werten basierendes Vertrauensverhältnis zwischen Unternehmensführung und Mitarbeitern fungiert somit als Gradmesser guter Unternehmensführung.

1.1.4 Sanktionierung

Aus der sozialen Lerntheorie lässt sich der Ansatz ableiten: Ethische Führung lenkt die Mitarbeiter anhand einer Belohnungs- und Sanktionsstrategie dahingehend, dass diese die Werte der Organisation und ein ethisch erwünschtes oder gebotenes Verhalten annehmen. Das Anwenden von Bestrafung und Belohnung ist maßgebend für die ethische Führung, um fehlerhaftes Ver-

44 *Becker/Arnold*, Organisationsentwicklung. Studienbrief SB-1E10 im Rahmen des Fernstudiums Systemische Beratung, TU Kaiserlautern, 2. Aufl., 2012, S. 43.

45 Vgl. IDW PS 980 Rz. A14.

46 Vgl. *Frankenberger*, Kontrolle als Kultur? Compliance und Compliance – Kommunikation aus systemischer Perspektive, 2018, S. 30.

halten durch die Verankerung von Normen für die Mitglieder zu unterbinden. Wertebasierte Verfehlungen der Mitarbeiter und auch solche der Führungsebene sind demnach entsprechend einer Null-Toleranz-Politik zu sanktionieren. Wird diese nicht offenkundig und erkennbar auch seitens des Managements gezeigt und Vergehen nicht oder mit unterschiedlichem Maß sanktioniert, ist eine hinreichende Akzeptanz der Normen und Werte und damit der Compliance Kultur nicht zu erwarten.

Mitarbeitern in Unternehmen sollte bewusst sein, dass jeglichen Fällen von Non-Compliance mit Sanktionen – unabhängig der Hierarchieebene – begegnet wird. Entscheidend ist dabei nicht die persönliche Erfahrung einer Sanktionierung: Nach der sozialen Lerntheorie kann auch die Beobachtung einer Bestrafung zu einem Lerneffekt führen. Somit können auch Konsequenzen für Verhaltensweisen anderer Mitglieder der Organisation dazu führen, dass das gewünschte Verhalten angeeignet wird und Mitarbeiter aus Sanktionen für eigenes, nicht integres Verhalten lernen.

Bei der Einführung einer Null-Toleranz-Politik sollte die Intensität dieser zur Unternehmenskultur passen. Zu berücksichtigen ist, dass empfindliche Maßnahmen gegenüber Mitarbeitern zur Folge haben können, dass Rechtsverstöße, in die sie verwickelt sind, nur erschwert aufgeklärt werden können: Die Wahrnehmung, ob Verstöße gegen Compliance Vorgaben konsequent, angemessen und dennoch fair sanktioniert werden, hat einen enormen Einfluss auf das Verhalten der Mitarbeiter. Grundsätzlich sollte die Umsetzung von Compliance Vorgaben nicht mit strengen Genehmigungs- und Sanktionsregelungen forciert werden, da die Gefahr besteht, eine kontraproduktive Unsicherheits- und Angstkultur entstehen zu lassen, die sich lähmend und schädigend auf den gesamten Geschäftsbetrieb auswirken kann.[47]

1.1.5 Anreizsysteme

Im Gegensatz zu Sanktionen sollen Anreizsysteme der Förderung eines Compliance konformen Verhaltens dienen.[48] Dies lässt sich ebenfalls anhand sozialer Lernprozesse erläutern: Während hier negative Verhaltensweisen sanktioniert werden, sollte positives Verhalten zu einer Belohnung führen. Dies kann mithilfe eines Anreizsystems erreicht werden, da Ansätze einer Incentivierung die Motivation eines complianten Verhaltens steigern können. Mögliche Ausgestaltung wären Bonuszahlungen bei der Erreichung bestimmter, etwa anhand von Kennzahlen gemessener Compliance Ziele. Es gilt dabei Dilemma-Situationen zwischen finanziellen Zielvorgaben und Compliance und eine einseitige Incentivierung nach ökonomischen Gesichtspunkten zu vermeiden, wenn rechtliche, moralische und ökonomische Anforderungen nicht im Einklang stehen.[49]

Ob und inwiefern Belohnungen im Rahmen von Anreizsystemen überhaupt einen sinnvollen Beitrag zur Etablierung einer Compliance Kultur leisten können, bedarf einer differenzierten Einschätzung. Ist die Schnittmenge der Grundwerte der Mitarbeiter mit denen des Unternehmens ohnehin fast deckungsgleich, so besteht in großen Teilen bereits eine freiwillige Akzeptanz der

47 Vgl. *Gnändiger/Steßl*, Im Blickpunkt: Akzeptanz von Compliance Management-Systemen auf Mitarbeiterebene, BB 2012 o. S.

48 Vgl. IDW PS 980 Rz. A14.

49 Vgl *Fürst*, in: Wieland/Steinmeyer/Grüninger, Handbuch Compliance-Management: Konzeptionelle Grundlagen, praktische Erfolgsfaktoren, globale Herausforderungen, 2. Aufl. 2014, S. 665.

Werte, die zu einer Selbstregulierung führt – eine Belohnung für sozialadäquates Verhalten wäre somit nicht zielführend. Übergeordnetes Ziel sollte es daher sein, ein compliantes Verhalten durch Eigenmotivation der Mitarbeiter hervorzurufen. Dies sollte durch die zuvor genannten präventiven Faktoren, insbesondere durch die ethische Führung, und weniger durch rückwärtsgerichtete Belohnungsmodelle geschaffen werden.

1.1.6 Unternehmenskultur

Die Compliance Kultur stellt einen spezifischen, abgrenzbaren Teil der Unternehmenskultur und zugleich deren größten Einflussfaktor dar. So definiert bspw. die ISO 19600, dass CMS die allgemeinen Unternehmenswerte abbilden und im Einklang mit diesen Zielen eine Strategie ausgearbeitet werden soll.[50] Die Unternehmenswerte dürfen dabei nicht konträr zu den Werten und Grundannahmen stehen, die die Compliance Kultur charakterisieren. Je geringer die Differenz zwischen den beiden Konstrukten ist, desto erfolgreicher lässt sich die Compliance Kultur als Spezifikation der Unternehmenskultur etablieren. Findet eine aktive Umsetzung der entsprechenden Werte in allen Handlungen der Mitglieder der Organisation statt, können sie eine präventive Wirkung bei non-compliantem Verhalten bewirken.[51] Bei der Compliance Kultur geht es mithin maßgeblich um die Frage, inwieweit Rechtstreue bzw. Regelbefolgung als Wert von allen Organisationsangehörigen akzeptiert, geachtet und getragen wird – sie steht für die Bedeutung, welche die Unternehmensangehörigen der Beachtung von Normen und Regelungen beimessen und ebenso für ihre Bereitschaft zu regelkonformem Verhalten bzw. für das Ausmaß der Toleranz gegenüber Regelverstößen.

Die Beachtung und Einhaltung von Regelungen steht in einem engen Zusammenhang mit den Grundannahmen und Werten, denen sich die Organisationsangehörigen verpflichtet fühlen, und damit mit der Unternehmenskultur. Diese umfasst die Gesamtheit gemeinsamer Normen, Werte, Traditionen und Einstellungen, welche die Handlungen, die Entscheidungen und das Verhalten der Organisationsmitglieder prägen. Zahlreiche Forschungsergebnisse zeigen, dass es eindeutige Zusammenhänge zwischen der Wirksamkeit von CMS und der Unternehmenskultur in Organisationen gibt. Die empirische Forschung legt sogar nahe, dass sie als erfolgsbestimmender Faktor für die Unternehmensführung selbst angesehen werden kann.

1.1.7 Aufsichtsorgan

Der IDW PS 980 nennt als einen weiteren Einflussfaktor die Aufgabenausgestaltung des Aufsichtsorgans, etwa eines Aufsichtsrats. Betont wird hierbei dessen Überwachungsfunktion, die auch aus einer aktiven Einbindung in das CMS erfolgen und die Herausstellung von „Compliance" sicherstellen kann.[52] Die Idee, die jeweiligen Aufsichtsorgane einer Organisation als Bestandteil der Compliance Kultur zu definieren, unterstreicht die Zugehörigkeit einer Überwachungsfunktion zu einer Good Corporate Governance. Eine aktive Einbindung hat damit einen nicht zu unterschätzenden Einfluss auf das Compliance Management. Dies kann dabei nicht nur über die Wahrnehmung von Berichtspflichten gegenüber dem Aufsichtsorgan erkennbar werden,

50 Vgl. ISO 19600.

51 Vgl. *U.S. Department of Justice* (DoJ), Evaluation of Corporate Compliance Programs Guidance, S. 9, sowie IDW PS 980 Rz. A14.

52 Vgl. IDW PS 980 Rz. A14.

sondern auch durch dessen Beteiligung am Tone from the Top als Sparringspartner des Managements.

1.2 Erfahrungen und Erkenntnisse aus der Praxis

Die Praxis zeigt: Das Element der Compliance Kultur stellt zugleich Basis und Schnittpunkt fast aller Methoden und Prozesse innerhalb eines CMS dar. Für die nachhaltige Wirksamkeit der sechs weiteren Elemente eines CMS ist daher mit priorisierter Intensität auf das Erreichen einer Akzeptanz der Compliance Kultur abzustellen.

Seitens der Unternehmensleitung ist klar zu kommunizieren, dass es sich bei „Compliance" um ein dauerhaftes Thema handelt, das in allen Geschäftsprozessen Berücksichtigung finden muss. Ein Integrieren der Mitarbeiter in den Implementierungsprozess einer Compliance Kultur, etwa durch regelmäßige Schulungen, steigert das Vertrauen und fördert die Akzeptanz; Umsetzung durch ein starres Informieren kann im schlimmsten Fall zu einer Ablehnung der Neuerungen führen und der Compliance Kultur maßgeblich schaden. Erfahrungsgemäß kann mittels Change Management-Prozessen in die Unternehmenskultur eingegriffen und diese weiterentwickelt werden. Mit diesen wird zudem einem vehementen Ablehnen durch die Unternehmensmitglieder entgegengewirkt.

Die Einführung von Compliance Vorgaben bedeutet prinzipiell Veränderungen für alle Organisationsmitglieder – sei es aufgrund einhergehender Kontrollen, neuer Rollen und geänderter Verantwortlichkeiten. Die neuen Verhaltensanforderungen sollten mit allen betroffenen Mitarbeitern aktiv besprochen werden, so dass sie letztendlich akzeptiert und umgesetzt werden können. Zudem sollte der Implementierungsprozess i. S. einer kontinuierlichen Verbesserung des Status Quo geführt werden, indem auch Verbesserungsvorschläge seitens der Mitarbeiter vorgetragen werden dürfen.

Ein Top Management Commitment, wie es in diesem Kapitel bereits beschrieben wurde, sollte von Beginn an Teil des Implementierungsprozesses sein. Hierfür sollten die zu vermittelnden Inhalte zuvor festgelegt werden und durch eine klar verständliche, treffende Ich-Botschaft des Vorstands oder der Führungsebene an die Mitarbeiter adressiert werden. Hilfreich sind Maßnahmen innerhalb der Organisation, die das Top Management selbst zur Einhaltung des formulierten Commitments verpflichten. In diesem Rahmen bieten sich etwa Self-Assessments an, die am Jahresende durch eine Eigenbewertung von Compliance Kontrollen und Vorgaben in die jährliche Zielvereinbarung mit aufgenommen werden.

Die Ausgestaltung einer Compliance Kultur weist im Mittelstand deutlich andere Züge auf als in größeren Konzernen. Diese funktioniert bei kleinen und mittelständischen Unternehmen weniger über Richtlinie und Überwachung, sondern erwächst aus dem Vertrauen ineinander. Die Kommunikationswege sind hier kürzer und die persönliche Nähe schafft eine geringere Hemmschwelle, in Verdachtsmomenten auf andere zuzugehen.

Es kann festgestellt werden, dass Unternehmen mit einer bereits auf Partizipation, integrem Verhalten und Vertrauen beruhenden Unternehmenskultur, ein CMS einfacher integrieren können als solche mit einer hierarchisch geprägten Kultur. In der Praxis zeigt sich, dass diese den Mitarbeitern bspw. zur Meldung von Verstößen aufgrund einer fehlenden Vertrauensbasis eine höhere Hemmschwelle vorsetzt. Es bietet sich für Unternehmen daher an, vor Einführung des CMS eine Bestandsaufnahme der Unternehmenskultur durchzuführen, die mithilfe verschiedener Instrumente wie z. B. einem Culture Assessment ermittelt werden kann. Eine Interpretation der Ergebnisse erfordert zuvor, einen „Soll-Zustand" der Compliance Kultur zu definieren, so dass sich auf Grundlage der Ergebnisse Verbesserungsmaßnahmen ableiten lassen. Immer wieder zeigt sich dabei, dass insbesondere Compliance Ressourcen eine besondere Rolle spielen: Diese müssen innerhalb des Unternehmens ausreichend zur Verfügung gestellt werden, um das Compliance System umfangreich auszugestalten und zu verbessern, indem folgende konkrete Schritte durchgeführt werden:

1. Den Ziel-Zustand der Compliance Kultur bestimmen.
2. Den derzeitigen Ist-Zustand der Compliance Kultur bewerten.
3. Veränderungsbedarf durch den Vergleich von Ziel- und Ist-Kultur ermitteln und definieren.
4. Aus den Ergebnissen der Analyse der Ist-Kultur konkrete Ansatzpunkte generieren für die Erreichung der gesetzten Ziele.

2. Compliance Ziele

WP/StB Verena Brandt, Maximilian Kirch und Katharina Kleff

Unter Berücksichtigung übergeordneter, strategischer Ziele und der das Unternehmen betreffenden regulatorischen Rahmenwerke sind konkrete Ziele für das CMS abzuleiten.[53] Der übergeordnete Fokus der Compliance Ziele sollte hierbei auf der Einhaltung interner sowie externer Regeln liegen und somit eine Verhinderung von wesentlichen Verstößen bewirken können.[54] Bei der Festlegung der Ziele ist zu beachten, dass die verschiedenen Ziele konsistent, verständlich und praktikabel sowie – unter Beachtung der verfügbaren Ressourcen – messbar sein sollten (zur Konkretisierung der Compliance Ziele siehe auch Abschn. 2.2.1).[55] Durch die klare Definition von Compliance Zielen wird ein Beurteilungsrahmen zur Messbarkeit unternehmerischen Handelns geschaffen, ohne welchen Risiken im Unternehmen nicht richtig beurteilt, übersehen oder gar bewusst negiert werden und zu einer ernsthaften Gefährdung des Unternehmens führen können.[56]

Abgrenzbare, definierte Compliance Ziele sind daher nicht nur integraler Bestandteil eines funktionsfähigen und nachhaltig wirksamen CMS, sondern auch Grundlage für daraus abzuleitende Compliance Maßnahmen und die Förderung der Akzeptanz. Zugleich sollten übergeordnete Compliance Ziele unternehmensweite Gültigkeit haben und möglichst unabhängig von kulturellen und länderspezifischen Gegebenheiten definiert sein.

Herausforderungen bei der Zielsetzung ergeben sich aus den verschiedenen Interessensausrichtungen innerhalb eines Unternehmens. Diesen steht mit den ethischen Grundsätzen ein einzuhaltender Mindestrahmen gegenüber. Korrelieren die gesetzten Compliance Ziele nicht mit denen des Unternehmens, sind Zielkonflikte erwartbar – je geringer die Differenz, umso erfolgreicher lassen sich die Compliance Ziele als Spezifikation der gesetzten Unternehmensziele abbilden und realisieren. Werden Compliance Ziele richtig ausgearbeitet, bilden sie richtungsweisende Leitplanken für regelkonformes Verhalten.

2.1 Positionierung

Als integraler Bestandteil der ihnen für ihre Ableitung zugrundeliegenden Unternehmensziele sind Compliance Ziele unternehmens-individuell und stehen im Einklang mit der übergeordneten unternehmerischen Vision und Mission. Während die Vision das langfristige Zukunftsbild eines Unternehmens darstellt, umfasst die Mission die Unternehmensgrundsätze und Leitmotive, die dem Erreichen der Vision förderlich sind. Auf Ebene der Mission bewirkt das Legalitätsprinzip die Kohärenz von Mission und Compliance Zielen: Nach dem Legalitätsprinzip sind die Organmitglieder dazu angehalten, für die Einhaltung einschlägiger Regelungen Sorge zu tragen.[57]

53 Vgl. Ebenda Rz. A23.

54 Vgl. Ebenda Rz. 6.

55 Vgl. Ebenda Rz. A15.

56 Anm.: Der IDW PS 980 nennt die Formulierung der Teilrechtsgebiete unter dem Grundelement der Compliance Ziele. Der Prozess der Teilrechtsgebietsermittlung kann allerdings als Teil des CRA auch dem Grundelement der Compliance Risiken zugeordnet werden. Letztlich sind beide Grundelemente durch diese Verbindung untrennbar verbunden.

57 Vgl. *Meyer*, DB 2014 S. 1063.

ABB. 9: Hierarchie der Compliance Ziele[58]

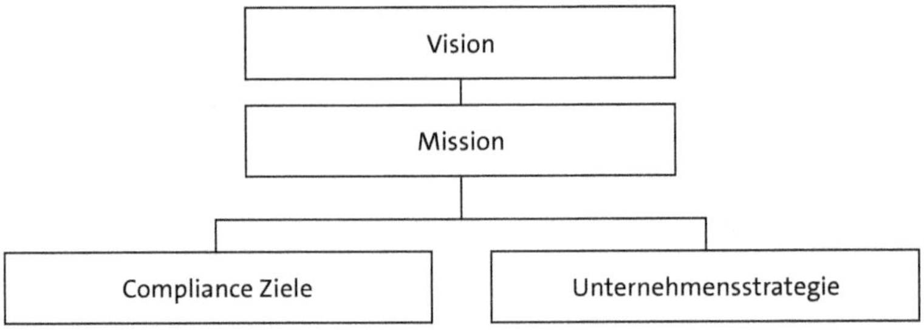

Die Compliance Ziele basieren auf der Mission und werden vor dem Hintergrund der Unternehmensstrategie festgelegt und ergänzen diese. Hat ein Unternehmen bereits eine Vision festgelegt, aus welcher eine konkrete Mission abgeleitet werden konnte, liegt der nächste Schritt somit in der Ausarbeitung der Compliance Ziele.

2.2 Vorgehensweise der Zielsetzung

Ein Zielprozessdiagramm stellt bei der konkreten Zielsetzung ein hilfreiches Instrument dar, welches die einzelnen, benötigten Arbeitsschritte aufzeigt und diese untereinander koordiniert. Ein Evaluierungsprozess kann hierbei helfen, die Compliance Ziele wie zuvor erläutert mit den Unternehmenszielen in Einklang zu bringen.

ABB. 10: Teilaufgabe der Compliance Ziele[59]

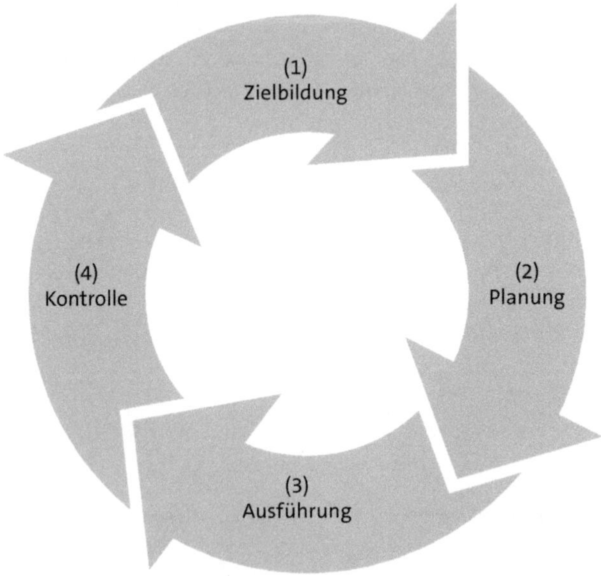

58 Eigene Darstellung.
59 Vgl. *Wöhe*, Einführung in die Allgemeine Betriebswirtschaftslehre, 2013, o. S.

2.2.1 Zielbildung

Die erste Phase der Zielbildung beginnt mit der Konkretisierung der Ziele. Vor dem Hintergrund, ein regelkonformes Verhalten der Organisationsmitglieder zu bewirken, sollte sich die Zielbildung sowohl an interne als auch externe Interessengruppen richten. Die Schwierigkeit besteht darin, die Interessenschwerpunkte beider Parteien miteinander zu vereinen. Eine hohe Verständlichkeit[60] der formulierten Zielbestandteile, deren Praktikabilität und transparente Darstellung ist daher essenziell und im Interesse aller Stakeholder. Je konkreter die Zieldefinition, umso leichter können Mitarbeiter und andere Interessengruppen eine konkrete Vorstellung dessen entwickeln, wie diese Ziele durch praktikable Handlungen gelebt und schließlich erreicht werden können.

2.2.2 Planung

Die zweite Phase des Zielprozesses setzt sich mit der Planung der Ziele auseinander. Ergebnis ist der feste Umriss und die Definition der Ausrichtung. Das kann verschiedene Handlungsaktivitäten beinhalten. Während der Planungsphase muss das Unternehmen zudem den Grad der erwünschten Zielerreichung definieren.

2.2.2.1 Messbarkeit des Grads der Zielerreichung[61]

Es sollte für die Organisation nachvollziehbar sein, ob die Ziele erreicht wurden bzw. zu welchem Grad eine Zielerreichung bereits erfolgen konnte. Die Messbarkeit von Zielen setzt u. a. voraus, dass diese hinreichend operationalisiert sowie verständlich und praktikabel formuliert werden.

Im Bereich der Compliance werden vor allem weiche Faktoren zur Festlegung von Zielen herangezogen (bspw. Compliance Bewusstsein, Tone from the Top). Derartige weiche Faktoren lassen sich nicht durch Kennzahlen, allenfalls mit Hilfsindikatoren abbilden. Hilfsindikatoren könnten hier bspw. anhand von Assessments der Compliance Kultur bestimmt und abgeleitet werden. So könnte im Rahmen dessen abgefragt werden, ob die Mitarbeiter die im Code of Conduct des Unternehmens genannten Werte kennen oder ob das Management eine klare Zero-Tolerance-Politik bei Verstößen kommuniziert. Zu unterstreichen ist, dass sich diese Indikatoren durch eine Subjektivität definieren und aufgrund ihrer Konstitution analytisch nicht exakt messbar und beeinflussbar sind.

Durch eine quantitative Beurteilung kann die gebotene Transparenz häufig nur qualitativer Aussagen zur Zielerreichung unterstützt werden. Mithilfe von Schlüsselkennzahlen können die Erfolge und Misserfolge abgebildet werden, so dass das Management und die Compliance Abteilung die Erreichung der Compliance Ziele besser bewerten können. In jedem Fall ist durch die quantitative Definition von Compliance Zielen eine objektive Beurteilung des Fortschritts möglich. Hierfür sind konkrete Kriterien festzulegen, an denen der Fortschritt der Zielerreichung erkennbar wird. Sinnvoll und praxisbewährt erscheint das Festlegen von Meilensteinen.

60 Vgl. IDW PS 980 Rz. A15.
61 Ebenda.

2.2.2.2 Abstimmung der Verfügbarkeit der Ressourcen[62]

Die Compliance Abteilung ist die primäre Instanz, welche sich mit der Ressourcenplanung auseinandersetzt. Hier erfolgt eine Differenzierung in die sachliche und zeitliche Planung: Innerhalb der sachlichen Aufgabenplanung werden anhand der zuvor konkretisierten Ziele zweckgebundene Maßnahmen abgeleitet. Eine typische Fragestellung behandelt die Verfügbarkeit geeigneter Mitarbeiter für einzelne Compliance Themen. Bezogen auf die zeitliche Aufgabenplanung unterscheidet man zwischen kurzfristigen, mittelfristigen und langfristigen Aufgaben. Der zeitlichen Planung der Compliance Ziele wird eine zentrale Rolle beigemessen, im Rahmen welcher die grundlegenden, eine lange „Lebensdauer" aufweisenden Ziele, etabliert werden.

2.2.3 Ausführung

Die dritte Phase befasst sich mit der Ausführung der Compliance Ziele. Aus dem Prozess der Zielbildung erwächst die Zielplanung, auf die das Ausrollen der Ziele folgt. Im Fokus steht hierbei die wirksame Kommunikation der Ziele durch die verantwortlichen Stellen unter Einbindung aller Personengruppen. Durch das Präsenthalten von Zielvorgaben soll sichergestellt werden, dass eine hohe Akzeptanz auf allen Ebenen erreicht wird. Ein weiterer Aufgabenbereich dieser Phase liegt in der Überwachung der Messbarkeit des Zielerreichungs-Grads.

2.2.4 Kontrolle

Innerhalb der vierten Phase wird die Zielerreichung mittels eines kontinuierlichen Überprüfungsprozesses anhand von Kontrollmechanismen nachverfolgt und ausgebaut. Die Kontrolle gilt als erster Schritt für die fortlaufende Analyse der Ist-Situation, aus welcher neue Herausforderungen und Handlungsbedarf abgeleitet werden können. Erreicht werden soll eine erhöhte Leistungsfähigkeit durch eine gesteigerte Produktivität und geringere Ressourcenbelastung. Sie kann somit auch dem Compliance Element der Überwachung und Verbesserung zugeordnet werden.

2.3 Definition der Ziele

Anhand des beschriebenen Prozesses sollten die Ziele definiert, implementiert und kontrolliert werden. Dabei kann sich die Zielsetzung auf unterschiedliche Bereiche beziehen, welche im Weiteren ausgeführt werden.

2.3.1 Abgrenzung relevanter Teilbereiche für das CMS

Die Zielbildung und die Herausarbeitung und Abgrenzung der relevanten Teilrechtsgebiete des CMS (etwa Datenschutz, Anti-Korruption, Untreue und Vermögensschädigung, Exportkontrollen, Kartellrecht, Antidiskriminierung, Schutz geistigen Eigentums, Produkthaftung, branchenspezifische Regulierung und Geldwäsche)[63] hängen unmittelbar voneinander ab. Die Aufteilung der Rechtsgebiete dient dabei der Differenzierung der Compliance Aktivitäten in verschiedene Teilbereiche, die wiederum abgegrenzte, zugeordnete Verantwortlichkeiten aufweisen. Sind etwa kartellrechtliche Risiken als Fokus gesetzt, ist diese Ausrichtung an die beteiligten Per-

62 Ebenda.
63 Ebenda.

sonen in bspw. der Rechtsabteilung, aber aufgrund möglicher Berührungspunkte im Rahmen von Zu- oder Verkäufen von Unternehmensanteilen auch den Finanzbereich zu kommunizieren.

Allgemeingültige Aussagen über die Festlegung sinnvoller Teilbereiche können nicht erfolgen, da diese so individuell wie das betroffene Unternehmen selbst definiert werden können. Die Entscheidung sollte daher unter den Gesichtspunkten der Unternehmensstruktur, des Standorts, des Geschäftsmodells, der herausragenden Geschäftsaktivitäten, etwaigen, aufgrund der verfolgten Strategie erwarten Rechtsstreitigkeiten und nicht zuletzt des verfolgten Planungshorizonts (kurzfristiger Verkauf oder langfristige Unternehmensnachfolgeregelung) und den sich hieraus ableitenden, maßgeblichen Risikoaspekten erfolgen. Eine Unterteilung in verschiedene Bereiche sollte zudem unter Beachtung der lokalen Gegebenheiten und ihren unterschiedlichen Rechtsnormen in der entsprechenden Jurisdiktion erfolgen: Dies betrifft insbesondere international agierende Organisationen. So ist ein Unternehmen, welches in England agiert, im Bereich Anti-Korruption an die Anforderungen des UK Bribery Act gebunden.[64] Organisationen, die in den USA unternehmerisch tätig werden bzw. deren Geschäft einen Bezug zu den USA aufweist, haben ihre dem CMS zugrundeliegenden Teilbereiche unter Einhaltung der Anforderungen des Foreign Corrupt Practices Act (FCPA) zu setzen.

Zudem sind mitunter die Besonderheiten der Geschäftsbereiche zu berücksichtigen: Ein Unternehmen der Telekommunikationsbranche hat in Deutschland umfangreichere Anforderungen an den Datenschutz zu setzen als Organisationen, die weniger mit personenbezogenen Daten umgehen müssen. Zur maßgeblichen Unterstützung der Herausarbeitung und Verfeinerung relevanter Teilrechtsgebiete sollte daher auch das Compliance Risk Assessment (CRA) genutzt werden (siehe Abschn. 3.2).

Wie zuvor erläutert sollten sich die Compliance Ziele in die Unternehmensziele integrieren lassen und jeweils zugrundeliegende Werte und Grundannahmen eine möglichst große Schnittmenge haben.[65] Bei der Festlegung der Compliance Ziele ist durch die Compliance Abteilung die Konkurrenz zu den Unternehmenszielen festzustellen und zu überprüfen, um ggf. Anpassungen vornehmen zu können. Eine völlige Übereinstimmung ist hierfür nicht nötig. Compliance und Unternehmensziele müssen letztendlich ausreichend gleichgerichtet und somit konsistent sein, so dass sie nebeneinander existieren können bzw. sich im Optimalfall ergänzen.

2.3.2 Risikominderung

Neben den aus den Teilbereichen erwachsenden Compliance Zielen können diese alternativ durch die Zielsetzung einer Risikominimierung erfolgen.

Vermeidung risikoreicher Geschäfte

Ein konkretes Compliance Ziel kann die Risikominimierung innerhalb des Unternehmens darstellen. Das Unternehmen kann sich bspw. die Vermeidung von risikoreichen Geschäften zum Ziel setzen. Unter diesem Gesichtspunkt müssen präventive Vorkehrungen getroffen werden, wie Schulungen und Richtlinien. Mit diesen Maßnahmen wird versucht, das Bewusstsein bei den Mitarbeitern für spezielle Risikobereiche im Unternehmen zu sensibilisieren. Identifizierten

64 Vgl. UK Bribery Act 2010, abrufbar unter: http://go.nwb.de/s42wg (abgerufen am 28.5.2020).
65 Vgl. IDW PS 980 Rz. A15.

Risiken kann im Anschluss durch implementierte Kontrollmechanismen entgegengewirkt werden. Geeignete Maßnahmen sind hier bspw. Geschäftspartnerprozesse wie Business Partner Screenings oder Freigabesysteme durch Unterschriftenrichtlinien.

Reputationsrisiko

Für die Festlegung von Compliance Zielen sind nicht nur die eigenen Wertvorstellungen des Unternehmens zu berücksichtigen. Vielmehr hat der Prozess vor dem Hintergrund der gesellschaftlichen Wertvorstellungen stattzufinden. Durch den stetigen kulturellen Wandel der Gesellschaft sind Anpassungen der Ziele und Handlungen innerhalb des Unternehmens vorzunehmen, die dieses davor bewahren, gesellschaftlich unerwünschte oder gänzlich nicht mehr akzeptierte, mitunter veraltete Vorstellungen, umzusetzen. Ziele können somit als weicher Faktor innerhalb des Unternehmens definiert werden, da sie ständig neuen individuellen Anforderungen unterliegen. Des Weiteren führen Veränderungen in den Wertvorstellungen zu Anpassungen rechtlicher Normen. Ein Beispiel hierfür ist die steuerliche Geltendmachung von Korruptionszahlungen oder die in einschlägigen Jurisdiktionen unterschiedliche Behandlung von Beschleunigungszahlungen (*facilitation payments*). Diese sind mittlerweile entweder nicht länger gesetzeskonform oder zumindest gesellschaftlich nicht mehr akzeptiert. Hier wird deutlich, wie die Unternehmensziele unter Berücksichtigung der rechtlichen Vorgaben den Handlungsrahmen für die Compliance Ziele bilden.

Die Anpassung der Compliance Ziele an die gesellschaftlichen Anforderungen ist insbesondere auch aufgrund der Außenwirkung von Bedeutung. So steht in der Praxis vermehrt auch die Wahrnehmung gesellschaftlicher Verantwortung im zentralen Fokus bei der Erarbeitung der Compliance Ziele. Handelt das Unternehmen nach überholtem Ethos, kann dies zu einer Diskrepanz und mithin zu Reputationsschäden führen. Es ergibt sich somit ein Reputationsrisiko, dessen Vermeidung besondere Priorität beigemessen werden sollte. Ein Reputationsrisiko tritt dann auf, wenn ein negatives unerwartetes Ereignis zu einer veränderten Wahrnehmung der Stakeholder in Zusammenhang mit dem Unternehmen führt. Dieses Ereignis muss nicht zwingend mit einem offensichtlichen oder zumindest nachweislichen Verstoß gegen Gesetze oder Regularien verbunden sein, sondern lediglich gegen die Werteordnung einzelner Stakeholder verstoßen oder gar nur einen derartigen Verstoß assoziieren lassen. Um dieses Risiko angemessen zu minimieren und zu managen, können Compliance Ziele helfen, eine wirksame Strategie zu etablieren, welche im Dialog mit den Stakeholdern entwickelt werden sollte.[66]

Risiko der Organhaftung

Als weiteres Risiko ist die Organhaftung zu nennen, aus welcher sich mögliche folgende Schadensersatzansprüche gegenüber den Organmitgliedern ergeben können. Diese werden in der Literatur derzeit bezüglich einer weiteren Kodifizierung oder Begrenzung intensiv diskutiert.[67] Durch eine klare Definition der Compliance Ziele und der sich hieraus ergebenen Compliance Maßnahmen kann den Organmitgliedern ermöglicht werden, ihrer Sorgfaltspflicht als ordentliche und gewissenhafte Geschäftsleitern nachzukommen.

66 Vgl. *Wieland*, in: Hardtke/Kleinfeld, Gesellschaftliche Verantwortung von Unternehmen 2010, S. 88.
67 Vgl. *Fleischer*, DB 2014 S. 1971 ff.

2.3.3 Effizienz- und Effektivitätssteigerung

Als weiteres, zu verfolgendes Ziel kann die Effizienzsteigerung verstanden werden. Im Rahmen dessen liegt der Fokus auf einer Optimierung der bereits im Unternehmen verankerten Kontrollmechanismen. Der Mehrwert liegt in der verbesserten Überwachung und Verbesserung der Compliance Ziele. Dies wird insbesondere bei sehr ausgereiften Systemen diskutiert und es muss die Frage beantwortet werden, wie kann ein System schlanker und effizienter gestaltet werden, ohne dabei an Sicherheit im Hinblick auf Compliance einzubüßen? Hier bietet die Digitalisierung und damit einhergehend die Automatisierung von Abläufen eine erste Möglichkeit die Effizienz zu steigern.

Ebenso kann mittels der Verbesserung und Automatisierung der Kontrollsysteme und sonstiger Maßnahmen eine höhere Effektivität erreicht werden. Bspw. sind hier Überprüfungen zu nennen, welche mittels Data Analytics nicht auf einzelnen Stichproben beruhen, sondern alle Daten eines Geschäftsvorfalls umfassen können.

2.3.4 Transparenz

Die Folge der risikoorientierten Zielsetzung ist eine erhöhte Transparenz, die wiederum selbst als untergeordnetes Ziel subsumiert werden kann. Durch die transparente Darstellung der Prozesse soll bewirkt werden, dass das Unternehmen auf Veränderungen schnellstmöglich reagieren kann. Das können z. B. rechtliche Änderungen sein, die eine schnelle Umsetzung innerhalb der betroffenen Abteilungen erfordern. Ein weiterer Nutzen liegt in der Nachvollziehbarkeit der Geschäftsprozesse für die Mitarbeiter aber auch Stakeholder. Diese sind in der Lage, sich ein Bild der Verfahren und Situationen innerhalb des Unternehmens zu verschaffen.

ABB. 11: Ziele[68]

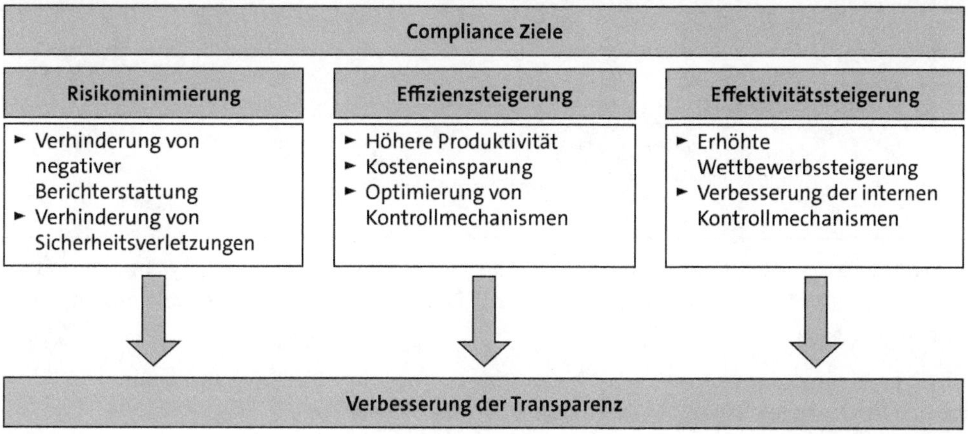

Somit bilden nicht nur die einzelnen Teilbereiche einen Orientierungsrahmen für die Setzung von Compliance Zielen, sondern auch allgemeine Prozesse zur Risikominimierung, Effizienz- und Effektivitätssteigerung sowie einer Transparenzsteigerung. Durch eine klare Zielsetzung können

68 Eigene Darstellung.

sich bei Erreichen u. a. eine Kosteneinsparung und eine Verbesserung der Arbeitsabläufe und Prozesse ergeben. Aber auch eine verbesserte Überwachung resultiert aus der klaren Zielsetzung – eine positive Langzeitfolge kann letzten Endes in der erhöhten Wettbewerbsfähigkeit des Unternehmens liegen.

2.4 Geltungsbereich

Neben der funktionellen und materiellen Zielsetzung (siehe oben zur Festlegung der Teilbereiche) bildet der personelle Geltungsbereich das dritte Element. Dieser umfasst die Eruierung der betroffenen Personenkreise und die Ableitung von Arbeitsabläufen und Zuständigkeiten. Ziele und Aktivitätspläne sind hierbei bereichsübergreifend aufeinander abzustimmen; dies steigert die Chance auf eine hohe Akzeptanz seitens der Mitarbeiter. Das vierte und letzte Element bildet das des territorialen Geltungsbereichs. Zu berücksichtigen ist hier die Ausrichtung des Unternehmens: Handelt es sich bspw. um ein nationales oder multinationales Unternehmen, das global am Markt agiert? Entscheidend ist in diesem Zusammenhang, welche rechtlichen Anforderungen der jeweils geltenden Jurisdiktion einzuhalten sind. Der territoriale Geltungsbereich legt damit auch fest, für welche Länder und Gesellschaften das CMS Anwendung findet.

ABB. 12: Geltungsbereich[69]

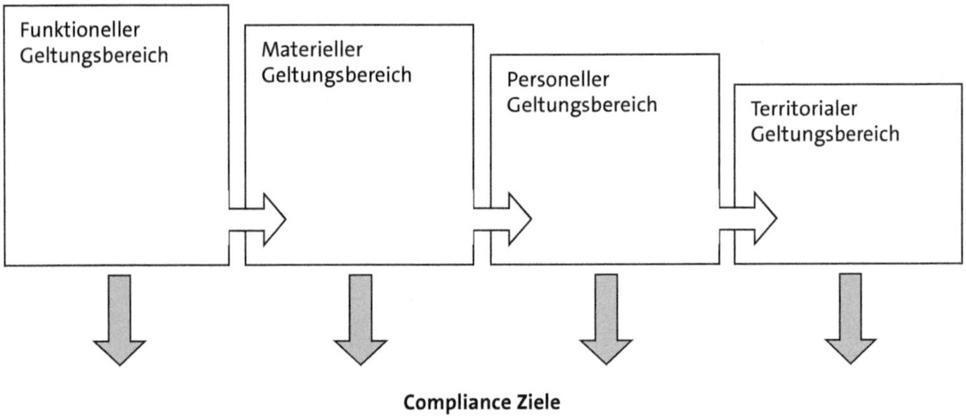

Das Unternehmen ist dazu angehalten alle vier Geltungsbereiche zu berücksichtigen und aufeinander abzustimmen, um eine ganzheitliche Abdeckung der Compliance Ziele garantieren zu können.

2.5 Erfahrungen und Erkenntnisse aus der Praxis

Bei der Verfolgung der gesetzten Compliance Ziele sollten Unternehmen beachten, dass sich einige von ihnen untereinander bedingen und eine separate Betrachtung nicht zwingend sinnvoll ist und auch nicht immer erfolgen kann. Die qualitative Zielsetzung der Sensibilisierung der Mitarbeiter kann bspw. durch das quantitativ gesetzte Ziel einer hundertprozentigen Schulungs-

69 Eigene Darstellung.

quote bedingt und u.U. auch durch dieses nachgewiesen werden. Somit kann vor allem bei der Setzung qualitativer Ziele für erste Anhaltspunkte auf die ihnen untergeordneten quantitativen Ziele zurückgegriffen werden. Erkenntnisse aus der Praxis zeigen – es ist wenig sinnvoll, für die unzähligen Risiken jeweils einzelne Ziele abzuleiten. Durch die Fülle an festgelegten Zielen sind diese sodann nicht mehr greifbar und der Fokus wird falsch gesetzt; zudem steigt mit der Anzahl von Zielen die Gefahr von Zielkonflikten. Vor allem Konzerne mit komplexen Strukturen ordnen ihren Zielen verschiedene Subziele zu, verfügen aber zumeist über ausreichend Ressourcen, um die Verfolgung der Ziele auch nachhalten zu können.

Eine Problematik, die sich innerhalb der praktischen Umsetzung der Zielsetzung ergibt, findet sich innerhalb der Compliance Kultur. Diese bedarf zur Überprüfung und Messung der Zielerreichung, wie auch in anderen Bereichen der Betriebswirtschaft, spezifischer Messgrößen. Für den Bereich der weichen Faktoren, wie sie innerhalb der Compliance Kultur zu finden sind, ist eine Ableitung einer klaren Zielerreichung jedoch nicht möglich. Sie definieren sich durch eine Subjektivität und sind aufgrund ihrer Konstitution analytisch nicht exakt messbar und beeinflussbar. Da sich weiche Faktoren als Ursache gruppendynamischer Prozesse ergeben, sind diese besonders im Rahmen evolutionärer Prozesse, wie etwa Change Management Prozessen, zu finden.

Der IDW PS 980 nennt generell drei Bereiche, die das Messen von Leistungsindikatoren implizieren: Aktivitätsindikatoren, wie der prozentuale Anteil an wirksam geschulten Mitarbeitern, reaktive Indikatoren, wie identifizierte Vorfälle einer Non-Compliance und deren Berichterstattung nach Art, Bereich und Häufigkeit sowie Indikatoren, die die Frühwarnung betreffen. Es ist jedoch in der Praxis kritisch zu beleuchten, inwieweit dieses quantitativ feststellbare Zahlenwerk einen Aufschluss über die Wirksamkeit eines CMS geben kann.

Grundsätzlich könnte zunächst der Trugschluss gefasst werden, dass der Eingang zahlreicher Meldungen hinsichtlich möglichen Fehlverhaltens darauf schließen lässt, dass die Mitarbeiter oder Führungskräfte nicht ausreichend sensibilisiert wurden. Jedoch spricht es auch für ein vorhandenes Vertrauen, wenn die Meldung von Verstößen ohne Angst vor Repressalien erfolgt. Des Weiteren zeigt es, dass das Unternehmen scheinbar funktionierende Meldesysteme integriert hat und diese auch ausreichend kommuniziert wurden. Somit bildet die Anzahl eingehender Verstöße keine valide Grundlage für die Beurteilung der Effektivität eines CMS. Große Konzerne mit ausgebauten Meldesystemen weisen somit oft einen hohen Wert an eingegangenen Meldungen auf. In der Praxis zeigt sich – eine Kultur des Vertrauens dient der Förderung regelkonformen Verhaltens. Unternehmen sollten sich daher grundsätzlich bei der Zielsetzung überlegen, welcher Mehrwert geschaffen werden soll und die Ergebnisse auf ihre Aussagekraft hin analysieren.

3. Compliance Risiken

WP/StB Verena Brandt, Maximilian Kirch und Katharina Kleff

Die rechtliche Verpflichtung zur Durchführung eines Compliance Risk Assessments, d. h. einer strukturierten und umfassenden Identifizierung und Bewertung rechtlicher Risiken im Unternehmen, kann einerseits dem Gesetz über Ordnungswidrigkeiten als Teil des öffentlichen Rechts,[70] andererseits auch dem Gesellschaftsrecht und damit dem Zivilrecht entnommen werden. Insbesondere § 130 OWiG spielt in diesem Zusammenhang eine entscheidende Rolle. Die Vorschrift ist auf den ersten Blick nur auf „Inhaber" eines Betriebs oder Unternehmens anwendbar. Der Haftung aus § 130 OWiG unterliegen jedoch auch Unternehmen, etwa in der Form einer GmbH oder Aktiengesellschaft (AG) selbst (§ 30 Abs. 1 OWiG). Die Haftung strahlt sich zudem auch auf die Geschäftsleitungen sowie sonstige Personen mit Leitungsverantwortung aus (§ 9 Abs. 1 OWiG).

Rechtlich wird verlangt, dass erforderliche Aufsichtsmaßnahmen (z. B. Bestellung, sorgfältige Auswahl und Überwachung von Aufsichtspersonen) ergriffen werden. Die Frage der Erforderlichkeit ist dabei jedoch einzelfallabhängig. Die Aufsichtsmaßnahmen, die bspw. für ein Unternehmen mit 250 Mitarbeitern völlig ausreichend sein können, um Gesetzesverstöße zu verhindern, werden für international agierenden Konzern mit mehreren tausend Mitarbeitern aller Wahrscheinlichkeit nicht die Schwelle der Erforderlichkeit i. S. von § 130 OWiG erreichen können. Ausschlaggebend sind somit insbesondere Art, Größe und Organisation des Betriebs sowie Vielfalt und Bedeutung der einzuhaltenden Vorschriften. Im Ergebnis ist es erforderlich, die rechtlich wesentlichen Risiken eines Unternehmens zu erfassen, um auf dieser Grundlage die erforderlichen Aufsichtsmaßnahmen ergreifen zu können. Ohne Durchführung eines Compliance Risk Assessments ermangelt es der Aufsicht des Betriebsinhabers nach § 130 OWiG und damit des Bezugs zu den tatsächlichen rechtlichen Risiken des Unternehmens. Es resultiert die Gefahr, dass die erforderlichen Aufsichtsmaßnahmen nicht getroffen wurden und i. S. von § 130 OWiG ein Unterlassen vorliegt – neben einer Sanktion aus dem verletzten Gesetz selbst kann eine Geldbuße nach § 130 OWiG i. H. von bis zu einer Mio. € wegen Verletzung der Aufsichtspflicht auferlegt werden.

Bei der Analyse der gesetzlichen Regelungen und des durch sie verfolgten Zwecks wird deutlich, welches – mitunter existenzbedrohende – Gefahrenpotential von Compliance Risiken ausgehen kann. Das Compliance Risk Assessment mit der hier vorgenommenen Identifizierung und Bewertung der konkreten Compliance Risiken ist somit die Grundlage für die Ableitung der für das Unternehmen notwendigen Maßnahmen, Prozesse und Kontrollen, um Compliance Verstöße in angemessener Weise zu verhindern.

3.1 Risiko-Relevanz-Analyse

Die Kenntnis über die Compliance Risiken ist die Grundlage für die Ableitung des Compliance Programms. Im Rahmen der Bestimmung der Compliance Ziele (siehe Absch. 2) legt das Unternehmen fest, was durch das CMS des Unternehmens erreicht werden soll. In der Praxis sehen

70 Das Ordnungswidrigkeitenrecht als „Verwaltungsstrafrecht" ist im weiteren Sinne Teil des Strafrechts, welches wiederum als Teilbereich des öffentlichen Rechts angesehen wird.

wir, dass dies häufig Zielsetzungen hinsichtlich der Einhaltung rechtlicher Vorschriften sowie der Aufdeckung möglicher Compliance Verstöße sind.

In der Folge müssen Unternehmen zunächst die relevanten rechtlichen Vorschriften kennen, die sie einhalten müssen. Diese Identifikation der Rechtsgebiete erfolgt als ein dem eigentlichen Compliance Risk Assessment vorgelagerter Schritt im Rahmen einer Risiko-Relevanz-Analyse oder auch horizontalen Risikoanalyse. Ziel hierbei ist es, sämtliche für das Unternehmen einschlägigen Rechtsgebiete zu identifizieren und zu erheben, welche Funktion im Unternehmen die Einhaltung der in diesem Rechtsgebiet bestehenden gesetzlichen (und ggf. freiwilligen) Verpflichtungen sicherstellen soll.

Die große Herausforderung hierbei ist es, einen Überblick aller möglichen relevanten Rechtsgebiete für das Unternehmen zu erstellen. Hierfür können öffentlich verfügbare Kataloge wie bspw. die Risikolandkarte des Deutschen Instituts für Compliance e.V. (DICO) genutzt werden.

Im ersten Schritt der Risiko-Relevanz-Analyse muss nun die Gesamtheit der Rechtsgebiete dahingehend durchgegangen werden, ob die Rechtsgebiete für das Unternehmen und dessen konkrete Geschäftstätigkeit grundlegend einschlägig sind. Rechtsgebiete wie Arbeitsschutz und Steuerrecht sind sicher für alle Unternehmen relevant. Andere, wie insbesondere Umweltrecht, Produkthaftung und Versicherungsrecht, können u.U. nur für ausgewählte Geschäftstätigkeiten relevant sein.

Nachdem der Katalog der möglichen Rechtsgebiete bspw. mithilfe von Juristen oder Fachexperten auf die tatsächlich relevanten Rechtsgebiete reduziert wurde, kann jedem der Rechtsgebiete zugeordnet werden, welche Abteilung, Funktion oder Position für die Einhaltung der Gesetze und Vorschriften in diesem verantwortlich ist. Für den Bereich Steuerrecht wird dies in aller Regel die Steuerabteilung oder Buchhaltung sein, für Außenwirtschaftsrecht der Exportkontrollbeauftragte. In dieser Form lässt sich identifizieren, ob allen Rechtsgebieten eine klare Verantwortlichkeit zugeordnet ist.

Das Ergebnis der Risiko-Relevanz-Analyse bildet somit eine klare Aussage hinsichtlich relevanter Rechtsbereiche und den jeweils zugeordneten Verantwortlichkeiten zur Steuerung der Compliance Risiken in diesem Bereich.

3.2 Compliance Risk Assessment

Nachdem die relevanten Teilbereiche des CMS in der Verantwortung der Compliance Funktion festgelegt wurden, muss das Unternehmen eine systematische Aufnahme und Priorisierung der Risiken für Regelverstöße durchführen. Für eine zielgerichtete und ressourceneffiziente Vorgehensweise hat sich in der Praxis ein zweistufiger Prozess etabliert:

3.2.1 Top-Down Risk Assessment

Im ersten Schritt wird die Risikoexposition des Unternehmens bzw. seiner Unternehmenseinheiten anhand objektiver Kriterien bestimmt. Diese Analyse erfolgt in aller Regel auf Ebene von Konzerngesellschaften in Form eines Scoring-Modells. Typische, objektive Risikokriterien sind bspw.

- der Außenumsatz der Konzerngesellschaft,
- die Anzahl der Mitarbeiter,

- der Sitz der Konzerngesellschaft,
- Tätigkeiten und Transaktionen in andere Länder und
- die Geschäftstätigkeit der Gesellschaft, z. B. Entwicklung, Produktion, Vertrieb.

Diese Kriterien müssen für die einzubeziehenden Rechtsgebiete weiter konkretisiert werden, z. B.:

- Nutzung des *Corruption Perception Index* (CPI) zur Beurteilung der generellen Korruptionsanfälligkeit;
- Basel AML-Index zur generellen Beurteilung der Geldwäsche-Anfälligkeit.

Die konkreten Kriterien hängen zudem stark von der Branche und der Geschäftstätigkeit des Unternehmens ab und müssen individuell und entsprechend der Verfügbarkeit der Informationen festgelegt werden.

Anhand der im Scoring-Modell erhobenen Informationen kann dann durch eine dahinterliegende Kategorisierung der Risikokriterien für jede Konzerngesellschaft eine Risikokategorie (z. B. *top, high, medium, low*) ermittelt werden.

Diese Einordnung der Konzerngesellschaften in Risikokategorien kann auch dazu genutzt werden, Compliance Maßnahmen risikoorientiert auszurollen und so den Ressourceneinsatz besser zu steuern. Zudem können hieran auch die Frequenz und Intensität der Überwachungsmaßnahmen hinsichtlich der Einhaltung von Compliance Vorgaben festgelegt werden.

3.2.2 Bottom-Up Risk Assessment

Im Anschluss an die Kategorisierung und die damit verbundene Feststellung der grundlegenden Compliance Risikoexposition ist es notwendig, die konkreten Risikoszenarien in den Rechtsgebieten zu identifizieren. So können später die bestehenden Maßnahmen hinsichtlich ihrer Wirksamkeit zur Risikoreduzierung bewertet und ggf. andere oder neue Maßnahmen eingeführt werden.

Die Identifikation der Risikoszenarien kann z. B. in Form von Interviews, Workshops oder der Auswertung von verfügbaren Informationen anderer Unternehmen mit ähnlichem Geschäftsmodell erfolgen. Wichtig ist hierbei, die konkreten Prozesse und Geschäftsaktivitäten der einzelnen Konzerngesellschaften zu berücksichtigen. Insofern sind von einer Konzernmutter vorgegebene Risikoszenario-Listen wertvolle Hilfsmittel, können aber in der Regel einen bottom-up in den Konzerngesellschaften durchgeführten Risikoidentifikationsprozess nicht ersetzen.

Die identifizierten Risiken werden anschließend bewertet. In der klassischen Risikobewertung werden hierbei die Eintrittswahrscheinlichkeit und das Schadensausmaß des Risikos als Bewertungskategorien herangezogen.

Im ersten Schritt sollte der Schaden quantitativ, d. h. monetär beziffert werden. Hierzu werden bei Verstoß drohende Bußgeld- und Strafzahlungen sowie weitere Kosten berücksichtigt. Der Schaden möglicher Compliance Verstöße kann jedoch häufig nicht allein quantitativ bewertet werden bzw. eine rein quantitative Bewertung ist nicht zielführend, da weitere Schäden den rein finanziellen Schaden übersteigen können. Dies führt dazu, dass weitere Kriterien wie Reputationsverluste berücksichtigt werden müssen, welche versuchen den Verlust des Vertrauens der Öffentlichkeit in das Unternehmen darzustellen. Insbesondere im Bereich der Produkthaftung oder dem Umweltrecht bietet sich als weiteres Bewertungskriterium der Schaden für Leib und Leben an. Dies kann allerdings die Integration des Compliance Risk Assessments in das übergreifende Risikomanagementsystem des Unternehmens erschweren, wenn dies auf eine rein quantitative Bewertung ausgerichtet ist.

Neben dem entstehenden Schaden muss die Eintrittswahrscheinlichkeit bewertet werden. Diese ist insbesondere abhängig von der Größe und der Geschäftstätigkeit des jeweiligen Unternehmens, Geschäftsbereichs bzw. der Fachfunktion. Weitere Faktoren, die im Rahmen des bottom-up Risk Assessments berücksichtigt werden sollten und insbesondere Auswirkungen auf die Eintrittswahrscheinlichkeit haben, sind u. a.

- Änderungen im wirtschaftlichen und rechtlichen Umfeld,
- Personalveränderungen,
- überdurchschnittliches Unternehmenswachstum,
- neue Technologien,
- neue oder atypische Geschäftsfelder oder Produkte,
- Umstrukturierungen und
- Expansion in neue Märkte.

ABB. 13: Integration[71]

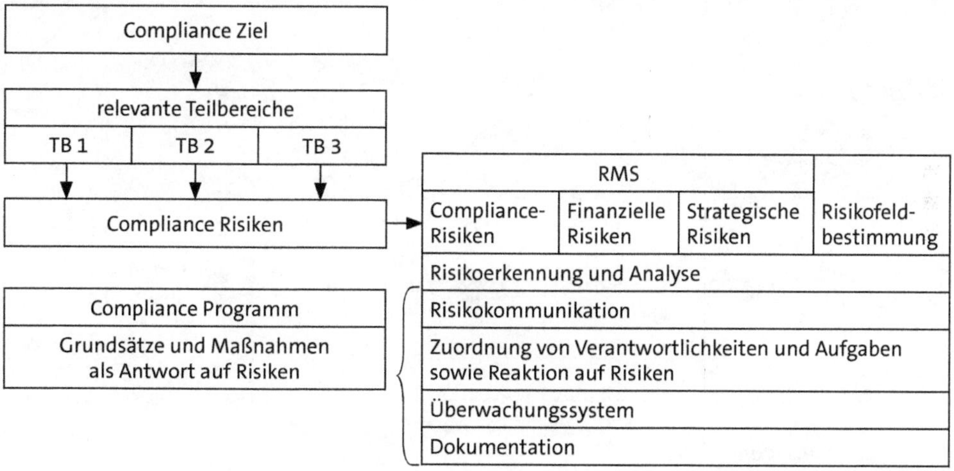

Auf Basis des Compliance Risk Assessments werden im Anschluss die Maßnahmen und Kontrollen für das Compliance Programm abgeleitet. Das Risk Assessment stellt somit die „Steuerungszentrale" für ein effektives und zugleich effizientes Compliance Programm dar. Das Verständnis dieses logischen Zusammenhangs ist von elementarer Bedeutung für ein angemessenes und wirksames CMS. Auch ist die Befassung mit den Compliance Risiken keine einmalige Aktivität, sondern ein Regelprozess, der einen wesentlichen Bestandteil der kontinuierlichen Weiterentwicklung und Verbesserung des CMS darstellt und bspw. jährlich durchgeführt werden kann.[72]

71 Eigene Darstellung.
72 Vgl. IDW PS 980 Rz. 23 A16.

3.3 Integration in das unternehmensweite Risikomanagement

Das Gesellschaftsrecht fordert im Rahmen der Sorgfaltspflicht konkrete Maßnahmen der Unternehmensführung, denen durch die Einführung eines **Überwachungssystems** nachgekommen werden sollte. Das Gesetz könnte an dieser Stelle vermuten lassen, dass dieses nur soweit reichen muss, als es bestandsgefährdende Risiken aufdeckt. Die Gesetzesbegründung präzisiert den Begriff Überwachungssystem aber dahingehend, dass insbesondere ein angemessenes **Risikomanagement** (und eine angemessene interne Revision) einzurichten ist, wobei „angemessen" in diesem Kontext in Relation auf die Unternehmensspezifika wie Größe, Branche etc. individuell auszulegen ist. In der Praxis werden drei konkrete Maßnahmen zur Unternehmensführung diskutiert:

- das Risikomanagement System (RMS),
- das interne Kontrollsystem (IKS) und
- das Compliance Management System (CMS).

ABB. 14: Zusammenspiel der Governance-Elemente[73]

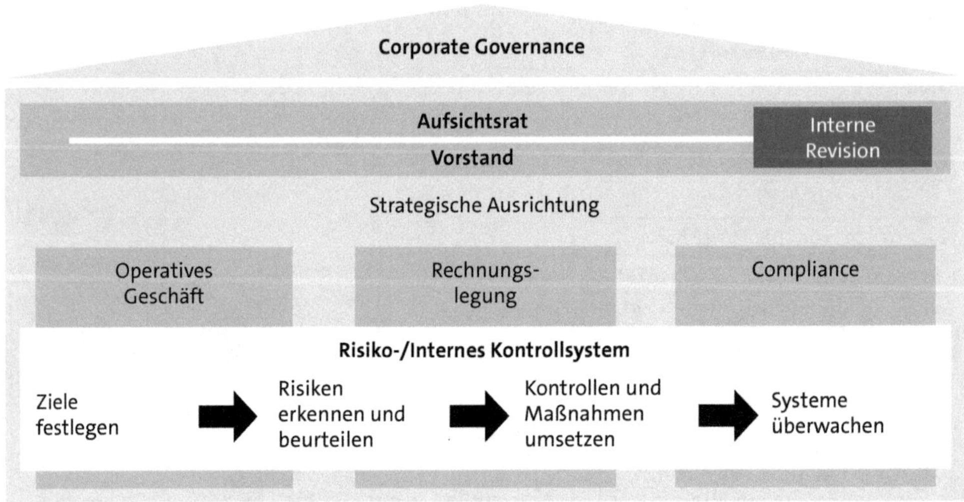

3.3.1 Risikomanagement System

Unter Risiko wird allgemein die Möglichkeit ungünstiger künftiger Entwicklungen verstanden. Der IDW PS 340[74] bezieht sich grundsätzlich auf Risikofrüherkennungssysteme, legt allerdings in allgemeinen Begriffsabgrenzungen in Rz. 2–6 eine Definition für ein RMS fest. Demnach definiert sich ein RMS als die Gesamtheit aller Grundsätze und Maßnahmen zur Risikoerkennung aus der unternehmerischen Betätigung und dem daraus folgenden Umgang mit diesen Risiken, d. h. vor allem der Reaktion darauf. Allgemein gilt: Die Verfolgung bestandsgefährdender Risiken ist nur ein Teil des gesamten RMS. Dies betrifft auch die Bestimmung von und den Umgang mit den in diesem Kapitel zu betrachtenden Compliance Risiken.

73 Eigene Darstellung.
74 Vgl. IDW PS 340, Die Prüfung des Risikofrüherkennungssystems nach § 317 Abs. 4 HGB.

Betrachtet man die Überlegungen der *Commission of Sponsoring Organizations of the Treadway Commission* (COSO) zum Risikomanagement, wird deutlich, dass Compliance als eine von vier Risikokategorien als eine Zieldimension des Risikomanagements gesehen wird.

ABB. 15: COSO-Würfel[75]

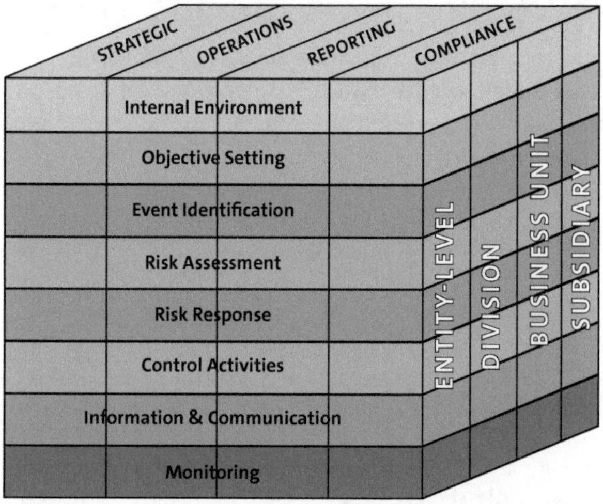

Demnach ist nicht nur die reine Erkennung von Compliance Risiken in das Risikomanagement zu integrieren, sondern grundsätzlich auch deren Analyse und Bewertung – und zwar losgelöst von der Behandlung strategischer oder operativer Risiken. Deswegen sollten die Ergebnisse des Compliance Risk Assessments, auch wenn es nach spezifischen Methoden hinsichtlich Identifikation und Bewertung durchgeführt wird, in das übergreifende Risikomanagement des Unternehmens einfließen.

3.3.2 Internes Kontrollsystem

Der IDW PS 261[76] definiert in Rz. 19 das IKS als die von dem Management im Unternehmen eingeführten Grundsätze, Verfahren und Maßnahmen (Regelungen), die gerichtet sind auf die organisatorische Umsetzung der Entscheidungen des Managements

- zur Sicherung der Wirksamkeit und Wirtschaftlichkeit der Geschäftstätigkeit (hierzu gehört auch der Schutz des Vermögens, einschließlich der Verhinderung und Aufdeckung von Vermögensschädigungen),
- zur Ordnungsmäßigkeit und Verlässlichkeit der internen und externen Rechnungslegung sowie
- zur Einhaltung der für das Unternehmen maßgeblichen rechtlichen Vorschriften (Compliance).

75 *The Committee of Sponsoring Organizations of the Treadway Commission*, 2004, abrufbar unter: http://go.nwb.de/8g3wj, S. 5. (abgerufen am 29.5.2020).

76 Vgl. IDW PS 261 n. F., Feststellung und Beurteilung von Fehlerrisiken und Reaktionen des Abschlussprüfers auf die beurteilten Fehlerrisiken, Stand 1.3.2012.

Im letzten Punkt wird auch hier die Interdependenz zum CMS deutlich, denn über das IKS ist sicherzustellen, dass aus der im Risikomanagement zu integrierenden Compliance Risikoanalyse hervorgehende mögliche Compliance Verstöße aufgedeckt bzw. verhindert werden. Es kann mithin an dieser Stelle von einem Compliance IKS als integralem Bestandteil des Compliance Programms gesprochen werden. Die Verantwortung für Konzeption, Implementierung, Aufrechterhaltung sowie Überwachung des IKS liegt bei den gesetzlichen Vertretern.

Das IKS besteht aus Regelungen zur Steuerung der Unternehmensaktivitäten (internes Steuerungssystem) und Regelungen zur Überwachung der Einhaltung dieser Regelungen (internes Überwachungssystem). Das interne Überwachungssystem beinhaltet prozessintegrierte (organisatorische Sicherungsmaßnahmen, Kontrollen) und prozessunabhängige Überwachungsmaßnahmen.

ABB. 16: Regelungsbereich des IKS[77]

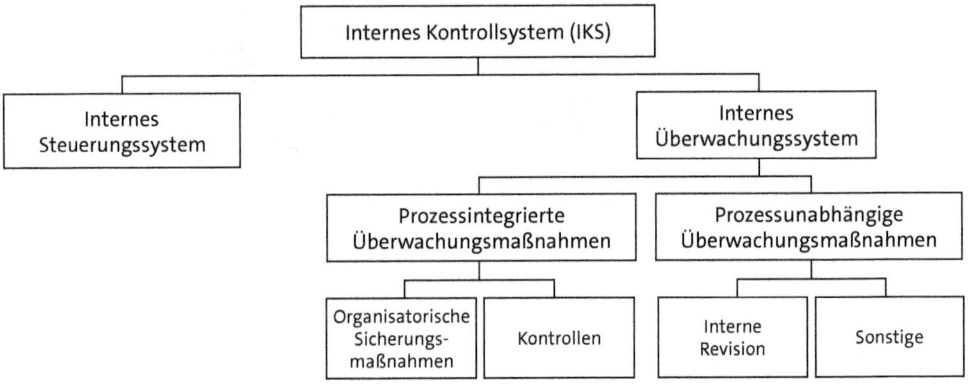

Unter organisatorischen Sicherungsmaßnahmen sind risikominimierende (präventive) Maßnahmen zu verstehen, die ein bestimmtes Rahmenkonzept vorgibt, z. B. fallen hierunter das IT-Berechtigungskonzept oder sämtliche Richtlinien.

Kontrollen sind in den Arbeitsablauf integrierte Maßnahmen, die durch einen Überwachungsträger ausgeübt werden und in ihrer Funktion gleichermaßen fehleraufdeckend (detektiv) wie fehlerverhindernd (präventiv) sein können. Die Interne Revision ist prozess- und funktionsunabhängig und überwacht durch fortlaufende Prüfung und Beurteilung das IKS. Daneben können noch sonstige prozessunabhängige Maßnahmen implementiert sein, z. B. *High-Level*-Kontrollen, die im besonderen Auftrag der gesetzlichen Vertreter oder durch diese selbst vorgenommen werden. Als weiteres Beispiel einer sonstigen Maßnahme könnte z. B. ein Hinweisgebersystem (*Whistleblowing*-Tool) verstanden werden.[78]

Gemäß IDW PS 261 Rz. 29 gliedert sich der konzeptionelle Aufbau des IKS in Anlehnung an COSO in fünf Elemente, und zwar

- **Kontrollumfeld**, d. h. die Unternehmenskultur als Grundlage und Rahmen für die Überwachungsmaßnahmen. Hierzu gehört insbesondere eine entsprechende Grundeinstellung

77 IDW PS 261 Rz. 20.

78 Vgl. IDW PS 261 n. F. Rz. 19–34.

der Mitarbeiter, die nicht bezüglich des IKS ausgebildet sind, sondern die Maßnahmen als wichtig und notwendig akzeptieren.

- **Risikobeurteilung**, d. h. aus dem Risikomanagement heraus werden bei Festlegung einer Risikobewältigungsstrategie – hier in Bezug auf **Compliance Risiken** – innerhalb des IKS bestimmte Maßnahmen festgelegt, die das (Compliance)Risiko minimieren oder sogar ganz abstellen sollen. Die Compliance Risiken können in verschiedenen Prozessen auftreten, wie bspw. das Risiko im Bereich der Human Resources, dass Mitarbeiter in Führungspositionen eingestellt werden, welche in der Vergangenheit bereits non-compliante Handlungen vorgenommen haben oder im Bereich des Sourcings, in welchem Bestechungszahlungen an Third Parties getätigt werden.
- **Kontrollaktivitäten**, d. h. durch Grundsätze und Maßnahmen wird sichergestellt, dass die Entscheidungen der gesetzlichen Vertreter beachtet werden. Mit Bezug zu Compliance bietet sich hier bspw. im Bereich der Mitarbeitereinstellung an, dass für Schlüsselfunktionen wie der Internen Revision zuvor Screenings der Mitarbeiter hinsichtlich vergangenen, non-complianten Verhaltens durchgeführt werden.
- **Information und Kommunikation**, d. h. es ist (analog zum RMS) sichergestellt, dass wichtige Informationen über Risiken, Maßnahmen, Feststellungen oder Verbesserungspotential vollständig und zeitgerecht an die relevanten Entscheidungsträger kommuniziert werden und zwar *top-down* wie *bottom-up*.
- **Überwachung des IKS**, d. h. die fortlaufende Prüfung, Beurteilung und Verbesserung des IKS i. S. von Monitorkontrollen, die sicherstellen sollen, dass die Kontrollaktivitäten auch durchgeführt werden.

Unter Berücksichtigung der aufgezeigten Begriffsdefinitionen zu RMS und IKS wird die enge Verzahnung des CMS mit den anderen Governance Systemen deutlich.

3.4 Erfahrungen und Erkenntnisse aus der Praxis

In der Praxis ist im Hinblick auf die Compliance Relevanz-Analyse festzustellen, dass Verantwortlichkeiten und Kompetenzen nicht eindeutig geregelt sind. Dies führt im Ergebnis oft dazu, dass Bereiche tatsächlich nicht gesteuert werden, oder gleichzeitig durch verschiedene Abteilungen. Der erste Fall führt zu erheblichen Compliance Risiken, der zweite Fall zu Ineffizienzen durch Doppelarbeiten und Abstimmungsnotwendigkeiten. In der Vergangenheit hat der Schritt der Risiko-Relevanz-Analyse oftmals nicht strukturiert und dokumentiert stattgefunden. Die Verantwortlichkeiten sind oft historisch gewachsen; so wurden der Compliance Funktion als eigenständige Abteilung im Rahmen dieser Analyse oft die Rechtsgebiete zugeordnet, die bisher als Querschnittsthemen und damit inkonsistent und u. U. unvollständig betreut wurden sowie jene, die nicht anderweitig sinnvoll einer bestehenden operativen oder Unterstützungsfunktion im Unternehmen zugeordnet werden konnten. Neben klassischen Themen wie Antikorruption und Kartellrecht fallen hierunter inzwischen auch Themen wie Geldwäscheprävention, Sanktionen und Embargos.

Zudem ist ein Wandel dahingehend zu beobachten, dass Compliance Abteilungen eine Vielzahl von Prozessen, die sie für die ihnen zugeordneten Rechtsgebiete entwickelt haben, auch als eine Art interner Dienstleister oder Prozess- und Systemgeber für andere Rechtsbereiche zur Verfügung stellen. Als Beispiel sei die Anbindung weiterer Rechtsbereiche in eine Compliance Risikoanalyse oder an ein Compliance Schulungskonzept genannt. Das bestehende System wird somit integrativ für weitere Rechtsgebiete genutzt, was wiederum die Effizienz des Gesamtsystems steigert.

Grundsätzlich kann in der Praxis beobachtet werden, dass das RMS i. d. R. strategische, operative sowie Compliance Risiken enthält. Compliance Risiken werden in diesem Zusammenhang aber oftmals nur auf der Ebene der einzelnen Teilbereiche wie „Kartellrecht", „Korruption" und „Datenschutz" berücksichtigt, ohne auf die konkreten Risikoszenarien einzugehen, da eine detailliertere Aufnahme durch die im RMS für Eintrittswahrscheinlichkeit und Schadensausmaß gesetzten Schwellenwerte in aller Regel dazu führt, dass Compliance Risiken auf tieferliegender Ebene in den Bereich der unwesentlichen Risiken fallen würden. Darüber hinaus wird die übliche „Flughöhe" der Risikobetrachtung für Risikofelder bzw. Teilrechtsgebiete der Differenziertheit von Compliance Risiken in den verschiedenen Teilrechtsgebieten nicht gerecht.

Hier setzt das CRA an, das die innerhalb der Risiko-Relevanz-Analyse festgestellten Compliance Risiken in den einzelnen Teilrechtsgebieten näher betrachten lässt und eine konkrete (szenariobasierte) Risikoanalyse erlaubt. Daher kommt der Bewertung dieser Risiken innerhalb eines umfassenden CRA eine besondere Bedeutung zu. Im Rahmen des CRA werden die Risiken und ihre zugeordneten Folgen weiter feingegliedert und bewertet. Für diese Bewertung werden neben harten Faktoren wie finanziellen Einbußen zudem weiche Faktoren wie die Folgen von Reputationsschäden mitberücksichtigt. Für die Vielschichtigkeit, der durch Compliance Risiken ausgelösten Schäden, ist ein Weitblick erforderlich, der neben einem direkten Schadensausmaß zudem potentielle Kosten für die Einschaltung eines externen Anwalts oder Gerichtskosten einkalkuliert.

Unternehmen mit Sitz in Deutschland unterliegen grundsätzlich den gleichen rechtlichen Anforderungen, so dass sich bei den Compliance Risiken Unterschiede im Wesentlichen aus der konkreten Geschäftstätigkeit bzw. Branche, der Unternehmensstruktur und einer etwaigen Tätigkeit im Ausland ergeben. Agieren Unternehmen jedoch bspw. am US-amerikanischen Kapitalmarkt, erweitert sich der Bereich der relevanten Rechtsnormen um den Foreign Corrupt Practice Act (FCPA) oder den Sarbanes-Oxley Act (SOX), welche durch das gesamte Unternehmen und nicht nur eine lokale Konzerngesellschaft zu befolgen sind.

Um eine möglichst vollständige Abdeckung der Risikoaufnahme gewährleisten zu können, kann es durchaus sinnvoll sein, Prozesse digital zu gestalten. So kann eine manuelle Risikoabfrage bei den Tochterunternehmen durch digitale Fragebögen erleichtert werden, die sich automatisiert in Tools oder Datenbanken einarbeiten lassen. Dieser Prozess bietet sich vor allem für international agierende Unternehmen an.

Die systematische Adressierung der Risikokategorie „Fraud" stellt Unternehmen in der Praxis regelmäßig vor Herausforderungen, angefangen von der Definition, was genau unter Fraud zu verstehen und zu fassen ist, bis hin zur Festlegung von Zuständigkeiten und Verantwortlichkeiten für die Identifikation und das Management von Fraud Risiken. Fraud gilt als übergreifendes Querschnittsthema und ist im Kern zunächst einmal intentionales Fehlverhalten, das sich auch in strafrechtlich relevanten Rechtsverstößen (z. B. Bestechung, Untreue, Betrug) manifestieren kann. Es besteht somit ein möglicher Bezug zu allen relevanten Compliance Rechtsgebieten. Typische Fraud Risiken haben einen starken Bezug zu den operativen Geschäftsprozessen und werden i. d. R. auch durch entsprechende Interne Kontrollen auf Prozessebene zu adressieren sein. Daher ist in der Praxis eine enge Zusammenarbeit von Compliance und IKS-Verantwortlichen im Hinblick auf das „Anti-Fraud Management" erforderlich.

4. Compliance Programm

WP/StB Dr. Jan-Hendrik Gnändiger, Maximilian Kirch und Katharina Kleff

Das Compliance Programm setzt sich aus den Grundsätzen und Maßnahmen zusammen, die auf die Begrenzung der Compliance Risiken und damit auf ein regelkonformes Verhalten abzielen.[79] Unter Grundsätzen sind Regelungen zur Zulässigkeit und Unzulässigkeit bestimmter Aktivitäten sowie Maßnahmen des Compliance Programms zu verstehen, die zur Sicherstellung regelkonformen Verhaltens durch Mitarbeiter und Dritte zu beachten sind.[80] Die Maßnahmen des Compliance Programms dienen somit sowohl der Prävention als auch der Detektion von Fehlverhalten. Eine adäquate Kommunikation der Maßnahmen an die zuständigen internen und externen Stellen stellt die Grundlage eins wirksamen Compliance Programms dar. Die in das CMS integrierten Kontrollen, mit denen die Einhaltung der Grundsätze und die Durchführung der Maßnahmen sichergestellt werden, können sowohl zum Compliance Programm als auch zu dem Grundelement der Überwachung und Verbesserung gerechnet werden, wobei eine trennscharfe Unterscheidung in der Praxis weder möglich noch erforderlich ist.[81]

Anzahl und Umfang der geltenden Normen und Detailvorschriften, zu denen „Compliance" hergestellt werden soll, werden regelmäßig durch Änderungen des regulatorischen Umfelds erhöht und ausgeweitet. Die Vielzahl der Regeln stellt nicht nur eine Herausforderung bezüglich der Vermittlung an die eigenen Mitarbeiter dar, sondern bestimmt insbesondere die Anforderungen an die Verständlichkeit der Compliance Vorgaben.[82] Ziel sollte es daher sein, dass die Mitglieder der Organisation Verstöße durch die implementierten Maßnahmen und Grundsätze verstehen und erkennen und sich somit die vorbeugende Wirkung effektiver Compliance Programme entfalten kann. Gleichwohl hat ein effektives Compliance Programm eine vorbeugende und haftungsreduzierende Wirkung.[83]

4.1 Regelungsarten und Regelungsprozesse

Der zentrale Ausgangpunkt jedes Compliance Programms ist der normative Rahmen.[84] Dieser ist durch ein Compliance Commitment des Vorstands authentisch zu vermitteln. Gemeint ist das Bekenntnis zur Einhaltung aller relevanten Normen, Richtlinien und freiwilligen Selbstverpflichtungen durch die Unternehmensleitung, wie bereits im Rahmen der Compliance Kultur dargestellt.[85] Ein Compliance Programm bedarf daher zunächst schriftlich verfasster Richtlinien und Ermächtigungen durch die Geschäftsleitung für die jeweiligen Compliance Maßnahmen. Diese Richtlinien müssen auch aus kommunikativen Gründen praxisnah ausgestaltet und fortlaufend anhand der Compliance Risiken daraufhin geprüft werden, ob neue Richtlinien gebraucht werden bzw. welche Regelungen im Gegenzug entbehrlich sind und aufgehoben wer-

79 Vgl. IDW PS 980 Rz. 6.

80 Vgl. *Görtz*, CCZ 2010 S. 127 ff.

81 Vgl. ebenda.

82 Vgl. *Kleinfeld/Müller-Störr*, in: Wieland/Steinmeyer/Grüninger (Hrsg.), Handbuch Compliance-Management, 2010, S. 397.

83 Vgl. *Rieder/Jerg*, CCZ 2010 S. 201 ff.

84 Vgl. *Lampert*, in: Hauschka (Hrsg.), Corporate Compliance, Handbuch der Haftungsvermeidung im Unternehmen, 2010, § 9 Rz. 18.

85 Vgl. *Kremer/Klahold*, ZGR 2010 S. 113 ff.

den können. Dabei müssen die getroffenen Regelungen von generischen Werten und Vorgaben bis zur detaillierten Anweisung im Sinne einer Dokumentenpyramide reichen.

Auf der obersten Stufe dieser Pyramide steht dabei das Unternehmensleitbild. Die Aussagen eines Unternehmensleitbilds sind traditionell stark von geschäftsstrategischen Zielaussagen geprägt. Sie werden als Festschreibungen des Wertesystems des jeweiligen Unternehmens verstanden. Rechts- und regelkonformes Verhalten wird als Selbstverständlichkeit vorausgesetzt. Dieses Kommunikationsinstrument enthält als Verschriftlichung des Orientierungsrahmens die Verhaltensgrundsätze hinsichtlich moralischer Ge- und Verbote. Compliance kann so einen integralen Teil der Corporate Identity bilden, anstatt von den Mitarbeitern als ein vom Unternehmen losgelöster Fremdkörper wahrgenommen zu werden.[86] Eine weitere Option einer auch kommunikativ wertgeleiteten Compliance Kommunikation sind expliziter ausgeführte „Grundwerte", die im Sinne eines allgemeinen Wertekanons[87] allgemein verständliche Leitmaximen ethischen Geschäftsverhaltens ansprechen. An sie kann ebenso wie an entsprechende Basisaussagen im Unternehmensleitbild sodann im Code of Conduct angeknüpft werden.

Der Code of Conduct dient als kommunikativ steuernder Ankerpunkt aller Compliance Aktivitäten innerhalb des Compliance Programms und wird durch die Unternehmensleitung verabschiedet. Sein Inhalt und mögliche Schwerpunkte bezogen auf die Teilbereiche hängen auch von den Ergebnissen der Compliance Risikoanalyse ab.[88] Er ist der Ausgangspunkt und zugleich der Wegweiser für alle übrigen internen und externen Regelungen.

In einer möglichst übersichtlichen Struktur werden die wesentlichen Regelungen und Verhaltensanforderungen des Compliance Programms mit einem unternehmensweiten Gültigkeitsanspruch schriftlich zusammengefasst. Für eine Grundorientierung der Mitarbeiter ist dabei auf eine prägnante und übersichtliche Formulierung zu achten. Eine unnötig hohe Detaildichte der Regelungen sollte vermieden werden – vielmehr hat eine Fokussierung auf wenige, aber prägnante Leitsätze zu erfolgen. Derart konzipierte Grundwerke konzernweiter Verhaltenssteuerung können insbesondere in international agierenden Unternehmen unterschiedlich geprägte Kulturen kommunikativ überbrücken. Zugleich kann der Kodex nicht nur in der Konzernsprache, sondern auch in die jeweiligen Landessprachen übersetzt werden und so seine Akzeptanz fördern.[89]

Die Konzeption weiterer Richtlinien auf dezentraler Ebene erfordert ein abgestimmtes Gesamtkonzept, das bestimmt, wie sich die einzelnen Compliance Richtlinien zum bereits etablierten Regelwerk des Unternehmens verhalten. Dies ist prägnant und klar zu kommunizieren. Compliance erhebt generell den umfassenden Geltungsanspruch rechtskonformen und richtlinienkonformen Verhaltens. Das Regelwerk der Unternehmensrichtlinien bedarf dabei einer klaren Ordnung und Systematik, da eine ungeordnete Bandbreite an Regelwerken Redundanzen und Widersprüche erzeugen kann.[90]

Ein eigens konzipiertes Compliance Handbuch kann einer detaillierten Darstellung und Auslegung unternehmensinterner Richtlinien und Prozesse dienen. Aufgrund ihres Charakters als unternehmensweit anzuwendende Nachschlagwerke ist darauf zu achten, dass Compliance

86 Zu diesem Ansatz *Karzinski*, ZRFC 2014 S. 150; *Helisch*, CB 2014 S. 225 ff.

87 Vgl. *Beste*, in: Görling/Inderst/Bannenberg (Hrsg.), Compliance, Aufbau – Management – Risikobereiche, 2010, S. 130.

88 Vgl. hierzu und im Folgenden: *Moosmayer*, Praxisleitfaden für Unternehmen, 2015, S. 45 f.

89 Vgl. *Inderst*, in: Inderst/Bannenberg/Poppe (Hrsg.), Compliance: Aufbau – Management – Risikobereiche, 2013, S. 132.

90 Zum Aufbau eines konzernweiten Richtlinienmanagements *Mössner/Reus*, CCZ 2013 S. 54 ff.

Handbücher infolge ihres regelmäßig weiten Umfangs und ihrer Komplexität keinen Akzeptanzproblemen ausgesetzt sind. Um ein bestimmtes Qualitätsniveau nicht zu unterschreiten, sollte der Prozess der Richtlinienerstellung, -aktualisierung und -außerkraftsetzung u. a. in folgenden Punkten einheitlich geregelt werden:

- Pflichtinformationen zu dem Geltungsbereich (Konzern, Konzernbereich, Konzerngesellschaft oder Abteilung), der Vertraulichkeit, dem Inkrafttreten, den Aktualisierungsintervallen und der jeweiligen Gültigkeitsdauer, den Fachverantwortlichen der Bereiche sowie in Abstimmungen einzubeziehende Bereiche.
- Bestimmung der Governance-Verantwortung für das Regelungs-Management (strategische und konzeptionelle Steuerung, Beratung und Überwachung).
- Festlegung der Fachverantwortung für die Identifikation des Regelungsbedarfs und Erstellung eines schriftlichen Regelwerks.
- Bestimmung der Facheinheiten, die zwingend bei jeder schriftlichen Regelung zur Abstimmung einzubeziehen sind.
- Bestimmung eines Prozesses zur Aktualisierung der geltenden Regelungen.
- Festlegung der Sprachen, in die das Regelwerk übersetzt wird.

Grundsätzlich wird ein Unternehmen sein Compliance Programm nur so erfolgreich verfolgen können, wie es die Compliance Grundsätze überzeugend vermittelt und diese von den Unternehmensangehörigen akzeptiert werden. Entscheidend ist, wie das CMS in der Interaktion aktiv genutzt und in die Geschäftsprozesse integriert wird. Deswegen sind die Regelungen des Compliance Managements soweit möglich in die bestehenden Abläufe zu integrieren bzw. an diese anzuschließen. Zudem müssen die Regelungen durch entsprechende kommunikative Maßnahmen begleitet werden, um die Wichtigkeit zu verdeutlichen und den Mitarbeitern eine Anleitung für die Umsetzung in der Praxis zu geben.

ABB. 17: Schritte zu einem erfolgreichen Compliance Verständnis[91]

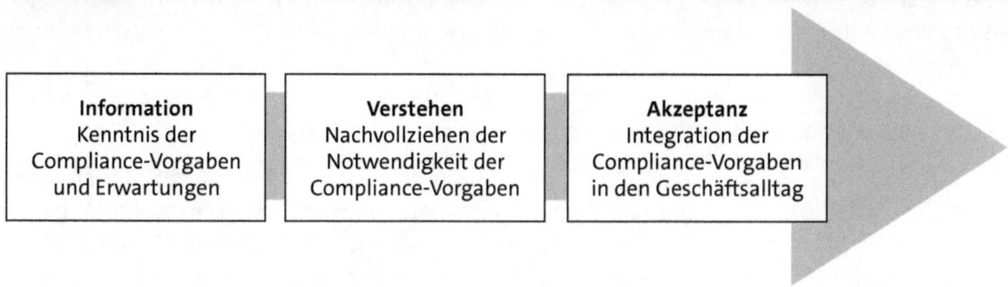

4.2 Umsetzung von unternehmensinternen Regelungen

In den Regelungen sollten die unternehmensspezifischen Anforderungen manifestiert sein. Diese können gesellschaftsrechtliche, arbeitsrechtliche sowie datenschutzrechtliche Aspekte umfassen.

91 Eigene Darstellung in Anlehnung an *Steßl*, BB 2012 S. VI.

4.2.1 Gesellschaftsrechtliche Umsetzung

Nach den meisten Rechtsordnungen, jedenfalls aber nach deutschem Recht, darf die Konzernspitze der Geschäftsleitung keine gegen zwingendes Recht verstoßenden Anweisungen erteilen. In Deutschland und vielen anderen europäischen Ländern werden dabei die wichtigsten Grenzen durch das Arbeits- und Datenschutzrecht gezogen. Gerade bei Konzerngesellschaften in außereuropäischen Ländern ist zu prüfen, ob für die Gesellschaft weitere maßgebliche Regelungen zu beachten sind und der Umsetzung der Konzernrichtlinie entgegenstehen könnten.

Anders als der Geschäftsführer einer GmbH ist der Vorstand einer AG nicht weisungsgebunden und hat von Gesetz wegen im Konfliktfall die Interessen „seiner" Gesellschaft und nicht die eines übergeordneten Konzerns wahrzunehmen. Daher ist nach deutschem Recht zu prüfen, ob die Einführung einer Konzernrichtlinie die Interessen von Konzerngesellschaften in der Rechtsform einer AG (hinsichtlich welcher kein Beherrschungsvertrag besteht) oder Minderheitsgesellschaftern von Konzerngesellschaften wesentlich beeinträchtigen könnte. Wenn eine wesentliche Beeinträchtigung anzunehmen ist, sollte ferner geprüft werden, ob

- die Beeinträchtigung der Interessen finanziell kompensiert werden kann,
- die Konzernrichtlinie zugunsten bestimmter Aktiengesellschaften Öffnungsklauseln vorsehen kann, welche zur Nichtanwendung bestimmter die Interessen dieser Aktiengesellschaften beeinträchtigender Bestimmungen der Konzernrichtlinie führen, oder
- der Regelungsbedarf für die Erstellung der Konzernrichtlinie angesichts der beeinträchtigten Interessen zurücktritt.

4.2.2 Arbeitsrechtliche Umsetzung

Das Unternehmen kann seine Mitarbeiter auf drei Wegen zur Einhaltung von unternehmensinternen Regelungen verpflichten.[92] Das Direktions- und Weisungsrecht des Arbeitgebers gem. § 106 GewO bzw. § 315 BGB veranlasst den Arbeitnehmer im Rahmen einer einseitigen Weisung zur Einhaltung der Regelungen. Die Weisung umfasst ausschließlich oder überwiegend die betrieblichen Tätigkeiten des Arbeitnehmers, wie z. B. die Ablageform von Unterlagen. Ferner besteht die Möglichkeit, Verhaltensvorgaben zu bestimmen (z. B. dass bei Verlassen des Büros nach 24 Uhr die Alarmanlage zu aktivieren ist) und arbeitsvertragliche Neben- und Treuepflichten zu konkretisieren. Letztere sind gesetzlich nicht festgelegte Loyalitätspflichten.

Das Direktions- und Weisungsrecht darf immer nur in den Grenzen des sog. billigen Ermessens ausgeübt werden. Das heißt: Der Arbeitgeber hat die Interessen des Arbeitnehmers zu berücksichtigen. Interessen, die grundrechtlich geschützt sind, wie Betätigungen als Ausdruck der Kunst-, Meinungs-, Versammlungs- und Religionsfreiheit sind hierbei zu berücksichtigen.

Weitaus umfangreicher sind die Regelungen, die Arbeitgeber und Arbeitnehmer über den Abschluss oder die Änderung des Arbeitsvertrags vereinbaren können. Hier ist zu beachten, dass Arbeitsverträge der Inhaltskontrolle gem. §§ 305 ff. BGB unterliegen. Dies kann zur Unwirksamkeit von überraschenden, intransparenten oder einseitigen Regeln führen. Auch hier ist den Grundrechten des Arbeitnehmers Beachtung zu schenken. Die Geltung der Regelungen ist für jeden Mitarbeiter einzeln zu vereinbaren. Sog. „dynamische" Bezugnahmeklauseln, durch die in

92 Vgl. *Mengel*, Compliance und Arbeitsrecht, Implementierung, Durchsetzung, Organisation, 2009, S. 11 ff.

Arbeitsverträgen auf die jeweils gültige Regelung verwiesen wird, dürften regelmäßig intransparent und daher unwirksam sein.

Nicht einzeln mit jedem Arbeitnehmer, sondern mit Geltung für alle, werden Betriebsvereinbarungen ausgehandelt. Sie sind daher regelmäßig das vorzugswürdige Instrument für Regelungsbereiche, die nicht mehr dem Direktionsrecht des Arbeitgebers unterfallen. Diese fallen regelmäßig nicht mehr in höchstpersönliche Rechte des Arbeitnehmers. Auch Betriebsvereinbarungen dürfen jedoch nicht gegen Grundrechte und höherrangiges Gesetzesrecht verstoßen. Zunächst hat der Arbeitgeber die Pflicht, den Betriebsrat über eine Vielzahl von Themen zu informieren (§ 80 BetrVG). Obwohl es im Einzelfall strittig sein kann, inwieweit ein Compliance Thema hierunter fällt, ist es gleichwohl regelmäßig empfehlenswert, den Betriebsrat über die geplante Einführung einer Compliance Regelung zu informieren. Darüber hinaus sind bestimmte im Betriebsverfassungsgesetz genannte Regelungsbereiche auch mitbestimmungspflichtig. So ist die Zustimmung des Betriebsrats vor allem bei Compliance Regelungen zur sog. „betrieblichen Ordnung" und zum „Verhalten der Mitarbeiter im Betrieb" erforderlich.

Um Wirksamkeit zu entfalten, müssen sämtliche Compliance Regelungen von den Mitarbeitern wahrgenommen werden. Aus Gründen der Nachweisbarkeit sollte der Empfang dokumentiert oder quittiert werden (z. B. via Übergabe des Regelwerks gegen Empfangsbestätigung, Einstellung ins Intranet und Rundmail mit elektronischer Lesebestätigung). Compliance Regelungen sind nur effektiv, wenn Verstöße in der Wahrnehmung der Mitarbeiter sanktioniert werden. Mögliche Sanktionen liegen in der Ermahnung, Abmahnung, ordentlichen Kündigung, außerordentlichen Kündigung aus wichtigem Grund, Schadensersatz oder der Berücksichtigung bei Boni bzw. leistungsbezogener Vergütung. Je klarer Compliance Richtlinien festlegen, was erlaubt und was verboten ist, desto eher können sie im Rahmen der Interessenabwägung bei Kündigungen wegen Compliance relevanter Pflichtverletzungen berücksichtigt werden.[93]

4.2.3 Datenschutzrechtliche Aspekte und ihre Außenwirkung

Die Einführung von Richtlinien als solche wird i. d. R. keine datenschutzrechtlichen Probleme aufwerfen. Problematisch können indessen bestimmte Regelungsgegenstände sein, sofern sie die Verarbeitung personenbezogener Daten betreffen (Art. 5 DSGVO). Unter personenbezogenen Daten versteht das Gesetz „alle Informationen, die sich auf eine identifizierte oder identifizierbare natürliche Person (im Folgenden „betroffene Person") beziehen" (Art. 4 DSGVO) wie Name, Geschlecht, Wohnort, Telefonnummer, Geburtstag und -ort usw. Regelungen zu Hinweisgebersystemen, unternehmensinternen Ermittlungen sowie zur Informationssammlung im Rahmen des internen Kontrollsystems, von Risk Assessments, von Compliance Audits sowie von Untersuchungen der internen Revision können personenbezogene Daten betreffen. All dies sind grundsätzlich sinnvolle Instrumente eines wirksamen CMS, so dass die Geschäftsleitung ausloten sollte, welche datenschutzrechtlichen Regelungen möglich sind.

93 Vgl. *Moll* (Hrsg.), Münchener Anwaltshandbuch Arbeitsrecht, 2012, § 35 Rz. 269 „(Hier hat das Gericht) im Rahmen der Interessenabwägung zu Lasten des gekündigten Arbeitnehmers ausdrücklich berücksichtigt, dass er das „Firmenkredo" gekannt habe und daher wusste, dass das Unternehmen aufgrund seiner Unternehmensphilosophie großen Wert auf gerechten und ethisch einwandfreien Umgang miteinander legt. [....] (LAG Schleswig-Holstein v. 29.8.2006 – 6 Sa 72/06). Ebenso hat das LAG Hessen schwere Vertragspflichtverletzungen eines Pharmareferenten durch wiederholte Verstöße gegen die unternehmensinterne Compliance-Richtlinie [....] angenommen und eine darauf gestützte ordentliche verhaltensbedingte Kündigung für wirksam angesehen (LAG Hessen v. 25.1.2010 – 17 Sa 21/09)."

4.3 Außenwirkung von Regelungen

Auch wenn schriftliche Regelungen nicht primär darauf ausgerichtet sind, haben diese nicht ausschließlich eine nach innen gerichtete Wirkung bzw. in Bezug auf die Mitarbeiter des Unternehmens. So können Unternehmen gem. § 130 OWiG u.U. verpflichtet sein, Verstöße von Agenten, Beauftragten und sonstigen Nicht-Betriebsangehörigen gegen betriebsbezogene öffentlich-rechtliche Normen zu verhindern. Die Zuwiderhandlung muss nur im Zusammenhang mit dem Betrieb stehen; es ist nicht erforderlich, dass ein fest angestellter bzw. weisungsunterworfener Mitarbeiter die Handlung begangen oder unterlassen hat. Vielmehr genügt es, dass jemand in der Sphäre des Betriebsinhabers in dessen Angelegenheiten tätig wurde und dessen Pflichten verletzt hat.[94] Diese Personen, zu denen etwa Beauftragte zählen oder nach einer verbreiteten Meinung sogar Personen ohne Auftragsverhältnis,[95] sind dann in das CMS einzubeziehen. Ist dies der Fall, muss das Unternehmen dafür sorgen, dass diesen Dritten – ähnlich den Mitarbeitern – die Regelungen bekannt gemacht werden, diese Dritten jederzeit auf sie zugreifen können und ggf. über deren Inhalte geschult werden.

Erfüllt der Dritte keine „betriebsbezogene Pflicht" des Unternehmens i.S. des § 130 OWiG, so entfällt insoweit eine Pflicht des Unternehmens zur „gehörigen Aufsicht" nach deutschem Recht. Gegenüber diesen außenstehenden Dritten können sich aber aus UK Bribery Act und US Sentencing Guidelines Verpflichtungen ergeben. So ergibt sich bspw. aus § 8.B.2.1(b)(4)(B) der Federal Sentencing Guidelines[96] die Verpflichtung, Vermittler bzw. Vertreter des Unternehmens („*organization's agents*") von einem eigenen Code of Conduct in Kenntnis zu setzen und diese ggf. in Trainings einzubeziehen.

Auch wenn die vorgenannten schriftlichen Regelungen bzw. Selbstverpflichtungen sonst keine rechtliche Wirkung entfalten, kann das Unternehmen u.U. wegen eines Verstoß gegen das Gesetz gegen den unlauteren Wettbewerb (UWG) haften. Danach können Wettbewerber und Verbände Unterlassens-, Schadensersatz- sowie Gewinnabschöpfungsansprüche geltend machen, wenn Unternehmen gegen die dort genannten Verbote im Zusammenhang mit einem Verhaltenskodex – gleichgültig, ob den eigenen oder einen fremden – verstoßen. So ist es nach Nr. 1 des Anhangs zu § 3 Abs. 3 UWG verboten, fälschlicherweise zu behaupten, man gehöre zu den Unterzeichnern eines Verhaltenskodex. Nr. 3 des Anhangs verbietet die unwahre Angabe darüber, ein Verhaltenskodex sei von einer öffentlichen Stelle oder anderen gebilligt worden. § 5 Abs. 1 Satz 2 Nr. 6 UWG verbietet schließlich das Verbot unwahrer Angaben oder sonstiger zur Täuschung geeigneter Angaben im Zusammenhang mit einem Verhaltenskodex, auf den sich der Unternehmer verbindlich verpflichtet hat und auf dessen Bindung er hinweist.

---

94 Vgl. *Fleischer et al.*, Handbuch des Vorstandsrechts, 2006, § 15 Rz. 101; OLG Düsseldorf v. 24.4.1991, wistra 1991, S. 275 ff.; *Graf/Jäger/Wittig* (Hrsg.), Wirtschafts- und Steuerstrafrecht, 2011, § 130 Rz. 58 ff.

95 Vgl. *Göhler* (Hrsg.), Ordnungswidrigkeitengesetz, 2009, § 130 Rz. 19.

96 *United States Sentencing Commission*, Guidelines Manual 2018, abrufbar unter: http://www.ussc.gov (abgerufen am 4.9.2019).

4.4 Maßnahmen zur Begrenzung von Compliance Risiken

Die innerhalb des Compliance Programms abzuleitenden Compliance Maßnahmen haben die präventive Vermeidung von Regelungsverstößen, die detektive Aufdeckung dieser oder zumindest die Minderung derer Auswirkungen zum Ziel. Hierfür sind Sicherungsmechanismen in die unternehmensinternen Prozesse zu integrieren.

4.4.1 Compliance Kontrollen

Compliance Kontrollen zeichnen sich regelmäßig durch eine präventive und eine aufdeckende Funktion aus. So kann die bloße Ankündigung einer Kontrolle bereits eine präventive Wirkung entfalten und die tatsächliche Durchführung die Wahrscheinlichkeit der Entdeckung von etwaigen Compliance Verstößen erhöhen. In der Praxis sind Kombinationen aus manuellen und IT-basierten Kontrollen üblich. Manuelle Kontrollen sind oftmals als Monitoring- bzw. Review-Kontrollen ausgestaltet. Sinn und Zweck ist, aus den relevanten Rechtsgebieten mittels der Ableitung von Szenarien direkt zuordenbar präventive und detektive Kontrollen zu entwickeln.

Erforderlich ist zum einen eine Überprüfung der risikogeneigteren Geschäftsprozesse (z. B. Vertrieb und Beschaffung) und der Implementierung entsprechender Kontrollen in diesen Prozessen, um Verstöße zu verhindern. Zum anderen ist eine Überprüfung der installierten Kontrollen wie etwa Unterschriftenregelungen oder Vertragsgestaltungen im Hinblick auf deren Wirksamkeit notwendig. Mögliche Compliance relevante Kontrollen sollten bspw. für den korruptions- und bestechungsanfälligen Bereich Einkauf in der Schaffung und Einhaltung von Funktionstrennungen, des Vieraugenprinzips bei der Ausschreibung, Auswahl des Lieferanten, Abnahme der Lieferung bzw. Leistungs- und Rechnungsprüfung sowie Zahlungsfreigabe und ggf. der Einführung von Jobrotationen vorgesehen werden.

Zahlungsvorgänge insbesondere für Geschenke, Bewirtungen, Spenden, Bareinkäufe, Provisionen sowie Berater- und Treuhandleistungen sollten grundsätzlich einer besonderen inhaltlichen Kontrolle unterliegen. Dies kann durch Vorgabe bestimmter Dokumentationsanforderungen und Freigabeprozesse (Berechtigungskonzepte, Genehmigungsverfahren, Prüfung der Abnahme/Leistungserbringung) für die Geschäftsvorfälle und damit verbundene Zahlungen erreicht werden.

4.4.2 Maßnahmen zur Aufdeckung

Die Einhaltung aller für die Geschäftstätigkeit eines Unternehmens maßgeblichen Gesetze, vertraglichen Verpflichtungen und internen Regelungen erfordert ein im Rahmen des Compliance Programms umgesetztes systematisches Vorgehen zur Aufdeckung von Compliance Verstößen. Dieses Vorgehen kann durch sog. *„detective controls“* und „Compliance Audits“ erfolgen. Unter dem letztgenannten versteht man Prüfungen, die anlassbezogen oder anlassunabhängig für definierte Teilbereiche eines CMS durchgeführt werden. Im Fokus steht hierbei die Einhaltung der entsprechenden Richtlinien durch die Unternehmensbereiche. Durchgeführt werden diese Compliance Audits i. d. R. durch die Compliance Abteilung, die Interne Revision oder einen beauftragten Sachverständigen, die sich sowohl durch Befragungen als auch einzelfallbezogene Prüfungshandlungen ein Prüfungsurteil über den Zustand des CMS bilden. Die Implementierung und Wirksamkeit von Compliance Maßnahmen stehen regelmäßig im Fokus dieser Compliance Audits. Durch die detaillierte Befragung wird die Sensibilität für das Thema Compliance in den untersuchten Einheiten stark erhöht. Das Feedback des Prüfungsteams ist die Grundlage dafür, das CMS insgesamt zu verbessern.[97] Im Abschn. 7. Überwachung und Verbesserung von Compliance wird hierauf ausführlich eingegangen.

Neben den Compliance Audits sollten in Abhängigkeit der jeweiligen Risikoanalyse – z. B. mittels der nachträglichen Durchsicht von Beraterverträgen, der Dokumentation von Verbandstreffen oder auch der Abnahme von Dienstleistungen (insb. Beraterleistungen) – immer auch detektive Kontrollen installiert werden. Trotz präventiver Maßnahmen lassen sich einzelne Verstöße nicht verhindern, woraus die Frage nach den Pflichten der Unternehmensführung im Falle eines Compliance Verstoßes resultiert. Hierfür müssen die Umstände des Sachverhalts, der als Compliance Verstoß bezeichnet wird, und die beteiligten Mitarbeiter ermittelt werden.

Aus § 130 Abs. 1 OWiG ergibt sich zunächst die Pflicht, Verstöße wesentlich zu erschweren. Wird nun trotz bestehendem CMS ein Verstoß festgestellt, muss dieses auf Schwachstellen hin überprüft werden. Diese Überprüfung schließt auch die Ermittlung und Aufklärung erkannter Verstöße mit ein. So ergibt sich aus § 130 Abs. 1 OWiG – zumindest mittelbar – auch eine Pflicht zur Ermittlung und Aufklärung von Compliance Verstößen.[98] Sofern ein Rückschluss auf Schwachstellen im System gezogen werden kann, sind sofortige Anpassungen notwendig. Falls sich kein Rückschluss auf Systemschwächen feststellen lässt, sollte – unter Berücksichtigung eines ausgewogenen Kosten-Nutzen-Verhältnisses – überlegt werden, mit welcher Kontrolle oder Maßnahme dieser Verstoß in Zukunft präventiv verhindert werden kann.

Auch eine Einbeziehung dieser Fälle in Compliance Szenarien der allgemeinen Compliance Risikoeinschätzung oder Schulungsmaterialien bietet sich an, schließlich sind eingetretene Compliance Verstöße als Beispiele für Mitarbeiterschulungen oder auch als Ergänzung zu bestehenden Richtlinien ein Instrument, um praxisnahe Beispielfälle weiterzugeben.

4.4.3 Geschäftspartner-Due-Diligence

Die Due-Diligence im Rahmen eines CMS gewinnt zunehmend an Bedeutung, denn um eine effektive und nachhaltige Compliance zu gewährleisten, ist die Auswahl integrer Vertragspartner essenziell. Vor allem im internationalen Umfeld achten immer mehr Unternehmen bei der Wahl ihrer Geschäftspartner auf deren Glaubwürdigkeit bezüglich Korruptionsprävention, Umweltschutz und sozialem Engagement und haben vor diesem Hintergrund die Überprüfung von Geschäftspartnern unter Compliance Aspekten zum festen Bestandteil ihres CMS gemacht.[99]

Die Auswahl der Geschäftspartner kann Auswirkungen auf die nach außen hin vermittelten Werte haben. Zu diesem Zweck hat bspw. die Kommission zur Unternehmensverantwortung der Internationalen Handelskammer (ICC) die *„ICC Guidelines on Agents, Intermediaries and Other Third Parties"* veröffentlicht.[100] Diese freiwilligen Richtlinien listen auf, welche Kriterien durch das Management von Geschäftspartnern einzuhalten sind.

97 Vgl. *Liese/Schulz*, BB 2011 S. 1353.

98 Vgl. *Kuhlen*, in: Maschmann (Hrsg.), Corporate Compliance und Arbeitsrecht, Mannheimer Arbeitsrechtstag, 2009, S. 19 f; *Hartwig*, in: Moosmayer/Hartwig (Hrsg.), Interne Untersuchungen, 2012, S. 9; Wagner, CCZ 2009 S. 8 ff.

99 Vgl. *Mössner/Kerner*, CCZ 2011 S. 182.

100 Vgl. *International chamber of commerce*, ICC Guidelines on Agents, Intermediaries and Other Third Parties, 2010, abrufbar unter: http://go.nwb.de/64fju (Abruf 28.5.2020).

Im Rahmen einer Geschäftspartner-Due-Diligence wird das mit dem jeweiligen Geschäftspartner verbundene Risiko bewertet, um im Anschluss entsprechende Schritte festzulegen. Ziel ist es, finanzielle oder auch Reputationsschäden vom Unternehmen abzuwenden, die aufgrund der Zurechnung des Verhaltens von Geschäftspartnern entstehen können (z. B. finanzielle Verluste durch Projektverzögerungen oder nicht erfüllbare Verträge, Bestechung ausländischer Amtsträger, Missachtung der Gesundheit und Sicherheit von Arbeitnehmern oder Verstöße gegen Umweltschutzauflagen).[101] Eine Minimierung des Schadensrisikos durch den Geschäftspartner kann vor Vertragsschluss mittels einer individuellen Risikoeinschätzung basierend auf einer Due-Diligence erreicht werden.

Es ist empfehlenswert, die Due Diligence bereits durchzuführen, bevor das Unternehmen mit dem Geschäftspartner durch Unterzeichnung in Verbindung gebracht werden kann.[102] Die Risikoeinschätzung kann z. B. mittels einer transparenten Zusammenstellung (Formular, Kriterienkatalog) aller Compliance relevanten Informationen, die zu einem Geschäftspartner – vor Eintritt in eine Geschäftsbeziehung – zur Verfügung stehen, erfolgen.[103]

Wichtige Informationen können insbesondere sein:[104]

- Stammdaten des Geschäftspartners;
- Gesellschafterliste, Handelsregisterauszug, Gewerbezulassung;
- Jahresabschlüsse aus den letzten Jahren;
- Korruptionswahrnehmungsindex im Herkunftsland des Geschäftspartners und im Land der geplanten Geschäftstätigkeit;
- Eignung des Geschäftspartners zur Durchführung der beauftragten Dienstleistungen in fachlicher und personeller Hinsicht, ggf. belegt durch Vorlage von Referenzen;
- Art und Dauer der Geschäftsbeziehung;
- Verbindungen zu Parteien, Behörden, Ministerien, Kunden, Lieferanten;
- bestehende Compliance Richtlinien;
- ungewöhnliche Zahlungsmodalitäten (wie Barzahlungen oder Überweisungen auf Drittkonten);
- Insolvenzen in der Vergangenheit;
- einschlägige Strafverfahren bezüglich der Geschäftsführung, Mitarbeitern in Führungspositionen und den Gesellschaftern;
- persönlicher Besuch des Unternehmens;
- weitere spezifischere Prüfungsmaßnahmen wie z. B. Kreditrisikoprüfung, Zertifizierungen etc.

Inwieweit und in welcher Form die o. g. Nachweise erforderlich sind, hängt vom jeweiligen Einzelfall ab. In der Praxis haben sich Verfahren etabliert, die einen Mindestumfang an Unterlagen je Geschäftspartner definieren. Sollte sich auf der Grundlage dieser Unterlagen bzw. anhand de-

101 Vgl. *Mössner/Kerner*, CCZ 2011 S. 182.

102 Vgl. ebenda.

103 Vgl. *Moosmayer*, Compliance, Praxisleitfaden für Unternehmen, 2012, S. 75.

104 Vgl. *Mössner/Kerner*, CCZ 2011 S. 183 f.; *Moosmayer*, Compliance, Praxisleitfaden für Unternehmen, 2012, S. 75 f.; *Passarge*, in: Martinek/Semler/Habermeier/Flohr (Hrsg.), Handbuch des Vertriebsrechts, § 82, 3. Aufl. 2010, Rz. 152; *Waeber*, CCZ 2012 S. 114 f..

finierter Risikoindikatoren (bspw. überdurchschnittlicher *„transparency internationl corruption index“* im jeweiligen Land) ein erhöhtes Compliance Risiko der infrage kommenden Geschäftspartner ergeben, werden oftmals sog. *„background checks“* extern beauftragt. Im Rahmen solcher Untersuchungen werden die wirtschaftlichen, finanziellen, sozialen und umweltbezogenen Gegebenheiten sowie die Integrität des potenziellen Geschäftspartners anhand von verfügbaren Informationen aus Datenbanken validiert und beurteilt.

4.4.4 Einbeziehung von Integritätsklauseln in die Vertragsgestaltung

Über entsprechende vertragliche Regelungen lässt sich eine Minimierung von Compliance Risiken erreichen, gleichwohl entbindet dies den Auftraggeber nicht zwingend von jeglicher Haftung. In einer Compliance bzw. Integritätsklausel verpflichtet sich der Vertragspartner zur Gesetzestreue. Je nach gewünschter oder möglicher Tiefe kann bspw. für Anti-Korruption erklärt werden, dass der Vertragspartner selbst, seine Mitarbeiter oder sonstige Dritte keine unrechtmäßigen Vorteile annehmen oder gewähren, keine Amtsträger sind und er selbst über ein CMS verfügt.[105] Darüber hinaus ist zu vereinbaren, dass der Vertragspartner zur Offenlegung gegenüber seinem Auftraggeber verpflichtet ist und entsprechende Einsichts- und Prüfungsrechte bestehen.[106] Um den Code of Conduct des Unternehmens zu einer wirksamen Compliance Maßnahme zu machen, bedarf es einer entsprechenden vertraglichen Verpflichtung.

Diese sollte folgende Regelungen beinhalten:

- Ausdrückliche Verpflichtung des Geschäftspartners auf den Code of Conduct;
- Durchführung von Selbsteinschätzungen des Geschäftspartners zur Einhaltung des Code of Conduct;
- Erlaubnis für das Unternehmen, die Einhaltung zu überprüfen;
- Kündigungsrecht im Fall des Verstoßes.

Unerlässlich für eine entsprechende Verpflichtung des Geschäftspartners ist eine sorgfältige und umfassende rechtliche Prüfung des Regelwerks, der Vertragsklauseln sowie der jeweiligen Verpflichtungen auf deren Zulässigkeit, zumal z. B. dem Geschäftspartner nicht rechtlich bindend auferlegt werden kann, auch seine Lieferanten (Unterlieferanten) auf den Code of Conduct zu verpflichten, da es hierzu immer noch der Zustimmung des jeweiligen Unterlieferanten bedarf.[107]

Mit Blick auf mittelbare Reputationsschäden beziehen Unternehmen regelmäßig auch Dritte, insbesondere Lieferanten und Dienstleister, aber auch Kunden in ihre Compliance Programme mit ein. Während Gegenstand der Geschäftspartner-Due-Diligence vorrangig die Verhinderung rechtlicher Risiken für das eigene Unternehmen aus zurechenbarem Fehlverhalten Dritter ist, zielen Compliance Vereinbarungen mit Lieferanten auf die Herstellung der Compliance und das Erreichen bestimmter Standards der „Corporate Responsibility“ in der gesamten Wertschöpfung

105 Vgl. *Passarge*, in: Martinek/Semler/Habermeier/Flohr, Vertriebsrecht, § 82 Anti-Korruptions-Compliance im Vertrieb, 2010, Rz. 151.

106 Vgl. *Waeber*, CCZ 2012 S. 114 ff.

107 Vgl. *Brouwer/Schreiner*, CCZ 2010 S. 228 f.; *Moosmayer*, Compliance, Praxisleitfaden für Unternehmen, 2012, S. 77.

der Lieferkette ab.[108] Bei der Überprüfung der Einhaltung der abgeschlossenen Vereinbarungen kann folgendes Vorgehen hilfreich sein:[109]

- Durchführung routinemäßiger Überprüfungen beim Geschäftspartner auf der Grundlage eines dem Geschäftspartner vorab kommunizierten Prüfbausteins;
- Ad-hoc Überprüfungen bei substantiierten Hinweisen auf Verstöße gegen den Code of Conduct;
- Fristsetzung zur Abstellung der festgestellten Defizite und entsprechende Überprüfung;
- Kündigung des Geschäftspartners im Fall unterbliebener Nachbesserungen bzw. als Reaktion auf festgestellte Verstöße.

4.4.5 Compliance Schulungen

Als maßgeblicher Einflussfaktor einer Risikobegrenzung ist die frühzeitige Sensibilisierung der Mitarbeiter und des Managements durch Compliance Schulungen zu nennen. Für ein funktionierendes Compliance Programm sind Schulungen als wesentlicher Bestandteil zu verstehen.[110] Schulungen fördern sowohl die Compliance Kultur im Unternehmen als auch das Verständnis für das Compliance Programm. Sie sind das maßgebliche Instrument, um die Mitarbeiter über dies Maßnahmen des Compliance Programms zu informieren und sie für Compliance Risiken zu sensibilisieren. In der Literatur werden Schulungsmaßnahmen häufig dem Element der Compliance Kommunikation zugeordnet. Eine überschneidungsfreie Trennung ist in der Praxis nicht möglich. Schulungsmaßnahmen können sowohl als bedeutende präventive Maßnahmen dem Bereich des Compliance Programms zugeordnet werden, sind jedoch ebenfalls als maßgeblicher Punkt der Kommunikation der Compliance zu verstehen.[111]

4.4.6 Hinweisgebersysteme

Ein weiteres Kernelement eines effektiven Compliance Programms stellt das sog. Hinweisgeber- oder Whistleblowing-System dar. Der Begriff des Whistleblowings stammt von der englischen Redewendung *„to blow the whistle on"* und bedeutet sinngemäß „Alarm schlagen".[112] Whistleblower oder Hinweisgeber sollen illegales Handeln, Missstände oder Gefahren für Mensch und Umwelt aufdecken. Sie tun dies intern innerhalb ihres Betriebe, ihrer Dienststelle oder Organisation aber auch extern gegenüber den zuständigen Behörden, Dritten oder der Presse.[113] Ziel eines Hinweisgebersystems ist es, vorhandenes Wissen der Mitarbeiter und Lieferanten zu nutzen, um Straftaten und Normenverstöße im Unternehmen frühzeitig aufzudecken und aufzuklären.[114] Die Einrichtung eines gesonderten Hinweisgebersystems soll Mitarbeitern und Dritten eine weitere Alternative zur Mitteilung von möglichen Compliance Verstößen zur Ver-

108 Vgl. *Moosmayer*, Compliance, Praxisleitfaden für Unternehmen, 2012, S. 76.

109 Vgl. ebenda S. 77 f.

110 Nach IDW PS 980 gehören Schulungen zum Element „Compliance Kommunikation" (Rz. A19). Im synoptischen Vergleich zum ISO 19600 Standard finden sich entsprechende Ausführungen in Kap. 7.2.2 Training. In der Praxis werden Trainings- und Schulungsmaßnahmen oftmals dem Element „Compliance Programm" zugeordnet.

111 Siehe ausführliche Ausführung unter dem nachfolgenden Abschn. Compliance Kommunikation.

112 Vgl. *Reufels/Deviard*, CCZ 2009 S. 201.

113 Es wurde die weite Definition des Whistleblower Netzwerk e.V. zugrunde gelegt und präziser formuliert, vgl. *Whistleblower Netzwerk e. V.*, Whistleblower, abrufbar unter: http://go.nwb.de/h4avt (abgerufen am 4.9.2019).

114 Vgl. *Tur*, in: Wieland/Steinmeyer/Grüninger (Hrsg.), Handbuch Compliance-Management, 2010, S. 438.

fügung stellen, die insbesondere Vertraulichkeit und Anonymität gewährleistet.[115] Es soll eine offene Meldung an den Ansprechpartner im Unternehmen ermöglicht werden.[116]

Daher muss als Grundlage eine Kultur geschaffen werden, die den Mitarbeitern kommuniziert, dass sich ihre Verantwortung auch auf das gesamte Unternehmen bezieht. Die Kommunikationsstrategie sollte darauf hinwirken, dass das Kommunizieren von Beobachtungen und Hinweisen durch Mitarbeiter als Übernahme von Gesamtverantwortung begriffen wird. Vermieden werden soll insbesondere die Assoziation des regen Informationsaustauschs mit Denunziantentum. Daher versteht sich die mitwirkende Beobachtung der Compliance Risiken und Vorfälle nicht mit einer gegenseitigen und ständigen Überwachung i. S. einer Leistungskontrolle der Kollegen. Das übergeordnete Ziel liegt vielmehr in der Vermeidung eines fahrlässigen Fehlverhaltens. Die Informationskultur sollte zudem ein Bewusstsein dafür schaffen, keine voreiligen Hinweise auf vermeintliche Compliance Verstöße zu geben.[117] Das CMS sollte mit entsprechenden Instrumenten ausgestattet sein, die den voll umfänglichen Schutz gewährleisten. Somit können mögliche Skrupel der Mitarbeiter aufgrund von drohenden Repressalien verhindert werden. Das Ergebnis ist ein offenes Informationsverhalten bei allen Beteiligten.

Neben den drohenden Folgen wie bspw. Sanktionen hat ein Whistleblower zudem mit möglichen Repressalien zu rechnen. Die Beurteilung eines Whistleblowers divergiert stark danach, aus welcher Perspektive sie erfolgt. Auf der einen Seite wird mit einem Hinweisgeber Zivilcourage, auf der anderen Seite Denunziantentum assoziiert. Allein die Begrifflichkeit „Whistleblowing“ wird auf unterschiedliche Art und Weise übersetzt. Die Umschreibungen „verpfeifen“ und „anschwärzen“ stehen den ebenfalls verwendeten Wendungen „Alarm schlagen“ und „Enthüllen von Missständen“ entgegen. Die Vergangenheit zeigte jedoch bereits: Hinweisgeber stellen einen deutlichen Mehrwert zur Aufdeckung non-complianten Verhaltens dar und sind somit essenziell für ein funktionierendes CMS. Daher muss dem Hinweisgeber der Schutz gewährt werden, dass seinem Hinweis die nötige Aufmerksamkeit geschenkt wird, während das Unternehmen relevante Informationen direkt bei den dafür vorgesehenen Anlaufstellen erhält – mithin besteht eine Win-Win-Situation für Hinweisgeber und Unternehmen.[118] Darüber hinaus erzeugt bereits die bloße Existenz eines Hinweisgebersystems und die damit verbundene erhöhte Aufdeckungswahrscheinlichkeit eine hohe Präventivwirkung.

Hinweisgebersysteme können unterschiedlich organisiert und technisch ausgestaltet werden. So kann die Verankerung intern z. B. durch die Einrichtung einer Telefonhotline bei der Compliance Organisation des Unternehmens[119], einer internetbasierten Lösung via E-Mail oder mittels eines Postfachs erfolgen.[120] Eine andere Variante ist die Einbindung eines externen Anbieters, der dem Unternehmen entsprechende Systeme als Briefkasten zur Verfügung stellt.[121] Dieser übernimmt dabei die Aufnahme des Hinweises, wertet diesen nach einheitlichen Kriterien aus und übermittelt den Bericht anschließend zurück an die Compliance Organisation oder eine andere Stabsstelle beim beauftragenden Unternehmen.

115 Vgl. *Moosmayer*, Compliance, Praxisleitfaden für Unternehmen, 2012, S. 56.
116 Siehe ausführliche Ausführung unter dem nachfolgenden Kapitel Compliance Kommunikation.
117 Vgl. *Rodewald/Unger*, BB 2007 S. 1629 f.
118 Vgl. *Tur*, in: Wieland/Steinmeyer/Grüninger (Hrsg.), Handbuch Compliance-Management, 2010, S. 439.
119 Vgl. *Moosmayer*, Compliance, Praxisleitfaden für Unternehmen, 2012, S. 58.
120 Vgl. *Waldzus*, in: Behringer, Compliance kompakt, Best Practice in Compliance-Management, 2011, S. 329.
121 Vgl. *Moosmayer*, Compliance, Praxisleitfaden für Unternehmen, 2012, S. 57.

Um wirklich glaubhaft zu machen, dass Hinweise aus dem Unternehmen heraus erwünscht sind, insbesondere um Missstände aufzudecken, sollte die Geschäftsleitung für ihre Mitarbeiter die Möglichkeit schaffen, sich anonym an eine externe Person, einen sog. Ombudsmann[122], zu wenden.[123] Idealerweise handelt es sich um einen externen Rechtsanwalt, da er von Berufs wegen zur Verschwiegenheit verpflichtet ist (§ 43a Abs. 2 BRAO) und ein Zeugnisverweigerungsrecht genießt (§ 53 Abs. 1 Nr. 3 StPO). Er ist darüber hinaus nicht Teil des Unternehmens und kann so unabhängig agieren.[124] Erforderlich ist allerdings eine Vereinbarung zwischen dem Ombudsmann und dem Unternehmen, wonach nur diejenigen Informationen dem Unternehmen mitgeteilt werden, zu deren Offenlegung er autorisiert wurde.[125] So bleibt der Hinweisgeber „Herr des Verfahrens", denn er bestimmt, ob und in welcher Form die Weitergabe des Hinweises erfolgt (anonym oder unter Aufdeckung seiner Identität).[126] Eine solche Vereinbarung ist erforderlich, da meist Auftraggeber und damit auch Mandat des Ombudsmanns zunächst das Unternehmen ist und der Ombudsmann danach dem Unternehmen grundsätzlich vollumfänglich auskunftspflichtig ist.[127]

In Deutschland gibt es keine allgemeine Pflicht zur Implementierung eines Hinweisgebersystems.[128] Weder nationales Recht noch der Deutsche Corporate Governance Kodex (DCGK) verpflichten Unternehmen zur Einführung eines Meldesystems.[129] Jedoch wird die Etablierung von Hinweisgebersystemen durch die Gesetzgebung in Europa durch die „Richtlinie zum Schutz von Personen, die Verstöße gegen das Unionsrecht melden" vorangetrieben. Diese ist bis Dezember 2021 in nationales Recht umzusetzen und setzt den Rahmen für Hinweisgebersysteme und den Schutz von Hinweisgebern in Europa.

Zudem hat sich Deutschland als Unterzeichnerstaat internationaler Abkommen, so z. B. der *UN Convention against Corruption* (UNCAC), dazu verpflichtet, spezifische Regelungen zum Schutz hinweisgebender Personen zu erlassen, hat diese Konvention bislang allerdings nicht ratifiziert.[130]

Auf europäischer Ebene wurde 2006 eine unverbindliche Empfehlung zur Umsetzung von (anonymen) Berichtssystemen durch die Art. 29-Datenschutzgruppe, eine Vereinigung von Datenschützern der EU-Staaten, veröffentlicht.[131] Daraufhin sind 2007 auch von deutschen Datenschutzbehörden, der sog. Arbeitsgruppe „Beschäftigungsschutz" des „Düsseldorfer Kreises", Empfehlungen für eine datenschutzgerechte Umsetzung von Whistleblower-Hotlines in Deutschland erarbeitet worden.[132] Die Empfehlungen richten sich an Unternehmen, die den An-

122 Der Begriff Ombudsmann (altnordisch: ombud = Vollmacht) bezeichnet eine unabhängige Vertrauensperson für Beschwerden, die in einer Organisation oder in der Öffentlichkeit bei bestimmten Themen eine ungerechte Behandlung von Personengruppen verhindert. Siehe dazu *Tur*, in: Wieland/Steinmeyer/Grüninger (Hrsg.), Handbuch Compliance-Management, 2010, S. 444.

123 Vgl. *Waldzus*, in: Behringer, Compliance kompakt, Best Practice in Compliance-Management, 2011, S. 331.

124 Ebenda.

125 Vgl. *Moosmayer*, Compliance, Praxisleitfaden für Unternehmen, 2012, S. 58.

126 Vgl. *Waldzus*, in: Behringer, Compliance kompakt, Best Practice in Compliance-Management, 2011, S. 331.

127 Vgl. *Moosmayer*, Compliance, Praxisleitfaden für Unternehmen, 2. Aufl. 2012, S. 58.

128 Vgl. ebenda, S. 56.

129 Vgl. *Wrase/Fabritius*, CCZ 2011 S. 69 f.; *Reufels/Deviard*, CCZ 2009 S. 201 ff.

130 Vgl. *Waldzus*, in: Behringer, Compliance kompakt, Best Practice in Compliance-Management, 2011, S. 323; *Transparency International Deutschland e. V.*, online abrufbar unter: http://www.transparency.de (Abruf 4.9.2019).

131 Vgl. *Schürrle/Fleck*, CCZ 2011 S. 218 ff.

132 Vgl. *Reufels/Deviard*, CCZ 2009 S. 201 ff.

forderungen des SOX und zugleich des deutschen Datenschutzrechts unterliegen und ziehen folgende Verstöße für ein Hinweissystem in Betracht: Verhaltensweisen, die einen sich gegen das Unternehmensinteresse richtenden Straftatbestand erfüllen, z. B. Betrug und Fehlverhalten in Bezug auf die Rechnungslegung sowie interne Rechnungslegungskontrollen, Wirtschaftsprüfungsdelikte, Korruption, Banken- und Finanzkriminalität, verbotene Insidergeschäfte, Verhaltensweisen, die gegen Menschenrechte oder Umweltschutzbelange verstoßen sowie solche, die unternehmensinterne Ethikregeln beeinträchtigen.[133]

(Deutsche) US-börsengelistete Unternehmen sind seit dem SOX zur Einführung eines Hinweisgebersystems hingegen ausdrücklich verpflichtet. Das Whistleblowing ist allerdings Gegenstand verschiedener Regelungen in den USA. Zu erwähnen sind einerseits die *U.S. Federal Sentencing Guidelines*, die im Fall des Vorliegens entsprechend effektiver interner Berichtssysteme eine Reduzierung der Strafbuße gewähren und damit indirekt zur Implementierung eines Meldesystems anregen. Andererseits die Vorgaben der New Yorker Börse gegenüber ihren Mitgliedsunternehmen zur Einführung von Ethikrichtlinien, in denen die Mitarbeiter zur Meldung von (Gesetzes-)Verstößen ermutigt werden.[134] Zudem ist das „Audit Committee" eines Unternehmens verpflichtet, ein Meldesystem zur Verfügung zu stellen, das in der Lage sein muss, auch anonyme[135] Hinweise wegen Bedenken in Bezug auf fragwürdige Rechnungslegungs- oder Rechnungsprüfungsumstände sowohl von eigenen Angestellten wie auch Dritten entgegenzunehmen.[136] Die technische Umsetzung der Meldemöglichkeit entsprechender Hinweise bleibt dabei den Unternehmen überlassen. Hinweisgeber, die unterstützend an Untersuchungen zuständiger Behörden (z. B. der *Securities and Exchange Commission*, SEC) teilgenommen haben, werden durch Sec. 806 SOX vor Diskriminierung (in Form von Entlassungen, Zurückstufungen oder anderweitigen Benachteiligungen) geschützt.[137]

4.5 Erfahrungen und Erkenntnisse aus der Praxis

In der Praxis zeigt sich: Die Digitalisierung kann gerade im Hinblick auf die Varietät eines Compliance Programms einen positiven Einfluss nehmen. Digitale Lösungen im Compliance Bereich stellen eine sinnvolle Unterstützung im Unternehmen dar und können dabei helfen, Compliance Prozesse zu vereinfachen. So besteht für Unternehmen die Möglichkeit, ihre Maßnahmen zur Risikominimierung durch verschiedene Tools auszugestalten. Dies betrifft insbesondere den Bereich der Business Partner Due-Diligence. Hier können automatisierte Lösungen im Rahmen von Sanktionslistenprüfungen das Screening der Geschäftspartner vereinfachen. Ebenfalls wirken systematisierte Business Partner Checks unterstützend bei der Auswahl der Vertragspartner. Aber auch weitere Bereiche des Compliance Programms werden durch die Digitalisierung geprägt. Dies betrifft insbesondere auch Einrichtungen für die Entgegennahme von Hinweisen. Gemeint sind online-basierte Hinweisgebersysteme, die als intelligentes Instrument bereits erste Schritte für Maßnahmen einleiten können. Solche individuell ausgestalteten Applikationen

133 Vgl. ebenda.

134 Vgl. *Schürrle/Fleck*, CCZ 2011 S. 218.

135 Die Vorschrift verlangt, dass die Anonymität der Beschwerden gewährleistet ist, soweit sie von Angestellten der Gesellschaft eingereicht werden, vgl. *Schürrle/Fleck*, CCZ 2011 S. 218.

136 Vgl. *Moosmayer*, Compliance, Praxisleitfaden für Unternehmen, 2012, S. 56 f.; *Waldzus*, in: Behringer, Compliance kompakt, Best Practice in Compliance-Management, 2011, S. 326.

137 Vgl. *Schürrle/Fleck*, CCZ 2011 S. 218.

können Hinweise verschlüsselt aufnehmen und gebündelt in einem Hochsicherheitszentrum verwahren. Des Weiteren ermöglichen diese Systeme eine Anwendung in verschiedenen Sprachen, so dass eine innerhalb eines Konzerns unternehmensübergreifende Anwendung ermöglicht wird. Zu beachten ist jedoch: Eine offene Kommunikation ist immer noch eine Grundvoraussetzung für das Funktionieren einer digitalen Ausgestaltung eines Hinweisgebersystems. Insgesamt stellen digitalisierte Prozesse lediglich ein unterstützendes Instrument dar und sind zur weiteren Ausgestaltung eines umfangreichen CMS in dieses einzubetten.

Bei Benutzung dieser Systeme können zwar Ressourcen eingespart werden, indem bspw. auf die Einrichtung einer durch Externe betriebenen Telefonhotline oder das manuelle Recherchieren der Geschäftspartner verzichtet werden kann. Die Installation selbst bedarf jedoch nicht nur finanzieller Ressourcen. Dies kann eine Herausforderung insbesondere für kleine und mittelständische Unternehmen darstellen. Große Organisationen verfügen regelmäßig über die benötigten personellen und finanziellen Ressourcen, um ein ganzheitliches Compliance Programm zu implementieren. Daher ist der Strukturierungsgrad des Compliance Programms bei solchen Unternehmen grundsätzlich ausgeprägter, als es bei mittelständischen Unternehmen der Fall ist. Insbesondere hält der Mittelstand noch längst nicht ausreichende Compliance Strukturen vor, um gesetzliche Vorgaben, Verordnungen oder unternehmensinterne Richtlinien dauerhaft und systematisch in einer geordneten Aufbau- und Ablauforganisation einhalten zu können.[138]

Die Größe des Unternehmens lässt jedoch nicht zwingend Schlüsse über die Effektivität des Compliance Programms zu. Es zeigt sich, dass es nicht zwingend auf den Umfang, der innerhalb des Compliance Programms abgeleiteten Maßnahmen, ankommt, so dass Compliance Programme von großen Konzernen nicht zwingend als die „besseren“ zu bewerten sind. Entscheidend ist hier vielmehr das Bewusstsein für Compliance auf Ebene der Mitarbeiter und der Geschäftsführung. Als Basis dient hier die Compliance Kultur, in die das Compliance Programm eingebettet sein sollte. So kann ein nach dem Strukturierungsgrad, d. h. dem Maßstab dafür, dass grundsätzliche Voraussetzungen für Compliance (z. B. Code of Conduct, Richtlinien) gegeben sind, als ganzheitlich geltendes Compliance Programm im Hinblick auf den Operationalisierungsgrad, der u. a. auf die intrinsische Motivation abstellt, mangelhaft sein, wenn die Awareness für Compliance fehlt.

138 Vgl. *CMS law.tax*, 4. Compliance Barometer 2019, online abrufbar unter: http://go.nwb.de/u85m7 (Abruf 24.6.2020).

5. Compliance Organisation

WP/StB Marc Stauder und Katharina Kleff

Abhängig von den festgelegten Compliance Zielen, der Größe und Komplexität des Unternehmens sowie Art und Umfang seiner Geschäftstätigkeit sind eine Institutionalisierung bzw. Systematisierung des Compliance Managements und ein entsprechender Aufbau einer Organisation bzw. die Ernennung eines Compliance Beauftragten notwendig.

Die Verantwortung für Compliance liegt i. S. einer Sorgfaltspflicht beim Vorstand (§§ 76 Abs. 1, 93 Abs. 1 AktG). Entsprechend haben sich die Vorstandsmitglieder aufgrund der Legalitätspflicht nicht nur selbst rechtstreu zu verhalten, sondern stehen auch in der Verantwortung für ein rechtstreues Verhalten auf den nachgelagerten Unternehmensebenen (Legalitätskontrollpflicht). Auf diese Weise ist es möglich, dass Rechtsverstöße durch Mitarbeiter des Unternehmens zu einer Haftung der Unternehmensleitung führen. In diesen Fällen haftet der Vorstand oder Geschäftsführer nicht, weil er sich in eigener Person an Rechtsverstößen beteiligt hat, sondern weil er es unterlassen hat, eine angemessene Compliance Organisation im Unternehmen zu schaffen. Grundsätzlich trifft diese Compliance Verantwortung nach § 77 Abs. 1 AktG den Vorstand als Gesamtorgan. Auch der Deutsche Corporate Governance Kodex (DCGK) sieht den Vorstand verantwortlich für das Ergreifen entsprechender Maßnahmen. Auch über § 130 OWiG lässt sich eine entsprechende Pflicht für Inhaber und durch die Ausstrahlungswirkung für die Geschäftsleitung ableiten, nach der gewisse Aufsichtsmaßnahmen getroffen werden müssen.

5.1 Delegation

Diese Compliance Verantwortung bedeutet nicht, dass sämtliche Compliance bezogenen Fragen im Unternehmen stets durch den Gesamtvorstand zu entscheiden wären – es besteht die Möglichkeit der teilweisen Delegation der Compliance Pflichten. Dies kann innerhalb der Unternehmensleitung oder auf nachgeordnete Funktionen wie den Compliance Officer oder das Compliance Committee erfolgen.

5.1.1 Horizontale Delegation

Ab einer gewissen Größe des Unternehmens ist das Erfüllen der Legalitätskontrollpflicht durch den Vorstand nur möglich, wenn dieser die Aufgaben im Rahmen einer horizontalen Delegation auf weitere Personen überträgt und eine Arbeitsteilung innerhalb des Kollegialorgans vornimmt. Hierbei erfolgt die Zuweisung eines „Verantwortungsbereichs Compliance" auf ein einzelnes Leitungsorgan des Unternehmens. Dieses erhält damit die Handlungsverantwortung für den Bereich Compliance. Eine Verteilung auf einzelne Ressorts kommt ebenfalls in Betracht. Von einer wirklichen „alleinigen" Compliance Verantwortung kann jedoch nicht gesprochen werden, da wichtige Aufgabenbereiche und Risikoursachen nicht delegiert werden können. Im Falle wesentlicher grundlegender Organisationsfragen und bezüglich der Befassung von Fällen mit herausragender Bedeutung (z. B. Korruptions- und Kartellvorwürfe) liegt die Verantwortung weiterhin beim Vorstand.

5.1.2 Vertikale Delegation

Neben der horizontalen Delegation ist auch eine Delegation an Personen möglich, die in der Hierarchie unter der Geschäftsleitung stehen (vertikale Delegation). Diese kann für Aufgaben vorgenommen werden, die nicht im Kernbereich der Leistungsverantwortung des Vorstands liegen. Die vertikale Delegation kann durch die Ernennung eines Compliance Beauftragten für das Unternehmen oder für einzelne oder mehrere Bereiche erfolgen. Sie muss an eine Person bzw. Stelle erfolgen, die unabhängig und mit weitreichenden Kompetenzen ausgestattet ist. Die Benennung wird hierbei durch das für Compliance verantwortliche Organisationsmitglied an einen nachgeordneten, im Idealfall unterhalb der Geschäftsleitung angesiedelten Mitarbeiter vorgenommen. Auch im Falle einer vertikalen Delegation ist eine vollständige Übertragung der Compliance Verantwortung durch die Geschäftsleitung nicht möglich.

5.1.3 Kontrollpflichten des Vorstands

Nach der Delegation wandelt sich die Ausführungspflicht in eine Aufsichtspflicht: Eine horizontale oder vertikale Delegation führt somit zwar zu einer Entlastung der Mitvorstände bzw. der Geschäftsführung, jedoch verbleibt diesen durch ihre Überwachungspflicht noch eine Restverantwortung, der zumindest stichprobenartig nachgekommen werden sollte. Die Geschäftsleitung hat hierbei zu kontrollieren, ob die delegierte Aufgabe sachgemäß ausgeführt wird. Daher sind Berichtspflichten bis zum Vorstand sowie eine ununterbrochene Weisungskette zu etablieren. Es empfiehlt sich, sämtliche Überwachungsmaßnahmen sorgfältig zu dokumentieren, da dem Vorstand die Pflicht obliegt, sich über Fortschritt und Ergebnis der Untersuchung regelmäßig unterrichten zu lassen und bei Bedarf korrigierend einzuschreiten.

5.1.4 Delegationsschreiben

Eine effiziente Compliance Organisation durch Delegation setzt voraus, dass Zuständigkeiten und Berichtswege klar definiert und transparent sind. Lässt sich eine Zuständigkeit nicht klären, so ist die nächsthöhere Stelle verantwortlich. Die Übertragung von Compliance Pflichten sollte daher schriftlich erfolgen und eine genaue Bezeichnung der übertragenen Aufgaben und Befugnisse umfassen. Dem kann im Zuge eines Delegationsschreibens nachgekommen werden. Das Delegationsschreiben beinhaltet die umzusetzenden Pflichten und Aufgaben und ist konkret einer Person individuell zugeordnet. Ferner ist sicherzustellen, dass der delegierte Mitarbeiter die erforderliche oder gesetzlich vorausgesetzte und definierte Fachkunde besitzt. Daraus folgt, dass die Verantwortung auf den Delegierenden zurückfällt. Aus Sicht der Geschäftsleitung ist es wichtig zu beachten, dass eine zu restriktive Definition der übertragenen Aufgaben zu seiner größeren (Rest-)Verantwortung führt und die Wirksamkeit der Delegation insgesamt infrage stellen kann. Eine solche Nachweisdokumentation dient aus rechtlicher Sicht der Entlastung (Exkulpation) im Haftungsfall. Zudem schafft sie innerbetriebliche Transparenz und Klarheit hinsichtlich der Verantwortlichkeiten und Zuständigkeiten.

5.2 Verortung der Compliance Organisation

Je nach Struktur des Unternehmens kann „Compliance" zentral, dezentral oder als hybride Organisationsform ausgestaltet sein. Jede Unternehmensleitung muss daher individuell feststellen, welche Organisationsform für das jeweilige Unternehmen die „richtige“, d. h. am besten umsetzbare ist und welche Ressourcen dafür eingesetzt werden sollen.[139]

ABB. 18: Hybride Organisationsstrukturen[140]

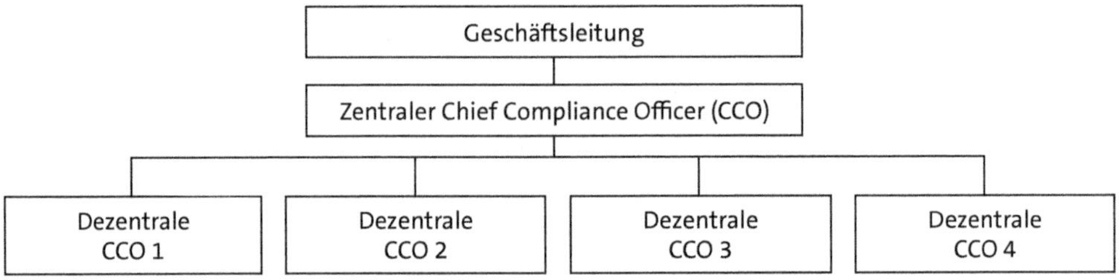

Im Falle einer zentralen Organisationsform wird eine Stelle eingerichtet, die unabhängig von allen länderspezifischen Besonderheiten sämtliche einzuhaltenden Compliance Regeln vorgibt und für ihre unternehmensweite Durchsetzung verantwortlich ist. Eine solche Ausgestaltung empfiehlt sich insbesondere für Unternehmen ohne länderspezifische Besonderheiten innerhalb der Konzernstruktur. Positiv ist zu bewerten, dass die Geschäftsleitung des Mutterkonzerns dabei einen direkten Zugriff auf die jeweiligen Einheiten erhält – die Umsetzung von Compliance Standards fällt leichter und fördert eine einheitliche Unternehmenskultur. Kritisch zu beäugen ist das Ignorieren etwaiger länderspezifischer Aspekte: Eine zentralisierte Compliance Organisation kann sich als nachteilig erweisen, wenn die Rechtsordnung und Werte des Sitzlands der Muttergesellschaft auf ihre ausländischen Tochtergesellschaften „blind“ übertragen und nicht hinsichtlich ihres „Fits“ überprüft werden.

Die dezentrale Organisationsform zeichnet sich durch eine Ausrichtung auf die lokalen Gegebenheiten aus. Sie kennzeichnet sich durch eine auf zentraler Ebene gefestigte Strategie, die auf der nächsten Ebene für die einzelnen Einheiten entsprechend angepasst wird. Somit soll sichergestellt werden, dass lokale Anforderungen (rechtlich oder kulturell) berücksichtigt werden. Der Vorteil liegt in einer verbesserten Ausrichtung an dem individuellen strategischen Unternehmensinteresse der einzelnen Einheiten. Jedoch ist eine vollkommen dezentrale Ausrichtung nur dann sinnvoll, wenn keine zentralen Anforderungen existieren. Ein weiterer Vorteil dieser Ausrichtung liegt darin, dass im Falle von Tochtergesellschaften, die sich hinsichtlich des Geschäftsmodells substanziell von dem des Mutterkonzerns unterscheiden und somit die für das Mutterunternehmen geltenden Regelungen für die Tochtergesellschaft nicht einschlägig sind, diese gesondert betrachtet werden. Durch die dezentrale Ausrichtung kann hier der individuellen Risikolage Rechnung getragen werden.

Grundsätzlich ist die Vorgabe zentraler Standards in der Praxis jedoch unvermeidbar, da Compliance Verstöße der Tochtergesellschaften im Ausland ausstrahlen können und auch dem inländischen Mutterunternehmen und seinem Management beträchtlichen Schaden zufügen bzw. diesem zugerechnet werden können. Es kann daher notwendig sein, Compliance Standards zentral vorzugeben und trotzdem lokale Unterschiede zuzulassen. Zu beachten ist aber stets: Strengere lokale Regeln gehen den zentralen Vorgaben vor.

139 Vgl. *Moosmayer*, Compliance, Praxisleitfaden für Unternehmen, 2015, S. 33.
140 Eigene Darstellung.

Hybride Strukturen vereinen die Organisationsmodelle der dezentralen und zentralen Ausgestaltung, so dass die bei einer zentralen oder dezentralen Organisationsform entstehenden Nachteile vermieden werden. Hybride Organisationen der Compliance sind vor allem bei international tätigen Konzernen zu finden, da auf nationale und kulturelle Besonderheiten eingegangen werden kann. Eine mögliche Ausgestaltung ist der Einsatz lokaler Compliance Beauftragter, die die zentralen Compliance Regeln in die nationale Kultur und den Rechtsrahmen übersetzen. Durch diese Form der Compliance Organisation kann auf die jeweiligen Anforderungen der Branche reagiert werden. Durch die Orientierung an zentralen Vorgaben besteht ein geringer Abstimmungsaufwand mit den weiteren organisatorischen Einheiten des Unternehmens. Außerdem fördert diese Struktur die Verankerung des Compliance Bewusstseins im gesamten Unternehmen. Durch eine hybride Struktur lassen sich auch in den Informations- und Meldeprozessen Synergien schaffen. Die Zentrale ist dazu befähigt, die Berichte der dezentralen Compliance Beauftragten für die Geschäftsleitung zusammenfassen und Wechselwirkungen zwischen den einzelnen Meldungen zu analysieren, die eventuell gefahrenerhöhend sind.[141] Das Know-how kann vor Ort genutzt werden und durch Vorgaben der Zentrale (z. B. gemeinsame Werte und Ziele) gesteuert werden. Zu beachten sind dabei jedoch der gesteigerte Ressourcen- und damit ein Koordinationsaufwand.

Unternehmen verstehen „ihre Compliance" oft als Teil ihrer Rechtsabteilung. Der hieraus abzuleitende Vorteil liegt im Wegfall womöglich überflüssiger Abstimmung mit anderen Instanzen innerhalb des Unternehmens. Jedoch mangelt es der Rechtsabteilung im Regelfall an prozessspezifischem Wissen, um ein ganzheitliches Compliance Programm integrieren zu können. Das Verständnis der Geschäftsprozesse benötigt vor allem betriebswirtschaftliche Kenntnisse, die innerhalb einer Rechtsabteilung regelmäßig nicht vorhanden sind.[142] Eine Compliance Abteilung sollte allerdings nicht aufgrund ihrer Überschneidungen zu Aufgabenbereichen anderer Abteilungen in diese integriert werden, sondern stets als losgelöste Organisation ausgestaltet werden. Die Compliance Abteilung sollte jedoch unabhängig von den Geschäftsprozessen sein, um bei der Etablierung und Überwachung von Regelungen nicht in Interessenskonflikte zu geraten. Die Umsetzung von Compliance in der täglichen Arbeit ist wiederum die Aufgabe der Fachbereiche in den operativen Geschäftsprozessen.

Der internen Revision kann durch die Veranlassung der Geschäftsleitung die Pflicht der Überwachung erteilt werden. Die interne Revision ist sowohl mit den Prozessen und Richtlinien des Unternehmens als auch den Schwächen des IKS vertraut. Durch den Blickwinkel der unabhängigen Stelle kann eine Gesamtbeurteilung ermöglicht werden, in welchem Bereich die größten Risiken für ein Compliance Verstoß liegen. Zudem erwächst aus der Prozessunabhängigkeit die Rolle der Überwachung des CMS. Demnach können die Implementierung und Verbesserung der Prozesse nicht Aufgabe der internen Revision sein und sie kann somit nicht verantwortlich für Compliance sein.

Der Personalabteilung obliegt die Pflicht der gewissenhaften Auswahl der Mitarbeiter sowie die Aus- und Weiterbildung dieser bezogen auf Compliance. Die Aufgabe des Personalwesens liegt daher in einer präventiven Maßnahme, um regelkonformes Verhalten zu unterstützen. Durch das frühzeitige Ansetzen im Personalmanagement können im späteren Verlauf Kosten einge-

141 Vgl. *Bürkle*, in: Hauschka (Hrsg.), Corporate Compliance, Handbuch der Haftungsvermeidung im Unternehmen, 2010, § 8 Rz. 20.

142 Vgl. *Behringer*, ZRFC 2010 S. 8.

spart werden und auf den Einsatz weiterer Ressourcen für die Kontrolle und die Implementierung der Werte verzichtet werden. Die Rolle der Personalabteilung im Rahmen eines CMS ist jedoch beschränkt. Da viele Themen von betriebswirtschaftlicher bzw. juristischer Natur sind, ist eine Übernahme der Gesamtverantwortung für Compliance durch die Personalabteilung nicht ausreichend.[143]

5.3 Ausgestaltung der Compliance Organisation

Zur Erfüllung von Compliance Aufgaben sind verschiedene Ausgestaltungen der Compliance Organisation denkbar. So kann die Compliance Abteilung als Stabsstelle aufgehängt werden, die unmittelbar an die Geschäftsleitung Bericht erstattet oder als Teil des Risikomanagements mit Berichterstattung an den Leiter des Risikomanagements.[144] Als separate Stabsstelle kann die Compliance Abteilung selbst autonom sämtliche Aufgaben der Compliance im Unternehmen übernehmen. Allerdings erfordert eine solche Organisationsform naturgemäß einen höheren Einsatz finanzieller und personeller Ressourcen als eine Compliance Organisation, die auf im Unternehmen bereits vorhandenen Abteilungen und Strukturen aufbaut.[145] In einer solchen Compliance Abteilung lassen sich verschiedene Verantwortungen festlegen, wie die von einem Chief Compliance Officer (CCO) oder von einem Compliance Committee. Die Festlegung dessen hängt von den zur Verfügung stehenden Ressourcen und Organisationsstrukturen ab.

5.3.1 Chief Compliance Officer

Dem CCO kommt die Verantwortung für das Tagesgeschäft der Compliance Organisation zu. Eine gesetzliche Regelung zur Position des CCO gibt es im deutschen Recht bis auf § 12 Abs. 4 Satz 1 WpDVerOV, der den § 33 Abs. 1 Nr. 5 WpHG ausgestaltet, nicht. Der CCO nimmt als zentraler und autonomer Compliance Beauftragter eine Schlüsselrolle für das Compliance System ein. Ihm werden die Compliance Aufgabe und die Verantwortung per Delegation zugewiesen. Ein mustergültiges Anforderungs- und Aufgabenprofil des CCO existiert nicht.[146] Er übernimmt grundsätzlich eine unterstützende und beratende Funktion der Geschäftsleitung in allen Compliance relevanten Fragen. Seine Aufgaben umfassen die Einführung, Dokumentation und ständige Weiterentwicklung des Compliance Systems. Im Zuge dessen organisiert er bedarfsgerechte Schulungen und versorgt die Mitarbeiter mit Informationen zum aktuellen unternehmensinternen Compliance Programm. Des Weiteren obliegt ihm die Verantwortung für die Überwachung der Einhaltung der Compliance Vorgaben. Der CCO berichtet turnusgemäß sowie – wenn erforderlich – ad hoc an die Unternehmensleitung über unternehmensinterne Vorkommnisse, rechtliche Veränderungen und sonstige Umstände mit Bezug zu Compliance. Er arbeitet regelmäßig mit dezentralen Compliance Beauftragten, sonstigen Beauftragten und der internen

143 Ebenda.

144 Vgl. *Inderst/Bannenberg/Poppe* (Hrsg.) Compliance, Aufbau – Management – Risikobereiche, 2013, S. 123 ff.

145 Vgl. dazu und im Folgenden *Moosmayer*, Compliance, Praxisleitfaden für Unternehmen, 2015, S. 32.

146 Zum grundlegenden Aufgabenprofil ausgehend von den Grundfunktionen einer effektiven und funktionierenden Compliance (Prävention, Aufdeckung von Fehlverhalten und Reaktion hierauf) siehe *Moosmayer*, Compliance, Praxisleitfaden für Unternehmen, 2015, S. 36.

Revision zusammen.[147] Außerdem ist der CCO erster Ansprechpartner für externe Ermittlungs- und sonstige Behörden bei Compliance relevanten Fragen.[148]

Um den Compliance Anforderungen gerecht werden zu können, sollte der CCO über Berufserfahrung und Fachkenntnisse im jeweiligen Unternehmen oder jedenfalls im Umfeld des Unternehmens bzw. in der Branche oder einer ähnlichen Branche verfügen. Ihm müssen die Geschäftsfelder des Unternehmens und die ihnen zuzuordnenden Risiken bekannt sein. Für die Geeignetheit eines potenziellen CCO ist zudem neben seinen fachlichen Kenntnissen seine Persönlichkeit bedeutend. Geprägt sein sollte diese durch Integrität und Neutralität. Hier ist insbesondere auf den Abschnitt zur Compliance Kultur zu verweisen, da der CCO als Vorbild in Sachen Compliance agiert und daher die Eigenschaften einer ethischen Führungskraft aufweisen sollte. Hierunter fallen neben seinen ethischen Vorstellungen ebenso Verhandlungsgeschick und ausgeprägte Kommunikations- und Konfliktlösungsfähigkeiten. Zudem muss er seine Funktion mit Organisationsgeschick, Beharrlichkeit und Durchsetzungsvermögen ausfüllen. Er sollte dabei auch Fähigkeiten im Change Management besitzen, um notwendige Veränderungsprozesse im Unternehmen voranzutreiben. Bei Compliance Verstößen muss er darüber hinaus mit der Personalabteilung und der Geschäftsleitung geeignete disziplinarische Schritte festlegen und Maßnahmen einleiten, die ähnliche Verstöße zukünftig verhindern.

Da das CMS gesetzlichen Vorgaben gerecht werden muss und identifizierte Rechtsverstöße juristisch beurteilt werden müssen, ist ein juristisches Grundverständnis des CCO ebenso wichtig, wie sein Verständnis über interne Kontrollsysteme. Zur Wahrung seiner sachlichen Unabhängigkeit und zur Vermeidung von Interessenskonflikten ist es wichtig, dass der CCO parallel zu seiner Tätigkeit keine weiteren Aufgaben im operativen Geschäft des Unternehmens übernimmt.[149] Dass er bei seiner facettenreichen Tätigkeit weiterhin den Weisungsbefugnissen der Geschäftsleitung (aufgrund des Direktionsrechts) unterliegt, steht nicht im Widerspruch zu seiner Unabhängigkeit. Vielmehr kann die Geschäftsleitung nur so sicherstellen, dass sie ihrer gesellschaftsrechtlichen Leitungsverantwortung gerecht wird.[150]

Der CCO wird durch die von ihm übernommenen Kontroll-, Informations- und Initiativpflichten als Überwachungsgarant des CMS verstanden.[151] Überwachungsgaranten sind Personen, denen Sicherungspflichten gegenüber jedermann aufgrund ihrer Verantwortung für bestimmte Gefahrenquellen obliegen.[152] Ihm obliegt die rechtliche Verpflichtung zur Abwendung der Gefahrenquellen, die sich aus Straftatbeständen ergeben können. Ein solcher kann nicht nur durch aktives Tun verwirklicht werden, sondern liegt auch in einer Unterlassungshandlung des CCO, welcher sich sodann haftbar macht.[153] Für den CCO bedeutet dies konkret, dass er, sofern er Kenntnis von Straftaten erlangt, die aus dem Unternehmen heraus begangen werden, alle ihm zur Verfügung stehenden und zumutbaren Maßnahmen ergreifen muss, um die weitere Begehung der Straftaten zu unterbinden.[154]

147 Vgl. *Kraft/Winkler*, CCZ 2009 S. 29 f.; *Gößwein/Hohmann*, BB 2011 S. 963 ff.

148 Vgl. *Bürkle*, in: Hauschka (Hrsg.), Corporate Compliance, Handbuch der Haftungsvermeidung im Unternehmen 2010, § 8 Rz. 28.

149 Vgl. ebenda, § 8 Rn. 32.

150 Vgl. ebenda, § 8 Rn. 33.

151 Vgl. *Kraft/Winkler*, CCZ 2009 S. 29 ff.; *Moosmayer*, Compliance, Praxisleitfaden für Unternehmen, 2015, S. 38.

152 Vgl. *Kraft/Winkler*, CCZ 2009 S. 29 f.

153 BGH, Urteil v. 17.7.2009 – 5 StR 394/08, NJW 2009 S. 3173 ff.

154 Vgl. *Moosmayer*, Compliance, Praxisleitfaden für Unternehmen, 2015, S. 39 f.

Neben einer Haftung strafrechtlicher Natur kann sich der CCO auch für solche des Zivilrechts strafbar machen. Seine primären Pflichten liegen in der Beratung, dem Vorschlag geeigneter Maßnahmen und der Unterstützung bei deren Umsetzung sowie Information und Berichtswesen. Unterlaufen dem CCO bei der Erfüllung dieser Pflichten Fehler, so kann dies nach den allgemeinen straf- und zivilrechtlichen Grundsätzen zu einer Haftung bzw. zu arbeitsrechtlichen Maßnahmen seitens des Arbeitgebers führen.[155] Im Vergleich zu anderen leitenden Angestellten mit Fachverantwortung im Unternehmen ist der CCO insofern besonderen Risiken ausgesetzt, als dass er aufgrund seiner Aufgabenstellung leichter als andere Führungskräfte von staatsanwaltlichen Ermittlungsverfahren betroffen sein kann.[156]

5.3.2 Compliance Committee

Eine weitere Möglichkeit der Ausgestaltung der Compliance Organisation liegt in der Errichtung eines Compliance Committees. Durch diesen Weg werden möglichst viele Informationen über Prozesse, Regelungen und gesetzliche Rahmenbedingungen gebündelt. Der wesentliche Vorteil in der Bildung eines Compliance Committees liegt darin, dass die durch den CCO aufgrund des Umfangs nicht zu bewältigen Aufgaben verteilt werden können. Es agiert als Bindeglied über die einzelnen Stabsabteilungen und bildet sich aus ihren Vertretern und dem CCO als Leiter der Compliance Abteilung. Hierfür setzt sich das Compliance Committee regelmäßig aus den Leitern der fachspezifischen Organisationseinheiten des Unternehmens – etwa der Rechts-, Revisions-, Finanz- oder Personalabteilung – zusammen. Es dient den Verantwortlichen als Plattform für den Austausch und die Diskussion aktueller Fragestellungen und der gemeinsamen Meinungs- und Entscheidungsfindung. Das Committee wirkt als unterstützende und beratende Funktion für den CCO und trägt zum abteilungsübergreifenden Compliance Bewusstsein bei.[157]

Im Rahmen einer Geschäftsordnung wird vorgegeben, wem welche Aufgaben und Kompetenzen zugeteilt werden. Der Aufbau einer Compliance Abteilung ist bei dieser Organisationsform nicht zwingend notwendig. Eine denkbare Ausgestaltungsform ist, dass die Compliance Prävention den bestehenden Fachabteilungen zugeordnet wird, so dass auf die Einrichtung einer eigenen Compliance Abteilung ganz verzichtet werden kann. In jedem Fall sollte aber durch eine eindeutige Zuständigkeitsregelung die sach- und zeitgerechte Wahrnehmung der Aufgaben gewährleistet werden.

Gegenüber der autonomen Compliance Organisation hat diese Organisation den Vorteil des geringeren Einsatzes von personellen und finanziellen Ressourcen. Diese Ressourceneinsparung rührt daher, dass ein erheblicher Teil der Compliance Aufgaben von anderen Fachabteilungen übernommen wird und die Arbeitsverteilung bedarfsgerecht flexibel erfolgen kann. Des Weiteren unterstreicht die Zuweisung von Compliance Aufgaben an ein Committee, dass „Compliance“ Aufgabe des Gesamtunternehmens und nicht eines Einzelnen ist. Eine derartige „Basisverbreiterung“ ermöglicht, die Akzeptanz der Compliance Verantwortlichkeit im Unternehmen zu steigern, jedoch bedingt eine solche Compliance Organisation auch zwangsläufig einen größeren Abstimmungsaufwand zwischen den Beteiligten. Darüber hinaus wird Expertenwissen nicht

155 Vgl. ebenda, S. 40.

156 Vgl. *Kraft/Winkler*, CCZ 2009 S. 29 ff.; *Moosmayer*, Compliance, Praxisleitfaden für Unternehmen 2015, S. 41.

157 Vgl. *Inderst/Bannenberg/Poppe* (Hrsg.), Compliance: Aufbau – Management – Risikobereiche, 2013, S. 105.

zentral an einer Stelle aufgebaut. Die Folge ist möglicherweise, dass bspw. Beratungsanfragen von Mitarbeitern zu einem großen Koordinations- und Zeitaufwand führen können.[158]

5.3.3 Ombudssystem

Eine Unterstützung des CCO kann die Einführung eines Ombudsmanns sein, der seine Aufgaben und Weisungen vom CCO erhält. Die Ernennung einer solchen Stelle soll es den Mitarbeitern ermöglichen, sich bei Problemen bzw. Verdachtsfällen von Compliance Verstößen an einen Ansprechpartner zu wenden, der der Geheimhaltung unterliegt und die Informationen, die er erhält, ohne Nennung des Informanten an das Unternehmen weiterleitet.[159]

ABB. 19: Stellung der Compliance Organisation im Unternehmen[160]

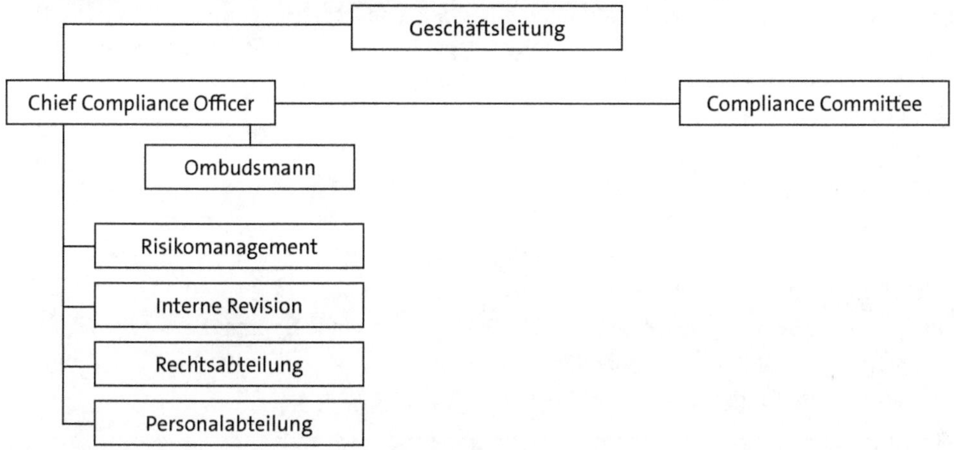

Somit können Mitarbeiter Fälle ohne Sorge um Repressalien melden. Insbesondere für mittelständische Unternehmen kann die Einschaltung eines externen Ombudsmanns geeignet sein, da die Dienstleitung auf externe Rechtsanwaltskanzleien ausgelagert werden kann.[161]

5.3.4 Berichtswege

Die Berichtswege der Compliance Organisation sind zu koordinieren und aufeinander abzustimmen. Der Geschäftsleitung soll ein Bild über die unternehmensweite Risikolage und Entwicklung bezogen auf die Compliance Funktionen vermittelt werden.[162] Erforderlich hierfür ist, dass im Vorfeld der Berichterstattung die relevanten Daten und Informationen bei den operativen und regionalen Einheiten des Unternehmens erhoben, von dort berichtet und anschließend zu einem Gesamtbild für die Unternehmensleitung verarbeitet werden. Problematisch ist der direkte Berichtsweg an den Aufsichtsrat. Nach dem Rechtsgrundsatz des § 90 AktG obliegt die Bericht-

158 Vgl. *Moosmayer*, Compliance, Praxisleitfaden für Unternehmen, 2015, S. 33.

159 Vgl. ebenda, S. 56.

160 Eigene Darstellung.

161 Vgl. *Moosmayer*, Compliance, Praxisleitfaden für Unternehmen, 2015, S. 56.

162 Siehe ausführliche Ausarbeitung in den nachfolgenden Kapiteln zu Kommunikation sowie Überwachung und Verbesserung.

erstattung gegenüber dem Aufsichtsrat dem Vorstand. Kein Verstoß gegen diesen Grundsatz liegt vor, wenn die Compliance Organisation in Abstimmung mit dem Vorstand zu Compliance Themen und ihrer Entwicklung dem Aufsichtsrat Bericht erstattet.[163] Neben dieser Regelberichterstattung zu Compliance Themen empfiehlt es sich, weitere Berichtswege zwischen Unternehmensleitung, Compliance Organisation und Aufsichtsrat einzurichten, so dass eine „ad hoc"-Berichterstattung an den Aufsichtsrat bei Compliance Themen erfolgen kann. Im Rahmen dieser Festlegung der Berichtswege und -inhalte an den Aufsichtsrat sollte auch die mögliche Konstellation eines unüberbrückbaren Konflikts zwischen der Compliance Organisation und der Geschäftsleitung bedacht und zugleich Regelungen zu dessen Lösung aufgestellt werden.[164]

5.4 Ressourcenausstattungen

Für die Entscheidungsfindung im Rahmen der Ressourcenausstattung empfiehlt es sich, sich an bestimmten Richtwerten zu orientieren. In der Regel leitet sich der Bedarf der benötigten Mitarbeiter unter Beachtung der folgenden Merkmale ab:

- Unternehmensgröße,
- Internationalität,
- Vertriebskanäle,
- Branche,
- zu verantwortende Teilbereiche der Compliance Abteilung,
- identifizierte Risiken (im Rahmen des CRA),
- Reifegrad der Governance Elemente und Nutzung bestehender Prozesse,
- Schulungskonzept (E-Learning oder Präsenztraining),
- erwarteter Beratungsbedarf der Mitarbeiter.

ABB. 20: Prozess zur Ermittlung des Personalbedarfs[165]

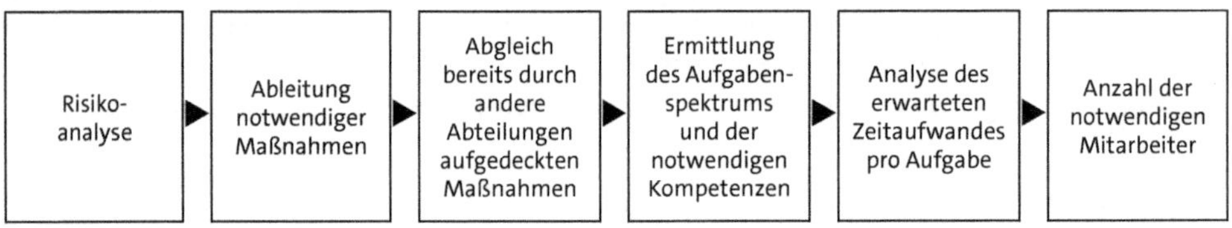

Als Ergebnis einer Compliance Benchmarkstudie der KPMG ging hervor, dass bei großen und börsennotierten Unternehmen bei 25 % der Unternehmen pro 1.000 Mitarbeiter/-innen eines Unternehmens mehr als zwei Vollzeitkräfte bzw. bei 38 % der Unternehmen ein bis zwei Vollzeitkräfte für Compliance vorgesehen waren.

5.5 Erfahrungen und Erkenntnisse aus der Praxis

Es zeigt sich in der Praxis: Für eine Einschätzung der Risiken sollte die Compliance Organisation sowohl konsistent als auch geschäftsnah ausgerichtet sein. Als erfolgreiche Organisationsstruk-

163 Vgl. *Moosmayer*, Compliance, Praxisleitfaden für Unternehmen, 2015, S. 35.

164 Ebenda.

165 Eigene Darstellung.

tur hat sich bewährt, dass einer zentralen Compliance Funktion die Richtlinienkompetenz zukommt, während auf dezentraler Ebene eine individuelle Anpassung der Schulungsunterlagen oder Arbeitsanweisungen erfolgt. Insbesondere stellt die dezentrale Verortung einer Compliance Organisation Unternehmen vor die Herausforderung, nicht genügend personelle und geeignete Ressourcen zur Verfügung stellen zu können.

Die Governance-Teilsysteme Risikomanagement, Compliance Management, Interne Revision und das interne Kontrollsystem zeigen erhebliche Überschneidungen. Die hierbei entstehenden Synergie-Potentiale werden erfahrungsgemäß bei jeweils separat bestehenden Abteilungen oft nicht bzw. nicht ausreichend genutzt. Vielmehr bleiben Doppelstrukturen unentdeckt, so dass Mehrarbeit entsteht. Eine enge abgestimmte Kommunikation würde solche Defizite verhindern und zeitsparend wirken. Eine fehlende Abstimmung kann jedoch auch regelmäßig zum gegenteiligen Effekt führen. Z. B. könnten bei einer Vertragsüberprüfung die Klauseln nicht vollständig hinsichtlich ihrer Ausgestaltung durchgesehen werden, da die Verantwortlichkeiten nicht dem eigenen Bereich zugeordnet sind, so dass Teile des Vertrags vollständig unbearbeitet bleiben. Die Folge sind mögliche finanzielle Schäden, basierend auf einem zu verhindernden Organisationsdefizit. Daher sollten Unternehmen eine sorgfältige und abteilungsübergreifende Aufgabenverteilung vornehmen, die die jeweiligen Spezialisierungen und die daraus resultierenden Erfahrungen berücksichtigt. Diese sind nicht nur mündlich zu kommunizieren, sondern bestenfalls in Richtlinien und Verantwortlichkeitsmatrizen aufzuführen.

Als hilfreich zeigt sich ein integrierter GRC-Ansatz, der mit klaren Berichtswegen und einer umfangreichen Qualitätssicherung Risiken entgegenwirkt. Somit wird eine koordinierte und überwachte Nutzung aller Teilsysteme sichergestellt. Dieser ist als Ergänzung der Compliance Organisation anzusehen. Lassen Größe, Komplexität und Risiken des Unternehmens dies nicht zu, deutet dies nicht auf eine mangelhafte Compliance Organisation hin. Zu beachten ist: Kleine und mittelständische Unternehmen legen regelmäßig die Compliance Aufgaben in den Verantwortungsbereich einer Person. Da die Strukturen hier jedoch nicht so komplex sind wie die eines international agierenden Konzern, ist das Risiko der Doppelstrukturen als generell geringer einzuschätzen.

Darüber hinaus werden im Zusammenhang mit Kostensenkungsmaßnahmen immer häufiger Compliance Aufgaben auf externe Instanzen ausgelagert. Grund hierfür ist neben der Einsparung von Kosten, dass die Anforderungen an Compliance und einzuhaltende Gesetze und Regeln beständig weiter steigen und Unternehmen häufig nur mit sehr hohem Aufwand entsprechendes Know-how aufrechterhalten oder gar erweitern können. Daher kann es im Einzelfall sinnvoll sein, ausgewählte Aufgaben der Compliance Abteilung auch dauerhaft an einen externen Dritten zu delegieren. Ein Nachteil der Auslagerung der Compliance Aufgaben besteht mitunter darin, dass ein externer Compliance Beauftragter Informationen häufig erst später erhält und i. d. R. nicht über das unternehmensspezifische Know-how und Verständnis für die betroffenen Methoden, Systeme und Prozesse verfügt. Es erscheint daher eher sinnvoll, externe Berater projektbezogen einzuschalten, indem sie etwa bei der Erstellung von Richtlinien und Schulungsunterlagen unterstützen oder bei der Prüfung von Compliance Kontrollen. Bei der Auslagerung ist jedoch stets zu beachten, dass die Verantwortung der Geschäftsleitung für die Ausgestaltung des Compliance Systems unberührt bleibt – ihr obliegen weiterhin Compliance Organisations-, Steuerungs-, Auswahl-, Informations-, Kontroll- und Überwachungspflichten.

6. Compliance Kommunikation

WP/StB Marc Stauder und Katharina Kleff

Das Grundelement der Compliance Kommunikation ist zur Beurteilung der Konzeption, der Implementierung und der Wirksamkeit des CMS relevant. Die übrigen Grundelemente des CMS wären ohne Einbindung in ein kohärentes Kommunikationskonzept in ihrer Wirkung eingeschränkt oder wirkungslos. So beruht bereits die Schaffung einer Compliance Kultur zentral auf der Compliance Kommunikation. Ebenso sind Compliance Ziele, aber auch Risiken zu kommunizieren.

6.1 Nachhaltigkeit des Kommunikationskonzepts

Für die erfolgreiche Verankerung der Compliance im Unternehmen ist neben einem „Tone from the Top" bereits bei der Entwicklung des Kommunikationskonzepts anzusetzen, so dass ein umfassendes wie insbesondere mittel- und langfristig tragendes Compliance Kommunikationskonzept entsteht. Dieses sollte die „Regelkommunikation" des Compliance Programms bestimmen. Innerhalb der Planung sind die verschiedenen Ausgestaltungsmöglichkeiten hinsichtlich ihrer Geeignetheit zu beurteilen und entsprechend auszuwählen. Der primäre Fokus liegt hierbei nicht auf der Konzeption eines Kommunikationssystems für den Eintritt eines Compliance Verstoßes, sondern auf einer Regelkommunikation des Compliance Programms.[166] Es sollte keine Beschränkung auf eine lediglich schriftliche oder elektronische Mitteilung vorgenommen werden, sondern das gesamte Spektrum der Möglichkeiten einer aktiven Informations- und Überzeugungskampagne mit Implementierungsworkshops und Feedback-Runden sollte in Betracht gezogen werden.[167] Durch die enge Kooperation mit der unternehmenseigenen Kommunikationsabteilung können Synergien geschaffen werden und mithin die Planung erleichtern.[168]

Es gilt hierbei zu unterscheiden zwischen der Kommunikation bei der Einführung des CMS sowie bei der Fortentwicklung: Bei der Einführung sind die Strukturen und Prozesse des CMS insgesamt, die Inhalte des Compliance Programms, das Commitment der Unternehmensleitung zur Compliance, weiterführende Richtlinien, schriftliche Anweisungen und Informationsschriften sowie Schulungsmaßnahmen und -inhalte ihren Adressaten zu kommunizieren. Ebenfalls zu kommunizieren ist die etwaige Einrichtung einer Whistleblowing-Hotline sowie die Kontaktdaten der für Compliance Angelegenheiten Verantwortlichen. Im Falle einer dezentralen Compliance Organisation besteht zusätzlicher Informationsbedarf.

Compliance Kommunikation versteht sich aber keineswegs in einer einmaligen „Verkündungsaktion", die bei der Implementierung eines CMS rechts- und regelgetreues Verhalten anordnet. Vielmehr ist sie als fortlaufender und integraler Bestandteil des CMS zu verstehen. In einem

166 Vgl. *Moosmayer*, Compliance, Praxisleitfaden für Unternehmen, 2015, S. 60.

167 Vgl. *Vetter* in: Wecker/van Laak (Hrsg.), Compliance in der Unternehmenspraxis, 2008, o. S.; Unternehmensberichte etwa bei *Schautes/Kunath*, Kommunikationsmanager 2011 S. 21 (Metro AG) und *Purper*, in: Wieland (Hrsg.), Handbuch Wertemanagement, Erfolgsstrategien einer modernen Corporate Governance, 2004, S. 348, 378 (Fraport AG); bereits adaptiert auf die Systematik des IDW PS 980 *Nothelfer*, CCZ 2013 S. 23.

168 Vgl. zur notwendigen Kooperation *Inderst*, in: Inderst/Bannenberg/Poppe (Hrsg.), Compliance: Aufbau – Management – Risikobereiche, 2013, S. 145 f.; *Rademacher/Köhler*, sinergie, revista di studi e recherche, Nr. 88/2012 S. 35 ff.; *Möhrle*, in: Möhrle/Kunath (Hrsg.), Zwei für alle Fälle, Handbuch der optimalen Zusammenarbeit von Juristen und Kommunikatoren, 2011, S. 13 ff.

kontinuierlichen und kohärenten Prozess werden Compliance Themen und ihre Relevanz dauerhaft und nachhaltig an alle Mitarbeiterebenen kommuniziert. Somit soll sichergestellt werden, dass das Compliance Programm innerhalb eines fortlaufenden Prozesses durch Rückkopplungsprozesse und Optimierung dauerhaft etabliert wird. Dies bedeutet, dass Informationen zielgerichtet und kontinuierlich an die entsprechenden Stellen im Unternehmen fließen. Für einen solchen Informationsstrom müssen alle Mitarbeiter über das eingerichtete CMS und die entsprechenden Regelungsbereiche informiert sein und für relevante Compliance Risiken sensibilisiert werden. Entscheidend ist ein frühzeitiges Ansetzen im Rahmen eines Informationsmanagements zur Steuerung des Informationsflusses.[169]

Eine solche Kommunikation zielt nicht auf die Quantität der Einzelmaßnahmen ab, sondern soll die gesamthafte Konzeption und folgerichtige Ableitung in einer auf Bewusstsein, Klarheit und Konsequenz bauenden Kommunikation sicherstellen. Compliance Kommunikation zielt damit letztlich darauf ab, eine von Compliance geprägte Unternehmenskultur zu schaffen und fortlaufend zu pflegen.[170] Compliance Kommunikation bedeutet daher nicht bloß reine Wertevermittlung, sondern ein durch Taten konsequent vorgelebtes Verhalten, insgesamt „publizierter", aber auch nachweislich praktizierter Standards.

Das Kommunikationskonzept hat zudem die externe Kommunikation des CMS zu beinhalten. Dieses umfasst eine Einbindung Dritter, wie etwa Lieferanten, Kunden, sonstigen Geschäftspartnern, den Anteilseignern sowie die Öffentlichkeit im Allgemeinen. Somit kann den grundlegenden Informationsbedürfnissen der Stakeholder Rechnung getragen werden, die an der Existenz und den Grundzügen, aber auch der Effektivität des CMS zunehmend Interesse zeigen. Eine externe Kommunikation sollte sich in ihrer Gestaltung von der internen unterscheiden und sich an den konkreten Informationsbedürfnissen der externen Empfänger ausrichten. Die externe Compliance Kommunikation wird auch von den Mitarbeitern wahrgenommen, so dass hinsichtlich der internen Kommunikation Kongruenz vorliegen muss. Dass Compliance auch externes Interesse erzeugt, stärkt wiederum auch bei der Belegschaft das Verständnis für ihre Bedeutung und Notwendigkeit und damit ihre Nachhaltigkeit.

6.2 Wissensaufbau zu Compliance

Die Compliance Kommunikation ist daher innerhalb einer strategischen Planung in die Geschäftsprozesse vorerst durch normative Vorgaben zu integrieren. Es sollte bereits an der Einführungskommunikation angesetzt werden, um neuen Mitarbeitern Orientierung zu geben. Daher ist bereits bei Eintritt der Mitarbeiter im Rahmen eines Onboarding-Prozesses das Regelwerk des Compliance Programms auszuhändigen und zu erläutern.[171] Daran sollte die weitere Kommunikation als kontinuierlicher Prozess angeknüpft werden. So wird sichergestellt, dass die Akzeptanz des Compliance Programms in die Geschäftsbereiche und in alle Hierarchieebenen diffundiert. Dies bewirkt eine fortwährende und damit nachhaltige Akzeptanz des Compliance Programms. Eine fehlende und mangelhafte Kommunikationsplanung riskiert ein Konterkarieren

169 Vgl. *Schulz/Renz*, BB 2012 S. 2511 ff.

170 Vgl. *Moosmayer*, Compliance, Praxisleitfaden für Unternehmen, 2015, S. 36 ff.; *Bussmann/Salvenmoser*, CCZ 2008 S. 192 ff.; siehe hierzu auch die Ausführungen zum Kapitel Compliance Kultur.

171 Vgl. *Inderst*, in: Inderst/Bannenberg/Poppe (Hrsg.), Compliance: Aufbau – Management – Risikobereiche, 2013, S. 138; bei 82,4 % der großen und börsennotierten Unternehmen ist Compliance Teil des Einstiegsprogramms, vgl. *KPMG*, Compliance Benchmark Studie 2013, S. 32.

des CMS bezogen auf die Konzeption und Wirksamkeit. Daher bedarf es normativ-organisationaler Maßnahmen i. S. von Unternehmensleitbildern und Wertekodizes. Diese bilden die Basis für die Wertebildung der Mitarbeiter und Führungsebene. Ziel ist eine homogene Kommunikation der Werte und Normen, die eine entsprechende Umsetzung durch die Akteure fordert. Eine Definition des regeltreuen Entscheidungsraums kann jedoch nicht vollständig sicherstellen, dass sich das Verständnis eines complianten Verhaltens der Akteure mit den Anforderungen des Unternehmens deckt. Entscheidend für die Wirksamkeit eines CMS ist die Umsetzung durch Handlungen und Entscheidungen der Mitglieder. Daher sollten die Unternehmenswerte durch weitere Kommunikationsinstrumente transportiert und transparent dargelegt werden und an möglichst alle relevanten Adressaten kommuniziert werden. Diese sind gezielt danach auszuwählen, ob der jeweiligen Richtlinie für ihren Aufgabenbereich Bedeutung zukommt. Dies soll eine akzeptanzgefährdende Überflutung der Adressaten vermeiden.

Insbesondere bei Einführung eines Compliance Programms oder weiterer Compliance Richtlinien ist es notwendig, die Mitarbeiter wie auch das Management hinsichtlich der Inhalte zu schulen und ihnen damit die zur Umsetzung notwendigen Kenntnisse und das fachliche Handwerkszeug zu vermitteln. Zudem sind prozessbegleitende Schulungsmaßnahmen für die Präsenzhaltung der Compliance Themen notwendig. Dadurch sollen eine allgemeine Sensibilisierung und fachspezifische Weiterbildung der Unternehmensmitglieder bewirkt werden. In der Konzeption des Schulungsprogramms ist zu definieren, welche Mitarbeitergruppen erstmalig und anschließend turnusmäßig geschult werden sollen und mit welchen Inhalten und Detaillierungen. Somit wird erreicht, dass die Mitarbeiter die bestehenden Regelungen verinnerlichen und in ihren Handlungen berücksichtigen. Insbesondere wird auf diesem Weg die Nachhaltigkeit des Compliance Programms gefördert.

6.2.1 Schulungsmaßnahmen

Das Ziel von Schulungsmaßnahmen ist zum einen die interessengruppenspezifische Information über Compliance Themen und zum anderen die Sensibilisierung der Mitarbeiter, um angemessen, verantwortungsvoll und „compliant" zu handeln. Neben einem Grundverständnis von Compliance ist es also erforderlich, dass die Teilnehmer die für ihre Abteilung bestehenden Risikoszenarien, die aus dem Risk Assessment stammen, verstehen. Hinsichtlich der Ausgestaltung von Schulungen gibt es eine Vielzahl von Möglichkeiten. Eine persönliche und für direkte Fragen der Teilnehmer sinnvolle Schulungsvariante sind die sog. Classroom-Trainings, also Präsenzschulungen. Dem gegenüber stehen die elektronischen Compliance Schulungen, die sog. E-Learning-Programme, die über das Intranet des Unternehmens erfolgen können. Eine dritte Alternative sind professionelle Angebote von Providern für Compliance E-Learning-Programme, die z. B. via Internet zur Verfügung gestellt werden.

Die Effektivität der Schulungen hängt entscheidend davon ab, wie zielgerichtet, anforderungs- und bedarfsgerecht sie erfolgen. Dies bedeutet, dass eine Spezifikation der Compliance Inhalte hinsichtlich der Aufgabenbereiche der Mitarbeiter erfolgen sollte.[172] Schulungsprogramme, die sich thematisch auf die theoretische Relevanz fokussieren und sich durch einen hohen Abstraktionsgrad auszeichnen, erzielen eine geringe Akzeptanz seitens der Mitarbeiter. Die Folge ist

172 So jetzt auch die Empfehlung Ziff. 7.2 f. der ISO 19600, S. 9 f.; Schulungsbeispiele für praktische Dilemma-Situationen bei *Kampmeyer/Kuckelmanns*, ZRFC 2014 S. 211 ff.

eine geringe Bereitschaft dieser, sich mit der Thematik auseinanderzusetzen, so dass als Langzeitfolge die Compliance Kultur darunter leidet. Compliance Schulungen müssen daher hinsichtlich der Schulungsthematiken und relevanter Zielgruppen sorgfältig vorbereitet werden. Zudem ist bei der Konzipierung ihre zielgruppenadäquate Ausgestaltung zu beachten. Zunächst ist zu berücksichtigen, dass Mitarbeiter an das Thema Compliance und ihren Nutzen herangeführt werden und ein gemeinsames und unternehmensweites Verständnis geschaffen wird.[173] Durch das Schaffen eines solchen Grundverständnisses innerhalb des Gesamtsystems sind Mitarbeiter in der Lage, die Compliance ihrer Bedeutung nach einzuordnen und ihre jeweiligen Einzelregelungen verstehen zu können. Darüber hinaus sollte zudem das Schaffen ethischer Kompetenzen Ergebnis der Schulungen sein. Dieses sollte über das innerhalb der Schulungen vermittelte Wissen hinausgehen und ein Verständnis für rechtlich korrektes und ethisch legitimes Verhalten schaffen, welches in kritischen Sachverhalten ein Störgefühl auslöst.[174]

Grundlagenschulungen sind als übliche Form der Schaffung einer Wissensbasis der Compliance Themen zu verstehen. Sie werden i. d. R. unternehmensübergreifend von der Compliance Organisation vorgegeben oder durch externe Experten durchgeführt. Solche „Starter-Trainings" werden insbesondere mit neu eingestellten Mitarbeitern durchgeführt und beziehen sich somit auf eine breite Zahl an Mitarbeitern. Zudem werden sie in Form von Auffrischungs-Trainings in turnusmäßigen Abständen (z. B. einmal im Halbjahr) durchgeführt.

Der Fokus liegt in der Schaffung eines Grundverständnisses von Compliance, wobei idealerweise bereits hier spezifische Bedürfnisse relevanter Zielgruppen bei der Konzeption und Durchführung Berücksichtigung finden. Bei der Planung von Schulungen können insbesondere an den jeweiligen Zielgruppen ausgerichtete Schwerpunkte hinsichtlich ihrer Tätigkeitsbereiche gesetzt werden, unter Einbeziehung der individuellen Risiken, die aus der Risikoanalyse abgeleitet werden können. Dies kann bspw. im Bereich Marketing das Thema Korruption, im Bereich IT Vorschriften des Datenschutzes und der Telekommunikation, im Bereich Vertrieb Exportkontrollen und Kartellrecht sowie im Finanzbereich der Umgang mit vertraulichen Informationen oder Geldwäsche sein.

Neben den Schulungen für Mitarbeiter sollten zudem auch für das Management entsprechende Trainingsmaßnahmen angeboten werden. Das gebietet nicht nur die Vorbildfunktion der Unternehmensleitung, sondern auch der Umstand, dass die Unternehmensleitung ihrer Gesamtverantwortung für die Compliance im Unternehmen nur dann gerecht werden kann, wenn sie selbst über die derzeit gültigen gesetzlichen sowie branchen- und unternehmensinternen Regelungen und die jeweils aktuelle Fassung des Compliance Programms des Unternehmens informiert ist.[175]

E-Learning-Programme sind elektronisch durchgeführte Compliance Schulungen, welche sich digitaler Medien zur Vermittlung und Präsentation von Lerninhalten bedienen. Der größte Vorteil liegt in einem zeitlich und räumlich flexiblen Selbstlernen, das wenige Ressourcen beansprucht. Durch die Wahl dieses Instruments kann aufgrund der größeren Reichweite und des geringeren

173 Vgl. *Kleinfeld/Müller-Störr*, in: Wieland/Steinmeyer/Grüninger (Hrsg.), Handbuch Compliance Management, Konzeptionelle Grundlagen, praktische Erfolgsfaktoren, globale Herausforderungen, 2014, S. 745 ff.

174 Ebenda.

175 Vgl. *Zimmermann*, in: Wieland (Hrsg.), Handbuch Wertemanagement, Erfolgsstrategien einer modernen Corporate Governance, 2004, S. 200, 213; *Moosmayer*, Compliance, Praxisleitfaden für Unternehmen, 2015, S. 51 f.

logistischen Aufwands ein Compliance Basiswissen einem großen Teilnehmerkreis vermittelt werden. Daher finden sich solche E-Learning-Programme insbesondere bei großen Unternehmen und Konzernen.[176] Zudem können solche Trainingsprogramme derart interaktiv gestaltet werden, dass durch integrierte begleitende Wissensabfrage das Verständnis überprüft werden kann.

- **Virtuelle web-basierte Schulungen:** Die rein virtuelle Schulung zeichnet sich dadurch aus, dass i. d. R. neben der bloßen Wissensvermittlung auch Kontrollfragen und Fallbeispiele vorgesehen sind. Fallbeispiele sind so gestaltet, dass sie nur lösbar sind, wenn die Lernenden die entsprechende Unternehmensrichtlinie kennen, eine Information auf der Compliance Intranetseite recherchiert haben oder wenn sie innerhalb des Falls erkennen, wann sie nicht selbst entscheiden können, sondern die Compliance Abteilung konsultieren müssen.[177]
- **Semi-virtuelle Schulungen** (Tele-Teaching/Videokonferenzen/Online-Seminare): Tele-Teaching schafft virtuelle Lernräume, indem örtlich verteilte Lernende und Dozenten online akustisch sowie visuell über geschriebene Texte und Kamerabilder kommunizieren, wobei das übermittelte Bild dabei ausschließlich den Dozenten zeigen kann (Videokonferenz) oder zusätzlich eine PowerPoint-Präsentation (Online-Seminar).[178] Ein Vorteil gegenüber rein virtuellen web-basierten Trainings ist die ansatzweise vorhandene, persönliche Interaktion mit dem Dozenten über das Medium.
- **Interaktive Compliance Schulungen/Compliance Planspiele:** Interaktive Compliance Schulungen unterscheiden sich von standardisierten Schulungen oder Seminaren dadurch, dass sie den Teilnehmern Raum und Zeit bieten, sich aktiv mit dem Thema auseinanderzusetzen und neue Verhaltensweisen einzuüben.[179] Der Erwerb und die Anwendung von neuen Kompetenzen sowie Handlungssicherheit stehen durch Methoden wie Fallbeispiele, Gruppenarbeit und moderierte Diskussionen im Vordergrund. Rollenspiele zu alltagsnahen Risikosituationen tragen dazu bei, dass die Teilnehmer sich nicht nur auf der Ebene des Verstands, sondern auch auf der emotionalen Ebene mit den Anforderungen auseinandersetzen, die an sie herangetragen werden.[180] So ermöglicht z. B. ein Compliance Planspiel eine vergleichsweise realistische Darstellung von Compliance Fallvarianten und eignet sich deshalb ideal für Mitarbeiter und Manager in Compliance Schlüsselfunktionen oder auch zur Schulung im Hinblick auf die Zusammenarbeit verschiedener Funktionsträger und Stellen.

Die Teilnehmer nehmen in mehreren Gruppen die Rollen[181], Interessen und Handlungen der Beteiligten in möglichst realistisch nachgebildeten Compliance Fällen ein. Durch die Betrachtung aus unterschiedlichen Perspektiven kann so die Erkennungs-, Handlungs-, Kommunikations- und Entscheidungskompetenz für reale Compliance Fälle optimiert werden. Allerdings sind Konzeption, Erstellung und Vorbereitung eines solchen Planspiels mit einem hohen Aufwand verbunden.

176 Vgl. *Kremer/Klahold*, ZGR 2010 S. 113 ff.

177 Vgl. *von Oertzen/Hoffmann/Oppitz*, in: Wieland/Steinmeyer/Grüninger (Hrsg.), Handbuch Compliance-Management, 2010, S. 430.

178 Vgl. *Pauther/de Lamboy*, CCZ 2011 S. 146 ff.

179 Vgl. *Kleinfeld/Müller-Störr*, in: Wieland/Steinmeyer/Grüninger (Hrsg.), Handbuch Compliance-Management, 2010, S. 408.

180 Vgl. ebenda, S. 409.

181 Rollen können sein: (Chief-)Compliance Officer, Leiters der Rechtsabteilung, Mitglied der Unternehmensleitung, Whistleblower, Straftäter usw.

Ein Nachteil des E-Learnings liegt in der fehlenden Möglichkeit zur Fragestellung, Diskussion und Vertiefung bestimmter Punkte außerhalb des programmierten Rahmens. Hier setzen Präsenzschulungen an, mit denen sich i. d. R. eine höhere Aufmerksamkeit und Schulungstiefe erreichen lässt. Durch die Teilnahme hochrangiger Unternehmensvertreter an den Präsenzschulungen kann zudem die Wichtigkeit von Compliance für das Unternehmen demonstriert werden.[182] Ziel der Präsenzschulung ist nicht nur die reine Wissensvermittlung, sondern der primäre Nutzen der Sensibilisierung der Mitarbeiter.[183] Einmal konzipierte Schulungen müssen inhaltlich sowie methodisch regelmäßig auf ihre Aktualität überprüft und ggf. angepasst werden.

International tätige Unternehmen müssen sich mit der Frage beschäftigen, ob sie im Hinblick auf die Lerninhalte einen einheitlichen Standard für alle Gesellschaften (Tochterunternehmen, Landesgesellschaften) definieren und wie nationale und regionale Unterschiede und Besonderheiten Berücksichtigung finden sollen. Bereits die Festlegung der Höhe des Werts für die Annahme und Gewährung von Geschenken oder einer Einladung kann bei einer weltweiten Regelung zur Herausforderung werden. Entscheidet sich ein Unternehmen für die Berücksichtigung unterschiedlicher gesetzlicher Anforderungen und kultureller Gepflogenheiten, müssen diese Gegenstand der Schulungen und Lernmodule sein und in den jeweiligen Regionen und Ländern wirksam implementiert und durchgeführt werden. Auch im Rahmen nationaler Schulungen kann durch Darstellung rechtlicher und kultureller Besonderheiten aus unterschiedlichen Regionen eine entsprechende Sensibilisierung erreicht werden. Werden darüber hinaus Vorgaben, wie etwa der Code of Conduct oder andere einschlägige Richtlinien in der jeweiligen Landessprache verfasst, trägt dies zur besseren Verständlichkeit und damit zur Steigerung der Akzeptanz der jeweiligen Regelung bei.

Als Nachweis, dass das Unternehmen seine Sorgfaltspflicht und Schulungsverpflichtung erfüllt, sollte eine Dokumentation der Teilnahme erfolgen.[184] Darüber hinaus stellen Compliance Erklärungen eine schriftliche Bestätigung der Kenntnisnahme der Compliance Regeln durch die Mitarbeiter dar. Mithilfe einer Dokumentation der Teilnahme und Kenntnisnahme kann gegenüber der internen Revision oder externen Prüfern nachgehalten werden, ob sämtliche relevante Mitarbeiter eine Grundlagenschulung und darüber hinaus alle risikonahen Mitarbeiter eine spezifische weiterführende Schulung absolviert haben. Nicht geschulte Mitarbeiter können sodann erinnert, ermahnt oder ggf. sanktioniert werden. Wird ein E-Learning-Programm verwendet, bietet dies den Vorteil, dass Überwachung und Tracking der Teilnehmer auf elektronischem Wege leichter möglich sind. Um sicherzustellen, dass Schulungen ihren Zweck erfüllen, sollten regelmäßige Überprüfungen der Wirksamkeit dieser Maßnahmen eingeplant werden.

6.2.2 Ergänzende Kommunikationsinstrumente

Ergänzend zu der Wissensübermittlung in Form der Schulungen sollten weitere mediale Instrumente gewählt werden, um ein nachhaltiges Compliance Verständnis zu bewirken und die Wirksamkeit der Compliance zu verbessern.

182 Vgl. *Kremer/Klahold*, ZGR 2010 S. 113 ff.

183 Vgl. *Kleinfeld/Müller-Störr*, in: Wieland/Steinmeyer/Grüninger (Hrsg.), Handbuch Compliance-Management, 2010, S. 395 ff.

184 Vgl. *von Oertzen/Hoffmann/Oppitz*, in: Wieland/Steinmeyer/Grüninger (Hrsg.), Handbuch Compliance-Management, 2010, S. 422.

Für ein anschauliches Präsenthalten bieten sich Merk- und Informationsblätter an, die mit klaren und prägnanten Formulierungen an die Mitarbeiter herantreten. An die allgemeingültigen Unternehmensrichtlinien können sich zudem präzisere Formulierungen in Form von Arbeitsanweisungen knüpfen, die auf regionale Besonderheiten konkret eingehen und entsprechende Handlungsvorgaben enthalten. Weiter bieten sich zielgruppenspezifische Mailing-Aktionen an, um turnusgemäß Themen zur Compliance vermitteln, sondass ein aktueller Bezug hergestellt werden kann. Des Weiteren können Mitarbeiterzeitungen, Plakate oder eigene Newsletter genutzt werden, um auf bestimmte Ziele, Aktionen oder Themen aufmerksam zu machen. Nicht zu unterschätzen ist eine Kommunikation im Rahmen persönlicher Gespräche zwischen Vorgesetzten und Mitarbeitern, etwa im Rahmen von jährlichen Zielvereinbarungs- und Zielerreichungsgesprächen – auch hier können Compliance Themen besprochen werden.

Es bietet sich an, die Zwecke eines CMS, den Compliance Kodex, die Compliance Richtlinie, die Unternehmensgrundsätze sowie jegliche Regelwerke auf der Intranet-Plattform zu veröffentlichen. Zu beachten ist eine klare Strukturierung und somit das einfache Navigieren der Inhalte durch die Mitarbeiter. Außerdem sollte das Mission-Statement bzw. die Verpflichtung der Unternehmensleitung zu Compliance klar zum Ausdruck gebracht werden. Die Zurverfügungstellung der einzelnen Informationsmaterialien in digitalisierter Form stellt ihre jederzeitige, bedarfsgerechte und ortsunabhängige Verfügbarkeit für alle Mitglieder der Organisation sicher. Diese Inhalte sollten im Rahmen einer regelmäßigen Sichtung hinsichtlich ihrer Aktualität überprüft werden, da veraltete oder widersprüchliche Informationen zu Verwirrungen führen und die Vertrauensgrundlage verletzen können. Die Intranet-Plattform sollte zudem die Kontaktdaten der jeweiligen Ansprechpersonen bei Anfragen und die Meldedaten des Hinweisgebersystems beinhalten. Als alleiniges Kommunikationsmedium ist das Intranet allerdings unzureichend und sollte daher durch eine aktive und zielgruppengerechte Kommunikation ergänzt werden.[185]

Durch offen kommunizierte Beratungsangebote wird Mitarbeitern eine Plattform geboten, die Fragen bei Unsicherheiten oder Unklarheiten beantwortet. Hierfür werden dezentral gelagerte qualifizierte Ansprechpartner benannt, die bei Zweifelsfragen jederzeit als Kontaktperson zur Verfügung stehen. Eine dezentrale Verortung ist hierbei nicht zwingend erforderlich. Eine zentrale Anlaufstelle kann bspw. innerhalb der Compliance Organisation eingerichtet werden. Durch diese strukturelle Alternative kann die Beantwortung eingehender Fragen in Zusammenarbeit mit dem Netzwerk aus Experten einzelner Fachabteilungen erfolgen. Solche Anlaufstellen lassen sich in Form von Beratungs-Hotlines oder Helpdesks einrichten.[186] Die innerhalb der Beratungsstelle gesammelten Anfragen können hinsichtlich möglicher Schwerpunkte analysiert werden, um die Kommunikation dementsprechend anzupassen. Die gewonnenen Erkenntnisse können zudem gebündelt im Rahmen einer zentralen Wissensdatenbank (etwa in Form eines FAQ) aufgeführt werden, in dem konsistenten Antworten auf häufig wiederkehrende Fragen generiert werden können.[187] Abzugrenzen ist dies von einer ggf. parallel bestehenden „Whistleblowing-Hotline", die hauptsächlich der Möglichkeit der Wahrung der Anonymität bei der Meldung von Verdachtsfällen dient.

185 Vgl. *Zimmermann* in: Wieland (Hrsg.), Handbuch Wertemanagement, Erfolgsstrategien einer modernen Corporate Governance, 2004, S. 200 f.

186 Vgl. *Kremer/Klahold*, ZGR 2010 S. 113 ff.

187 Vgl. *Moosmayer*, Compliance, Praxisleitfaden für Unternehmen, 2015, S. 50.

Um eine Nutzung der verschiedenen Angebote zu bewirken, sind diese aktiv in den Arbeitsalltag zu integrieren. Voraussetzung hierfür ist die wiederkehrende Kommunikation durch ein nachhaltiges Kommunikationskonzept.[188]

6.3 Interne Berichtspflichten und Berichtswege

Die Wahl des Berichtswegs steht in Abhängigkeit der jeweiligen Information sowie der Organisation der Compliance.[189] Beinhaltet die Compliance Organisation einen Compliance Officer, agiert dieser als eine Art „Sammelstelle" für alle relevanten Informationen, die aus den verschiedenen Unternehmensbereichen (etwa Geldwäsche- oder Datenschutzbeauftragter, Interne Revision, Personalabteilung) hervorgehen. Es ist hier eine Regelung darüber zu treffen, ob die lokalen Compliance Verantwortlichen parallel an die lokale Unternehmensleitung und an den zentralen Chief Compliance Officer oder lediglich an eine der beiden Stellen berichten. Besteht die Compliance Organisation aus einem Compliance Committee ist es sinnvoll, dass Compliance relevante Informationen vollständig zentral zusammengeführt werden, um eine einheitliche und effiziente Berichterstattung an die Unternehmensführung gewährleisten zu können. Kommen die dezentralen Einheiten und Abteilungen ihrer Bringschuld nicht nach, sind diese durch automatisierte Abfragen oder ggf. persönliche Besuche einzuholen.[190]

Die Häufigkeit der Berichterstattung steht in direkter Abhängigkeit der Unternehmensgröße und der Komplexität der Unternehmensstrukturen. Weiter ist die Häufigkeit der Compliance Verstöße bei der Festlegung eines Turnus zu berücksichtigen. Allgemein gilt es jedoch festzuhalten, dass die Unternehmensleitung regelmäßig, z. B. monatlich oder quartalsweise, informiert werden sollte.[191] Darüber hinaus sind Berichtswege zu implementieren, die eine ad-hoc Berichterstattung bei besonders schwerwiegenden Verstößen gewährleisten.[192] Voraussetzung einer jeden festgelegten Berichtsfrequenz ist, dass die Informationsweiterleitung zeitnah erfolgt.

Die Berichte sind in ihrer Form so aufzubereiten, dass die Unternehmensleitung die Sachverhalte schnell durchdringen und basierend auf den enthaltenen Informationen eine effiziente Maßnahme einleiten kann. Neben Berichten in schriftlicher Form wie Zusammenfassungen, Statistiken und Gesamtübersichten im Zeitablauf sollte der verantwortliche Compliance Officer der Unternehmensleitung mündliche Erläuterungen zu den dargestellten Sachverhalten abgeben.

6.3.1 Berichte über Hinweise

Als Berichtssystem, das Verdachtsfälle an die zuständigen Stellen weiterleitet, stellen Hinweisgebersysteme (auch Whistleblowing-Systeme genannt) als interne Kommunikation einen wichtigen Bestandteil dar.

Bei Auftreten von Hinweisen auf Verstöße gilt es intern sicherzustellen, dass alle relevanten Informationen unverzüglich innerhalb der Compliance Organisation berichtet werden. Hierbei

188 Vgl. *Inderst*, in: Inderst/Bannenberg/Poppe (Hrsg.), Compliance: Aufbau – Management – Risikobereiche, 2013, S. 136 f.

189 Siehe Ausführungen in Abschn. 5 zu Compliance Organisation.

190 Vgl. *Rodewald/Unger*, BB 2007 S. 1629 ff.

191 Vgl. *Inderst*, in: Görling/Inderst/Bannenberg (Hrsg.), Compliance, 2010, S. 118; *Rodewald/Unger*, BB 2007 S. 1629 ff.; *Beste*, in: Görling/Inderst/Bannenberg (Hrsg.), Compliance, Aufbau – Management – Risikobereiche, 2010, S. 141.

192 Vgl. *Beste*, in: Görling/Inderst/Bannenberg (Hrsg.), Compliance, Aufbau – Management – Risikobereiche, 2010, S. 142.

sind alle relevanten Stellen wie der Compliance Officer und ggf. die Unternehmensleitung über den Vorgang zu informieren.[193] Im Falle der Aufdeckung von Mängeln des CMS ist an das Management sowie ggf. das Aufsichtsorgan zu berichten.[194] Handelt es sich um wesentliche Verstöße, ist ein zusätzliches Verfahren i. S. einer ad-hoc Berichterstattung einzuführen. Zudem ist ein Prozess zu bestimmen, welcher ein angemessenes Verfahren mit Verdachtsfällen festlegt. Parallel sind die entsprechenden Maßnahmen zur Sachverhaltsaufklärung und Beseitigung des Verstoßes einzuleiten. Berücksichtigt werden sollte hierbei zudem der Umgang mit zuständigen Behörden sowie die Vorbereitung der Instruktion erforderlicher externer Sachverständiger, Berater und Rechtsanwälte. Im Fall eines eventuellen Strafverfahrens sind wieder die Rechtsabteilung und externe juristische Berater hinzuzuziehen.

6.3.2 Kommunikation an die Unternehmensführung

Ein weiterer Aufgabenbereich der Compliance Kommunikation liegt in der Festlegung der Informationssysteme und Berichtswege. Bestimmt wird, wie eine unternehmensinterne Berichterstattung der Compliance Vorfälle zu erfolgen hat. Hierbei werden Kommunikationswege implementiert, die bestimmen, welche Anlässe eine Berichterstattung fordern. Das Kommunikationskonzept sollte Regelungen darüber enthalten, welche Inhalte der Unternehmensleitung in welchem Rhythmus zu berichten sind: Die über die im Rahmen der Risikoanalyse neu identifizierten Compliance Risiken sind der Unternehmensleitung mitzuteilen, so dass diese der Pflicht nachkommen kann, mit angemessenen Maßnahmen zu reagieren. Hierzu umfasst die Kommunikation die generell vorgesehenen Kontrollen und Konsequenzen, welche in eine regelmäßige Compliance Berichterstattung überführt werden.[195]

Als weiterer zentraler Punkt der Compliance Berichterstattung sind zudem die bspw. im Rahmen des Hinweisgebersystems festgestellten und/oder vermuteten Regelverstöße zu nennen. Damit in diesem Rahmen keine Flut an Informationen zu potenziellen Verstößen erfolgt, erachtet sich eine Konzentration auf die wesentlichen Verstöße als sinnvoll. Dabei sollten die Verstöße in einem festgelegten Format berichtet werden, welches eine Kategorisierung der Risiken zulässt und die betroffenen Geschäftsbereiche bzw. das betroffene Konzernunternehmen benennt. Die Beschreibung des Sachverhalts sollte die begünstigenden Umstände, den Aufdeckungsweg und die bisher ergriffenen Maßnahmen sowie die beteiligten Personen (wenn bekannt) enthalten. Zudem sind der Schaden sowie eventuelle Folgeschäden zu benennen. Weiter hat die Unternehmensleitung darüber Kenntnis zu erlangen, welche Ergebnisse die Überwachungsmaßnahmen ergeben haben.

Die im Rahmen der Compliance Audits durchgeführten Maßnahmen zur Risikominderung, Kommunikationsmaßnahmen, Erfolgskontrolle sowie Planung und Ergebnisse sind vollumfänglich darzustellen. Schließlich kann die Berichterstattung zudem aktuelle Entwicklungen in Sachen Compliance wie neuste Trends beinhalten und somit informell als Managementschulung dienen.[196]

193 Vgl. *Kremer/Klahold*, ZGR 2010 S. 113 ff.

194 Vgl. ISO 19600:2014 9.1.7 Compliance Reporting.

195 Vgl. *Wolf*, DStR 2011 S. 997 f.

196 Vgl. *Inderst*, in: Inderst/Bannenberg/Poppe (Hrsg.), Compliance: Aufbau – Management – Risikobereiche, 2013, S. 143 f.

6.3.3 Kommunikation mit dem Aufsichtsrat

In Ausnahmefällen sollte Mitarbeitern eine direkte Kommunikation mit dem Aufsichtsrat möglich sein. Auch wenn es nicht der Regelfall sein sollte, ist ein solcher Meldeweg für Fälle, in denen die Geschäftsleitung vollständig oder in Teilen selbst in Regelverstöße involviert ist, unerlässlich.[197] Insbesondere in Aktiengesellschaften hat der Vorstand grundsätzlich das Informationsmonopol gegenüber dem Aufsichtsrat, der seinerseits nur auf Vermittlung durch den Vorstand oder zu konkreten Sachverhalten Mitarbeiter des Unternehmens direkt befragen kann. Von der Regelkommunikation abweichende Berichtsroutinen bedürfen eines Einvernehmens der Beteiligten, es sei denn es liegen konkrete Anhaltspunkte für eine Selbstbetroffenheit der Vorstandsmitglieder vor.[198]

Eine solche Ausgestaltung der Berichtswege ist insbesondere dann geboten, wenn das CMS nach der ISO 19600 ausgerichtet ist. Diese empfiehlt den direkten Zugang der Compliance Funktion zum *„governing body"* und geht von Berichten der Compliance Funktion bzw. Eskalationsroutinen an dieses Unternehmensorgan einschließlich seiner zuständigen Ausschüsse aus.[199] Die Norm definiert *„governing body"* in einer klassischen dualistischen Aktiengesellschaft als den Aufsichtsrat. Weiter wird aufgeführt, dass eine unternehmensindividuelle Anpassung der Prinzipien, die eine Corporate Governance betreffen, zu erfolgen hat.

6.3.4 Kommunikation mit anderen Bereichen

Der weitere Schwerpunkt der Compliance Kommunikation liegt in der Verwertung der Ergebnisse von Überwachungsmaßnahmen zwecks Ursachenanalyse sowie der Entwicklung von Maßnahmen zur Verbesserung des CMS. Damit beinhaltet die Compliance Kommunikation auch die Ausbildung von Kommunikationswegen innerhalb Compliance überwachender Instanzen. Die gewonnenen Erkenntnisse dienen der rückkoppelnden Überprüfung und fortlaufenden Optimierung der Maßnahmen, die in einen kontinuierlichen Verbesserungsprozess münden. Das Ergebnis ist eine Kommunikation zur Optimierung und Adjustierung des Compliance Programms.

6.4 Externe Compliance und Krisenkommunikation

Damit die Compliance Kommunikation als wirksamer Teil eines wirksamen CMS fungieren kann, ist es laut IDW PS 980 unabdingbar, dass nicht lediglich die Mitarbeiter über das Compliance Programm ausreichend informiert werden, sondern auch eine Kommunikation an externe Instanzen erfolgt. Externe Anspruchs- und Interessengruppen sind bspw. Kunden, Lieferanten und sonstige Geschäftspartner des Unternehmens. Diese sind direkt oder indirekt von den Compliance Maßnahmen des Unternehmens betroffen.[200] Weitere Interessenten sind Aktionäre sowie Teilnehmer des Kapitalmarkts. Institutionelle Investoren und Rating-Agenturen fragen häufig die Existenz und den Inhalt von Compliance Programmen ab. Auch bei Hinweisen auf Compli-

197 Vgl. *Rodewald/Unger*, BB 2007 S. 1629 ff.; arbeitsrechtlich *Krieger/Günther*, NZA 2010 S. 367 ff.

198 § 90 AktG; vgl. *Dreher* in: Habersack/Hommelhoff/Hüffer/Schmidt (Hrsg.), Festschrift für Peter Ulmer, 2003, S. 87 ff.; *Hüffer/Koch*, Aktiengesetz: AktG, 2014, § 111 Rz. 21 m. w. N.; *Arnold*, ZGR 2014 S. 76, 91; *Werner*, ZWH 2014 S. 449, 453; weitergehend *Habersack*, in: Goette/Habersack (Hrsg.), Münchener Kommentar Aktiengesetz, 2014, Rz. 68.

199 Vgl. Ziff. 9.17 lit. f und Ziff. 10.1.2 der ISO 19600.

200 Die Einbindung der Geschäftspartner des Unternehmens in sein Compliance Programm ist etwa in der Weise denkbar, dass von ihnen die Anerkennung der Compliance-Standards des Unternehmens oder sogar die Zustimmung zur Durchführung einer Due Diligence oder die Einräumung von Überprüfungsrechten verlangt wird.

ance Verstöße kommt der (externen) Compliance Kommunikation eine wichtige Rolle zu, da sie die gebotene Kommunikation gegenüber Presse und Öffentlichkeit vorbereiten und umsetzen muss.

Das übergeordnete Ziel einer externen Compliance Kommunikation besteht in der Wahrung der Reputation des Unternehmens. Neben der internen Kommunikation der Compliance ist daher innerhalb eines ganzheitlichen Kommunikation-Konzepts zudem die externe Berichterstattung mit zu berücksichtigen. Diese sollte die Ziele und Programme der Compliance umfassen, aber bspw. auch die Kontaktdaten der Compliance Verantwortlichen auf der Internetseite des Unternehmens an prominenter Stelle aufführen.[201]

Denkbar ist die Veröffentlichung des Compliance Kodex für die Kommunikation der Compliance Politik nach außen. Für eine breite Außenwirkung kann neben der CMS-Beschreibung zudem die Kurzfassung der Berichterstattung eines unabhängigen Wirtschaftsprüfers bei einer Wirksamkeitsprüfung des CMS veröffentlicht werden. Diese Maßnahmen ermöglichen eine öffentlich zugängliche Darstellung der Compliance zugunsten der Aktionäre, Kunden, Medien und sonstigen Außenwelt. Als weitere Maßnahme eignen sich unternehmenseigene Broschüren, die das Thema Compliance behandeln.[202] Dies führt zu einem klaren Verständnis der Vertragspartner für die von dem Unternehmen zu beachtenden rechtlichen Rahmenbedingungen und das ethische Leitwerk.

Unternehmen sowie mögliche Betroffene selbst haben im Regelfall ein berechtigtes Interesse an vertraulicher Behandlung. Daher sollte das Unternehmen bei bestehenden Problemen diese auch angehen und offen adressieren. Dies schafft proaktiv eine Vertrauensbasis, die neben der Existenz eines CMS und dessen Kommunikation die allgemein unternommenen Maßnahmen übersteigt. Eine mögliche Ausgestaltung ist hierbei ein periodischer Compliance Bericht, welcher Zahl, Art und Charakter festgestellter Vorfälle und die getroffenen Maßnahmen, unter Beachtung rechtlich zulässiger Veröffentlichungen, beinhaltet.[203] Ein solches Instrument wirkt einem Verdacht entgegen, das Bekenntnis zu Compliance sei lediglich eine substanzlose Absicht.

Weiter ist für Krisenfälle ein Kommunikationsprogramm zu entwickeln, das bei bereits eingetretenen Verstößen deeskalierend wirkt, so dass ein Skandal möglichst verhindert wird.[204] Die Krisenkommunikation über öffentlichkeitsrelevante Compliance Vorfälle sollte deshalb integrierter Bestandteil der Unternehmenskommunikation und eines vorausschauend angelegten CMS sein. Mangelnde Vorbereitung sowie verspätete und widersprüchliche Erklärungen können Reputationsschäden erheblich steigern. Durch ein frühes und aktives Eingreifen kann das Unternehmen verhindern, dass sich eine in der Öffentlichkeit und in den Medien verbreitende Berichterstat-

201 Vgl. *Inderst*, in: Inderst/Bannenberg/Poppe (Hrsg.), Compliance: Aufbau – Management – Risikobereiche, 2013, S. 134.

202 Vgl. *Dieners/Klümper/Oeben*, in: Dieners/Reese (Hrsg.), Handbuch des Pharmarechts, 2010, § 12 Rz. 166; in der Praxis bleibt der Internetauftritt (29,4 %) noch deutlich hinter dem Intranetauftritt (73,5 %) zurück, vgl. *KPMG*, Compliance Benchmark Studie 2013, S. 32 f.

203 Vgl. etwa den Bericht der Merck KGaA über Meldesystem und Vorfälle, abrufbar unter www.merck.de.

204 Vgl. *Struwe*, in: Jäger/Rödl/Nave (Hrsg.), Praxishandbuch Corporate Compliance: Grundlagen – Checklisten – Implementierung, 2009, S. 328 f.; *Campos Nave/Bonnenberger* , BB 2008 S. 734 ff.; *Soika*, in: Görling/Inderst/Bannenberg (Hrsg.), Compliance, Aufbau – Management – Risikobereiche, 2010, S. 429 ff.; allgemein zur Presse- und Öffentlichkeitsarbeit *Jahn*, in: Hauschka (Hrsg.), Corporate Compliance, Handbuch der Haftungsvermeidung im Unternehmen, 2010, S. 930 ff.; *Hofmann/Fuhlert*, CCZ 2015 S. 237 ff.

tung verselbstständigt und sich auf diese Weise der Imageschaden erhöht.[205] In diesem Kontext sind die Aufgaben und Rollen zu verteilen und auf Systemebene somit klare Zuständigkeiten zu regeln. Berücksichtigt werden muss die Freigabe etwaiger schriftlicher oder mündlicher veröffentlichter Informationen durch rechtliche Berater des Unternehmens, um weitere Rechtsverstöße durch belastende Aussagen zu verhindern. Im Rahmen des Krisenkommunikationssystems sollte ein Prozess festgelegt werden, der vorgibt wann ein proaktives Informieren der Öffentlichkeit erfolgen sollte.

Letztlich kann durch grundsätzliches Ausschließen ein in der Öffentlichkeit ungewollt diskutierter Vorfall nicht verhindert werden. Grundsätzlich bewährt sich *„Tell it all and tell it fast"* als Leitmaxime,[206] um im Krisenfall die Außenwirkung aktiv und versachlichend mit zu beeinflussen. Im Falle von Durchsuchungen von Staatsanwaltschaften, Steuer- und Kartellbehörden kann eine konsistente Compliance Politik und ihre Kommunikation, durch interne Aufklärung und eine Kooperation mit den Ermittlungsbehörden, der Reputation dienlich sein, während eine zögerliche Kommunikation als Verschleierung von Informationen interpretiert werden kann.

6.5 Erfahrungen und Erkenntnisse aus der Praxis

Bei der praktischen Anwendung der Vorgaben des IDW PS 980 zur Compliance Kommunikation ist insbesondere die Wechselwirkung der verschiedenen Instrumente und Prozesse untereinander zu beachten. Dementsprechend ist zu berücksichtigen, dass es bei der Implementierung des Kommunikationskonzepts nicht zwingend darauf ankommt, ein möglichst umfangreiches Angebot an Instrumenten vorzuweisen. Vielmehr ist eine Abstimmung zwischen den einzelnen Methoden vorzunehmen, so dass die hierüber vermittelten Informationen kohärent kommuniziert werden.

Die Mitarbeiter des Unternehmens sollten daher nicht einer Flut an verschiedenen Kommunikationsinstrumenten ausgesetzt werden. Die verschiedenen Plattformen sollten den Mitarbeitern bekannt sein. Sie sollten darüber hinaus wissen, welche Informationen sie welcher Stelle entnehmen und wen sie als jeweiligen Ansprechpartner bei Rückfragen kontaktieren können.

Die Unternehmen stehen bei der Implementierung eines Kommunikationskonzepts regelmäßig vor der Herausforderung der Art und Weise einer konkreten Umsetzung. Grundsätzlich erfordern die zu übermittelnden Inhalte eine bedarfsgerechte Kommunikation; sowohl die jeweiligen Arbeitsanweisungen als auch die verpflichtenden und freiwilligen Workshops sind adressatengerecht zu formulieren. Die verschiedenen Zielgruppen sind voneinander zu differenzieren und für jede ist ein eigenes Schulungsprogramm zu entwickeln. In einem ersten Schritt ist der jeweilige Wissensstand zu eruieren, um in einem nächsten Schritt auf dieser Basis ein Konzept entwickeln zu können. Eine klare Verständlichkeit der Informationen beinhaltet die sichtbare Darstellung der Ziele und eine verständliche Formulierung des unternehmensindividuellen Verständnisses eines integren Handelns. Vor allem Workshops bieten sich aufgrund der Interaktion für einen Mindset Change an. Der Fokus der Schulungen sollte in der Stärkung der intrinsischen Motivation liegen und die reine Wissensvermittlung der Richtlinien und Rahmenwerke übersteigen.

205 Vgl. hierzu und im Folgenden: *Struwe*, in: Jäger/Rödl/Nave (Hrsg.), Praxishandbuch Corporate Compliance: Grundlagen – Checklisten –Implementierung, 2009, S. 328 f.

206 Vgl. *Soika*, in: Görling/Inderst/Bannenberg (Hrsg.), Compliance, Aufbau – Management – Risikobereiche, 2010, S. 432.

Die Compliance Kommunikation arbeitet maßgeblich auf eine wirksame Compliance Kultur hin. Neben dem Aufbau dieser obliegt der Kommunikation zudem ihr Aufrechterhalten. Daher implementieren größere Konzerne oft eigene Kommunikationsabteilungen, in welche die Compliance Kommunikation integriert wird. Mögliche Ausgestaltung ist die Zuordnung eines Ansprechpartners innerhalb der Kommunikationsabteilung für jede Fachabteilung. Dies ermöglicht eine effiziente Gestaltung und Auslegung der Kanäle. Verfügt das Unternehmen nicht über genügend Ressourcen, kann die Kommunikation zu Compliance Themen in Absprache mit der Geschäftsführung alternativ durch eine verantwortliche Person gesteuert und gelenkt werden.

7. Überwachung und Verbesserung des CMS

WP/StB Verena Brandt, Maximilian Kirch und Katharina Kleff

Als das siebte und somit im Regelkreislauf letzte Grundelement nennt der IDW PS 980 die kontinuierliche Überwachung und Verbesserung eines CMS. Im Rahmen eines strukturierten und auf die spezifischen Unternehmensanforderungen zugeschnittenen Überwachungskonzepts müssen Schwachstellen im CMS eruiert werden, auf die durch entsprechende Anpassungen des Compliance Programms reagiert werden kann.[207]

Die Überwachung der Wirksamkeit und Angemessenheit des CMS bezieht sich nicht ausschließlich auf eine durch externe, unabhängige Institutionen durchgeführte Prüfung. Vielmehr gehören „risk oversight" und „monitoring" zu den typischen Management Aufgaben in der 1. und 2. Verteidigungslinie des sog. „Three Lines" Modells.[208] Die überwachende Funktion sollte aufgrund der systemimmanenten Ausgestaltung eines CMS im Besonderen durch eine intern durchgeführte Schwachstellenanalyse erfolgen.[209] Die ISO Norm 19600: 2014 „Compliance Management Systems – Guidelines" unterscheidet zwischen Monitoring und Audit.[210] In diesem Zusammenhang ist unter Monitoring die fortlaufende Überwachung der Compliance Zielerreichung zu subsumieren. Umfasst werden zudem eine fortlaufende Überprüfung von Compliance Verstößen und das sich hieraus abzuleitende Optimierungspotenzial. Der Begriff Audit wird von ISO auf die Prüfung des Systems und seiner Maßnahmen bezogen. In diesem Zusammenhang kann sodann zwischen einer internen (*first party*) und einer außerhalb des Systems (*second or third party*) durchgeführten Prüfung differenziert werden.[211] Die externe Prüfung ist daher von der internen Überwachung losgelöst zu betrachten und sollte als zusätzlich zu verwendenden Instrumenten zur Analyse des Verbesserungspotenzials verstanden werden.

Als charakteristische Eigenschaft einer integrierten bzw. internen Überwachung (siehe Abschn. 7.4) wird die Prozessunabhängigkeit und somit bestehende Objektivität genannt. Verortet werden kann diese Aufgabe mithin in der Internen Revision, die als unabhängige Stelle die entsprechenden Voraussetzungen aufweist. Verfügt das Unternehmen ressourcenbedingt über keine Interne Revision, sind andere Überwachungskonstellationen denkbar. In der Praxis kann zudem beobachtet werden, dass die Compliance Bereiche aus der 2. Verteidigungslinie heraus zunehmend solide Überwachungskonzepte entwickeln und das CMS mit dem in Geschäftsprozessen integrierten Internen Kontrollsystem verzahnt wird. Eine mögliche Ausgestaltung liegt in einem sog. „Self-Assessment" oder „Self-Reporting" der operativen Geschäftseinheiten und Prozessverantwortlichen, das für die fortlaufende Überwachung notwendige Informationen bereitstellt. In jedem Fall sind die Verantwortlichkeiten der jeweiligen Überwachungsmaßnahmen eindeutig festzulegen. Sie sind als untergeordneter Teil der CMS-Gesamtverantwortlichkeit zu definieren.

207 Vgl. IDW PS 980 Rz. 23.

208 *IIA Global*, The IIA's Three Lines Model, An update of the three Lines of Defense, July 2020, abrufbar unter: www.globaliia.org (Abruf 7.8.2020).

209 Vgl. *Withus*, Betriebswirtschaftliche Grundsätze für Compliance-Management-Systeme, 2014, S. 195 ff.

210 Vgl. ISO 19600:2014 9.1 Monitoring, measurement, analysis and evaluation 9.2 Audit.

211 Vgl. ISO 19600:2014 3.31.

7.1 Dokumentationserfordernis

Für die Auswahl der Überwachungsmaßnahmen sowie des Überwachungszeitraums ist eine ausreichende Dokumentation nötig, welche die Grundlage der weiteren Handlungen darstellt. Dies ergibt sich daraus, dass nur solche Maßnahmen hinsichtlich ihrer wirksamen Durchführung hin überprüft werden können, deren Abläufe und Zielsetzungen zuvor klar definiert wurden. Sind Art, Umfang und Zeitpunkt einer Maßnahme nicht definiert, fehlt es an einem klaren Sollobjekt für die Überprüfung des aktuellen Ist-Zustands. Nur die klare Dokumentation des Risikoidentifizierungs- und Beurteilungsprozesses ermöglicht eine risikobasierte Auswahl von implementierten Maßnahmen zur Risikoreaktion. Dabei muss eine klare Verknüpfung von identifizierten Risiken und implementierten Maßnahmen dokumentiert sein. Die Maßnahmen müssen so beschrieben sein, dass möglichst ohne großes Ermessen eine Beurteilung der Zielerreichung der Maßnahme möglich ist. Die vorherige Definition eines Soll-Zustands ermöglicht die Beurteilung einer Verbesserungs- und Anpassungsnotwendigkeit.[212] Nur eine klare, eindeutige Dokumentation im Abgleich mit dem Soll-Zustand ermöglicht es, Veränderungsnotwendigkeiten an einzelnen Prozessschritten und Elementen des CMS zu identifizieren und auch nach Durchführung der Veränderungen deren wirksame Umsetzung zu belegen.

Ob die Maßnahme tatsächlich wirksam durchgeführt wurde, kann zudem nur beurteilt werden, wenn das Ergebnis und die Messgröße bzw. Dokumentation der Maßnahme klar definiert wurde und das tatsächliche Ergebnis der Maßnahmendurchführung gegen diese gewollte Messgröße bzw. Dokumentation abgeglichen werden kann. Es ist darauf hinzuweisen, dass eine nicht dokumentierte Maßnahme keineswegs Schlüsse über den Regelungsbedarf hinsichtlich der Implementierung durchzuführender Prozesse zulässt.[213] Es besteht die Möglichkeit, dass innerhalb des CMS abgeleitete Maßnahmen die Anforderungen erfüllen und diese auch tatsächlich wirksam angewandt, jedoch nicht schriftlich festgehalten werden. Insoweit kommt es in erster Linie auf die tatsächliche Durchführung und nicht auf ihre Dokumentation an. Jedoch dient eine schriftliche Dokumentation der Maßnahmen als Grundlage einer fortlaufenden Überwachung des CMS, ohne die es an einem definierten Überwachungsobjekt fehlen würde.

7.2 Überwachungsmaßnahmen

Der IDW PS 980 nennt die Überwachung der Wirksamkeit und Angemessenheit des CMS als wesentliches Ziel des Elements. Dies beinhaltet die fortlaufende Beurteilung der Maßnahmen bezogen auf ihre Zielsetzung, d. h. ob die gewünschte Reaktion auf das identifizierte Risiko erreicht worden ist. Unter der Überwachung der Wirksamkeit als Systembestandteil des CMS ist zudem die fortlaufende Identifizierung von aufgetretenen Compliance Verstößen zu verstehen. Grundsätzlich können die Überwachungsmethoden in eine fortlaufende, häufig technische Überwachung und stichprobenhafte Nachprüfung eingeteilt werden.

7.2.1 Prozessintegrierte Überwachung

Eine mögliche Methode stellt die unmittelbar an den Prozess anknüpfende Überwachung dar, welche nicht selbst Teil des eigentlichen Prozesses wird. Hierunter fallen definierte Reporting-

212 Vgl. ISO 19600:2014 7.5.3 Control of documented information.

213 Vgl. IDW PS 980 Rz. 23.

Strukturen, die eine routinemäßige Überprüfung von Prozessschritten sicherstellen, z. B. Berichte über im Rahmen des CMS erhobene Kennzahlen und der Abgleich zu den Soll-Kennzahlen. Beispielsweise kann die Quote der Schulungsteilnahme erhoben werden, um den Fortschritt im Bereich der Schulung zu messen und entsprechend Maßnahmen einzuleiten, um ggf. die Schulungsquote zu erhöhen.

Als Beispiel für eine an Geschäftsprozesse anschließende Überwachung kann die Regelung der Geschenkvergabe genannt werden. Dabei wird eine Datenbank erstellt, die automatisiert den Genehmigungsprozess einleitet und die Handlung hinsichtlich der Konformität mit den Geschenkerichtlinien überprüft. Eine solche Regelung überwacht nicht nur die regelmäßige Anwendung der Genehmigungsroutinen, sondern ermöglicht zudem – durch definierte zusätzliche Überprüfungen – die Beurteilung von Anpassungsnotwendigkeiten. Dieses Verfahren stellt damit ein Beispiel der prozessintegrierten bzw. prozessanschließenden Überwachung, welche durch technische und automatisierte Verfahren umgesetzt wird (sog. Ongoing Monitoring), dar.

Als weiteres Beispiel eines solchen Prozesses kann die Überprüfung bestimmter Buchhaltungstransaktionen genannt werden. So erlaubt etwa ein Transaktionsmonitoring die Identifikation suspekter Transaktionen, auf deren Basis anschließend ermittelt werden kann, ob die Zahlungsempfänger eine Due Diligence durchlaufen haben. Dies dient bspw. der Sicherstellung complianter Provisionszahlungen an Agenten. Hier findet sich oftmals eine Kombination aus Ongoing Monitoring mit personenbezogenen Nachkontrollen. Die personenbezogenen Überwachungsmaßnahmen umfassen die Inaugenscheinnahme, das Nachvollziehen (durch z. B. Nachrechnen) und die u. U. benötigte Befragung gewisser Akteure, wobei die Befragung der mit den zu überwachenden Maßnahmen betrauten Personen allein regelmäßig keine hinreichende Aussage über die wirksame Durchführung von Maßnahmen erbringt.

Während automatisierte Überwachungen in Form von Ongoing Monitoring regelmäßig die Durchführung einzelner Maßnahmen vollständig betrachten, werden semi-automatisierte und manuelle Überwachungsmaßnahmen regelmäßig in Stichproben durchgeführt. Um eine zuverlässige Aussage treffen zu können, muss die Stichprobe belastbar, d. h. nachvollziehbar methodologisch ermittelt oder gar repräsentativ für die Grundgesamtheit sein. Digitalisierung eröffnet sicherlich auch in diesem Bereich neue Möglichkeiten. Je höher der Reifegrad der Digitalisierung im Unternehmen und damit die Verfügbarkeit von zeitnahen Daten, umso eher kann über geeignete Key Performance Indicator eine zielgerichtete Steuerung des CMS und der Compliance Risiken erreicht werden.

7.2.2 Prozessunabhängige Überwachung

Alternativ zu dem bereits beschriebenen Ongoing Monitoring kann die Wirksamkeit durch zuvor definierte Intervalle überprüft werden. Hierbei wird die tatsächliche Anwendung von Grundsätzen und Maßnahmen des CMS durch eine stichprobenartige Überprüfung überwacht. Der Zeitpunkt sowie der Umfang der Stichprobe richten sich nach der Bedeutung der zu überprüfenden Maßnahme für das CMS und der Fehleranfälligkeit. Die Überwachung soll in einem nachvollziehbaren Überwachungsplan strukturiert werden und sich an den Risiken orientieren, die zu einer Unwirksamkeit einzelner Komponenten des CMS führen können. Weiter sollen die Risiken beachtet werden, die sich aus einer Unwirksamkeit der einzelnen CMS-Komponenten ergeben können.

Während die externe Prüfung eines CMS regelmäßig in größeren Intervallen durchgeführt wird, liegt der Schwerpunkt der systemimmanenten Überwachung in der fortlaufenden Sicherstellung der Wirksamkeit mit möglichst geringen Intervallen. Je höher das Risiko von auftretenden Veränderungen in den Rahmenbedingungen, die tendenziell zu Anpassungen im CMS führen können, desto häufiger müssen Überwachungsmaßnahmen eingeplant und durchführt werden. Diesem systemischen Risiko ist mit engmaschigen Kontrollen zu begegnen.[214] Je höher die Bedeutung der einzelnen Maßnahmen, desto intensiver hat die Überwachung zu erfolgen.

Ziel dieser Prüfungen ist die Sicherstellung, dass das definierte Compliance Programm bzw. einzelne Maßnahmen in den Gesellschaften implementiert und in einem gewissen Zeitraum auch nachweislich durchgeführt wurden und damit wirksam waren.

Für Überwachungsmaßnahmen, die durch stichprobenweise Prüfungen von Maßnahmendurchführungen erfolgen, stellt sich für Unternehmen, die an mehreren Standorten tätig sind, die Schwierigkeit, eine lokale Auswahl für die Stichproben treffen zu müssen. Dieses „Scoping“ genannte Verfahren erfordert eine besondere risikobasierte Auswahl. Anders als z. B. bei Prüfungshandlungen in Bezug auf die Finanzberichterstattung durch den externen Abschlussprüfer, fehlt es an relativ objektiv ermittelbaren Kriterien auf der Basis von Quantifizierungen.

Die Auswahl der Prüfungsobjekte ist risikoorientiert zu treffen und sollte sich an dem jeweiligen individuellen CMS orientieren. Innerhalb eines CMS mit Fokus auf Anti-Korruption kann etwa eine Einschätzung auf der Basis des Korruptionsindexes von „Transparency International“ vorgenommen werden. Stehen dagegen Ausfuhrbeschränkungen im Fokus des CMS, muss u. a. auf die Geschäftstätigkeiten der einzelnen Standorte und ihren Bezug zu konkreten gesetzlichen Bestimmungen geachtet werden. Der Blick auf finanzielle Kennziffern wird häufig weniger einschlägig sein. Im Gegenteil können für das CMS z. B. kleine Tochtergesellschaften, die u. U. nicht zum Kreis der konsolidierten Tochterunternehmen gehören, besondere Risiken bergen. Gerade solche Gesellschaften wurden in der Vergangenheit z. B. für die Verdeckung von schwarzen Kassen genutzt. Allerdings kann es auch notwendig sein, die Größenordnung eines Standorts, z. B. über die Anzahl der lokal beschäftigten Mitarbeiter, in die Einschätzungen einzubeziehen. Aus der Größenordnung lassen sich z. B. besondere Bedeutungen und damit ein besonderes Reputationsschadenrisiko als Folge von Compliance Verstößen ableiten.

Insgesamt kann daher keine allgemein gültige Richtlinie für das Scoping gegeben werden. Vielmehr muss sich dieses an den konkreten Bedingungen des jeweiligen Unternehmens ausrichten. Neben den genannten Kriterien sollte hierbei auch auf nachfolgende Aspekte geachtet werden:

- Bisher aufgetretene Compliance Verstöße an einem Standort oder vergleichbaren Standorten,
- Dauer der Zugehörigkeit zum Konzern,
- Ergebnisse aus früheren Überwachungsmaßnahmen,
- Fluktuation von Mitarbeitern an einem Standort.

214 Vgl. *Withus*, Betriebswirtschaftliche Grundsätze für Compliance-Management-Systeme, 2014, S. 162.

7.2.3 Self-Assessments

Im Rahmen eines sog. „Self-Assessments“ bewerten die Gesellschaften und Bereiche selbst den Stand und die Wirksamkeit implementierter Maßnahmen. Dies kann bspw. anhand zentral vorgegebener, einheitlicher Fragebögen erfolgen. Trotz einer fehlenden Unabhängigkeit können hierdurch verwendbare Erkenntnisse gewonnen werden, aus denen sich entsprechende Anpassungsmaßnahmen ableiten lassen. Im Rahmen einer solchen Selbstprüfung überprüfen Mitarbeiter ihre im Rahmen des CMS durchgeführten Kontrollen oder sonstigen Maßnahmen selbst in regelmäßigen Abständen auf sachgerechte Durchführung und Erreichen des Maßnahmenziels. Eine hierbei erfolgte Wirksamkeitsbestätigung ist lediglich qualitätssichernder Natur und stellt keine unabhängige Bestätigung dar. Solche „Self-Assessments“ können bei der prozessunabhängigen Überwachung herangezogen werden. Diese stellen jedoch weder eine alleinige Grundlage dar, noch ersetzen sie diese.

7.2.4 Überwachung der Compliance Kultur

Eines der am schwierigsten zu überwachenden Compliance Grundelemente stellt das der Compliance Kultur dar, da es von den Wertvorstellungen aller Unternehmensbeteiligten und deren Verhalten determiniert wird. Während sich Verhalten noch an konkretem Tun und Handeln sowie dessen Ergebnis messen lässt, sind Wertvorstellungen allenfalls indirekt zu beurteilen. Die Überwachung der Compliance Kultur kann in vier Bereiche oder Zielrichtungen aufgeteilt werden, die Kommunikation, die Umsetzung, die Wahrnehmung der Mitarbeiter sowie die indirekte Ermittlung durch Hilfsindikatoren.

Zunächst ist zu überprüfen, ob der Compliance Kultur dienliche Grundsätze und Maßnahmen in Richtlinien und anderen Kommunikationsmaßnahmen formuliert sind und diese durch die verantwortlichen Stellen ausreichend kommuniziert werden. Als Maßnahme ist eine inhaltliche Überprüfung der Richtlinien und der weiteren Kommunikationskanäle wie z. B. Mitarbeiterzeitschriften oder Kommunikationen der Geschäftsleitung vorzunehmen. Neben den fachlichen Inhalten der Kommunikation ist zudem ihre Eignung bezogen auf Sprache, Verständlichkeit, Verfügbarkeit etc. zu beurteilen. Diese Compliance relevante Kommunikation ist hinsichtlich ihrer Zielsetzung und einem Compliance förderlichem Verhalten zu überprüfen.

Die tatsächliche Würdigung des „Tone from the Top“ seitens der Mitarbeiter lässt sich nicht anhand äußerlicher Kriterien beurteilen. Für die Überwachung muss konkreter eingeschätzt werden, ob konsistent mit anderen Kommunikationen und Zielvorgaben umgegangen wird. So sollten z. B. wirtschaftliche Zielvorgaben im Unternehmen auf ihre realistische Umsetzung unter strikter Einhaltung der Compliance sowie unter Berücksichtigung von speziellen Compliance Risiken verprobt werden – durch das Setzen unrealistischer Umsatzziele steigen häufig auch die Anreize für Korruption und Fraud, damit die Zielerreichung überhaupt möglich scheint. Hier ist fraglich inwieweit die Führungsebene eine Zielerreichung „um jeden Preis“ verlangt und ob es hier nicht bereits einen tatsächlichen Mangel bei der Implementierung der Compliance Kultur gibt. Die mit der Überwachung beauftragten Mitarbeiter sollten entsprechend die Richtlinien und Kommunikationen im Rahmen der Compliance Kultur auf Konsistenz zu anderen Richtlinien des Unternehmens und betrieblichen Zielvorgaben abgleichen. Weiter ist zu überwachen, ob die kommunizierten Grundsätze und Maßnahmen durch begleitende konkrete Maßnahmen umgesetzt werden.

Daneben ist die tatsächliche Umsetzung der Grundsätze und Maßnahmen auch dieses CMS-Grundelements zu überprüfen. Dies kann z. B. unter Beachtung der Vorgaben des Datenschutzes durch eine stichprobenweise Einsicht in Mitarbeiterbeurteilungen oder Zielvorgaben erfolgen, soweit diese Instrumente zur Implementierung einer Compliance förderlichen Unternehmenskultur genutzt werden. Es muss auch beurteilt werden, ob Mitarbeiter die notwendigen Möglichkeiten erhalten, um z. B. in Richtlinien enthaltene Anweisungen umzusetzen. Hierzu können Helplines dienen oder IT-Tools, mit denen z. B. Geschenkerichtlinien in konkrete Arbeitsschritte umgesetzt werden.

Die Unternehmenskultur sollte, als Grundpfeiler für eine erfolgreich einzubettende Compliance Kultur, eine möglichst hohe Schnittmenge ihrer Grundannahmen und Werte mit denen der Compliance Kultur haben. Je geringer die Differenzen, desto erfolgreicher lässt sich die Compliance Kultur als Spezifikation der Unternehmenskultur abbilden. Die Unternehmenswerte dürfen daher nicht konträr zu den Werten und Grundannahmen stehen, die die Compliance Kultur charakterisieren.

Findet eine aktive Umsetzung dieser Werte in den Handlungen der Mitglieder der Organisation statt, können sie eine präventive Wirkung für ein CMS i. S. eines ex post wirkenden Kontrollsystems entfalten. Die hierunter zu analysierenden Indikatoren sind vor allem im Hinblick auf ihre Relevanz für Compliance zu analysieren und zu überwachen. Hierzu haben sich Mitarbeiterumfragen als adäquates Mittel etabliert. Befragungen von Mitarbeitern aus Bereichen mit hohen Risiken für Verstöße oder mit großer Verantwortung innerhalb des CMS können genutzt werden, um Verständnis und Akzeptanz der vermittelten Werte zu beurteilen. Während der Befragungen sollte sowohl die Selbsteinschätzung der Teilnehmer als auch Aussagen der Befragten zu anderen Unternehmensbeteiligten ermittelt werden. Dabei müssen für die Einschätzung die Antworten der verschiedenen Befragten zusammengetragen und verglichen werden, um eventuelle Auffälligkeiten oder nicht vertrauenswürdige Aussagen herausfiltern zu können. Die hierbei durchgeführten Umfragen sollten im Wesentlichen anonym erfolgen. Die Nutzung von externen Dienstleistern zwecks Durchführung und Auswertung kann die Akzeptanz und damit die Aussagekraft der Befragungen erhöhen.

Die Wirksamkeit von Maßnahmen zur Verbesserung der Compliance Kultur kann aber auch indirekt beurteilt werden. Hierzu können z. B. Art und Umfang von Meldungen, die über ein Hinweisgebersystem eingehen, ausgewertet werden. Es ist jedoch kritisch zu beleuchten, inwieweit diese quantitativ feststellbaren Zahlen einen Aufschluss über die Wirksamkeit eines CMS geben können. Grundsätzlich könnte man zunächst den Trugschluss fassen, dass eine Aufdeckung von non-compliantem Verhalten bedeutet, dass die Mitarbeiter oder Führungskräfte nicht ausreichend sensibilisiert wurden. Jedoch spricht es auch für ein vorhandenes Vertrauen, wenn die Meldung von Verstößen ohne Angst vor Repressalien erfolgt. Des Weiteren zeigt es, dass das Unternehmen scheinbar entsprechende Meldesysteme integriert hat. Dies sind Faktoren, die grundsätzlich für ein funktionierendes Compliance System sprechen. Es lassen sich zumindest Hinweise auf Probleme bei der unternehmensweiten Verankerung einer günstigen Compliance Kultur ableiten, aus denen sich ein Ansatz für die Verbesserung und Anpassung ergibt.

7.2.5 Überwachung der Rahmenbedingungen

Ein weiteres Element der Compliance Überwachung ist die Beobachtung des Umfelds und die Reaktion auf Veränderungen der regulatorischen Rahmenbedingungen. Haben sich für die Wirksamkeit einer CMS-Maßnahme relevante Rahmenbedingungen geändert, hat eine zeitnahe Beurteilung darüber zu erfolgen, inwieweit die Maßnahmen sich als wirksam erweisen und ob eine Anpassung stattzufinden hat. Verbesserungs- und Anpassungsbedarf soll nicht lediglich im Rahmen einer festgestellten Unwirksamkeit aufgedeckt werden, sondern durch proaktives Handeln frühzeitig ermittelt werden. Die Änderungen von Rahmenbedingungen müssen daraufhin untersucht werden, welche Elemente des CMS, insbesondere die Compliance Ziele, Compliance Risiken und Compliance Maßnahmen, hiervon betroffen sein könnten. Danach muss ggf. zeitnah eine entsprechende Kommunikation erfolgen. Hier besteht eine enge Verbindung zum Grundelement Compliance Kommunikation, denn die Überwachung wird oft durch definierte Reporting-Strukturen gesichert.

Die geänderten Rahmenbedingungen können externer Natur sein – z. B. geänderte rechtliche Anforderungen, Veränderungen im bestehenden Marktumfeld, die Risikoeinschätzungen verändern – oder interner Natur, wenn sie sich aus internen Veränderungen ergeben. Hierzu zählen z. B. Neustrukturierung des Unternehmens, neue Produkte oder Geschäftsfelder, der Eintritt in neue Märkte, Mitarbeiterwechsel und alle anderen Vorgänge im Unternehmen, die eine Auswirkung auf die Compliance Risiken haben können.

7.3 Reaktion auf Schwachstellen und Verstöße

Wurde im Rahmen eines Soll-Ist-Vergleichs ein Delta eruiert, ist mit entsprechenden Maßnahmen zu reagieren.[215] Diese Feststellungen beziehen sich sowohl auf Compliance Mängel als auch auf Compliance Verstöße, die in einem maßgeblichen Zusammenhang zueinanderstehen. Soweit durch die Überwachungsmaßnahmen Verdachtsfälle auf Compliance Verstöße oder ihr tatsächliches Eintreten aufgedeckt werden, ist zu beurteilen, inwiefern diese auf Mängel des CMS zurückgeführt werden können. Zu berücksichtigen ist: Eine lückenlose Kontrolldichte stellt kein Indiz für die Sicherstellung der Wirksamkeit eines CMS dar. So kann es trotz hoher Kontrolldichte immer noch zu menschlichem Versagen (willentlich oder unwillentlich) kommen, das erst durch bspw. einen Hinweisgeber aufgedeckt wird. Diesem Risiko kann nicht im Vorhinein durch Kontrollaktivitäten präventiv und vollständig entgegengewirkt werden.

7.3.1 Reaktion auf Verstöße

Wird ein Verstoß festgestellt, ist im Rahmen einer internen Ermittlung eine vollständige Sachverhaltsaufklärung durchzuführen. Hierbei sind die Gründe und mögliche Systemmängel zu ermitteln, welche Auslöser des Verstoßes waren. Solche Systemmängel sind durch weitere Maßnahmen abzustellen. Neben den Maßnahmen zur Verbesserung oder Anpassung des CMS ist zudem eine unmittelbare Reaktion auf die Compliance Verstöße notwendig.[216] Hierbei kann es sich um Sanktionen gegen handelnde Personen, aber auch um zusätzliche Schulungsmaßnahmen handeln, die sich insbesondere bei Verstößen anbieten, die durch Unkenntnis aufgetreten sind.[217]

215 Vgl. IDW PS 980 Rz. A20.

216 Vgl. ISO 19600:2014 10.1 Nonconformity, noncompliance and corrective action.

217 Siehe hierzu auch die Ausführungen unter dem Kapitel Compliance Kommunikation.

7.3.2 Reaktion auf festgestellte Schwächen des CMS

Wurden im Rahmen der Überwachungsmaßnahmen Schwächen des CMS festgestellt, sind diese in einem nächsten Schritt dahingehend zu analysieren, ob sie systematischer Natur sind oder lediglich eine zufällige, fehlerhafte und somit einmalige Auffälligkeit. Im Sinne einer Zero-Tolerance-Policy ist jedoch auch diesen zufälligen, fehlerhaften Anwendungen mit entsprechenden Maßnahmen zu begegnen. Eine Mindestreaktion liegt daher in der Belehrung desjenigen, der für die fehlerhafte Durchführung verantwortlich ist. Hierbei ist auf die mögliche und hypothetische Konsequenz der fehlerhaften Durchführung abzustellen. Liegt die Ursache in der Unsicherheit über die korrekte Art der Maßnahmendurchführung, wird mit ergänzenden Erklärungen oder Schulungen die Vermeidung solcher Fehler in der Zukunft eher zu erreichen sein als durch Sanktionen.

Abhängig von der Schwere des Fehlers und der sich hieraus abgeleiteten hypothetischen Compliance Verstöße sind ggf. weitere Analysen anzustellen, die forensischen Charakters sind.

Möglich ist es, dass die Maßnahme weiterhin als geeignet und angemessen beurteilt wird, für die wirksame Durchführung jedoch weitere Voraussetzungen benötigt werden. Dies kann bspw. durch die Zurverfügungstellung zusätzlicher Ressourcen verwirklicht werden. In diesem Fall muss eine Abwägung erfolgen, ob ein zusätzlicher Ressourceneinsatz als unverhältnismäßig zu bewerten ist und alternative Maßnahmen möglicherweise sinnvoller erscheinen.

Es ist auch möglich, dass die Feststellung zu dem Ergebnis führt, dass auch bei zutreffender Durchführung das eigentliche angestrebte Ziel der Risikoreaktion nicht erreicht werden kann. Ein solches Szenario ergibt sich insbesondere durch geänderte Rahmenbedingungen: Eine Durchführung der Third Party Due Diligence kann obsolet werden, wenn die Auskunftsquelle durch Datenschutzbestimmungen die Mitteilung bestimmter Informationen nicht mehr erteilen darf. Ein weiteres mögliches Ergebnis der Analyse kann darin liegen, dass eine regelgerechte Durchführung der Maßnahme zwar erfolgt und das Maßnahmenziel auch erreicht wird, es aber nicht angemessen ist, das Risiko ausreichend zu verringern. Hier sind neue bzw. veränderte Maßnahmen erforderlich, um eine adäquate Risikosteuerung zu erreichen.

7.4 Unterschied zwischen systemimmanenter Überwachung und externer Prüfung

Die fortlaufende Beurteilung und Überwachung des CMS wird primär nicht durch die gesetzlich verantwortlichen Geschäftsleitungsorgane, sondern durch von diesen im Rahmen ihrer Organisationsverantwortung beauftragten Personen (z. B. Chief Compliance Officer) durchgeführt. Die für das System operativ Verantwortlichen nutzen gewonnene Erkenntnisse für die Durchführung notwendiger Anpassungen. Soweit die Geschäftsleitung die Zuständigkeit und operative Verantwortung wirksam delegiert hat, obliegt ihr eine Pflicht zur Überwachung dieser Delegation im Rahmen ihrer Legalitätspflicht.[218] Eine ähnliche Überwachungspflicht trifft die Aufsichtsorgane im Verhältnis zur Geschäftsleitung.[219] Diese externen Überwachungen richten sich weniger auf die Beurteilung einzelner Grundsätze und Maßnahmen, als auf die Angemessenheit und

218 Vgl. LG München, Urteil v. 1.12.2013 – 5 HKO 1387/10, Fn.103.

219 Die in § 107 Abs. 3 AktG kodifizierte Pflicht des Aufsichtsrats die Wirksamkeit des RMS zu überwachen, enthält auch eine Überwachung des CMS, das ein Subsystem des RMS darstellt.

Wirksamkeit des CMS insgesamt. Sie haben damit eine ähnliche Aufgabenstellung, wie die systemimmanente Überwachung, erfüllen diese aber nicht nur gegenüber anderen Adressaten, sondern auch auf einer anderen Abstraktionsebene.

Für eine Durchführung von Überwachungsmaßnahmen durch prozessunabhängige Prüfer, die innerhalb des Unternehmens integriert sind, bietet sich die Interne Revision an, soweit dort entsprechende Ressourcen bereitgestellt sind. Abhängig von Unternehmensgröße und Organisationsstruktur kann aber auch eine spezielle Revisionsabteilung innerhalb der engeren CMS-Organisation etabliert werden. Durch die in der Internen Revision verortete Beurteilung der Wirksamkeit der Risikomanagement- und internen Kontrollmaßnahmen verfügt diese Institution über ausreichende Erfahrungen, die für die Überwachung des CMS benötigt werden. Zudem können durch die große Schnittmenge zum Bereich des Risikomanagements bei der Überprüfung des CMS erhebliche Synergieeffekte genutzt werden.

Die Verantwortung für die Überwachung sollte nur dann völlig an die Interne Revision delegiert werden, wenn diese in der Lage ist umfangreich die Strukturen des CMS zu beurteilen. Grund hierfür ist die mögliche Gefahr, dass die Auswahl der Überwachungsmaßnahmen sowie die entsprechenden Handlungen nicht an das tatsächliche Risiko anknüpfen. Gerade im Hinblick auf notwendige Verbesserungen und Anpassungen des CMS ist eine intensive Kenntnis des CMS essenziell. Dies ermöglicht die entsprechende Modifizierung des CMS. Diese Betrachtung kann den Einsatz von CMS-Prüfern, die der CMS-Organisation zugeordnet sind, befürworten. Weiter ist zu berücksichtigen, inwieweit die Interne Revision selbst die Konzeption oder Durchführung des CMS übernommen hat, da ihr das Selbstprüfungsverbot entgegensteht.[220] Letztlich ist diese Frage der organisatorischen Zuordnung von Personen für die Durchführung von Überwachungshandlungen nach betriebswirtschaftlichen Gesichtspunkten zu entscheiden.

Neben dieser Möglichkeit besteht die Option der Prüfung durch eine externe Stelle zur Bescheinigung der Wirksamkeit des CMS. Hierzu bietet bspw. der hier dargestellte IDW PS 980 die Prüfung durch einen Wirtschaftsprüfer. Zudem gibt es noch weitere Verfahren zur Prüfung bzw. Zertifizierung wie bspw. den ISO 37001, welcher allerdings speziell auf das Themengebiet Anti-Korruption ausgerichtet ist.

7.5 Erfahrungen und Erkenntnisse aus der Praxis

Beobachtungen der praktischen Umsetzung der Empfehlungen des IDW PS 980 lassen erkennen, dass Unternehmen implementierte CMS fortlaufend und systematisch auf ihre Wirksamkeit überprüfen und verbessern. Dazu gehören u. a. die einfache Überwachung der Einhaltung von Compliance Vorgaben und der Effizienz des CMS durch Mitarbeiterbefragungen oder – mit Außenwirkung – Compliance Erklärungen und Compliance Prüfungen durch geeignete Stellen (z. B. interne Revision, externe Rechtsanwälte oder externe Wirtschaftsprüfer und Zertifizierungsstellen).

Insbesondere die Prüfung des Gesamtsystems hat für die Organe in den letzten Jahren an Bedeutung gewonnen, um hierüber ihrer Überwachungspflicht nachzukommen. Deswegen wird der Nachweis der Wirksamkeit über bspw. eine Prüfung und Bescheinigung gem. IDW PS 980 als ein geeignetes Mittel gesehen.

220 Vgl. IDW PS 980 Rz. A14.

Im Rahmen der prozessintegrierten Überwachung und Verbesserung lassen sich in der Praxis noch Optimierungspotentiale erkennen. Zwar sind entsprechende Prozesse eingeführt, aber eine standardisierte Erhebung und Auswertung von entsprechenden Prozesskennzahlen findet nicht durchgängig statt. Hier lassen sich vor allem digitale Lösungen zur einfachen Bearbeitung noch besser einsetzen.

Fazit: Compliance ist heute nicht mehr nur eine Option für Unternehmen, sondern vielmehr Pflicht, um strafrechtliche Verstöße, horrende Bußgelder und Schadensersatzansprüche Dritter erfolgreich vermeiden zu können. In der Praxis zeigt sich: Die Implementierung von Compliance Maßnahmen wird in Teilen nach wie vor nachlässig gehandhabt – ein wirksames CMS ist insbesondere im Mittelstand noch lange nicht Standard. Nicht nur die zuletzt in der Automobilindustrie bekanntgewordenen Skandale verdeutlichen: Compliance ist zu einem unabdingbaren Thema geworden. Eine funktionierende, geschulte Compliance Organisation kann nicht nur derartige Vorfälle verhindern oder unterbinden, sondern auch im Falle einer Verurteilung zu einer Strafmilderung führen, zumindest ist dies im aktuellen Regierungsentwurf des Verbandssanktionengesetzes (VerSanG ReG) so vorgesehen. Auch deshalb müssen Unternehmen in Compliance investieren. Die Struktur des IDW PS 980 bietet hierfür ein gutes Rahmenwerk für die Etablierung und Weiterentwicklung eines CMS. Unternehmen sollten ihr CMS kontinuierlich auf Basis dessen weiterentwickeln, denn in vielen Branchen stellt Compliance sogar einen Wettbewerbsvorteil dar, den es zu nutzen gilt.

III. Aktuelle Themen im Compliance Management

1. E-Crime

Michael Sauermann und RA Timo Wiesch

1.1 Einleitung

E-Crime – im Folgenden gleichbedeutend mit den Begriffen Computerkriminalität und Cyberkriminalität – ist ein spezifisches, quantitativ wie qualitativ an Bedeutung gewinnendes Kriminalitätsphänomen, das weder an Landesgrenzen noch vor verschlossenen Türen Halt macht und längst zu einer realen Bedrohung für den Wirtschaftsstandort Deutschland und seine beheimateten Unternehmen geworden ist. Nahezu täglich werden neue Fälle von Datendiebstahl, Computerbetrug, Computersabotage und anderen Datendelikten bekannt.

Doch was genau versteht man unter e-Crime?

E-Crime bezeichnet die Ausführung wirtschaftskrimineller Handlungen unter Einsatz von Informations- und Kommunikationstechnologien zum Schaden einer Einzelperson, eines Unternehmens oder einer Behörde. Diese Form der Kriminalität kann sowohl zur Schädigung von Sachwerten, z. B. durch Sabotage an Computersystemen, als auch zur Verletzung von Verfügungsrechten an immateriellen Gütern, etwa durch Diebstahl von Quellcodes, von Kundendaten oder von anderen Informationen, führen. Infolge solcher Schäden können zudem Geschäftsprozesse eines Unternehmens empfindlich und nachhaltig beeinträchtigt werden. Informations- und Kommunikationssysteme können hierbei Ziel der Tathandlung, aber auch Tatwerkzeug an sich sein. E-Crime bezeichnet somit nicht nur Angriffe von außen, die mithilfe von Schadsoftware und unter Ausnutzung von Systemlücken über das Internet erfolgen („Cybercrime"), sondern umfasst auch das breite Spektrum anderer Straftaten, die Informations- und Kommunikationstechnologien als Werkzeug einsetzen.

Eine weitere e-Crime Komponente sind „klassische" wirtschaftskriminelle Handlungen, die durch den Einsatz von Informations- und Kommunikationstechnologie erst ermöglicht oder zumindest erleichtert werden oder bei denen IT-Werkzeuge der Verschleierung dienen. Ein Beispiel hierfür ist der sog. Fake-President-Betrug, auch CEO-Fraud genannt. Dabei geben sich Kriminelle – zum Teil unter Zuhilfenahme zuvor gestohlener oder abgehörter Informationen – als Führungskräfte oder externe Berater aus und verleiten Mitarbeiter mit gefälschten E-Mails dazu, Zahlungen auf von ihnen kontrollierte Konten zu tätigen.

Die Vorgehensweise der Täter, z. B. bei Angriffen auf Unternehmen, ist dabei zumeist von hoher Professionalität gekennzeichnet. Einem Angriff geht oftmals eine umfangreiche Informationssammlung über das Unternehmen voraus. Täter erhoffen sich, hierbei Daten und Fakten zum Unternehmen, die sie für ihren späteren Angriff ausnutzen können, gewinnen zu können. Computerkriminalität stellt für Unternehmen daher ein nicht zu unterschätzendes Risiko dar.

1.2 Die relevanten Delikte

Die Gesetzgebung gegen Computerkriminalität hat sich seit den 1980er Jahren schrittweise weiterentwickelt. Mit dem Inkrafttreten der Cybercrime-Konvention in Deutschland am

1.7.2009 wurde das deutsche Strafrecht unter Berücksichtigung der aktuellen Entwicklungen im Bereich der Internet- und Computerstraftaten novelliert.

Juristisch wird dabei zwischen Cybercrime im engeren oder weiteren Sinne unterschieden. Cyberkriminalität im engeren Sinne betrifft alle kriminellen Aktivitäten, bei denen Computer und das Internet die Straftat erst ermöglichen oder als Katalysatoren einen wesentlichen Einfluss darauf haben. Hierunter fallen bspw. Hacking, Phishing, Digitale Erpressung (Ransomware), Verbreitung von Computerviren, DoS-Angriffe (Denial of Service) und Crypto-Mining (Inanspruchnahme fremder Rechenkapazität zum Schürfen von Kryptowährung). Geht es im Rahmen dieser Taten auch um das Ausspähen, die Manipulation oder den Diebstahl personenbezogener Daten, werden insoweit auch zusätzlich datenschutzrechtliche Fragestellungen berührt.

Cybercrime im weiteren Sinne hingegen meint alle konventionellen Straftaten, bei denen Computer in erster Linie dazu dienen, die kriminellen Handlungen effizienter zu gestalten. Das Spektrum der Problemfelder ist hier sehr weit gefasst. Diese Form der Computerkriminalität spielt insbesondere im Rahmen der Wirtschaftskriminalität, dem Waffen-, Drogen- oder Menschenhandel, dem im Internet organisierten politischen Extremismus und der Verbreitung illegaler Inhalte im Netz eine zentrale Rolle. Im Hinblick auf Letzteres kommen in internationalem Maßstab häufig juristisch relevante Wertekonflikte zum Tragen: Was in einem Land explizit gesetzlich verboten ist, wird in einem anderen Staat zwar nicht gesellschaftlich akzeptiert, jedoch nicht als strafbare Handlung angesehen.

Zu den relevanten Straftatbeständen gehören insbesondere:

Computerbetrug, § 263a StGB

Der Computerbetrug bildet den eigentlichen Kerntatbestand der computerspezifischen Straftatbestände, welche im Rahmen des 2. Gesetzes zur Bekämpfung der Wirtschaftskriminalität eingeführt wurden. Er beschreibt betrügerische Handlungen unter Ausnutzung von Kommunikations- und Informationstechnologien und per Manipulation von Datenverarbeitungssystemen und -prozessen, die zum Zwecke der persönlichen Bereicherung vorgenommen werden (z. B. die widerrechtliche Nutzung von Onlinebanking-Funktionen).

Ausspähen von Daten, § 202a StGB

Das Ausspähen von Daten ist die unberechtigte Aneignung von Daten unter Überwindung einer Zugangssicherung oder auch unberechtigtes Aufzeichnen, Mithören oder Mitlesen von Daten, die nicht öffentlich übermittelt werden (etwa E-Mail Versand, Instant Massaging, Netzwerkverkehr, IP-Telefonie), aber auch von „natürlichen Gesprächen" über technische Hilfsmittel.

Computersabotage, § 303b StGB

Computersabotage umfasst die Störung von Datenverarbeitungsprozessen durch Löschung, Veränderung oder das Unbrauchbarmachen von Daten durch Eingabe oder Übermittlung von Daten in der Absicht, anderen einen Nachteil zuzufügen, oder durch Beschädigung, Manipulation oder Zerstörung von Computern, Netzwerken oder Datenträgern.

Erpressung, § 253 StGB

Erpressung im Bereich e-Crime stellt die Nötigung zu einem Handeln, Dulden oder Unterlassen unter Androhung von e-Crime Handlungen zwecks Bereicherung am Vermögen des Genötigten dar.

Verletzung von Geschäftsgeheimnissen, § 23 GeschGehG

Darunter fällt die unbefugte Aneignung, Nutzung und Weitergabe vertraulicher, nicht allgemein zugänglicher und mit Geheimhaltungsmaßnahmen geschützter Informationen eines Unternehmensinhabers unter Nutzung von Kommunikations- und Informationstechnologien.

1.3 Die Täter

Das Täterspektrum der Computerkriminalität ist vielfältig und reicht vom Einzeltäter bis hin zu professionellen, international organisierten Tätergruppierungen. Laut Bundeslagebild des Bundeskriminalamts wurden im Jahr 2018 insgesamt 22.051 Tatverdächtige von Cybercrime-Delikten registriert. Gerade die organisierte Kriminalität gilt als besonders bedeutsame Gefahrenquelle für Unternehmen. Aufgrund immer wieder neuer Angriffsmuster und vielfach auch aufgrund des Mangels an entsprechenden Gegenmaßnahmen bietet Computerkriminalität ein hohes Schadenspotenzial und ist daher für professionell organisierte Gruppen besonders attraktiv. Gemeinsam agierende Täter arbeiten im Bereich Cybercrime jedoch nicht unbedingt in klar definierten hierarchischen Strukturen. Sie kennen sich häufig nicht persönlich und nutzen auch bei arbeitsteiligem Vorgehen die vermeintliche Anonymität des Internets. Die Täter reagieren flexibel, schnell und unmittelbar auf neue technische Entwicklungen und passen ihren „Modus Operandi" entsprechend an. Dienste, die nicht selbst erbracht werden können, werden von anderen hinzugekauft („Hacking-as-a-Service"). Diese Entwicklung bietet auch technisch weniger versierten Tätern die Möglichkeit, e-Crime – sozusagen als Dienstleistung – im „Darknet" einzukaufen. Das Feld potenzieller Täter ist daher kaum noch einzugrenzen, denn wer über die erforderliche Motivation verfügt, dem steht auch der Zugang zu den erforderlichen Ressourcen offen.

Allerdings ist zu beachten, dass es zur Begehung von Computerkriminalität derart organsierter Strukturen nicht zwangsläufig bedarf – das Gefahrenpotenzial von Einzeltätern zeigte nicht zuletzt der Hacking-Angriff auf den Deutschen Bundestag im Jahr 2018.

Eine wesentliche Herausforderung stellt die strafrechtliche Verfolgung der Täter dar, wobei insbesondere die Identifizierung der Täter große Schwierigkeiten bereitet. Laut der Studie „e-Crime in der deutschen Wirtschaft 2019"[221] der KPMG Wirtschaftsprüfungsgesellschaft AG (KPMG) können 85 % der von Computerkriminalität betroffenen Unternehmen die Täter lediglich der Kategorie „unbekannt extern" zuordnen. Die Unternehmen sind somit oftmals nicht in der Lage, Angriffe effektiv zu verfolgen und aufzuklären. Damit geht zugleich die Gefahr einher, dass Delikte gänzlich unentdeckt bleiben.

1.4 Die Schäden

Cyberkriminalität verursacht bei betroffenen Behörden und Wirtschaftsunternehmen oftmals immens hohe materielle sowie immaterielle Schäden, die vor allem für kleine Unternehmen bis zur Existenzgefährdung reichen können. Valide Aussagen zum tatsächlichen monetären Gesamtschaden durch Cybercrime lassen sich bisweilen jedoch nur schwerlich treffen. Dieser Umstand ist auf unterschiedliche Ursachen zurückzuführen. Problematisch bei der Betrachtung der durch Cyberangriffe entstandenen Schäden ist zunächst die Frage, welche Kostenarten über-

221 KPMG Studie „e-Crime in der deutschen Wirtschaft 2019", abrufbar unter: http://go.nwb.de/i1e49 (Abruf 4.6.2020).

haupt unter den Schadensbegriff zu fassen sind. Eine einheitliche Regelung gibt es hierfür nicht. Hinzu kommt, dass die finanziellen Schäden eines erfolgreichen Cyberangriffs oft nicht in Gänze bekannt oder nur äußerst schwierig bezifferbar sind. Ferner lassen sich die mit einem Cyberangriff möglicherweise einhergehen Reputations- oder Imageschäden in finanzieller Hinsicht nur sehr ungenau bemessen.

Die in der Polizeilichen Kriminalstatistik (PKS) für das Jahr 2018 ausgewiesene Schadenssumme belief sich auf insgesamt 61,4 Mio. €, wobei berücksichtigt werden muss, dass die PKS ausschließlich Schäden in Fällen des Computerbetrugs und der missbräuchlichen Nutzung von Telekommunikationsdiensten erfasst.

Bedeutend realistischer dürften die Ergebnisse des Studienberichts des Bundesverbands Informationswirtschaft, Telekommunikation und neue Medien e.V. (Bitkom) aus dem Jahr 2018 zum Thema „Spionage, Sabotage und Datendiebstahl – Wirtschaftsschutz in der Industrie" sein. Befragt wurden hier 503 nach Branchen und Größenklassen repräsentativ ausgewählte Industrieunternehmen mit mindestens zehn Beschäftigten. Bitkom bemisst in seiner Studie den finanziellen Schaden für die deutsche Wirtschaft durch Computerkriminalität für die letzten zwei Jahre auf 43,4 Mrd. €. Grundlage dieser Zahl sind Angaben von betroffenen Unternehmen, die im Rahmen der Studie erhoben wurden.

Die KPMG Studie „e-Crime in der deutschen Wirtschaft 2019" subsumiert unter den Schadensbegriff die Gesamtheit aller durch computerkriminelle Handlungen abgeflossenen Vermögenswerte, den entgangenen Gewinn, Ermittlungs- und Folgekosten, Bußgelder, Geldstrafen und eventuelle Gewinnabschöpfungen. KPMG kommt mit dieser Definition zu dem Ergebnis, dass bei den mittleren 50 % der befragten Unternehmen ein Schaden zwischen 20.000 € und 150.000 € eingetreten ist. 14 % aller Unternehmen, die im Rahmen der Studie einen Schaden angegeben haben, verzeichneten Schadenssummen von 500.000 € und mehr. Bei knapp 7 % der Betroffenen belief sich der Gesamtschaden sogar auf 1 Mio. € oder mehr.

1.5 Aktuelle Entwicklung der Computerkriminalität

Im Bereich Cybercrime ist – wie in kaum einem anderen Deliktsbereich – eine kontinuierlich steigende Kriminalitätsentwicklung zu verzeichnen. Laut des Lageberichts Cybercrime 2018[222] des Bundeskriminalamts (BKA) war im Jahr 2018 ein erneuter Anstieg der Straftaten im Bereich Cyberkriminalität zu verzeichnen. Die PKS wies insgesamt 87.106 Fälle aus. Dies bedeutet eine Steigerung gegenüber dem Vorjahr um 1,3 % (2017: 85.960 Fälle). Die Aufklärungsquote betrug 38,9 %, was einem Rückgang gegenüber dem Vorjahr um 1,4 Prozentpunkte entspricht. Die PKS zeigt zwar steigende Fallzahlen im Bereich Cybercrime auf, es muss aber bei der polizeilichen Betrachtung von Cybercrime von einem sehr großen Dunkelfeld ausgegangen werden. Vor allem Wirtschaftsunternehmen scheuen häufig vor einer Anzeige zurück, um das Vertrauen ihrer Kunden und Geschäftspartner nicht zu gefährden. Dabei wird Cybercrime nach Einschätzung vieler Unternehmen als die größte Bedrohung für Unternehmen und den Wirtschaftsstandort Deutschland gesehen. Das gesamte Bedrohungspotenzial Cybercrime lässt sich daher angesichts der rasanten Entwicklung und der Tatsache, dass viele Attacken bzw. Straftaten im Dunkelfeld verbleiben, kaum abschätzen.

222 Das BKA veröffentlichte den Lagebericht 2018 am 11.12.2019.

Insbesondere Deutschland stellt aufgrund seines hohen Entwicklungsstands und Know-hows (besonders in der Wirtschaft) nach wie vor ein attraktives Ziel für Cyberkriminelle dar. Laut des Bitkom-Berichts sollen 68 % der Industrieunternehmen in den vergangenen zwei Jahren Opfer von Datendiebstahl, Industriespionage oder Sabotage gewesen sein.

Auch die Studie „e-Crime in der deutschen Wirtschaft 2019" von KPMG bestätigt eine hohe Betroffenheit der deutschen Wirtschaft durch Cyberkriminalität. Hierfür wurden 1.001 repräsentativ nach Branche und Umsatz ausgewählte Unternehmen zu ihren Erfahrungen im Bereich der Computerkriminalität befragt. Die Befragung ergab, dass die Angriffe aus dem Internet dabei immer komplexer werden. 39 % der Unternehmen gaben an, in den letzten zwei Jahren von Cybercrime betroffen gewesen zu sein. Dabei sind große Unternehmen tendenziell mehr im Visier der Kriminellen (45 %) als mittelgroße (42 %) und kleinere Unternehmen (35 %). Insgesamt sehen 92 % der Umfrageteilnehmer/-innen Cybercrime als tatsächliches Risiko für die deutsche Wirtschaft an.

Das gesamte Bedrohungspotenzial Cybercrime lässt sich angesichts der rasanten Entwicklung und aufgrund der Tatsache, dass viele Attacken bzw. Straftaten im Dunkelfeld verbleiben, kaum abschätzen. Es ist davon auszugehen, dass sowohl Fallzahlen als auch Schadenssummen sowie die Anzahl der Geschädigten weitaus höher sind, als es die bekannten Studien und Statistiken ausweisen.

1.5.1 Aktuelle Trends

Die Gefährdungslage befindet sich bereits gegenwärtig auf einem hohen Niveau, die Zahl der Cyberattacken auf Industrieunternehmen und kritische Infrastrukturen wird jedoch zukünftig weiter steigen und insbesondere die Qualität der Angriffe dürfte neue Dimensionen erreichen. In einer Welt, die sich kontinuierlich weiter digitalisiert und „smarter" wird, ist es mittlerweile üblich, dass selbst alltägliche Geschäfte online abgewickelt werden. Dies erweitert die potenzielle Angriffsfläche für Cyberkriminelle. Laut der aktuellen Bitkom-Studie gehen 82 % der befragten Unternehmen davon aus, dass sich die Anzahl von Cyberangriffen auf ihre Betriebe in den nächsten zwei Jahren spürbar erhöhen wird.

Auch zukünftig werden die Bedrohungen durch Cyberkriminelle die Infrastrukturen und Risiken der Unternehmen maßgeblich mitgestalten. Dabei dürften besonders die folgenden Trends relevant sein.

1.5.1.1 Ransomware

Ein Mitarbeiter/eine Mitarbeiterin enthält eine E-Mail, klickt auf den enthaltenen Link oder Anhang – und sofort werden die Dateien auf dem Computer durch einen Trojaner verschlüsselt. Der gängige Begriff für solche Schadprogramme lautet Ransomware – oder auch Verschlüsselungs-, Erpressungs-, oder Kryptotrojaner. Im Austausch dafür, dass die Daten wieder entschlüsselt werden, wird der Mitarbeiter aufgefordert, ein Lösegeld zu zahlen, i. d. R. in Form von Bitcoins oder einer anderen nicht oder kaum verfolgbaren Kryptowährung. Gewissheit, dass der Zugriff auf die betroffenen Dateien nach der Zahlung wieder gewährt wird, besteht allerdings nicht. Prominente Beispiele für diese Erscheinungsform der „digitalen Erpressung" in großem Stil sind die Schadprogramme Locky, WannaCry oder auch Emotet (i.V. mit Ryuk). Die mit Ransomware-Angriffen einhergehenden Folgen sind nicht nur der Abfluss des gezahlten Lösegelds, sondern oft auch der Verlust der Daten und Einschränkungen der Produktivität eines Unternehmens, die bis hin zu vollständigen Betriebsausfällen führen können. Ransomware ist und bleibt ein effektives Mittel für Cyberkriminelle. Die Entwicklung in den letzten Jahren macht insbesondere deutlich, dass die Angriffe nicht mehr wahllos anhand breit versandter Dateien stattfinden, sondern überwiegend gezielt und durchschlagender durchgeführt werden. Dabei ist aktuell eine zunehmende Professionalisierung der Schadsoftware wahrzunehmen. War Ransomware früher stets auf die manuelle Weiterleitung des Schadcodes (z. B. via E-Mail) angewiesen, verbreitet sich die Software heute gerne wurmartig und eigenständig nach einer Erstinfektion und verschlüsselt so komplette Unternehmensnetzwerke.

Der Austausch über erfolgreiche Ransomware-Angriffe führt ebenfalls zu einer weiteren Entwicklung: Die Täter tauschen sich zunehmend über erfolgreiche Angriffe sowie identifizierte Schwachstellen aus und etablieren somit mehrstufige Angriffe, um mehrmals Lösegeld zu erpressen. Im Zuge des Primärangriffs exfiltrieren die Täter zusätzlich sensible Informationen, die sie entweder an andere Tätergruppierungen weitergeben oder zu einem späteren Zeitpunkt erneut für einen Angriff verwenden. Unternehmen sind daher gehalten, sich verstärkt darauf einzustellen, nach einem erstmaligen Ransomware-Angriff ein zweites Mal Opfer einer solchen „digitalen Erpressung“ zu werden. Die meisten Unternehmen wissen um die Problematik und schätzen das Risiko, einer solchen Schadsoftware ausgesetzt zu sein, als hoch ein.

Die durch den Einsatz von Ransomware verursachten Schäden nehmen mit zunehmender Entwicklung der Schadsoftware durchaus signifikante Größen an. So liegt die Höhe der Erpressungsgelder mittlerweile nicht selten im sechsstelligen Bereich. Ein Mangel an entsprechenden Präventionsmaßnahmen birgt für Unternehmen somit ein hohes finanzielles Risiko, zumal die Aufarbeitung eines Vorfalls Wochen oder sogar Monate dauern kann.

1.5.1.2 Schwachstelle Mensch – Sicherheitslücken durch Social Engineering

Beim Thema Cybersecurity geht es nicht ausschließlich um Computersysteme und Netzwerke. Mindestens ebenso wichtig sind die Nutzer/-innen dieser Technologien. Die Art und Weise, wie sich die Täter Zugang zu den Servern und Systemen ihrer Opfer verschaffen, wird zunehmend raffinierter: Social Engineering steht hierbei nach wie vor besonders hoch im Kurs. Social Engineering ist kein neues Phänomen und dient seit Menschengedenken als Grundlage für unterschiedliche Betrugsmaschen. Im Zeitalter der digitalen Kommunikation ergeben sich für Kriminelle jedoch äußerst effektive, neue Möglichkeiten, mit denen sie Millionen von potenziellen Opfern erreichen können. Cyberkriminelle setzen dabei häufig auf die größte Systemschwachstelle bzw. auf das schwächste Glied der Sicherheitskette: den Menschen. Beim Social Engineering nutzen die Täter menschliche Eigenschaften wie Hilfsbereitschaft, Vertrauen, Angst oder Respekt vor Autorität, um Personen geschickt zu manipulieren. Die Cyberkriminellen verleiten die Opfer auf diese Weise bspw. dazu, vertrauliche Informationen preiszugeben, Sicherheitsfunktionen auszuhebeln, Überweisungen zu tätigen oder Schadsoftware auf einem Computer im Unternehmensnetzwerk zu installieren.

Social Engineering ist ein Phänomen, das vor allem in Bezug auf Phishing und CEO-Fraud verstärkt ins Blickfeld gerückt ist. Hierbei sammeln Kriminelle zunächst Informationen über ein potenzielles Opfer und spionieren über öffentlich zugängliche Quellen und soziale Netzwerke sein persönliches Umfeld aus. So können die Täter sich im nächsten Schritt mit täuschend echten E-Mails oder Anrufen an die Zielperson wenden, um sie bspw. zur Preisgabe vertraulicher Informationen oder – wenn es zahlungsberechtigte Mitarbeiter sind – zu Zahlungsanweisungen für vermeintliche geheime Projekte zu verleiten.

1.5.1.3 Identitätsdiebstahl/Phishing

Auch die missbräuchliche Nutzung personenbezogener Daten einer natürlichen Person durch Dritte ist nach wie vor ein gängiges und lukratives Geschäftsmodell. Cyberkriminelle sind grundsätzlich an allen Arten von Zugangsdaten interessiert, mit denen sie zu Lasten Dritter und zum eigenen Vorteil in der digitalen Welt agieren können. Dies reicht von der unbefugten Bestellung von Waren bis hin zur Manipulation von Aktienkursen. Ein probates Mittel für dieses Vorgehen ist der Diebstahl der digitalen Identität potenzieller Opfer. Wie in der analogen Welt können sich Menschen auch in der digitalen Welt zu erkennen geben. Auch hier greifen Mechanismen, die individuelle Attribute einer bestimmten Person zuordnen.

Die digitale Identität umfasst dabei grundsätzlich alle Arten von Accounts und zahlungsrelevanten Informationen eines Internetnutzers, wie bspw. Zugangsdaten in den Bereichen Kommunikation (E-Mail- und Messengerdienste), E-Commerce (Onlinebanking, Onlinebrokerage, internetgestützte Vertriebsportale aller Art, z. B. Onlinehändler, Reiseportale), berufsspezifische Informationen (z. B. für den Online-Zugriff auf firmeninterne technische Ressourcen), E-Government (z. B. elektronische Steuererklärung), Cloud-Computing, Kreditkartendaten sowie Zahlungsadressen.

Insbesondere durch die zunehmende Digitalisierung und steigende Nutzung sozialer Netzwerke wird es für Cyberkriminelle immer einfacher, digitale Identitäten zu „stehlen". Die Täter versuchen, bspw. durch Phishing, Zugriff auf derartige Daten zu erhalten, um sie anschließend gewinnbringend zu verkaufen oder sie zur Begehung weiterer Straftaten einzusetzen. Unter Phishing versteht man alle Versuche, z. B. durch gefälschte Websites, E-Mails oder Kurznachrichten, an persönliche Daten eines Internetnutzers zu gelangen und somit einen Identitätsdiebstahl zu begehen. Der Identitätsdiebstahl ist häufig Ausgangspunkt weiterer Cyberstraftaten.

Für das Phishing setzen Cyberkriminelle i. d. R. Schadsoftware (Malware) ein. Neue Schadsoftwareprogramme entstehen im Sekundentakt und sind darauf ausgerichtet, installierte Virenschutzprogramme zu umgehen und die entstandenen Sicherheitslücken auszunutzen. Die Verbreitung von Schadsoftware erfolgt durch das Herunterladen infizierter Anhänge, die meist als Bestandteil Interesse weckender E-Mails übermittelt werden. Im Zuge der sog. „Drive-by-Infection" präparieren die Täter Webseiten im Internet. Die relevante Schadsoftware wird sodann durch den Aufruf der präparierten Webseite automatisch heruntergeladen. Aber auch über Social Media werden infizierte Anhänge mit den entsprechenden Links geteilt.

Neben dem massenhaften Versand von Phishing-Mails lässt sich zunehmend eine gezieltere und ausgefeiltere Variante dieser Methode beobachten, das sog. Spear Phishing. Beim Spear Phishing geben sich die Täter als Geschäftspartner, Freund oder Dienstleister – wie etwa die eigene Bank oder Online-Zahlungsdienstleister – aus und verwenden dabei einen bekannten Absendernamen, um Vertrauen zu erwecken. In diesem Fall werden die E-Mails nach vorausgegangener Recherche speziell auf kleine Gruppen oder einzelne Personen bzw. Mitarbeiter zugeschnitten, was die potenzielle „Trefferquote" deutlich erhöht.

1.6 Prävention, Detektion und Reaktion

Um Cyberkriminaltität wirkungsvoll bekämpfen zu können, sind diverse Maßnahmen auf Seiten der Unternehmen notwendig. Diese betreffen sowohl personelle, finanzielle und technische Aspekte, wie die Vermittlung von Grundkompetenzen, weiterführende Aus- und Fortbildung sowie die Bereitstellung geeigneter technischer Schutzmechanismen.

Ein ganz wesentlicher Faktor ist es, dass nach wie vor ein Großteil der Cyberangriffe rein zufällig entdeckt und aufgedeckt wird. Insbesondere für Unternehmen gilt es, diese Zufallsabhängigkeit durch effektive und angemessene Präventions- und Detektionsmaßnahmen auf ein Minimum zu reduzieren. Der technologische Fortschritt, der digitale Wandel hin zur Cloud-Infrastruktur und die Modernisierung veralteter Prozesse unterwerfen Unternehmen einem stetigen Wandel. Dieser wird auch durch die Entwicklungen der Bedrohungslandschaft entscheidend mitgestaltet. Unternehmen werden gezwungen, ihre Sicherheitsprozesse und Tools im digitalen Wettrüsten mit Cyberkriminellen „up to date" zu halten und effektiv in die Aufbau- und Ablauforganisation zu integrieren. Elementare Vorkehrungen im Umgang mit Computerkriminalität, wie bspw. die Schulung von Mitarbeitern, sind heutzutage unabdingbar, zumal gerade die Gewinnung von kompetenten Mitarbeitern für die Unternehmen oftmals eine massive Herausforderung darstellt. Entscheidender Erfolgsfaktor für Unternehmen im Kampf gegen Cyberkriminelle ist die Erkenntnis, Schutzmechanismen, bestehend aus adäquater Prävention, effektiver Detektion sowie entschlossener Reaktion, zu gleichen Anteilen umzusetzen.

1.6.1 Faktor Personal

Unzureichend geschultes Personal ist ein Aspekt, der die Anfälligkeit für Computerkriminalität besonders beeinflusst. Nach wie vor fehlt es Mitarbeitern in deutschen Unternehmen zu oft an Verständnis für komplexe Technologien, um Verdachtsfälle effizient beurteilen zu können. Aber auch ein verantwortungsvoller Umgang der Mitarbeiter mit Social Media ist essenziell. Mitarbeiter sollten dahingehend geschult werden, dass sie in privaten und beruflichen sozialen Netzwerken keine vertraulichen Informationen über ihren Arbeitgeber und ihre Arbeit veröffentlichen.

Insbesondere die Gewinnung geeigneten Personals bei der Bekämpfung von e-Crime ist ein bedeutsamer Erfolgsfaktor. Es ist von herausragender Bedeutung, dass die Mitarbeiter die erforderlichen Qualifikationen besitzen, um e-Crime präventiv entgegenzuwirken und im Ernstfall Angriffe angemessen und zielführend aufklären zu können. Das beste Unified Threat Management (UTM) ist nutzlos, wenn die menschliche Firewall nicht funktioniert.

1.6.2 Investitionen

Unternehmen mangelt es darüber hinaus häufig auch an finanziellen Ressourcen für wirksame und angemessene Sicherheitsmaßnahmen. Außerdem ist die Investitionsbereitschaft der Unternehmen im Bereich der Prävention nach wie vor verhältnismäßig gering. Im Feld der Computerkriminalität kommt jedoch kein Unternehmen umhin, für die neuesten Herausforderungen jederzeit angemessene Gegenmaßnahmen aufbieten zu können. Wer mit der stetigen Weiterentwicklung der Technologie und krimineller Angriffsmuster nicht schritthält, wird gravierende Schäden nicht dauerhaft verhindern können. Wirksame Gegenmaßnamen erfordern allerdings merkliche Investitionen. Mögen diese zwar zunächst kostspielig erscheinen, sind sie dennoch von beträchtlichem – auch finanziellem – Nutzen, da sie entstehende Schäden erheblich mindern oder sogar gänzlich verhindern. Die auf diese Weise vermiedenen finanziellen Schäden dürften die Implementierungs- und Instandhaltungskosten von Präventionsmaßnahmen in aller Regel überwiegen. E-Crime Prävention ist somit auch immer ein Ausdruck ökonomisch motivierten Handelns.

1.6.3 Security Operations Center (SOC)/Computer Emergency Response Team (CERT)

Nach wie vor wird der KPMG e-Crime Studie zufolge ein Großteil der Fälle (37 %) von e-Crime nur durch einen Zufall entdeckt. Dieser Umstand unterstreicht, dass die Detektion computerkrimineller Handlungen für Unternehmen eine große Herausforderung darstellt und vielfach schlicht von Glück abhängt. Um diesem Faktor entgegenzuwirken, ist die Professionalisierung der Bekämpfung von e-Crime unerlässlich. Dazu können Unternehmen spezialisierte Einheiten wie Security Operations Center (SOC) und Computer Emergency Response Teams (CERT) einrichten.

Der Schutz der IT-Infrastruktur und der Unternehmensdaten vor internen und externen Gefahren hat sich in den vergangenen Jahren immer weiter professionalisiert. Beispiele dafür sind die Security Operations Center (SOC) sowie Computer Emergency Response Teams (CERT), mit denen die Unternehmen den zunehmend komplexen e-Crime Delikten entgegentreten. Bei einem SOC handelt es sich um eine zentrale Stelle, die alle sicherheitsrelevanten Unternehmenssysteme und -prozesse in Echtzeit überwacht. Dadurch können Bedrohungen sofort erkannt und Gegenmaßnahmen eingeleitet werden. Ein CERT hingegen leistet zum einen präventive Arbeit durch die Identifizierung von Sicherheitslücken, zum anderen ergreift es Abwehrmaßnahmen bei konkreten Vorfällen. Grundsätzlich können SOC und CERT dazu beitragen, die Bekämpfung von e-Crime zu strukturieren und zu professionalisieren. Eine derartige klare Organisationsstruktur, die Zuständigkeiten und Notfallpläne beinhaltet, ist beim Umgang mit Computerkriminalität von unschätzbarem Wert.

Klassische Aufgabenbereiche von SOC oder CERT sind es, die Systeme und den Systemzustand in Echtzeit zu analysieren, die Durchführung von Bedrohungsanalysen und Sensibilisierungsmaßnahmen, das Security Tool Management, die Durchführung interner oder technischer Audits sowie die gezielte Behandlung von Vorfällen im Rahmen des Incident Managements. Beide Einheiten besitzen somit nicht nur einen präventiven Wert, sondern tragen auch dazu bei, Vorfälle rasch aufzudecken, so dass unverzüglich angemessene Maßnahmen ergriffen werden können.

1.6.4 Cyber-Versicherungen

Eine weitere Möglichkeit, potenzielle Risiken zu verringern bzw. zu übertragen stellen sog. Cyber-Versicherungen dar. Cyber-Versicherungen decken Schäden ab, die durch Computerkriminalität entstehen – je nach Police geschieht dies in unterschiedlicher Breite und Tiefe. Die Versicherungsunternehmen reagieren damit auf die Steigerung der Cyberkriminalität und die damit einhergehenden Schäden in den vergangenen Jahren. Der Abschluss einer solchen Versicherung ist vor allem für Unternehmen sinnvoll, die mit vertraulichen Daten arbeiten und von deren ständiger Verfügbarkeit abhängig sind. Dabei ist es unerheblich, ob es sich um eigene Daten oder solche von Vertragspartnern handelt. Laut der KPMG Studie kennen über zwei Drittel die Möglichkeit einer Cyber-Versicherung. 27 % der Studienteilnehmer haben sogar bereits eine solche Police abgeschlossen und weitere 28 % planen oder prüfen den Abschluss einer Versicherung. Es bleibt festzuhalten, dass eine Cyber-Versicherung das Sicherheitsportfolio von Unternehmen sehr sinnvoll ergänzen kann. Dabei ersetzt sie aber selbstverständlich nicht die notwendige Auseinandersetzung und aktive Steuerung von Cyber-Sicherheitsmaßnahmen.

1.7 Ausblick

Aufgrund des hohen Entwicklungsstandes und des vorhandenen Know-hows in den Unternehmen ist und bleibt Deutschland ein attraktives Ziel für Cyberkriminelle. In einem Zeitalter in dem Daten, ganz besonders persönliche Informationen, immer mehr an Wert gewinnen, ist davon auszugehen, dass Cyberkriminalität und vor allem Angriffe auf IT, digitale Spionage und Diebstahl deutlich zunehmen werden.

Die Nutzung digitaler Informations- und Kommunikationstechnologien stellt mittlerweile die zentrale Basis des modernen gesellschaftlichen und wirtschaftlichen Lebens dar. Mit fortschreitenden Entwicklungen, wie der Vernetzung von Daten, der Digitalisierung von Produktions- und Betriebsabläufen, der Anbindung von Produktionssystemen ans Internet und an Clouddienste im Zuge der Industrie 4.0, dem Internet of Things (IoT), „Smart Home" oder Automotive IT (AIT), steigt zwar zum einen die Effizienz und Produktivität der Unternehmen, zum anderen wird aber auch die Angriffsfläche für Cyberkriminelle durch die zusätzlichen digitalen Komponenten stetig erweitert. Die hochdynamischen Entwicklungen im Bereich der Künstlichen Intelligenz (KI) beinhalten auf der einen Seite bedeutende Potenziale für die wirtschaftliche Wertschöpfung, auf der anderen Seite gehen mit ihr auch neue, umfangreiche kriminelle Nutzungsmöglichkeiten einher. Im Internet und speziell im Darknet können Cyberkriminelle Expertise zum Einsatz krimineller Malware austauschen. Zudem ist im Zuge von „Cybercrime-as-a-Service" technisches Know-how keine Voraussetzung mehr für die Begehung von Cyberstraftaten. Dieser nicht aufzuhaltenden Dynamik müssen Unternehmen durch entsprechende Security-Maßnahmen kontinuierlich entgegenwirken. Die Qualität der Cyber-Angriffe hat durch technischen Fortschritt und durch eine zunehmende Professionalisierung von Einzeltätern und Tätergruppierungen spürbar zugenommen. Insbesondere unzureichende Sicherheitssysteme, unzureichend geschultes Personal sowie veraltete Technologien wirken sich dabei besonders kriminalitätsfördernd aus.

In den nächsten Jahrzehnten wird Cyberkriminalität daher ein großes Risiko und eine der größten Herausforderungen für deutsche Unternehmen bleiben. Die Unternehmen sollten sich darauf einstellen, dass sie immer mehr Ressourcen in Cyber-Security investieren müssen. Im Jahr 2022 werden vermutlich 90 % der Weltbevölkerung Zugang zum Internet haben. Eine zunehmend vernetzte Welt, die für Kriminelle eine immer größere Angriffsfläche bietet.

2. Die Unternehmenskultur als Nexus eines nachhaltigen Compliance Managements

Dr. Stefan Otremba

2.1 Der Ausgangspunkt: Steigende normative Anforderungen

In den vergangenen Jahren haben die normativen Anforderungen an Unternehmen kontinuierlich zugenommen. Ob im Bereich Daten- oder Hinweisgeberschutz, ob in der Außenwirtschaft oder bei der Geldwäschebekämpfung: Immer mehr Verordnungen und Gesetze fordern mit immer größerem Nachdruck von Unternehmen, präventiv die Begehung gesetzeswidriger Handlungen zu vermeiden oder dem Missbrauch der eigenen Organisation durch kriminelle Dritte vorzubeugen. In dem Maße, in dem der Anteil korporativer Akteure an der Wertschöpfung zunimmt, verdichtet sich das Normengefüge, dem die Wirtschaft im Allgemeinen und die Unternehmen im Besonderen ausgesetzt sind – und weitet sich der Begriff der Unternehmensverantwortung immer weiter aus.

Dabei haben zahlreiche Gesetze ihren Ursprung längst nicht mehr am Kabinettstisch der Berliner Regierung. Sie entspringen einem komplexen Verfahren, das in einem der 28 EU-Mitgliedstaaten seinen Ausgang nimmt, in Brüssel oder Strasbourg verhandelt wird und schließlich EU-weit seine Umsetzung erfährt. Ein Prozess, der durch eine enorme Vielfalt an Beteiligten gekennzeichnet ist und eine zunehmende Angleichung europäischer Normen herbeiführt – mit allen Konsequenzen im Falle der Nichtbefolgung. Hinzu kommt die extraterritoriale Anwendung der Gesetze von Nicht-EU-Ländern, insbesondere der USA, und die steigende geostrategische Bedeutung der Wirtschaft im globalen Wettbewerb der politischen Konzepte von Amerika bis Asien.

Parallel zu den regulatorischen Entwicklungen steigen die normativen Anforderungen vielfältiger Stakeholder ebenfalls an, zunächst gegenüber den besonders in der Öffentlichkeit stehenden Unternehmen, schließlich mittels gegenseitiger Verpflichtungen entlang des gesamten Spektrums der Wertschöpfungskette, auch gegenüber dem zunächst unbeteiligten Mittelständler. Was „gutes Wirtschaften" ist, liegt dabei immer weniger auf der Hand. Es ist das Resultat des Austarierens der Interessen zahlreicher Menschen, die (mehr oder weniger) vom Tun oder Unterlassen eines Unternehmens beeinflusst sind und sich mithilfe moderner Kommunikationsmöglichkeiten, insbesondere der sozialen Medien, Aufmerksamkeit verschaffen, um ihren Anliegen Nachdruck zu verleihen.

Im Ergebnis dieser gesetzgeberischen und gesellschaftlichen Entwicklungen sehen sich Unternehmen heute mit einem vielschichtigen Normengefüge aus (quasi-)regulatorischen sowie Stakeholder-bedingten Anforderungen konfrontiert. Das wirft die Frage auf, was von korporativen Akteuren über die Verfolgung ihres originären Geschäftszwecks unter der Nebenbedingung der Einhaltung gesetzlicher Mindeststandards hinaus erwartet werden soll. Diese Frage stellt sich umso mehr, als dass Unternehmen heute einem zunehmend globalisierten und durch technologische Innovationen intensivierten Wettbewerb ausgesetzt sind. Ein Wettbewerb, der schon in konjunkturellen Hochzeiten den Kostendruck erhöht und erst recht in Zeiten einer konjunkturellen Abkühlung die Investitionen in Bereiche, die nicht direkt der Wertschöpfung zugutekommen, erklärungsbedürftig macht.

Die in dieser Gemengelage entscheidende Frage lautet also:

Wie können die zunehmenden normativen Anforderungen erfüllt werden, ohne die unternehmerische Agilität, die Geschwindigkeit und die Effizienz zu gefährden?

Indem der vorliegende Beitrag die organisationale Kultur als Ausgangs- und Kristallisationspunkt („Nexus") der Beantwortung dieser Frage erklärt, verwebt er betriebswirtschaftliche, soziologische und psychologische Erkenntnisse zu einem Lösungsansatz, der auf die praktische Anwendung ausgerichtet ist.

2.2 Die „klassische" Antwort: Regel- und kontrollbasiertes Compliance Management

In dem Versuch, die Vielzahl an normativen Vorgaben einzuhalten und die Sorgfalt der Organe einer Gesellschaft zu dokumentieren, haben zahlreiche Unternehmen in den vergangenen 15 Jahren ein dichtes Netz an Regeln und Kontrollmechanismen etabliert. Dieses häufig als CMS bezeichnete Normengefüge hat zweifelsohne dazu beigetragen, die Sensibilität und die Kompetenz von Mitarbeitern auf allen Ebenen zu erhöhen und damit – bei allen verbliebenen Schwächen – die Resilienz von Unternehmen gegen wirtschaftskriminelle Handlungen zu stärken.

Gleichwohl bergen diese „klassischen" Ansätze eine Reihe von Nachteilen, welche insbesondere die Leistungsfähigkeit von Unternehmen betreffen. Demnach belegen Studien, dass CMS, die allein auf Regeln und Kontrollen basieren und deren Governance-System ein „Zuviel" an Normen und Einschränkungen umfasst, dazu neigen, die Agilität, die Effizienz und die Innovationskraft von Unternehmen zu unterminieren.

Diese Entwicklung ist nicht nur im Hinblick auf die Wirksamkeit der Compliance Vorgaben relevant, die in stark arbeitsteiligen Strukturen zu einer Diffusion von Verantwortung führen und damit wieder abnehmen kann. Sie ist vor allem angesichts der gestiegenen Erwartungen an die Performance von Unternehmen von Bedeutung, die auch über die Effizienz interner (indirekter) Prozesse erreicht werden muss.

Vor diesem Hintergrund stellt sich die Frage, wie die etablierten und schon aus rechtlichen und Dokumentationsgründen weiterhin notwendigen CMS weiterentwickelt werden können – und zwar in dem Sinne, dass sie die notwendige Erwartungssicherheit im Hinblick auf das Verhalten von Mitarbeitern und Führungskräften im Unternehmen gewähren, gleichzeitig aber individuelle Freiräume ermöglichen, um die Performance-Ziele einer Organisation zu erreichen. Eine moderne Antwort auf diese Frage bieten kulturbasierte Compliance Systeme.

2.3 Die „moderne" Antwort: Kulturbasiertes Compliance Management

Wenn im Organisationskontext von Kultur die Rede ist, dann meint dies die von den Mitarbeitern und Führungskräften geprägten Lebens- und Arbeitsformen, die Denk- und Handlungsweisen, die überwiegenden Überzeugungen sowie die formellen und informellen Praktiken der Kommunikation und der Kooperation. Dabei gilt: Eine Kultur ist schwer greifbar und dennoch spürbar. Eine Kultur ist vielfältig und dennoch spezifisch. Und eine Kultur ist immer in Bewegung und dennoch schwer zu steuern. Kurzum: Vor allem komplexe und international verflochtene Organisationen verfügen über eine vielschichtige Melange an Kulturen, die zwar nicht präzise gefasst werden können, die aber das Zusammenwirken der Mitarbeiter wesentlich prägen und damit die Grundlage für das System der Führung und Kontrolle von Unternehmen (Corporate Governance) bilden.

Daraus folgt zweierlei: Zum einen muss das Compliance Management die kulturellen Voraussetzungen in einer Organisation kennen, um auf dieser Grundlage geeignete Methoden und Prozesse etablieren zu können. Zum anderen muss die Kultur ihrerseits als ein formbares Konstrukt verstanden werden, das – schon aufgrund dessen grundlegender Bedeutung für den Erfolg des Compliance Managements – nicht einfach hingenommen werden darf, sondern in seinen Grundfesten analysiert und zielgerichtet gestaltet werden muss. Dies wirft die Frage auf, was konkret getan werden kann, um diesen Forderungen gerecht zu werden.

Da die klassischen Compliance Ansätze bisher primär auf regelbasierten Prozessen und Kontrollen basieren, sollen die folgenden Ausführungen vor allem die „soften Kontrollen" in den Blick nehmen. Dabei sollen beide Perspektiven – harte regel- und kontrollbasierte Kontrollen einerseits und softe kulturbasierte Kontrollen andererseits – nicht als sich gegenseitig ausschließende Alternativen verstanden werden. Sie sind eher sich gegenseitig stützende Stimmen, die erst in der Kombination eine harmonische Partitur der Gleichzeitigkeit erzeugen.

Softe Kontrollen beeinflussen die Bereitschaft und die Kompetenz der Mitarbeiter, sich sowohl in Übereinstimmung mit dem Unternehmensinteresse zu verhalten als auch aktiv für dieses einzutreten. Mit ihnen ist es möglich, den Unternehmenszielen gegenläufige Risiken, mithin auch Compliance Risiken, frühzeitig zu identifizieren und diesen präventiv zu begegnen. Die folgende Abbildung veranschaulicht die primär auf soften Kontrollen basierenden Dimensionen der Unternehmenskultur und stellt diese strukturiert dar:

ABB. 21: Dimensionen der Unternehmenskultur

Die Dimension „Klarheit“ zielt auf die kognitive Befähigung der Mitglieder einer Organisation ab. Sie umfasst das Wissen von Mitarbeitern und Führungskräften über die Verhaltenserwartungen sowie die Kenntnis über Rollen, Verantwortlichkeiten und Kommunikationswege im Fall von Fehlverhalten, um Non-Compliance auf geschütztem Weg transparent machen zu können.

Die Dimension „Vorbildfunktion & Motivation“ nimmt die Führungskräfte in den Blick. Wenig prägt das Verhalten eines Menschen in einer Organisation so stark wie das Verhalten von Kollegen und Führungskräften. Es ist das direkte Arbeitsumfeld, das Orientierung stiftet – in die eine oder die andere Richtung. Umso wichtiger ist es, Führungskräfte nicht nur zu befähigen, selbst werteorientiert zu handeln, sondern ihnen auch die Kompetenz zu vermitteln, ein Umfeld zu schaffen, das zu einem an Compliance und Integrität orientierten Verhalten motiviert. Gerade Letzteres ist eine oft vernachlässigte und in Führungskräftetrainings nicht ausreichend vermittelte methodische und fachliche Kompetenz, die eine Führungskraft erst ausmacht.

Die Dimension „Befähigendes Arbeitsumfeld“ fokussiert auf die Ressourcen, die erforderlich sind, um Compliance und Integrität überhaupt zur Geltung zu verhelfen. Führt die Einhaltung unternehmensinterner Vorgaben zu prohibitiv hohen Aufwendungen oder steht sie gar im Widerspruch zu sonstigen (persönlichen) Zielen, wird eine Befolgung der Normen nur unter Inkaufnahme persönlicher Nachteile möglich sein. Deshalb sollte bereits bei der Zielvereinbarung für Mitarbeiter – ob in Einkauf oder Vertrieb, Fertigung oder Qualitätsmanagement – auf eine ausgewogene Zielstruktur geachtet werden.

Mit der Dimension „Transparenz und Offenheit“ ist gemeint, dass Mitarbeitern und Führungskräften gleichermaßen Möglichkeiten zur Verfügung stehen, (eigene) Fehler anzusprechen und Dilemmata zu thematisieren. Eine offen gelebte Fehlerkultur, die versehentliches Fehlverhalten konstruktiv aufgreift und die objektiven Herausforderungen für regelkonformes Verhalten in bestimmten Kontexten anerkennt, trägt hierzu ebenso bei wie eine auf Dialog fokussierende Problemlösungsheuristik.

Schließlich wird mit der Dimension „Sanktionen und Anreizsysteme“ ein Handlungsfeld thematisiert, das einerseits klare Regeln meint, die bei bewusstem und vorsätzlichem Fehlverhalten ohne hierarchische Unterschiede konsequente Anwendung finden. Andererseits sind sämtliche Unternehmensprozesse daraufhin zu überprüfen, inwiefern sie den Compliance- und Integritätszielen eines Unternehmens zuträglich sind.

Mit den genannten fünf Dimensionen ist eine strukturierte Evaluierung der wichtigsten Dimensionen der Unternehmenskultur möglich. Um jede einzelne Dimension mit Leben zu erfüllen, bedarf es eines systematischen Vorgehens, das in einer unternehmensspezifischen Kulturanalyse seinen Ausgangspunkt nimmt. Diese misst den Status Quo der Unternehmenskultur anhand strukturierter Umfragen und ist somit der Beginn einer zielgerichteten Optimierung der Unternehmenskultur. Wer hinsichtlich der Messbarkeit von Kultur Vorbehalte hegt, dem sei versichert, dass zahlreiche Unternehmen seit vielen Jahren sehr erfolgreich die Mitarbeiterzufriedenheit („Employee Commitment“) sowie Kundenzufriedenheit („Customer Satisfaction“) messen. Auch hier handelt es sich um „softe“ Themen, um Empfindungen und Ansichten – und dennoch werden die Ergebnisse ernstgenommen und zur Grundlage umfangreicher Optimierungsanstrengungen gemacht.

Die Kulturanalyse führt zu Erkenntnissen hinsichtlich regionaler Unterschiede in der Wahrnehmung der gelebten Unternehmenskultur. Zudem ermöglicht sie bei wiederholender Durchführung Einblicke in die Entwicklung der Kultur über den Zeitverlauf. So wichtig diese Analyse jedoch auch ist: sie liefert noch keine Antworten. Zwar gibt sie Aufschluss darüber, ob im Unternehmen eine Kultur der Integrität ausgeprägt ist, aber sie beantwortet nicht die Frage nach dem „Warum". Hierzu bedarf es tieferer Analysen, die dort ansetzen, wo das Tun und Unterlassen seinen Ursprung nimmt: bei den verhaltensrelevanten Steuerungsmechanismen.

Um diese einer gezielten Evaluierung zu unterziehen, ist eine auf der Kulturanalyse aufsetzende Prozessanalyse unumgänglich. Gegenstand dieser Analyse ist es, sämtliche für die Motivation von Mitarbeitern und Führungskräften relevanten Prozesse dahingehend zu bewerten, inwiefern sie den Integritäts- und Compliance-Zielen der Organisation zuträglich sind. Zwei Beispiele sollen diesen Zusammenhang verdeutlichen:

- Sind die leistungswirtschaftlichen Ziele für Führungskräfte nur unter Umgehung geltenden Rechts überhaupt zu erreichen, so stehen sie offensichtlich im Widerspruch zu den Compliance- und Integritätszielen der Organisation. Hier ist also eine Ausbalancierung der berechtigten Absatz-, Umsatz- und Kostenziele einerseits und der im Kern nicht zu verhandelnden Compliance- und Integritätsziele andererseits erforderlich.
- Werden Mitarbeiter vor allem dann befördert, wenn sie ihre Fachaufgaben erfüllt haben, ohne dass die Art der Leistungserbringung, Fragen der Teamführung sowie Aspekte der Nachhaltigkeit des erzielten Erfolgs eine Rolle spielen, dann fördert dies Abgrenzung, Egozentrismus und Ellenbogenmentalität im Unternehmen. Hier ist also eine Weiterentwicklung dessen, was unter Erfolg verstanden wird, notwendig, um soziale und finanzielle Ziele in Einklang zu bringen und damit eine Kultur der Kooperation zu fördern.

Erst auf der Basis einer kombinierten Analyse der Kultur sowie der eng mit ihr verknüpften verhaltensrelevanten Steuerungsmechanismen in Form von Prozessen kann ein Unternehmen Optimierungspotenziale erkennen, gezielt umsetzen und damit seine Kultur zu optimieren beginnen.

2.4 Das Zielbild: Orientierung in der VUKA-Welt

Wer einen solchen Weg in Erwägung zieht, sollte über die Bereitschaft verfügen, eine Reise zu beginnen, die zwar einen Start-, aber keinen Endpunkt kennt. Es ist eine Reise, die zu tiefen Einsichten in die Stärken und Schwächen einer Unternehmenskultur führt. Vor allem aber ist es eine Reise, die eine Erwartungshaltung im Unternehmen schafft, welche schnell enttäuscht werden kann, wenn den Verantwortlichen der Mut und die Ausdauer fehlen, erkannte Defizite offen anzusprechen und vereinbarte Maßnahmen nachhaltig umzusetzen.

Natürlich wäre es naiv zu leugnen, dass dieses Unterfangen mit zeitlichen und finanziellen Aufwendungen einhergeht. Aus der Perspektive der Mitarbeiter bürgen diese Aufwendungen in gewissem Umfang gar für die Ernsthaftigkeit, mit der sich die Unternehmensleitung der Weiterentwicklung der Unternehmenskultur widmet. Viel wichtiger ist es aber, diese Aufwendungen nicht als Verzicht (in alternative Projekte) zu betrachten. Sie sind vielmehr Investitionen in die Motivation, das Engagement und die emotionale Bindung der wichtigsten unternehmerischen Ressource: der eigenen Mitarbeiter. Dass sich diese Entwicklungen letztendlich auch positiv auf die zukünftige Leistungs- und Wertschöpfungsfähigkeit eines Unternehmens auswirken können, ist einer Kultur der Integrität nicht abträglich.

In einer zunehmend von Volatilität, Unsicherheit, Komplexität und Ambiguität („VUKA") gekennzeichneten Arbeits- und Wirtschaftswelt mit vielfältigen rechtlichen, wirtschaftlichen und geopolitischen Risiken wächst der Bedarf an Orientierung. Sicherheit entsteht dort, wo Menschen unterschiedlichster Hintergründe zusammenkommen, um an der Verwirklichung gemeinsamer Ziele zu arbeiten. Eine Kultur, die in ihrer Vielschichtigkeit verstanden und auf Basis strukturierter Analysen gezielt optimiert wird, kann Unternehmen dabei helfen, auch in herausfordernden Zeiten erfolgreich zu sein.

3. Monitorship

WP/StB Verena Brandt, Max Fabian Röhner und Yann Paul Hengstenberg

3.1 Einleitung

Das Thema Monitorship ist für die meisten Unternehmen in der Praxis eine große Unbekannte – bis zu dem Zeitpunkt, an dem sie selbst davon betroffen sind. Dabei wird das Thema auch in Deutschland zunehmend präsent, wie aktuell laufende und in den letzten Jahren abgeschlossene Fälle zeigen.

Dabei bedeutet ein Monitorship für die Unternehmen meist einen großen Einschnitt in die unternehmerische Freiheit und eine hohe finanzielle und personelle Belastungsprobe. Es gilt, tiefgreifende Veränderungen in einer hohen Geschwindigkeit im Unternehmen durchzusetzen und dabei das Tagesgeschäft weiterlaufen zu lassen. Denn Unternehmen in einem Monitorship sind sich meistens in einem Punkt einig: Der Monitor sollte so schnell wie möglich das Unternehmen wieder verlassen. Dabei stellt ein Monitor auch eine Chance für die Organisation dar, teilweise lange überfällige Veränderungen umzusetzen und im Rahmen der vielen parallelen Transformationsprozesse seit längerem liegen gebliebene Themen ebenfalls umzusetzen.

Nachfolgend werden die rechtlichen Grundlagen und Rahmenbedingungen für ein Monitorship sowie wichtige Erfolgsfaktoren für einen erfolgreichen Abschluss dargestellt.

3.2 Grundlagen und Rahmenbedingungen für ein Monitorship

3.2.1 Die Rolle des Monitors

Für die Ahndung von Wirtschaftskriminalität steht der US-Justiz nicht nur ein formelles Strafrecht als Instrument zur Verfügung. Denn die Institution Monitor kommt ursprünglich aus dem US-amerikanischen Rechtssystem. In geeigneten Fällen kann es zwischen der angeklagten Organisation und der US-Justiz zu einer konsensualen Vereinbarung kommen. Gegenstand einer solchen Vereinbarung ist, neben etwaigen zivilrechtlichen Strafzahlungen sowie weiteren Auflagen zur Verbesserung der Internen Kontrollsysteme und Compliance Programme, die Bestellung eines unabhängigen Unternehmensüberwachers (Monitor). Auslöser für ein Monitorship stehen im Regelfall mit einem Versagen des unternehmenseigenen Compliance Management Systems (CMS) in direkter Verbindung.[223]

Im internationalen Kontext existieren eine Vielzahl verschiedener Rollenbeschreibungen unterschiedlicher Institutionen. Eine der gängigsten und umfassendsten Beschreibungen eines Monitors fußt dabei auf mehreren Memoranden der US-Justizbehörden, welche aufeinander aufbauend die Eckpunkte, wie ein Monitorship auszusehen hat, konkret definieren.[224] Das bekannteste unter diesen Memoranden stammt dabei von *Craig S. Morford*, Acting US Deputy Attorney General in den Jahren 2007 und 2008, welcher in seinem Memorandum, veröffentlicht für die US-Jus-

223 *U.S. Department of Justice*, Principles of Federal Prosecution of Business Organizations, 2015, online abrufbar unter: http://go.nwb.de/bom8k (Abruf 28.5.2020).

224 *U.S. Department of Justice*, Selection of Monitors in Criminal Division Matters, 2018, online abrufbar unter: http://go.nwb.de/ddai4 (Abruf 28.5.2020), S. 1.

tizbehörde, einen Monitor wie folgt definiert: „Ein Monitor ist eine unabhängige dritte Partei, kein Angestellter oder Agent des Unternehmens oder der Regierung.“[225]

Dabei besteht laut *Morford* die Hauptaufgabe eines Monitors darin, „die Einhaltung der Vertragsbedingungen durch ein Unternehmen zu bewerten und zu überwachen, die speziell darauf abzielen, das Risiko eines Wiederauftretens des Fehlverhaltens des Unternehmens zu verringern. Dabei ist es nicht gewünscht, dass der Monitor weitere Strafziele verfolgt.“[226] *Morford* führt weiter aus, dass der Monitor explizit nicht den Auftrag hat, historisches Fehlverhalten zu untersuchen. Dennoch kann es sich ergeben, dass unter geeigneten Umständen ein tieferes Verständnis des vergangenen Fehlverhaltens in die Bewertung der aktuellen Maßnahmen einfließt.[227] Die Überwachungsfunktion wird über einen individuell festgelegten Zeitraum, in welchem sämtliche getroffenen Bedingungen aus der Vereinbarung zwischen den Aufsichtsbehörden sowie der Organisation adressiert werden, ausgeführt.

Die US-amerikanische Börsenaufsicht SEC (Securities and Exchange Commission) definiert einen Monitor als unabhängige dritte Partei, welche die Einhaltung der an ein Unternehmen gestellten Compliance Anforderungen aus einer Vereinbarung, die zur Reduktion des Risikos eines erneuten Fehlverhaltens des Unternehmens geschlossen wurde, bewertet und überwacht.[228]

Es gibt „Independent Compliance Consultants“, „Independent Review Organizations“, „Financial Monitors“, „Independent Compliance Monitore“ oder auch „Skilled persons“ aus dem Vereinigten Königreich. Diese unterscheiden sich hauptsächlich im Umfang ihrer Verantwortung. So wird ein Compliance Consultant zur Abwicklung einer eigenständigen SEC Maßnahme eingeführt und ein Compliance Monitor als Teil von parallelen Straf- und Zivilverfahren, in denen das Unternehmen gleichzeitig plea-, deferred prosecution- oder non-prosecution agreements mit dem US-Justizministerium abschließt.[229]

Die Aufgaben reichen dabei von der einfachen Überprüfung von Richtlinien, Prozessen und der internen Kontrollen bis hin zu besonderen Schwerpunkten wie der Bewertung der Buchführung und Finanzberichterstattung, der Einhaltung der FCPA Anti-Korruptionsvorschriften oder der Frage, inwieweit das CMS mit angemessenen Ressourcen, Durchsetzungsbefugnissen und Unabhängigkeit ausgestattet ist. Dabei sind moderne Monitore nicht nur damit beauftragt, die Beseitigung des Fehlverhaltens zu überwachen, sondern zunehmend auch die generelle Einhaltung relevanter Gesetzesvorschriften. Um diesen gewachsenen Anforderungen gerecht zu werden, sind Monitore vermehrt dazu angehalten, zusätzlich auch Empfehlungen zur Überarbeitung und Verbesserung der sog. Design- und Operating Effectiveness des Compliance Programms des Unternehmens abzugeben.[230]

225 *Morford*, 163. Selection and use of monitors in deferred prosecution agreements and non-prosecution agreements with corporations, 2008, online abrufbar unter: http://go.nwb.de/5cwpd (Abruf 28.5.2020).

226 Ebenda.

227 Ebenda.

228 *DoJ Criminal Division and SEC Enforcement Division*, FCPA – A Resource Guide to the U.S. Foreign Corrupt Practices Act. Second Edition, Criminal Division of the U.S. Department of Justice and the Enforcement Division of the U.S. Securities and Exchange Commission, 2020, online abrufbar unter: http://go.nwb.de/wsg0j (Abruf 24.7.2020), S. 73.

229 *U.S. Securities and Exchange Commission – Division of Enforcement*, Enforcement Manual, 2017, online abrufbar unter: http://go.nwb.de/ol8e9 (Abruf 28.5.2020), S. 100 ff.

230 Vgl. *SEC*, Remarks before the 2018 AICPA Conference on Current SEC and PCAOB Developments, 2018, online abrufbar unter: http://go.nwb.de/4vo27 (Abruf 28.5.2020).

3.2.2 Auslöser für Monitorships

Die Entscheidung für ein Monitorship wird häufig im Rahmen strafrechtlicher Ermittlungen sowie der Verhandlungen von Gesetzesverstößen eines Unternehmens durch die zuständige Aufsichtsbehörde mit dem betroffenen Unternehmen gemeinsam getroffen.[231]

Die SEC – als eine der weltweit einflussreichsten Aufsichtsbehörden – ernennt Monitore im Rahmen von Zivilprozessen sowie Verwaltungsverfahren. Sie ist dazu in Zivilklagen durch das Börsengesetz ermächtigt, „jede angemessene oder notwendige Befreiung zum Wohle der Anleger" anzustreben, wozu auch die Einführung eines Monitors gehört.[232]

In Deutschland ist das Mittel eines Monitorships, angeordnet durch die BaFin (Bundesanstalt für Finanzdienstleistungsaufsicht), ein noch relativ junges strafprozessuales Instrument. Aktuell befindet sich die Deutsche Bank als einziges namhaftes deutsches Unternehmen in einem Monitorship auf Bestreben der BaFin. Nach § 45c Abs. 1 i.V. mit Abs. 2 Nr. 6 Kreditwesengesetz dient der sog. „Sonderbeauftragte" in erster Linie der Prävention zukünftiger Verstöße sowie einer Stärkung der internen Kontroll- und Compliance Mechanismen.

3.2.3 Auswahl eines Monitors

Die Bestellung eines Monitors ist in den häufigsten Fällen auf Anweisungen des Department of Justice (DoJ) der Vereinigten Staaten von Amerika sowie der SEC zurück zu führen. Diese Institutionen überwachen den Großteil des internationalen Geschäftsverkehres und zusätzlich fällt ein Großteil aller festgestellten Verstöße in ihren Einflussbereich. Daneben können jedoch eine Vielzahl an weiteren Behörden weltweit Monitorships über Unternehmen verhängen. Als Beispiele seien die Environmental Protection Agency, die Federal Trade Commission, das Department of Health and Human Services der Vereinigten Staaten, das New York State Attorney General's Office sowie die U.K. Financial Conduct Authority genannt.[233] In Deutschland wird ein sog. Sonderbeauftragter durch die BaFin angeordnet.

Das US-Justizministerium hat darüber hinaus festgelegt, dass Staatsanwälte in der Auswahl eines Monitors darauf zu achten haben, dass dieser eine hoch qualifizierte und angesehene Person oder Einrichtung ist. Der Monitor muss sein Mandat unabhängig und ohne potenzielle oder tatsächliche Interessenkonflikte ausführen können. Zusätzlich soll der Monitor das Vertrauen der Öffentlichkeit durch seine Taten wiederherstellen. Für die Ausübung eines Monitorships sieht das DoJ vor allem Anwälte als geeignet an. Andere Berufsgruppen wie Buchhalter oder Experten aus dem technischen, wissenschaftlichen oder Compliance Bereich können jedoch auch ausreichend qualifiziert sein.[234]

Die gängige Praxis der SEC sieht vor, dass das betroffene Unternehmen eine Auswahl an möglichen Kandidaten vorlegt, zu welchen in der Folge Stellungnahmen abgegeben werden.[235] Die

231 *Frank, Jonny J.*, SEC-Imposed Monitors, in: Stuart, David M. (Hrsg.), 2017-SEC Compliance and Enforcement Answer Book, Practising Law Institute, 2017, Q9.3.

232 Ebenda.

233 *UK Public General Acts*, 2000 c. 8 – Part XI Information Gathering and Investigations, Financial Services and Markets Act 2000, online abrufbar unter: http://go.nwb.de/ku3nu (Abruf 17.6.2020).

234 *FCA Financial Conduct Authority*, Skilled Person Panel – effective until 31 March 2021, 2020, online abrufbar unter: http://go.nwb.de/7rrw1 (Abruf 28.5.2020).

235 *Lanny A. Breuer*, Breuer-Memorandum 2009, online abrufbar unter: http://go.nwb.de/0tkd6 (Abruf 17.6.2020), S. 3.

Unabhängigkeit des Monitors wird durch die Voraussetzungen der SEC gewährleistet: Der potentielle Monitor darf in keinerlei geschäftlicher Beziehung zu dem Unternehmen stehen oder gestanden haben, kein neues Geschäftsverhältnis innerhalb eines Zeitraumes von mindestens zwei Jahren nach Beendigung des Monitorships begründen, in welchem dem Monitor die Rolle eines (juristischen) Beraters oder Wirtschaftsprüfer zukommt, und dass das Unternehmen das Monitorship eigenständig beenden kann.

In den verschriftlichten Grundsätzen der Bundesstaatsanwaltschaft der Vereinigten Staaten, weithin als „Filip Factors" bezeichnet, sind weitere spezifische Faktoren aufgeführt, welche den maßgeblichen Rahmen für ermittelnde Strafverfolgungsbehörden in Bezug auf Monitorships setzen. Anhand dieser Faktoren kann bewertet werden, ob die Hauptverhandlung aufgenommen werden sollte oder ob die Alternative eines Monitors und gemeinsamen Agreements als milderes Mittel besteht.[236] Die zugrunde liegenden Faktoren beziehen sich auf die „Existenz und Effektivität des bestehenden Compliance Programms im Unternehmen" sowie Anstrengungen „zur Umsetzung eines effektiven Corporate Compliance Programms [...]."[237] Weitere Differenzierungskriterien sind

- die Schwere der Straftat;
- die Dauer des Fehlverhaltens;
- die Verbreitung des Fehlverhaltens innerhalb des Unternehmens, besonders unter Berücksichtigung geografischer und organisatorischer Grenzen;
- die Art und Größe des Unternehmens;
- der Reifegrad des CMS des Unternehmens zum Zeitpunkt des Verstoßes sowie
- nachfolgende Maßnahmen zur Aufklärung und Ursachenbeseitigung des Verstoßes.[238]

In Fällen, in denen sowohl das DoJ sowie die SEC ein Monitorship über einen einzelnen Konzern verhängen, besteht die Möglichkeit, die spezifischen Anforderungen der beiden Organisationen zu koordinieren und so das Monitorship von einem einzigen Monitor ausführen zu lassen.

3.2.4 Rechtliche Grundlagen

3.2.4.1 Rahmenbedingungen für U.S. Monitorships

Die nationale Gesetzgebung, welche die rechtliche Grundlage für die Exekutivanordnung eines Monitorships begründet, wird besonders in den Vereinigten Staaten durch ministerielle Anordnungen ergänzt. Diese beinhalten teils umfangreiche Ergänzungen zu dem ursprünglichen Gesetzestext. So kann bspw. die FCA (Financial Conduct Authority) nach § 166 ihrer Statuten von einem Unternehmen die Vorlage eines Reports verlangen, welcher durch einen Fachexperten er-

236 *U.S. Securities and Exchage Commission*, Report of Investigation Pursuant to Section 21(a) of the Securities Exchange Act of 1934 and Commission Statement on the Relationship of Cooperation to Agency Enforcement Decisions, 2001, online abrufbar unter: http://go.nwb.de/5xepy (Abruf 28.5.2020).

237 *U.S. Department of Justice – Criminal Division*, Evaluation of Corporate Compliance Programs, 2020, online abrufbar unter: http://go.nwb.de/j9xe7 (Abruf 24.7.2020), S. 1.

238 Vgl. *DoJ Criminal Division and SEC Enforcement Division*, FCPA – A Resource Guide to the U.S. Foreign Corrupt Practices Act. Second Edition, Criminal Division of the U.S. Department of Justice and the Enforcement Division of the U.S. Securities and Exchange Commission, 2020, online abrufbar unter: http://go.nwb.de/by2wt (Abruf 24.7.2020), S. 74.

stellt wurde. Dieser kann vergleichbar zu den Praktiken des DoJ und der SEC entweder angeordnet oder selbst durch das Unternehmen bestellt werden.[239]

Eine weitere Ermächtigungsgrundlage ergibt sich aus § 8C2.5 i.V. mit § 8C2.5(f) der United States Sentencing Commission, welche das effektive Vorherrschen und Bestehen eines Compliance- und Ethics-Programms als strafmildernd ansieht, so dass eine zivilrechtliche Verurteilung durch das mildere Mittel eines Monitorships ersetzt werden kann.[240]

Neben dem Morford-Memorandum bietet das Grindler-Memorandum (2010) ergänzende Richtlinien zum Einsatz von Monitoren in den Vereinigten Staaten und ist daher als eine weitere zentrale Rechtsquelle zu betrachten.

Eine weitere rechtliche Grundlage wurde durch das Benczkowski-Memorandum „Auswahl der Monitore in Strafsachen" (nach *Brian Benczkowski*, stellvertretender Generalstaatsanwalt der Vereinigten Staaten von Amerika) geschaffen, welches die genauen Umstände einer Bestellung eines Monitors weiter konkretisiert.[241] Das Memorandum weist die Staatsanwälte an, zum Zeitpunkt der Beschlussfassung zu prüfen, „ob das Unternehmen erhebliche Investitionen und Verbesserungen in sein Corporate Compliance Programm und seine Internen Kontrollsysteme getätigt hat" und „ob Abhilfemaßnahmen zur Verbesserung des Compliance Programms und der internen Kontrollen getestet wurden, um nachzuweisen, dass sie in Zukunft ähnliches Fehlverhalten verhindern oder aufdecken würden". Abschließend ist zu prüfen, ob ein Monitor das angemessenste und effektivste Mittel für das betroffene Unternehmen darstellt.

In der Bundesrepublik Deutschland ergibt sich die Berechtigung der BaFin durch § 45c Abs. 1 Satz 2 Abs. 1 KWG, welches die Rolle eines sog. Sonderbeauftragten institutionalisiert. Diese Rechtsgrundlage erlaubt der Behörde weitreichende Eingriffsmöglichkeiten in die operativen Abläufe von Unternehmen, so bspw. ein Übertrag der Entscheidungsbefugnisse bestehender Firmen-Organe auf den bestellten Sonderbeauftragten.

Sanktionen durch ein Monitorship im supranationalen Bereich, bspw. die der Weltbank, ergeben sich aus den jeweiligen Statuten, welche die Mitgliedsstaaten gemeinschaftlich verabschiedet haben (hier: 5 IBRD Articles of Agreement, Art. III, Section 5(b); IDA Articles of Agreement, Art. V, Section 1(g)).

3.2.4.2 Impulse durch das Verbandssanktionengesetz

Unternehmen, welche sich wirtschaftskriminell betätigen, schädigen nicht nur den Ruf der Gesamtwirtschaft, sondern mindern auch das Vertrauen in den Rechtsstaat, bei Compliance-Verstößen in der Lage zu sein, angemessene Sanktionen gegen Unternehmen zu verhängen. Dem lauter werdenen Ruf nach angemessenen Maßnahmen zur Unternehmenssanktionierung wird nun, durch den Referentenentwurf des „Gesetzes zur Stärkung der Integrität in der Wirtschaft" vom 21.4.2020, Gehör verschafft.

---

239 *FCA Financial Conduct Authority*, EG 3.3 Reports by skilled persons (section 166), 2016, online abrufbar unter: http://go.nwb.de/gueh4 (Abruf 28.5.2020).

240 *United States Sentencing Commission*, Chapter 8 | Chapter Eight – Sentencing of Organizations, 2018, online abrufbar unter: http://go.nwb.de/si3k2 (Abruf 17.6.2020).

241 *U.S. Department of Justice – Criminal Division*, Evaluation of Corporate Compliance Programs, 2020, online abrufbar unter: http://go.nwb.de/j9xe7 (Abruf 17.6.2020), S. 1.

Die Regelungen im Referentenentwurf sollen künftig auch deutsche Strafverfolgungsbehörden und -gerichte dazu ermächtigen, juristische Personen und Personenvereinigungen für unternehmensbezogene Straftaten zu sanktionieren. Die Abkehr von dem bisher verfolgten Schuldprinzip, welches sich auf das Ordnungswidrigkeitenrecht stützt, kommt einer Neuausrichtung gleich, deren Kern das Gesetz zur Sanktionierung von verbandsbezogenen Straftaten" (Verbandssanktionengesetz – VerSanG) darstellt.

Mit dem Gesetzesentwurf sollen Verbände, mit Ausrichtung auf einen wirtschaftlichen Geschäftsbetrieb, dem Legalitätsprinzip unterworfen werden, sodass Verbandstaten angemessen geahndet und Verfolgungsbehörden bei Vorliegen eines Anfangsverdachts verpflichtet sind, ein Ermittlungsverfahren einzuleiten. Verbandssanktionen liegen vor, wenn eine Person der Unternehmensleitung oder ein Unternehmensmitarbeiter in Wahrnehmung der Aufgaben des Verbandes eine Verbandstat begangen hat, die durch Compliance Maßnahmen hätte verhindert werden können.

Neben den Sanktionen, deren maximale Höhe für Unternehmen mit einem durchschnittlichen Jahresumsatz von mehr als 100 Mio. €, bei bis zu 10 % des Gesamtkonzernjahresumsatzes liegen kann, soll es zukünftig rechtlich möglich sein, Unternehmen zur Abgabe der aus der Straftat erzielten Einnahmen zu verpflichten.[242]

Zusätzlich ist auch eine Art „Bewährungszeit" möglich, die mit Auflagen und Weisungen verbunden sein kann. Der Referentenentwurf ermöglicht es, Unternehmern per Weisung der Kontrolle durch eine sachkundige Stelle zu unterwerfen. Die sachkundige Stelle hat die Aufgabe und Funktion eines Compliance-Monitors. Das Gericht kann dabei bestimmen, wie häufig und in welchen Abständen Bescheinigungen vorzulegen sind. Nach dem Referentenentwurf kommt die Bestellung der „sachkundigen Stelle" sowohl bei der Verwarnung mit Verbandsgeldsanktionsvorbehalt als auch schon im Fall der Einstellung des Verfahrens vor der Anklageerhebung in Betracht. Denn auch diese kann die Verfolgungsbehörde mit einer entsprechenden Weisung verbinden, Compliance Maßnahmen umzusetzen, und dies durch eine „sachkundige Stelle" nachzuweisen. Eine Definition der „sachkundigen Stelle" erfolgt im Entwurf jedoch nicht- Nach der Gesetzesbegründung kommen Wirtschaftsprüfer, Rechtsanwälte und Unternehmensberater in Betracht. Das Unternehmen wählt die sachkundige Stelle selbst aus; die Auswahl bedarf allerdings der Zustimmung des Gerichts (bzw. der Verfolgungsbehörde). Die Kosten der Beauftragung sind vom Unternehmen als Auftraggeber zu tragen.[243] Ein Unterschied zu den Regelungen in den USA ist dabei, dass die Rechte und Aufgaben des Monitors nicht unmittelbar durch Vertrag geregelt werden, wie dies z. B. zwischen dem U.S. Department of Justice (DoJ) und dem Unternehmen der Fall ist. Ein weiterer Unterschied ist auch der rechtsträgerübergreifende Einsatz des Monitors in den USA. Nach dem Referentenentwurf können Weisungen nur dem verfolgten oder sanktionierten Rechtsträger erteilt werden, nicht der wirtschaftlichen Einheit unabhängig von ihrer rechtlichen Struktur. Aufgrund dieser Begrenzungen wird auch vom „kleinen Monitor-

242 *Bundesministerium der Justiz und für Verbraucherschutz*, Referentenentwurf des Bundesministeriums der Justiz und für Verbraucherschutz – Entwurf eines Gesetzes zur Stärkung der Integrität in der Wirtschaft, 2020, online abrufbar unter: http://go.nwb.de/hj4u7 (Abruf 28.5.2020), S. 54.

243 Ebenda S. 90.

ship" gesprochen. Bei der Bemessung der Sanktion wird dagegen auf den Umsatz der wirtschaftlichen Einheit des Unternehmens abgestellt.[244]

Wenn am Ende dieser Legislaturperiode der Referentenentwurf für ein „Verbandssanktionengesetz (VerSanG)" verabschiedet wird, kann davon ausgegangen werden, dass die Bedeutung von Compliance-Monitoren in Deutschland künftig erheblich zunehmen wird.

3.2.5 Ablauf eines Monitorships

Die Zusammenarbeit zwischen den US-Behörden, der angeklagten Organisation und dem Monitor ist durch konstante Kommunikation geprägt, die sich oftmals durch terminierte „Umsetzungs- und Handlungsempfehlungen" des Monitors äußert und seitens des Unternehmens durch regelmäßige (Status-)Berichtspflichten. Die Verpflichtungen, welche im Rahmen der Klagevereinbarung zwischen der Aufsichtsbehörde und dem Unternehmen getroffen wurden und alle Elemente des angezeigten Fehlverhaltens umfassen, werden laufend durch den Monitor überwacht. So informiert der Monitor sowohl die US-Behörden als auch die Organisation regelmäßig in festgelegten Berichtsperioden, wie er den Umsetzungsstand der Vereinbarung und ggf. weitere Handlungsbedarfe einordnet. Diese Aufgaben nimmt der Monitor vollkommen unabhängig wahr, sowohl von hoheitlicher Seite als auch von der angeklagten Organisation. Aus Sicht des Unternehmens ist ein solches Vorgehen nicht unvorteilhaft, da so eine umfassende und objektiv belastbare Bestandsaufnahme des Vergehens vorgenommen werden kann.

Die Dauer eines Monitorships liegt zwischen mindestens mehreren Monaten bis hin zu einer Dekade und orientiert sich an den festgestellten Missständen und der Art der Abhilfemaßnahmen, die der Monitor umgesetzt sehen möchte, bis er die erfolgreiche Erfüllung seines Mandats zertifizieren kann.

Das wohldurchdachteste Compliance Programm ist jedoch erfolglos, wenn das betroffene Unternehmen nicht willens ist, sein Fehlverhalten und die daraus entstehenden Konsequenzen zu akzeptieren.[245] Denn ohne die nötigen Ursachenanalysen, Selbstauskünfte, Kooperation mit dem Monitor und Annahme der Verantwortung ist ein erfolgreiches Monitorship nicht realisierbar. Die Vergangenheit hat gezeigt, dass dies bereits im Frühstadium eines Monitorships erkennbar ist und nicht selten zu einem vorzeitigen Abbruch der Aufsicht durch den Monitor führt.[246] Sollte daher das Unternehmen beschließen, eine Empfehlung des Monitors nicht während einer angemessenen Frist umzusetzen, sind der Monitor oder das Unternehmen dazu verpflichtet, die Hintergründe der Entscheidung der zuständigen Aufsichtsbehörde mitzuteilen. Diese analysiert nachfolgend die Umstände und bewertet, inwieweit die Anforderungen aus der Vereinbarung nach wie vor erfüllt sind und ob das Monitorship unter diesen Umständen fortgesetzt werden kann.

Das erfolgreiche Ende eines Monitorships wird durch einen positiven Bescheid bei der verantwortlichen Aufsichtsbehörde nach Ablauf der Mindestdauer gemeldet und enthält eine Bewer-

244 *KPMG AG*, Das BMJV veröffentlicht den aktuellen Referentenentwurf des Verbandssanktionengesetzes, 2020, online abrufbar unter: http://go.nwb.de/h2t5q (Abruf 28.5.2020).

245 *U.S. Department of Justice*, Principles of Federal Prosecution of Business Organizations, 2015, online abrufbar unter: http://go.nwb.de/bom8k (Abruf 28.5.2020).

246 Vgl. *United States Sentencing Commission*, 2018 Chapter 8 – Sentencing of organizations, online abrufbar unter: http://go.nwb.de/si3k2 (Abruf 17.6.2020).

tung hinsichtlich der Umsetzung und des Reifegrades aller im Vorhinein vereinbarten Maßnahmen. Folgeverpflichtungen können sich aus dem abschließenden Bericht ergeben und sollten durch externe Prüfer bis zum finalen Abschluss begleitet werden.

3.3 Monitorships in der Praxis

3.3.1 Aktuelle Monitorverfahren im Überblick

Da neben dem DoJ und der SEC inzwischen eine zunehmende Anzahl dritter Organisationen Monitorships initiieren kann, ist für die Zukunft von einer zunehmenden Anzahl an Monitorships mit unterschiedlichen Fokuspunkten auszugehen. Der Blick in die jüngere Vergangenheit zeigt jedoch, dass bereits einige Unternehmen mit großer Reputation in der EU und besonders auch in Deutschland unter Monitorships fielen. So wurde die französische BNP Paribas im Jahr 2014 zu einer Rekordstrafe i. H.von 8,8 Mrd. US-Dollar durch die amerikanischen Justizbehörden verurteilt. *Shirah Neiman*, eine ehemalige stellvertretende Bundesanwältin aus New York City, verlängerte ihren bereits im Jahr 2013 gestarteten Einsatz als Monitorin um weitere zwei Jahre Aufgrund einer schleppenden Aufarbeitung des Sachverhaltes. Die Rekordstrafe und das verlängerte Monitorship sind Resultate aus den vorsätzlich begangenen Missachtungen von US-Sanktionslisten, die sich in Geschäften mit Staatsbürgern aus dem Sudan, dem Iran und Kuba zeigten.[247] Daneben einigte sich die HSBC im Jahr 2012 mit dem DoJ auf eine Strafzahlung i. H.von 1,9 Mrd. US-Dollar. *Michael Cherkasky*, ein US-amerikanischer Anwalt, war bei der Bank insgesamt fünf Jahre (bis zum Jahr 2017) als Monitor tätig. Ursächlich für den Vergleich mit dem DoJ waren umfangreiche Geldwäscheaktivitäten mit potenziellen Drogengeldern aus Mexiko sowie weitere Verletzungen gegen Sanktionsvorschriften, wie z. B. durch Transaktionen für Kunden aus dem Iran und Libyen.[248]

Durch die wachsende Internationalisierung treffen Monitorships zunehmend auch deutsche Unternehmen. So einigte sich im Jahr 2010 die Daimler AG nach langer Ermittlung mit dem DoJ auf eine Zahlung von über 93 Mio. US-Dollar sowie einer Gewinnabschöpfung von weiteren 90 Mio. US-Dollar. Der ehemalige FBI Direktor *Louis Freeh* wurde für drei Jahre als Monitor zur Überwachung des CMS vorgeschlagen und eingesetzt. Auslöser für den Vergleich waren langjährige Bestechungen von Regierungsbeamten in mindestens 22 Ländern mit dem Ziel, lukrative Aufträge u. a. in Russland, Nigeria, Serbien und Ägypten zu erhalten. Das Monitorship endete im Jahr 2013 mit der erfolgreichen Zertifizierung des CMS.[249]

Im Jahr 2008 einigte sich die Siemens AG mit den US-Behörden auf eine Strafzahlung i. H.von 800 Mio. US-Dollar. Diesen Fall zeichnen aus deutscher Perspektive zwei Besonderheiten aus. Auf der einen Seite das besonders weit entwickelte Betrugsmuster mit Schwarzgeldkonten in verschiedenen Ländern mit Einlagen in dreistelliger Millionenhöhe sowie die Person *Theo Waigels*, ehemaliger Finanzminister der Bundesrepublik Deutschland, als Monitor. *Waigel* wurde für insgesamt vier Jahre eingesetzt und war zudem der erste Monitor in Deutschland, der aufgrund

247 Vgl. *U.S. Department of Justice*, Justice News, 30.6.2014, online abrufbar unter: http://go.nwb.de/ho642 (Abruf 17.6.2020).

248 Vgl. *Handelsblatt*, Verschleierung und Geldwäsche-Verdacht, 17.7.2012, online abrufbar unter: http://go.nwb.de/zb4r1 (Abruf 17.6.2020).

249 Vgl. *U.S. Department of Justice*, Justice News, 1.4.2010, online abrufbar unter: http://go.nwb.de/dmllc (Abruf 17.6.2020).

eines Vergleiches nach US-amerikanischem Recht benannt wurde. Bekannt wurde insbesondere *Waigels* Dank für „[...] eines der schönsten Büros am Wittelsbacher Platz [...].“[250]

Im Jahr 2014 einigte sich der Industriedienstleister Bilfinger SE mit der DoJ auf eine Strafzahlung i. H. von 32 Mio. US-Dollar. Der Konzern einigte sich neben der Strafzahlung zudem auch auf einen Monitor, der ursprünglich für lediglich 18 Monate eingesetzt werden sollte. *Mark Livschitz*, ein Schweizer Jurist, verlängerte seine Überwachungsfunktion jedoch bis einschließlich 2018, da vereinbarte Meilensteine nicht erreicht und neue Hinweise auf korrupte Praktiken entdeckt wurden. Ursächlich für den Vergleich waren Korruptionszahlungen an nigerianische Beamte, um am Bau einer Erdgasleitung im Wert von 387 Mio. US-Dollar beteiligt zu werden. Insgesamt hat der Konzern ca. 150 Mio. € in das CMS investiert.[251]

Seit dem Frühjahr 2017 unterliegt nun auch der internationale Automobilkonzern Volkswagen einem für drei Jahre angesetzten US-Monitorship. Es wurde der Jurist und frühere US Staatssekretär im US-Justizministerium *Larry Thompson* zum unabhängigen Monitor ernannt. Während seiner Amtszeit im US-Justizministerium war *Thompson* u. a. für die strafrechtliche Verfolgung des Enron-Skandals verantwortlich, der Ende des Jahres 2011 insbesondere die US Finanzmärkte erschüttert hatte.

3.3.2 Wichtige Erfolgsfaktoren für ein Monitorship

3.3.2.1 Strategie und Zielbild

Eingangs sollte ein betroffenes Unternehmen eine Strategie und ein Zielbild für die Zeit des Monitorships und darüber hinaus entwickeln. Dies beinhaltet eine konsequente Auseinandersetzung mit den Ursachen für das dem Monitorship zugrunde liegenden Fehlverhalten sowie eine kritische Auseinandersetzung mit der bestehenden Unternehmenskultur und bereits existierenden Governance Systemen. Basierend darauf sollte eine klare Definition der wesentlichen Anforderungen, die im Hinblick auf Integrität und Compliance künftig zu stellen sind, erfolgen. Hierzu zählt auch eine offene und ehrliche Auseinandersetzung über das eigene Anspruchsniveau – „best-in-class“ oder Mindestanforderungen, die für eine erfolgreiche Zertifizierung anzusetzen sind. Denn nur ein klares Zielbild erlaubt ein konsequentes Ausrichten aller Ressourcen und Aktivitäten, um in der begrenzten Zeit eines Monitorships erfolgreich den Abschluss herbeizuführen. Dabei können sich Unternehmen an existierenden anerkannten Compliance Standards orientieren (z. B. ISO Standard 19600 und 37001, Prüfungsstandard für CMS IDW PS 980, „Foundation Guidelines ‚Red Book‘ (OCEG)“, „ECI Blue Ribbon Panel Principles“ (Ethics and Compliance Initiative), „Internal Control – Integrated Framework“ (COSO), U.S. Sentencing Guidelines (U.S. Sentencing Commission) sowie der zuletzt im Juni 2020 aktualisierten Richtlinie des DoJ zur Bewertung der Wirksamkeit von Compliance Programmen „Evaluation of Corporate Compliance Programs“.

Im Regelfall hat auch der Monitor eine konkrete Vorstellung darüber, wie er sich das Unternehmen in der Zukunft vorstellt. Es ist davon auszugehen, dass sich ein US-Monitor in seinem Beur-

250 *Manager Magazin*, Wie deutsche Konzerne mit US-Aufpassern klarkommen, 11.1.2017, online abrufbar unter: http://go.nwb.de/rnaib (Abruf 17.6.2020).

251 Vgl. *Hecking*, „Kleine Auszeit“ im Fünf-Sterne-Hotel, Spiegel Wirtschaft, 19.6.2018, online abrufbar unter: http://go.nwb.de/2u52a (Abruf 17.6.2020).

teilungsmaßstab auch an der DoJ-Guidance orientieren wird, in dem die Grundanforderungen an wirksame Compliance Programme in 12 Themenbereichen zusammengefasst werden. Im Vordergrund einer Wirksamkeitsbeurteilung stehen die folgenden zentralen Fragen:

- Ist das Compliance Programm des Unternehmens ausreichend gut konzipiert?
- Wird das Compliance Programm des Unternehmens effektiv umgesetzt?
- Funktioniert das Compliance Programm des Unternehmens in der Praxis?[252]

Folgende Elemente bilden die Eckpfeiler eines wirksamen CMS:

Risikobewertung

Im Risikomanagement sind insbesondere ein strukturierter Prozess zur Informationserhebung über die Risiken und der dazugehörigen Kennzahlen wichtig. Eine ausreichende Ressourcenallokation für das Risiko Management und ein regelmäßig aktualisiertes Risk Assessment sind zusätzlich wesentlich.

Richtlinien und Verfahren

Es ist auf Vollständigkeit und Widerspruchsfreiheit der Richtlinien zu achten. Diese sollten allen relevanten Stakeholdern zugänglich und operativ integriert sein. Die Überwachungsorgane müssen die aktuellen Stände kennen und die Umsetzung der Richtlinien im Unternehmensalltag nachhalten.

Schulung und Kommunikation

Der Erfolgsfaktor ist ein einheitliches Trainingskonzept, welches risikobasiert die Mitarbeiter schult, das Gelernte testet und die Teilnahme nachhält. Dabei sollten im Kontext des Monitorships insbesondere Schulungen zu Compliance, Anti-Korruption und ethischem Verhalten durchgeführt werden.

Vertrauliche Berichtsstruktur und Investigation

Es ist wichtig, dass es einen anonymen, etablierten Meldeweg gibt, der von den Mitarbeitern auch angenommen wird. Die Meldungen, welche über diesen Weg eingehen, müssen ordnungsgemäß und zeitnah durch qualifiziertes Personal untersucht werden. Dafür muss eine ausreichende Ressourcenausstattung sichergestellt sein. Die Hinweise sollten, indem man die dem Fehlverhalten zugrundeliegenden Schwachstellen analysiert, für eine kontinuierliche Verbesserung des Compliance Programms genutzt werden.

Third Party Management

Es sind geeignete Kontrollen der Drittparteien durchzuführen, um sicherzustellen, dass diese nur aus geschäftsbezogenen Gründen einbezogen werden und nicht etwa, um Geldströme zu verschleiern. Darüber hinaus sind die Kontrollen durchzuführen, um sicherzustellen, dass diese Drittparteien nicht selbst in Fehlverhalten verwickelt sind.

Fusionen und Übernahmen

Im Zusammenhang mit M&A-Themen können Unternehmen auf die inzwischen in die Jahre gekommene Halliburton-Doktrin zurückgreifen. In dieser werden fünf Schritte definiert, welche im

252 Vgl. *U.S. Department of Justice – Criminal Division*, Evaluation of Corporate Compliance Programs, 2020, online abrufbar unter: http://go.nwb.de/j9xe7 (Abruf 17.6.2020), S. 2.

Rahmen einer Transaktion einzuhalten sind. Wenn die mit einem engen Zeitplan verknüpften Schritte ausgeführt werden, können Haftungsrisiken für das akquirierende Unternehmen vermieden werden.[253] Bei ausreichender Vorlaufzeit sollte jedoch in jedem Fall eine umfassende Due Diligence vor der Akquise durchgeführt werden und identifizierte Schwächen nach Abschluss des Deals zeitnah behoben werden.

In der effektiven Umsetzung eines CMS geht es darum, die zuvor beschriebenen Punkte mit Leben zu füllen:

Engagement durch Senior und Middle Management

Das Verhalten an der Spitze dient den Mitarbeitern zum Vorbild, daher ist es insbesondere wichtig, dass das Management keine größeren Compliance Risiken eingeht und nur ethisches Handeln zum Erreichen der Geschäftsziele toleriert. Dieses Engagement muss insbesondere auch bei konkurrierenden Interessen oder Geschäftszielen beibehalten und vorgelebt werden.[254]

Autonomie und Ressourcen

Für die effektive Ausübung ihrer Rolle sollte die Compliance Funktion strukturell sinnvoll aufgehängt sein und klare Berichtswege an den Vorstand/Aufsichtsrat haben. Die Historie der Abteilung ist bei der Beurteilung auch relevant – gab es bspw. Transaktionen, die aufgrund eines Einwandes der Compliance Abteilung eingestellt wurden? Die Abteilung sollte genügend entsprechend qualifizierte und erfahrene Mitarbeiter haben, welche sich um Compliance Themen kümmern.

Anreize und Disziplinarmaßnahmen

Es ist auf einen standardisierten Sanktionsprozess bei Fehlverhalten zu achten, welcher konsequent angewendet wird und bei dem die Hintergründe für die getroffenen Disziplinarmaßnahmen an die Mitarbeiter kommuniziert werden. Integrität und Compliance sollte Teil der Personalprozesse sein und bei Beförderungen, Einstellungen, Bewertungen und dem Gehalt beachtet werden.[255]

Die Wirksamkeit adressieren die folgenden drei Punkte:

Kontinuierliche Verbesserung, regelmäßige Tests und Überprüfung

Die Interne Revision sollte regelmäßig Prüfungen durchführen und eine nachvollziehbar begründete Revisionsplanung erstellen. Des Weiteren helfen Gap-Analysen, bei denen festgestellt wird, ob es Risikobereiche gibt, in denen die Richtlinien, Kontrollen oder Schulungen als nicht ausreichend angesehen werden. Eine weitere gewünschte Maßnahme ist die Messung der Compliance Kultur im Unternehmen, kombiniert mit einem bottom-up Feedback darüber, wie die Einhaltung der Compliance Richtlinien im Management gesehen wird.

---

253 Vgl. *U.S. Department of Justice*, Foreign Corrupt Practices Act Review, 13.6.2008, online abrufbar unter: http://go.nwb.de/o07tw (Abruf 17.6.2020).

254 *Department of the Treasury*, A Framework for OFAC Compliance Commitments, 2020, online abrufbar unter: http://go.nwb.de/d0pdy (Abruf 28.5.2020), S. 2.

255 Vgl. *U.S. Department of Justice*, SEC Speech: Second Annual General Counsel Roundtable, 3.12.2004, online abrufbar unter: http://go.nwb.de/nb017 (Abruf 17.6.2020).

Untersuchung von Fehlverhalten

Es muss sichergestellt sein, dass die Ermittlungen ordnungsgemäß, unabhängig, objektiv und angemessen ausgeführt und dokumentiert werden. Die Erkenntnisse sollten dazu genutzt werden, um Ursachen, Systemschwachstellen und Verantwortungslücken zu identifizieren, darauf zu reagieren und Notfalls zu eskalieren.

Analyse und Behebung zugrunde liegender Fehlverhalten

Zu analysieren ist, welche Kontrollen fehlgeschlagen sind und ob die Richtlinien und Verfahren, welche das Fehlverhalten hätten verhindern sollen, effektiv gegriffen haben. Zusätzlich ist auf die Rechenschaftspflicht zu achten – wurden die Mitarbeiter, welche ihrer Aufsichtspflicht nicht nachgekommen sind, auch sanktioniert?[256]

Es ist somit sinnvoll, sich frühzeitig mit der Perspektive des Monitors auseinanderzusetzen, dessen Anforderungen zu verstehen und in einem konstruktiven Dialog ein gemeinsames Zielbild zu entwickeln. Je klarer das Zielbild des Unternehmens ist, desto mehr wird dem Monitor Vertrauen in nachhaltige Veränderungsbereitschaft und -kompetenz ermöglicht. Vertrauen ist regelmäßig eine wichtige Voraussetzung für eine erfolgreiche Zertifizierung – Vertrauen in die Glaubwürdigkeit des Unternehmens und deren Vertreter sowie die Ernsthaftigkeit, angestoßene Verbesserungsmaßnahmen auch nach dem Monitorship fortzuführen und nachhaltig zu implementieren.[257]

Neben den „harten" Eckdaten für ein effektives CMS werden regelmäßig auch umfassende Maßnahmen zur gezielten Förderung einer starken Integritätskultur erforderlich sein, da die Ursachen für signifikantes Fehlverhalten erfahrungsgemäß auch mit Defiziten in der Unternehmenskultur einhergehen. Nachhaltige Transformationsprozesse nach einer Krise werden ohne diese begleitenden kulturellen Wandlungsprozesse kaum möglich sein. Somit sollten Integritätsaspekte bei der Zielbilddefinition mitberücksichtigt werden.

3.3.2.2 Projektorganisation und Projektmanagement

Ein Monitorship zu bestehen bedeutet einen signifikanten Kraftakt für das betroffene Unternehmen, der mit erheblichem finanziellem und personellem Aufwand verbunden ist. In der Regel sind umfassende Aufgaben unter erheblichem Zeitdruck abzuarbeiten, welche viele Unternehmensbereiche und -prozesse betreffen. Entsprechende Vorgaben aus bestehenden Vergleichsvereinbarungen (z. B. Berichtsanforderungen) sind zusätzlich zu beachten. Je nach Umfang der Auflagen und Aufgaben sowie der Komplexität des jeweiligen Unternehmens ergibt sich mitunter ein hoher Koordinations- und Kommunikationsaufwand, der nur über eine leistungsfähige Projekt- und Arbeitsorganisation und entsprechendes prozessbegleitendes Projektmanagement, einschließlich klar definierter Rollen und Verantwortlichkeiten sowie Kommunikations- und Berichtswege erfolgreich zu bewältigen ist. Die genaue Projektorganisationsstruktur sowie die erforderliche fachliche Arbeitsorganisation ist dabei abhängig von der Größe des Monitorteams und dem Umfang des vereinbarten Maßnahmenkataloges bzw. der sich aus dem Monitorship ergebenden weiteren Aufgaben. Es hat sich in der Vergangenheit gezeigt, dass sich

256 Vgl. *KPMG*, Webinar DOJ OFAC Guidance, 26.6.2019.

257 *U.S. Department of Justice*, Principles of Federal Prosecution of Business Organizations, 2015, online abrufbar unter: http://go.nwb.de/bom8k (Abruf 28.5.2020).

zumindest auf Leitungsebene ein „Pairing“ zwischen ausgesuchten Unternehmensmitarbeitern und Mitgliedern des Monitorteams auszahlt. Durch das sich entwickelnde Verständnis füreinander und die kurzen Berichtswege funktioniert die Zusammenarbeit deutlich besser. Einzelne Aufgabenpakete können im Rahmen von Arbeitsgruppen oder Task Forces unter Einsatz agiler Projektmanagementmethoden abgearbeitet werden.

Es bietet sich zusätzlich die Einrichtung eines zentralen Monitor Liaison Offices an, in welchem die Kommunikation mit dem Monitorteam gebündelt wird sowie regelmäßige Steering Committee Meetings, in denen die relevanten Vorstände und die direkt berichtenden Bereichsleiter für Themen wie Compliance, Risikomanagement oder der Revision zusammenkommen. Dadurch können schnelle Entscheidungen getroffen werden und es gibt eine einheitliche Informationsbasis für die wesentlichen Stakeholder. Im Projektorganisationsteam sollten erfahrene Mitarbeiter vertreten sein, welche im Unternehmen gut vernetzt sind und die nötige Durchsetzungskraft haben

Darüber hinaus sollten feste Arbeitsprozesse und -instrumente im Zusammenhang mit der Regelkommunikation mit dem Monitor sowie der Bereitstellung von Dokumenten geschaffen werden. Außerdem sollten Vorkehrungen zur rechtlichen und datenschutzrechtlichen Prüfung von bereitzustellenden Unterlagen im internationalen Rahmen getroffen werden.

Das Projektteam auf Unternehmensseite sollte möglichst mit erfahrenen Mitarbeitern besetzt werden. Diese können dem Monitor die nötigen Einsichten in das Unternehmen liefern und die Einarbeitungsphase des Monitors dadurch deutlich verkürzen. Durch langfristige Unternehmenszugehörigkeit haben die Mitarbeiter zusätzlich ausreichend große Netzwerke, um die richtigen Ansprechpartner für Anfragen aller Art vermitteln zu können.

3.3.2.3 Berichte und Empfehlungen des Monitors

Für den richtigen Umgang mit anstehenden Monitorberichten ist es von zentraler Bedeutung, sich frühzeitig und hinreichend detailliert mit den verpflichtenden Abgabeterminen und Zeitleisten sowie den daraus resultierenden, vorzubereitenden Maßnahmen auseinander zu setzen. Dies beginnt bei der Frage, wer intern die Berichte zur Einsichtnahme erhalten soll und wie die Abarbeitung und fristgerechte Umsetzung der sich aus dem Berichten ggf. ergebenden Handlungsempfehlungen des Monitors intern organisiert werden muss, einschließlich erforderlicher zentraler Qualitätssicherungsmaßnahmen. Dezidierte „Anflugpläne“ oder Prozessmodelle helfen Bereits im Vorfeld, klare Berichtswege, Verantwortlichkeiten und Meilensteine zu definieren, damit die Abarbeitung fokussiert und effizient erfolgen kann.

3.3.2.4 Zusammenarbeit mit dem Monitor

Die Erfahrung aus Monitorships zeigt: Um eine gute Zusammenarbeit mit dem Monitor sicherzustellen, ist es wichtig, sich erneut vor Augen zu führen, dass ein Monitor kraft seiner Rolle nicht Teil der Sanktion ist. Als unabhängige Instanz bietet der Monitor die Chance, der Partner für einen tiefgreifenden Wandel der Unternehmenskultur und Compliance Systeme zu sein.[258] Richtig umgesetzt kann das Unternehmen mit seinen internen Prozessen und Strukturen gestärkt aus einem Monitorship hervorgehen. Diese Chance zu greifen bildet den Grundstein für

258 *Prof. Dr. Bartosz Makowicz* im Gespräch mit *Dr. Thomas Meiers*, Comply 01/2019.

ein Monitorship, welches in der vereinbarten Zeit abgeschlossen werden kann. Das DoJ gibt dazu an: „Die erfolgreichsten Monitorships sind die, in welchen das Unternehmen den Monitor akzeptiert und annimmt.“[259] In der engen Zusammenarbeit können gemeinsam Lösungen für das Unternehmen gefunden werden. Dabei sollte man vermeiden, den Monitor durch taktieren und „Geheimniskrämerei“ auf Distanz zu bringen, denn dies hat in der Vergangenheit vermehrt zu verlängerten Monitorships geführt. In der Kommunikation mit dem Monitor gilt es aus Sicht des strategischen Stakeholder Managements aufmerksam Hinweise darüber aufzunehmen, welche Schwerpunkte in der nahen Zukunft gesetzt werden und mit welchem „Mindset“ der Monitor sein Mandat angeht. Basierend darauf kann man proaktiv neue Initiativen anstoßen, bevor der Monitor einen unter Zeitdruck dazu treibt.

3.3.2.5 Rolle der Internen Revision

Die Interne Revision ist als prozessunabhängies Überwachungsorgan und sog. „3.Verteidigungslinie“ eine wichtige Komponente eines wirksamen CMS im „Three-Lines-of Defense“ Governance Modell und liegt somit auch im direkten Beurteilungsfokus eines Compliance Monitors. Auf der anderen Seite hat der Monitor die Möglichkeit, sich im Rahmen seiner Wirksamkeitsbeurteilung auf die Arbeit der Revision zu verlassen bzw. die Revision in die eigenen Testing-Aktivitäten einzubinden. Dies setzt voraus, dass der Monitor die Revisionsfunktion als hinreichend unabhängig und kompetent beurteilt. Eine intensive Zusammenarbeit zwischen Revision und Monitorteam im Rahmen des Testings hat den Vorteil, dass die in der Revision vorhandenen Kenntnisse über die unternehmensindividuellen Prozesse und Besonderheiten effektiv für das Testing genutzt werden müssen. Sollte ein solches Kooperationsmodell zum Tragen kommen, sollten dessen Eckpfeiler, einschließlich Arbeitsprozessen, Berichtsformaten sowie Prüfungsansatz und Prüfungsintrumentarien, im Vorfeld abgestimmt werden.

3.4 Ausblick

In Deutschland wird die Bedeutung von Compliance Monitoren künftig erheblich zunehmen: Die Regelungen im Referentenentwurf des „Gesetzes zur Stärkung der Integrität in der Wirtschaft“ vom 21.4.2020 sollen künftig auch deutschen Strafverfolgungsbehörden und -gerichten die gesetzlich fixierte Möglichkeit bieten, Unternehmen per Weisung der Kontrolle durch eine sachkundige Stelle zu unterwerfen. Die sachkundige Stelle hat die Aufgabe und Funktion eines Compliance Monitors. Das Gericht kann dabei bestimmen, wie häufig und in welchen Abständen Bescheinigungen vorzulegen sind. Nach dem Referentenentwurf kommt die Bestellung der „sachkundigen Stelle“ sowohl bei der Verwarnung mit Verbandsgeldsanktionsvorbehalt als auch schon im Fall der Einstellung des Verfahrens vor der Anklageerhebung in Betracht. Denn auch diese kann die Verfolgungsbehörde mit einer entsprechenden Weisung verbinden, Compliance Maßnahmen umzusetzen und dies durch eine „sachkundige Stelle“ nachzuweisen. Eine Definition der „sachkundigen Stelle“ erfolgt im Entwurf jedoch nicht. Nach der Gesetzesbegründung kommen Wirtschaftsprüfer, Rechtsanwälte und Unternehmensberater in Betracht. Das Unternehmen wählt die sachkundige Stelle selbst aus; die Auswahl bedarf allerdings der Zu-

259 *DoJ Criminal Division and SEC Enforcement Division*, FCPA – A Resource Guide to the U.S. Foreign Corrupt Practices Act. Second Edition, Criminal Division of the U.S. Department of Justice and the Enforcement Division of the U.S. Securities and Exchange Commission, 2020, online abrufbar unter: http://go.nwb.de/by2wt (Abruf 24.7.2020), S. 72.

stimmung des Gerichts (bzw. der Verfolgungsbehörde). Die Kosten der Beauftragung sind vom Unternehmen als Auftraggeber zu tragen. Ein Unterschied zu den Regelungen in den USA ist dabei, dass die Rechte und Aufgaben des Monitors nicht unmittelbar durch einen Vertrag geregelt werden, wie dies z. B. zwischen dem DoJ und dem Unternehmen der Fall ist. Ein weiterer Unterschied ist der rechtsträgerübergreifende Einsatz des Monitors in den USA. Nach dem Referentenentwurf können Weisungen nur dem verfolgten oder sanktionierten Rechtsträger erteilt werden und nicht der wirtschaftlichen Einheit, unabhängig von ihrer rechtlichen Struktur. Aufgrund dieser Begrenzungen wird auch vom „kleinen Monitorship" gesprochen. Bei der Bemessung der Sanktion wird dagegen auf den Umsatz der wirtschaftlichen Einheit des Unternehmens abgestellt.

Der Einsatz eines Monitors stellt das Unternehmen insgesamt vor große Herausforderungen. Nicht zuletzt erfordert die Durchführung ausreichende finanzielle und personelle Ressourcen. Durch adäquate Instrumente, wie z. B. der Einrichtung einer Projekt Management Organisation (dem sog. Liaison Office), kann diese Belastung jedoch adressiert werden. Dr. Meiers zufolge sollte ein Monitor nicht nur als Belastung empfunden werden, sondern auch als Chance, das eigene CMS und die unternehmensinternen Prozesse objektiv, durch die Einschätzung einer unabhängigen Person, bewerten und verbessern zu können.[260] Hinzu kommt, dass ein angemessenes und wirksames CMS auch im Nachgang der Tat strafmildernd Berücksichtigung findet, so dass sich die Implementierung oder Verbesserung in jeder Situation lohnt.

260 *Prof. Dr. Bartosz Makowicz* im Gespräch mit *Dr. Thomas Meiers*, Comply 01/2019.

4. ISO 37001 – Hintergrund und Anwendungsmöglichkeiten

WP/StB Dr. Jan-Hendrik Gnändiger und Claudia Dietrich

4.1 Hintergrund und Entwicklung

Im Oktober 2016 veröffentlichte die Internationale Organisation für Normung (ISO) die Norm ISO 37001:2016. Hiermit schaltete sich die ISO in die zunehmende Diskussion um effektive Verfahren zur Korruptionsprävention ein mit dem Ziel, einen international anerkannten Standard zu schaffen und so Vergleichbarkeit hinsichtlich der verschiedenartig ausgestalteten Antikorruptions-Managementsysteme herzustellen. Hierbei wurden die bestehenden Anforderungen aus verschiedenen Standards und einschlägiger Gesetzgebung berücksichtigt. An der Entwicklung waren weltweite Experten aus Recht, Wirtschaft und Praxis beteiligt. Die Norm wurde von 37 Staaten, darunter auch die USA und Großbritannien, bestätigt.

Bereits im Dezember 2014 hatte die ISO den Standard 19600:2014 – „Compliance Management Systeme – Leitfaden" veröffentlicht und damit einen Rahmen für die Einrichtung von Compliance Management Systemen (CMS) geschaffen. Dieser Standard gab bereits Leitlinien und Handlungsmöglichkeiten zur Ausgestaltung von CMS für Unternehmen. Eine Zertifizierung nach ISO 19600 ist jedoch von der ISO nicht vorgesehen gewesen.

Mit der Veröffentlichung von ISO 37001 wurde eine zertifizierbare Norm geschaffen. Dabei wurde ISO 37001 bewusst unabhängig von Sektor, Unternehmensgröße, Branche oder regionaler Tätigkeit ausgestaltet. Gleichzeitig gibt der Standard klare Anforderungen an ein wirksames Antikorruptions-Managementsystem. Um diesen Spagat zwischen Anforderung und Flexibilität zu schaffen, greift ISO 37001 auf einen risikoorientierten Ansatz und das Prinzip der Angemessenheit zurück und folgt damit den Trends aus der Praxis zur Einrichtung von CMS. Zudem geht ISO 37001 auf die Bedeutung einer Compliance Kultur und insbesondere auf die Rolle des Managements ein.

Die Norm folgt der sog. High Level Structure, einer übergeordneten Struktur für alle neuen ISO-Managementsystem-Normen, z. B. auch ISO 9001, ISO 14001 und ISO 27001. Somit kann das Antikorruptions-Managementsystem nach ISO 37001 bei bereits nach den genannten Normen ausgerichteten Unternehmen in bestehende Strukturen integriert werden. Insbesondere für kleinere Organisationen, die keine eigenständige Compliance Funktion aufbauen wollen oder können, ist dies eine effiziente Möglichkeit zur Etablierung eines Antikorruptions-Managementsystems.

Der Standard ISO 37001 ist nach dem Grundprinzip aller ISO-Normen „Establish – Implement – Maintain – Improve" ausgestaltet und zielt auf einen kontinuierlichen Verbesserungsprozess ab. Die folgende Übersicht ordnet die einzelnen Kap. der ISO 37001 zu.[261]

261 Die nicht aufgeführten Kap. 1-3 stellen den Anwendungsbereich der ISO 37001 und normative Referenzen dar und geben wichtige Begriffsdefinitionen.

ABB. 22: High-Level-Structure der ISO 37001

Establish

Organisation (Kap. 4)	**Führung** (Kap. 5)	**Planung** (Kap. 6)	**Unterstützung** (Kap. 7)
▸ Bestandsaufnahme in- und externer Faktoren (z. B. Branche, Größe, Internationalität) ▸ Stakeholderanalyse ▸ Festlegung des Umfangs ▸ Systematische Risikoanalyse	▸ Tone from the top, Selbstverpflichtung des Managements ▸ Aufbauorganisation (Rollen, Verantwortlichkeiten) ▸ Antikorruptions-Richtlinie	▸ Ziele zur Korruptionsbekämpfung ▸ Maßnahmenfestlegung	▸ Personelle und finanzielle Ressourcen ▸ Kompetenzen der handelnden Mitarbeiter ▸ Schulungen und Kommunikation ▸ Dokumentation

Implement

Betrieb (Kap. 8)	
▸ Planung und Steuerung der Prozesse ▸ Due Dilligence ▸ Finanzbezogene Prozesse und Kontrollen ▸ Nicht-finanzbezogene Prozesse und Kontrollen ▸ Maßnahmen und Prozesse bei gesteuerten Oragnisationseinheiten und Geschäftspartnern	▸ Verpflichtungserklärungen zur Korruptionsbekämpfung ▸ Geschenke, Bewirtungen, Spenden, Sponsoring ▸ Umgang mit unzureichenden Kontrollen ▸ Hinweisgebersystem ▸ Vorfallsmanagement (Untersuchung, Sanktionierung)

Maintain: **Bewertung der Leistung** (Kap. 9)	Improve: **Verbesserung** (Kap. 10)
▸ Überwachungskonzept ▸ Überwachungsmaßnahmen durch die Compliance-Funktion ▸ Internes Audit ▸ Management Review durch oberstes Management und Aufsichtsorgane	▸ Maßnahme bei erkannten Schwachstellen und Vorfällen ▸ Fortlaufende Weiterentwicklung und Verbesserung

4.2 ISO 37001 und IDW PS 980

Bereits vor der Veröffentlichung der ISO 19600 und ISO 37001 haben sich Unternehmen bei der Einrichtung ihrer CMS am Prüfungsstandard IDW PS 980 orientiert. Dieser gibt ebenfalls einen Ordnungsrahmen für angemessene und wirksame CMS.

Sowohl ISO 37001 als auch IDW PS 980 gehen von einem risikobasierten, systemischen Ansatz aus und schaffen so die Flexibilität für Unternehmen verschiedener Größen und Strukturen. Gleichwohl gibt IDW PS 980 eher einen übergeordneten Ordnungsrahmen und bestimmt relevante Maßnahmen und Themenfelder. Die Bewertung der Angemessenheit der Maßnahmen ist noch stärker unternehmensindividuell. ISO 37001 gibt hier konkrete Maßnahmen und Prozesse an, die vollständig, jedoch in unterschiedlicher Ausprägung, etabliert werden müssen. Der Bewertungsspielraum für den Prüfer ist in ISO 37001 daher geringer. Zudem ist der Anwendungsbereich des ISO 37001 auf Antikorruptions-Managementsysteme beschränkt, wohingegen eine Prüfung nach IDW PS 980 für alle klar abgrenzbaren Rechts- und Themengebiete anwendbar ist.

Ein wesentlicher Unterschied besteht zudem darin, dass sich eine Prüfung nach IDW PS 980 auf einen Stichtag oder einen zu bestimmenden Wirksamkeitszeitraum und damit auf die Vergangenheit bezieht. Die Zertifizierung nach ISO 37001 basiert ebenfalls auf vergangenheitsbezogenen Prüfungshandlungen, gilt aber für einen Zeitraum von drei Jahren ab Zertifikatserteilung. Zur Aufrechterhaltung der Zertifizierung sind in dieser Zeit verpflichtend jährliche Überwachungsaudits durchzuführen (siehe 4.4.4 in diesem Kap.). Darüber hinaus ist der Zertifizierer verpflichtet, die Aktivitäten des Unternehmens fortlaufend zu verfolgen. Bei aufkommenden Zweifeln hinsichtlich des erteilten Zertifikats sind auch sog. Reviews bis hin zum Entzug des Zertifikats methodisch vorgesehen.

Für die Aufrechterhaltung eines Nachweises der Angemessenheit und/oder Wirksamkeit eines CMS nach IDW PS 980 haben sich in der Praxis ähnliche Verfahren, z. B. rollierende Prüfungen und mehrjährige Prüfungspläne, entwickelt.

Die Ähnlichkeit hinsichtlich der von beiden Standards geforderten Inhalte kann am folgenden Schaubild verdeutlicht werden:

ABB. 23: IDW PS 980 und ISO 37001

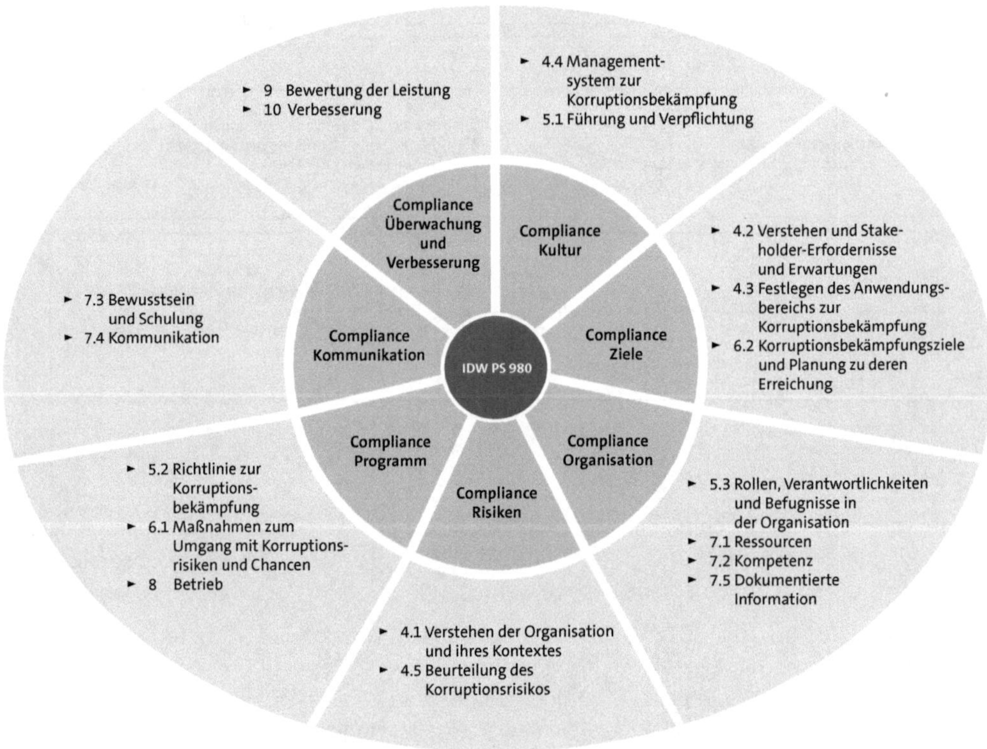

Die Normforderungen der ISO 37001 lassen sich den sieben Elementen des IDW PS 980 zuordnen. Anhand dieser Darstellung lässt sich erkennen, dass Unternehmen ISO 37001 einerseits auch als Einrichtungsstandard nutzen können, wenn sie eine IDW PS 980 Bescheinigung anstreben. Andererseits wird veranschaulicht, warum zunehmend mehr Unternehmen eine Prüfung nach IDW PS 980 mit einer Zertifizierung nach ISO 37001 verbinden. Es ist möglich, sehr effizient nach beiden Verfahren zu prüfen und die Synergien zu heben.

Hierbei gibt es verschiedene Möglichkeiten, wie diese Verbindung beider Prüfungen erfolgen kann. Da beide Prüfungen auf einem Stichprobenverfahren beruhen, können bei einer gleichzeitigen Prüfung nach beiden Standards für einen Gesamtkonzern hohe Synergiepotenziale erschlossen werden. Gerade in der internationalen Zusammenarbeit kann ein ISO 37001 Zertifikat oftmals besser in der Stakeholderkommunikation und Zusammenarbeit mit Geschäftspartnern genutzt werden, da der Standard international bekannt und anerkannt ist.

In der Praxis sehen wir jedoch häufig eine Prüfung nach IDW PS 980 für einen Gesamtkonzern, in deren Rahmen ausgewählte Tochtergesellschaften zusätzlich ein ISO 37001 Zertifikat anstreben. Üblicherweise werden hier Tochtergesellschaften gewählt, die sich außerhalb des deutschsprachigen Raums befinden und denen der Prüfungsstandard IDW PS 980 nicht bekannt ist oder die einen Nachweis über ein wirksames Antikorruptions-Managementsystem für die Zusammenarbeit mit Kunden, insbesondere im öffentlichen Sektor, benötigen.

4.3 Kernaspekte im Zertifizierungsprozess

Im Folgenden soll ein kurzer Überblick über zentrale Themen und Aspekte im Rahmen einer Zertifizierung nach ISO 37001 gegeben werden, die hierbei eine besondere Berücksichtigung erfahren:

Zertifizierung und Rezertifzierung

Das erteilte Zertifikat ist für eine Dauer von drei Jahren gültig. In dieser Zeit müssen mindestens jährlich Überwachungsaudits durchgeführt werden. Nach Ablauf der Gültigkeit erlischt das Zertifikat oder eine Rezertifizierung muss erfolgen.

Das Zertifikat kann von der Zertifizierungsstelle auch innerhalb des Gültigkeitszeitraumes aberkannt werden, wenn das Zertifikat unangemessen genutzt wird oder die Überwachungsaudits oder außerplanmäßige Reviews zeigen, dass wesentliche Anforderungen für die Aufrechterhaltung des Zertifikats nicht länger erfüllt sind.

Ebenso ist eine Änderung oder Erweiterung des Zertifikats in Bezug auf seinen Geltungsbereich (Umfang der Zertifizierung) während der Zertifikatslaufzeit möglich. Hierzu werden auf Wunsch der Organisation Erweiterungsaudits durchgeführt.

Hervorgehobene Bedeutung der Unternehmens- und Compliance Kultur

Auch bei der Entwicklung der ISO 37001 wurde den aktuellen Diskussionen um die Relevanz einer guten Unternehmenskultur Rechnung getragen. So fordert die Norm explizit die Einrichtung angemessener Prozesse zur Schaffung, Verbreitung und Aufrechterhaltung einer Antikorruptions-Kultur. Insbesondere werden hier Themen wie tone at the top und tone from the top, Bereitstellung von Kapazitäten und Ressourcen, aktive und regelmäßige Kommunikation und die Einbindung des Managements in Überwachungs- und Verbesserungsprozesse adressiert. Zudem wird auch explizit die Verantwortung der Überwachungsorgane adressiert.

Kernaspekte wirksamer Antikorruptions-Managementsysteme

Die ISO 37001 gibt eine Reihe wesentlicher Prozesse zur Korruptionsprävention vor, die jedes Unternehmen, wenn auch in unterschiedlicher Ausprägung, vorhalten muss. Diese umfassen insbesondere

- die Durchführung und regelmäßige Wiederholung eines Compliance Risk Assessments;
- die Antikorruptions-Richtlinien und deren unternehmensweite Verfügbarkeit;
- die Durchführung von allgemeinen und risikogruppenspezifischen Schulungen;
- den Aufbau eines risikobasierten Due Diligence Prozesses für alle Geschäftspartner;
- die Etablierung angemessener interner Kontrollen in Finanz- und Nicht-Finanzprozessen;
- die Einrichtung eines umfangreichen Hinweisgebersystems und entsprechende Prozesse zur Fallaufklärung und Sanktionierung;
- das Sicherstellen eines kontinuierlichen Verbesserungsprozesses.

Dokumentation

Eine angemessene und nachvollziehbare Dokumentation der Grundsätze und Maßnahmen des Antikorruptions-Managementsystems ist Grundvoraussetzung für die Herstellung der Zertifizierungsbereitschaft. Neben der Dokumentation von Regelungen und Vorgaben ist hier gerade auch die Dokumentation der Durchführung der Kontrollen in den Geschäftsprozessen sowie den übergeordneten Managementsystem-Prozessen von besonderer Bedeutung.

Internes Audit und Management Review

Die ISO-Standards zur Zertifizierung von Managementsystemen legen alle einen starken Fokus auf die Selbstüberwachung durch das Unternehmen. Genannt sei hier zunächst das Interne Audit, welches durch eine von der Compliance Funktion unabhängige, geeignete Stelle mindestens jährlich anhand der Normforderungen der ISO 37001 durchzuführen und zu dokumentieren ist. Aufbauend auf den Ergebnissen des Internen Audits und weiterer eventuell bestehender Überwachungs- und Verbesserungsprozesse fordert die ISO 37001 zudem ein sog. Management Review. Hierbei muss sich das oberste Management mindestens jährlich strukturiert und dokumentiert ein eigenes Bild über die Wirksamkeit des Antikorruptions-Managementsystems machen, die Veränderungen zum Vorjahr bewerten und weitere Verbesserungsmaßnahmen festlegen. Hierbei kann auch auf Revisionsergebnisse, Erkenntnisse aus dem Vorfallsmanagement und internen Kontrollprüfungen sowie Berichte der Compliance Funktion zurückgegriffen werden.

4.4 Der Weg zur Zertifizierung

Die Zertifizierung nach ISO 37001 erfolgt in einem mehrstufigen Prozess:

ABB. 24: Prozessstufen der Zertifizierung nach ISO 37001

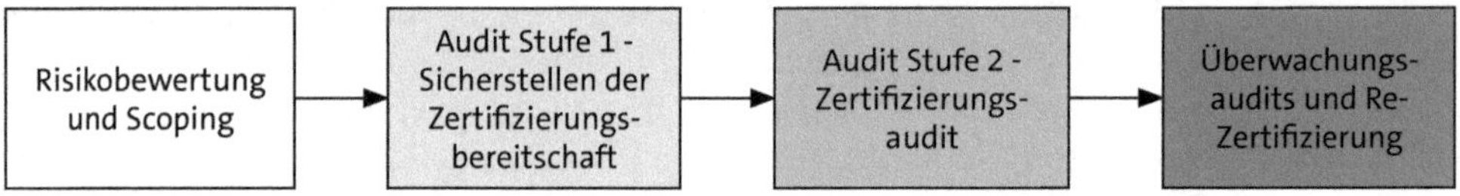

Die Dauer des Prozesses bis zur Zertifizierung hängt dabei von verschiedenen Faktoren, z. B. Unternehmensgröße und -struktur, Anzahl der Mitarbeiter, Vorhandensein korruptionsrelevanter Prozesse sowie Anzahl und Art der Geschäftspartner, ab.

4.4.1 Risikobewertung und Scoping

Im ersten Schritt wird der Umfang der Zertifizierung bestimmt. Dies erfolgt i. d. R. in engem Austausch zwischen Zertifizierungsstelle und Unternehmen. Basis hierfür ist die Kenntnis über die Unternehmensstrukturen und -prozesse. Anhand verschiedener Faktoren (Größe, Geschäftsmodell, Internationalität, Kunden- und Lieferantenstruktur) erfolgt eine initiale Risikobeurteilung. Diese dient dann der Festlegung der in die Zertifizierung einzubeziehenden Unternehmensteile. Eine Zertifizierung kann für ein Gesamtunternehmen, nur eine Muttergesellschaft, einzelne Töchter oder Segmente/Business Units erfolgen. Die Entscheidung trifft das zu zertifizierende Unternehmen. Diese Festlegung beeinflusst auch die weitere Planung der Zertifizierung. Umfangreiche Tätigkeiten in korruptionsgefährdeten Märkten oder stark dezentrale Antikorruptions-Managementsysteme erhöhen bspw. den Zertifizierungsaufwand; hingegen verringern Standardisierung und Zentralisierung den Aufwand bzw. verlagern Aufwand aus den Tochtergesellschaften in die Zentrale.

4.4.2 Audit Stufe 1

Das Audit der Stufe 1 dient dem Auditor dazu, die Zertifizierungsreife des Unternehmens oder der Einheit zu erheben. Das Vor-Audit verfolgt folgende Kernziele:

- Beurteilung der vorliegenden Dokumentation hinsichtlich ihrer Eignung im Zertifizierungsprozess sowie des Vorbereitungsstandes;
- Beurteilung der standortspezifischen Bedingungen des Unternehmens;
- Diskussion der Zertifizierungsbereitschaft mit verantwortlichen Mitarbeitern, insbesondere Compliance Funktion und Management;
- Erlangung wesentlicher Informationen zum Unternehmen (Größe, Struktur, Standorte, Prozesse, gesetzliche und behördliche Anforderungen);
- Beurteilung der Planung und Durchführung Interner Audits und Management Reviews.

Das Audit der Stufe 1 erfolgt zumeist auf einer zentralen Ebene. Bei sehr komplexen und dezentralen Organisationen kann eine Ausweitung auf weitere Standorte jedoch sinnvoll sein.

Sofern die Zertifizierungsbereitschaft gegeben ist, kann das eigentliche Audit begonnen werden. Sollte die Zertifizierungsbereitschaft noch nicht gegeben sein, wird der Zertifizierer dies dem Unternehmen mitteilen, so dass innerhalb eines angemessenen Zeitraums (i. d. R. maximal sechs Monate) Maßnahmen ergriffen werden können.

4.4.3 Audit Stufe 2

Im Rahmen des Audits der Stufe 2 werden sämtliche Prüfungshandlungen zur Zertifizierung durchgeführt. Das Audit findet immer vor Ort statt und wird meist von zwei bis drei Auditoren durchgeführt, wobei die Größe des zertifizierenden Teams immer von der Größe und Anzahl der Einheiten des zu zertifizierenden Unternehmens abhängt. Ein wichtiger Bestandteil sind hier neben der Durchsicht der Dokumentation des Antikorruptions-Managementsystems auch Gespräche mit Mitarbeitern, die in risikobehafteten Prozessen agieren und/oder mit Kontrollen zur Korruptionsprävention betraut sind. Ebenso werden Gespräche mit dem Management und ggf. Aufsichtsorganen geführt, um die Unternehmenskultur sowie die Wahrnehmung der Überwachungsaufgaben zu erheben.

Darüber hinaus werden, dem Stichprobenverfahren folgend, Prüfungshandlungen zur Wirksamkeit der eingerichteten Maßnahmen und Kontrollen durchgeführt. Beispielhaft seien Stichproben zur Einhaltung der Vorgaben des Due Diligence Prozesses, zur Teilnahme an Schulungen sowie zu Mitarbeiter-Onboardingprozessen genannt. Die Kontrollprüfungen erstrecken sich auf finanzielle und nichtfinanzielle Kontrollen.

Bei Zertifizierungen von Unternehmen mit Tochtergesellschaften, die im Zertifizierungsumfang enthalten sind, erfolgen auch Standortbesuche mit Gesprächen und Kontrollprüfungen in risikoorientiert ausgewählten Gesellschaften.

Das Audit schließt mit einer Abschlussbesprechung, in der eventuell bestehende Abweichungen zur Norm diskutiert werden. Diese müssen geschlossen werden, bevor die Empfehlung des Auditleiters zur Zertifizierung erfolgen kann. Abschließend wird der Auditbericht fertiggestellt und das Zertifikat erteilt und die Frist für die Überwachungsaudits beginnt.

4.4.4 Überwachungsaudits und Rezertifizierung

Überwachungsaudits sind zur Aufrechterhaltung einer erhaltenen Zertifizierung in mindestens jährlichem Turnus notwendig und werden als Vor-Ort Audits durchgeführt. Sie stellen aber nicht notwendigerweise ein vollständiges Systemaudit dar und können mit anderen Überwachungsaktivitäten abgestimmt werden. Ziel ist es, dem Zertifizierer Sicherheit darüber zu geben, dass die Normforderungen über die Laufzeit des Zertifikats weiterhin erfüllt sind.

Mindestinhalte der Überwachungsaudits sind jedoch bspw. interne Audits und Management Reviews, Bewertung von Maßnahmen bei Nichtkonformitäten, Umgang mit Beschwerden sowie die Nutzung von Zeichen, Logos und/oder anderen Verweisen auf die Zertifizierung.

Nach Ablauf der Drei-Jahres-Gültigkeitsdauer des Zertifikats muss eine Rezertifizierung erfolgen. Ziel ist es, die kontinuierliche Konformität mit den Normforderungen sowie die Wirksamkeit des Systems als Ganzes sowie den Umfang der Zertifizierung zu bestätigen. Ein Vor-Audit ist in aller Regel nur dann notwendig, wenn es maßgebliche Änderungen am System oder dem Geltungsbereich der Zertifizierung gab.

4.5 Nutzen einer Zertifizierung nach ISO 37001

4.5.1 Nutzen im Umgang mit Geschäftspartnern und Behörden

Eine Zertifizierung nach ISO 37001 ermöglicht es Unternehmen nachzuweisen, dass sie Maßnahmen zur Reduktion ihrer Korruptionsrisiken ergriffen und ein effektives Antikorruption-Managementsystem eingerichtet haben. Die unabhängige und objektive Prüfung nach einem internationalen Standard schafft dabei eine hohe Vergleichbarkeit zu anderen Unternehmen und schafft Vertrauen in der Zusammenarbeit mit Geschäftspartnern und Investoren.

Zudem können Unternehmen die vielfältigen Anforderungen von Geschäftspartnern im Rahmen von Due Diligence- und Qualifizierungsprozessen durch eine Zertifizierung nach ISO 37001 nachweisen und ein deutliches Signal auch nach außen setzen. Eine individuelle Beantwortung ausführlicher Fragebögen o. ä. kann dadurch oftmals entfallen. Insbesondere im Rahmen internationaler Ausschreibungen und in der Zusammenarbeit mit öffentlichen Unternehmen gewinnt ISO 37001 daher weiter an Bedeutung und eine erfolgreiche Zertifizierung kann ein Wettbewerbsvorteil sein. In manchen Staaten wird das Vorhandensein der ISO 37001 Zertifizierung bereits bei der Vergabe öffentlicher Aufträge in die Entscheidung einbezogen.

Neben der Nutzung in der Zusammenarbeit mit Geschäftspartnern kann eine erfolgreiche Zertifizierung auch als Nachweis eines wirksamen Antikorruptions-Managementsystems für Regulatoren und Behörden genutzt werden. Im Fall von Korruptionsvorfällen kann ein solches Zertifikat auch in der gerichtlichen Auseinandersetzung genutzt werden, wenngleich sich Richter zusätzlich ein eigenes Bild über die Wirksamkeit des Systems verschaffen werden. In einigen Jurisdiktionen kann so eine strafmildernde Wirkung erzielt werden.

4.5.2 Unternehmensbezogener Nutzen

Eine angestrebte Zertifizierung nach ISO 37001 kann den Auf- bzw. Ausbau eines Antikorruptions-Managementsystems fördern. Hierfür gibt die ISO 37001 klare, allgemein gültige und anerkannte Anforderungen vor. Durch die Betonung der Relevanz kultureller Aspekte und der Vorbildfunktion des Managements kann zudem die Compliance Kultur ausgebaut und gestärkt werden. Eine anstehende Zertifizierung sorgt für zusätzliche Sensibilisierung der Mitarbeiter.

Zudem können in bereits bestehenden Systemen mögliche Schwachstellen identifiziert und so weitere Verbesserungsprozesse angestoßen werden. Hierfür können die Normforderungen auch ohne eine tatsächlich stattfindende Zertifizierung im Sinne einer internen Systemprüfung angelegt werden.

Im Rahmen eines laufenden Zertifizierungsprozesses findet in aller Regel ein intensiver Austausch zwischen dem Zertifizierer und den Compliance Verantwortlichen statt, so dass externe Impulse sowie good und best practice Ansätze geteilt und diskutiert werden können.

Der ISO-Standard wurde basierend auf gültiger Gesetzgebung und verschiedenen Standards entwickelt und fordert eine kontinuierliche und systematische Auseinandersetzung des Unternehmens mit seinen Korruptionsrisiken unter Berücksichtigung der relevanten Jurisdiktionen. So kann eine aufrecht erhaltene Zertifizierung dem Unternehmen auch Sicherheit darüber geben, rechtliche Anforderungen fortlaufend zu erfüllen.

4.6 Möglichkeit zur Nutzung im Rahmen der Lieferketten-Compliance

Aufgrund aktueller Diskussionen um die Verantwortung von Unternehmen für Compliance in der Lieferkette wird auch in diesem Bereich die Bedeutung von Zertifizierungen steigen. Viele international agierende Unternehmen nutzen im Rahmen der Lieferantenqualifizierung bereits externe Zertifizierer und Bewertungen, wie sie bspw. von EcoVadis oder Together for Sustainability angeboten werden, die sich auch mit Compliance Aspekten beschäftigen.

Dieser Trend wird durch laufende Initiativen, wie der Einführung eines staatlich organisierten und überwachten Social Credit Systems in China, weiter verstärkt. Unternehmen werden zukünftig auch ohne Verstöße der Vergangenheit proaktiv nachweisen müssen, dass sie Compliance bei sich selbst, aber auch in der Lieferkette, ernst nehmen und wirksame Managementsysteme eingerichtet haben.

In diesem Zusammenhang kann auch der Einsatz von ISO-Zertifizierungen, insbesondere ISO 37001, aber auch weiteren neuen Zertifizierungen wie ISO 27001 für Informationssicherheits-Managementsysteme, ein sinnvolles Instrument für Unternehmen sein. Hierbei kann ein Unternehmen eine eigene Zertifizierung durchführen lassen und diese im geschäftlichen Verkehr als Nachweis eines wirksamen Antikorruptions-Managementsystems nutzen. Darüber hinaus besteht auch die Möglichkeit, derartige Zertifizierungen im Rahmen von Lieferantenqualifizierungsprozessen bei den zukünftigen und bei risikobehafteten bestehenden Lieferanten einzufordern und so der Pflicht zur Überwachung der Lieferkette nachzukommen.

Insbesondere für Unternehmen mit einer langen, internationalen und unter Umständen undurchsichtigen Lieferkette, bspw. im Automobilbau, oder Unternehmen mit einer Vielzahl kleinerer Lieferanten, bspw. im Handel, kann die Zertifizierung der Unternehmen in der Lieferkette ein wirksames Instrument darstellen. Denkbar ist neben der Einholung der Zertifizierung vom

Lieferanten auch die Durchführung der Zertifizierung im Auftrag des Unternehmens selbst im Sinne eines Lieferantenaudits. Wenn hierfür international agierende Zertifizierer eingesetzt werden, können prozessuale und inhaltliche Synergien genutzt werden. So könnten neben der Durchführung der ISO 37001 Zertifizierung des Lieferanten auch weitere Themen wie die Einhaltung von Menschenrechten, Qualitätsmanagementprozesse oder IT-Sicherheitsaspekte auditiert werden.

Ausblick: Zertifizierung von Compliance Management Systemen nach ISO 37301

Mit dem sich aktuell noch im Entwurf befindlichen Standard ISO 37301 wird die Fokussierung des ISO 37001 auf den Teilbereich Antikorruption auf sämtliche Teilrechtsgebiete eines CMS (analog zum IDW PS 980) ausgeweitet. Im Rahmen der Vorbereitungen einer Zertifizierung ist somit künftig, neben den auch nach ISO 37001 anzustellenden Überlegungen zur Auswahl der Konzerneinheiten, auch festzulegen, welche Teilrechtsgebiete Bestandteil der Zertifizierung nach ISO 37301 sein sollen. Der Ablauf der Zertifizierung entspricht dem in den vorangegangenen Kap. dargestellten Prozess zur Zertifizierung nach ISO 37001. Mit der finalen Fassung – und folglich damit auch der Zertifizierbarkeit nach ISO 37301– ist Ende des Jahres 2020 zu rechnen.

IV. Erfolgreiche Integration ausgewählter Teilrechtsgebiete in das CMS

1. Datenschutz-Management-Systeme

RAin Barbara Scheben

Das Datenschutzrecht wurde mit der seit dem 25.5.2018 geltenden EU-Datenschutz-Grundverordnung (DSGVO) europaweit umfassend reformiert. Die DSGVO soll in der gesamten EU einen soliden, einheitlichen und klar durchsetzbaren Rechtsrahmen für den Schutz personenbezogener Daten bieten und den grenzüberschreitenden Datenverkehr erleichtern (vgl. Erwägungsgründe 7 ff. DSGVO). Im Vergleich zur vorherigen Rechtslage in Deutschland, die in erster Linie durch das BDSG (a. F.) bestimmt wurde, brachte die DSGVO u. a. eine Stärkung der Betroffenenrechte mit sich. Flankiert werden diese von einer faktischen Beweislastumkehr, da Unternehmen die Einhaltung der datenschutzrechtlichen Vorgaben nachweisen können müssen, sowie von drastisch gestiegenen Bußgeldern, die pro Verstoß bis zu 20 Mio. € oder 4 % des weltweiten Vorjahresumsatzes betragen können. Hinzu kommen mögliche Schadenersatzansprüche, die nunmehr nach Art. 82 Abs. 1 DSGVO auch für immaterielle Schäden bestehen können. Darüber hinaus enthält das BDSG weiterhin datenschutzspezifische Straftatbestände. Strafbar ist nach § 42 Abs. 1 BDSG die wissentliche unberechtigte Übermittlung (oder sonstige Zugänglichmachung) personenbezogener Daten einer großen Zahl von Personen, sofern der Täter gewerbsmäßig handelt. Nach § 42 Abs. 2 BDSG ist zudem die unberechtigte Verarbeitung oder das Erschleichen von personenbezogenen Daten strafbar, sofern der Täter gegen Entgelt oder in Bereicherungs- oder Schädigungsabsicht handelt. Spätestens mit Geltung der DSGVO hat das Thema Datenschutz daher eine Spitzenposition in der Unternehmens-Compliance eingenommen.

Um die datenschutzrechtlichen Vorgaben nachweisbar erfüllen und das Risiko von Reputationsschäden sowie Bußgeld- und/oder Schadenersatzzahlungen gering halten zu können, führt an der Etablierung und Weiterentwicklung der Datenschutz-Funktion i. S. eines Management-Systems im Unternehmen kaum ein Weg vorbei. Dabei gilt es, an bereits bestehende und praxiserprobte Strukturen und Methoden anzuknüpfen und diese für das Datenschutz-Management-System weiter zu auszubauen.

1.1 Herausforderungen

Wer personenbezogene Daten (Art. 4 Nr. 1 DSGVO) verarbeitet oder in seinem Auftrag verarbeiten lässt, ist datenschutzrechtlich Verantwortlicher i. S. des Art. 4 Nr. 7 DSGVO und unterliegt als solcher einer Vielzahl von Pflichten, die sich in erster Linie aus der DSGVO (ggf. i. V. mit den Normen des BDSG) ergeben. Unter den Begriff der Verarbeitung fällt gem. Art. 4 Nr. 2 DSGVO jeder mit oder ohne Hilfe automatisierter Verfahren ausgeführte Vorgang oder jede solche Vorgangsreihe im Zusammenhang mit personenbezogenen Daten (u. a. das Erheben, das Ordnen, die Speicherung, die Anpassung oder Veränderung, das Auslesen, das Abfragen, die Offenlegung durch Übermittlung, Verbreitung etc., der Abgleich oder die Verknüpfung oder das Löschen bzw. Vernichten). Den Pflichten der DSGVO unterliegen hierbei nicht nur Unternehmen und Geschäftseinheiten, die personenbezogene Daten innerhalb der EU verarbeiten (lassen). Auch wenn die Datenverarbeitung in einem Drittstaat stattfindet, gelten die europäischen Datenschutzvorgaben, sofern die Verarbeitung im Rahmen der Tätigkeiten einer EU-Niederlassung eines Verantwortlichen erfolgt oder mit einem Waren- bzw. Dienstleistungsangebot oder einer Verhaltensbeobachtung in der EU zusammenhängt (Art. 3 Abs. 1 und 2 DSGVO).

1.1.1 Die Grundsätze der Verarbeitung personenbezogener Daten nach der DSGVO

Art. 5 Abs. 1 DSGVO zählt die Grundsätze bzw. Grundpflichten[262] für die Verarbeitung personenbezogener Daten auf, die in den nachfolgenden Kapiteln der DSGVO jeweils noch weiter konkretisiert werden:

Rechtmäßigkeit, Verarbeitung nach Treu und Glauben, Transparenz

Nach Art. 5 Abs. 1 Buchst. a DSGVO müssen personenbezogene Daten auf rechtmäßige Weise, nach Treu und Glauben und in einer für die betroffene Person nachvollziehbaren Weise verarbeitet werden. Dies entspricht den Vorgaben aus Art. 8 Abs. 2 Satz 1 GrCh, wonach personenbezogene Daten nur mit Einwilligung der betroffenen Person oder auf Basis sonstiger gesetzlich geregelter legitimer Grundlagen verarbeitet werden dürfen (sog. Verbot mit Erlaubnisvorbehalt). Art. 6 Abs. 1 DSGVO greift diesen Grundsatz auf. Danach ist die Verarbeitung personenbezogener Daten nur dann rechtmäßig, wenn sie auf mindestens eine der dort aufgeführten Rechtsgrundlagen gestützt werden kann. Darüber hinaus muss ein Verantwortlicher auf die Interessen und Erwartungen der betroffenen Personen Rücksicht nehmen (Treu und Glauben), was eine – sowohl im Vor- als auch Nachhinein – transparente Verarbeitung einschließt. Die DSGVO konkretisiert diesen Grundsatz an verschiedenen Stellen dahingehend, wann und wie Betroffenen welche Informationen und Auskünfte zu erteilen sind (insbesondere Art. 13 ff. DSGVO), wobei zur Gewährleistung der nötigen Transparenz ggf. auch noch zusätzliche Angaben erforderlich sein können, um die Vorgabe des Art. 5 Abs. 1 Buchst. a DSGVO zu erfüllen (Erwägungsgrund 39 DSGVO).

Zweckbindung

Personenbezogene Daten dürfen darüber hinaus nur für festgelegte, eindeutige und legitime Zwecke erhoben und nicht in einer mit diesen Zwecken nicht zu vereinbarenden Weise weiterverarbeitet werden (Art. 5 Abs. 1 Buchst. b DSGVO). Bei diesem Grundsatz der Zweckfestlegung und -bindung handelt es sich um einen zentralen Baustein des Datenschutzrechts, da der Verarbeitungszweck jeweils den Anknüpfungspunkt bildet, an dem sich bspw. die Erforderlichkeit der Verarbeitung (s. u.), die einschlägige Rechtsgrundlage oder die Informationspflichten (Art. 13 ff. DSGVO) ausrichten. Eine Verarbeitung von Daten ohne konkreten Zweck (etwa i. S. einer Vorratsdatenspeicherung) wäre mit diesem Prinzip nicht vereinbar.

Datenminimierung

Zudem dürfen personenbezogene Daten nur dann verarbeitet werden, wenn sie für den konkreten Zweck überhaupt erheblich (geeignet) und erforderlich sind, der Zweck also nicht mit weniger Daten bzw. mit weniger eingriffsintensiven Mitteln ebenso erreicht werden kann. Auch müssen die hierfür herangezogenen Daten sowie die Art und Weise der Verarbeitung in einem angemessenen Verhältnis zu dem jeweiligen Verarbeitungszweck stehen. Der Grundsatz der Datenminimierung (Art. 5 Abs. 1 Buchst. c DSGVO) schreibt insofern vor, dass die verarbeiteten

262 Vgl. *Schantz*, in: BeckOK Datenschutzrecht, DSGVO, Art. 5 Rn. 2.

personenbezogenen Daten „dem Zweck angemessen und erheblich sowie auf das für die Zwecke der Verarbeitung notwendige Maß beschränkt" sein müssen.

Richtigkeit

Nach dem Grundsatz der Richtigkeit (Art. 5 Abs. 1 Buchst. d DSGVO) müssen personenbezogene Daten zudem sachlich richtig und auf dem neuesten Stand sein. Hierfür sind alle angemessenen Maßnahmen zu treffen, damit im Hinblick auf den Verarbeitungszweck unrichtige Daten unverzüglich gelöscht oder berichtigt werden. Je nach Zweck kann dabei auch die Unvollständigkeit der Daten in der Gesamtschau zu einer Unrichtigkeit führen (bspw., wenn aufgrund der Unvollständigkeit die Gefahr von Fehlschlüssen besteht).[263]

Speicherbegrenzung

Grundsätzlich dürfen Daten gem. Art. 5 Abs. 1 Buchst. e DSGVO auch nur so lange in einer die Identifizierung der betroffenen Person ermöglichenden Form gespeichert werden, wie es für die Zwecke der jeweiligen Verarbeitung erforderlich ist. Das heißt, die Speicherdauer ist auf das „unbedingt erforderliche Mindestmaß" zu beschränken (Erwägungsgrund 39 DSGVO). Hieraus lässt sich auch eine Pflicht des Verantwortlichen ableiten, die jeweilige Speicherdauer bzw. die Kriterien für die Bestimmung dieser Dauer – ähnlich dem Zweck der Verarbeitung – intern festzulegen.[264]

Integrität und Vertraulichkeit

Schließlich schreibt Art. 5 Abs. 1 Buchst. f DSGVO vor, dass die Art und Weise der Verarbeitung eine angemessene Sicherheit der personenbezogenen Daten gewährleisten muss. Hierzu gehört insbesondere der mithilfe geeigneter technischer und organisatorischer Maßnahmen erzeugte Schutz vor unbefugtem oder unrechtmäßigem Zugriff oder Verlust. Ein (sanktionierbarer) Verstoß gegen diesen Grundsatz ist also nicht erst dann gegeben, wenn tatsächlich ein Datenverlust o. Ä. eintritt, sondern kann bereits im Nicht-Vorhalten DSGVO-konformer Maßnahmen und Prozesse liegen. Welche Sicherheitsmaßnahmen hierbei allerdings im Einzelnen notwendig sind, hängt stark von der Sensibilität der Daten bzw. deren Bedeutung für die Rechte und Interessen der Betroffenen sowie vom jeweils bestehenden Risiko eines unberechtigten Zugriffs ab.[265]

1.1.2 Ausgewählte Pflichten des Verantwortlichen

Aus den o. g. Verarbeitungsgrundsätzen sowie den spezifischen Vorgaben der DSGVO und des BDSG ergeben sich für Verantwortliche zahlreiche interne Pflichten. Dazu zählen insbesondere:

- Sicherstellung der Betroffenenrechte und der diesbezüglichen Transparenzpflichten (Art. 12 ff. DSGVO);
- Führung eines Verzeichnisses aller Verarbeitungstätigkeiten, die der Zuständigkeit des Verantwortlichen unterliegen, mit den in Art. 30 DSGVO genannten Mindestangaben;
- Durchführung einer Risikoanalyse und Implementierung geeigneter technischer und organisatorischer Maßnahmen (Art. 24 und 32 DSGVO);

263 Ebenda, Art. 5 Rn. 30 f.

264 Ebenda, Art. 5 Rn. 32.

265 Vgl. EuGH, NJW 2014 S. 2169, 2172.

- Durchführung einer Datenschutz-Folgenabschätzung i. S. von Art. 35 DSGVO bei besonders risikobehafteten Datenverarbeitungen und ggf. Abstimmung mit der Aufsichtsbehörde;
- ggf. Pflicht zur Bestellung eines Datenschutzbeauftragten (Art. 37 DSGVO, § 38 BDSG);
- Vereinbarung der Zuständigkeiten für die Erfüllung der DSGVO-Pflichten bei mehreren gemeinsam Verantwortlichen in transparenter Form (Art. 26 DSGVO);
- Erfüllung der Vorgaben im Hinblick auf Auftragsverarbeiter, insbesondere Abschluss eines Verarbeitungsvertrags mit den in Art. 28 Abs. 3 DSGVO genannten Inhalten;
- Behandlung von Datenschutzverstößen inkl. diesbezüglicher Meldung an die Aufsichtsbehörde innerhalb von 72 Stunden nach Bekanntwerden (Art. 33 DSGVO) bzw. Benachrichtigung der Betroffenen (Art. 34 DSGVO);
- Sicherstellung des Datenschutzes bei der Übermittlung personenbezogener Daten in ein Drittland[266] oder an eine internationale Organisation (Art. 44 ff. DSGVO).

Überdies müssen in bestimmten Verarbeitungssituationen sowie im Hinblick auf bestimmte Datenarten zusätzliche besondere Vorgaben berücksichtigt werden, etwa bei der Datenverarbeitung im Beschäftigungskontext (vgl. § 26 BDSG) oder bei der Verarbeitung sensibler Daten (Art. 9 DSGVO).[267]

1.1.3 Die Rechenschaftspflicht des Verantwortlichen

Über die bloße Einhaltung der o. g. Grundsätze und der einzelnen spezifischen DSGVO-Vorgaben hinaus, besteht die Herausforderung für die datenschutzrechtlich Verantwortlichen auch und vor allem darin, in der Lage sein zu müssen, diese Einhaltung nachzuweisen. Diese sog. Rechenschaftspflicht ist in Art. 5 Abs. 2 sowie in Art. 24 Abs. 1 DSGVO verankert und kann als Ausdruck der datenschutzrechtlichen Compliance Verantwortlichkeit jedes Datenverarbeiters verstanden werden. Daraus folgt einerseits eine faktische Beweislastumkehr und andererseits eine umfassende Dokumentations- und Aufbewahrungspflicht im Hinblick auf alle datenschutzrechtlich relevanten Vorgänge, Maßnahmen, Unterlagen, Prozesse und Entscheidungen, die die Etablierung eines effektiven Datenschutz-Management-Systems erfordern.

1.1.4 Die Verantwortlichkeit für die Umsetzung der DSGVO-Vorgaben

Als Verantwortliche i. S. der DSGVO kommen sowohl natürliche als auch juristische Personen in Betracht (vgl. Art. 4 Nr. 7 DSGVO), so dass auch ein Unternehmen als solches unmittelbarer Adressat der einzelnen Pflichten (sowie auch des Bußgelds im Falle von Verstößen, vgl. Art. 83 Abs. 3 DSGVO) sein kann. In diesen Fällen ist im Innenverhältnis zur jeweiligen Gesellschaft – wie auch bei sonstigen das Unternehmen treffenden Pflichten – in erster Linie das Leitungsorgan für die Umsetzung und Einhaltung der gesetzlichen Vorgaben verantwortlich. Aus den Sorgfaltspflichten von Vorstandsmitgliedern und GmbH-Geschäftsführern (§ 93 Abs. 1 AktG, § 43 GmbHG) folgt dabei zunächst, dass diese neben den sie persönlich treffenden Rechtspflichten auch solche Pflichten beachten müssen, die an das von ihnen geleitete Unternehmen als

266 Siehe Abschnitt 1.4 „Ausgewählte branchen- und segmentspezifische Besonderheiten".

267 Ebenda.

Rechtssubjekt adressiert sind (sog. Legalitätspflicht).[268] Darüber hinaus sind sie aber auch dafür verantwortlich, für ein gesetzmäßiges Verhalten der Gesellschaft insgesamt bzw. ihrer einzelnen Mitarbeiter zu sorgen (sog. Legalitätskontrollpflicht).[269] Unternehmensleiter müssen demgemäß dafür Sorge tragen, dass das Unternehmen so organisiert und beaufsichtigt wird, dass keine Gesetzesverstöße stattfinden.[270] Die Einhaltung datenschutzrechtlicher Vorgaben bildet hierbei keine Ausnahme.

Dem Datenschutzbeauftragten hingegen obliegen nach Art. 39 Abs. 1 DSGVO in erster Linie Unterrichtungs-, Beratungs- und Überwachungsaufgaben. Zudem fungiert er als Anlaufstelle für die Aufsichtsbehörden und ist für die Zusammenarbeit mit diesen zuständig. Der Datenschutzbeauftragte ist weisungsfrei, darf aufgrund seiner Funktion nicht benachteiligt werden und berichtet unmittelbar an die höchste Managementebene (Art. 38 Abs. 3 DSGVO). Die Unternehmensleitung ist für die ordnungsgemäße Auswahl (vgl. Art. 37 Abs. 5 DSGVO), Einweisung und Überwachung des Datenschutzbeauftragten verantwortlich, so dass sie einschreiten muss, wenn Anhaltspunkte dafür vorliegen, dass der Datenschutzbeauftragte die übertragene Aufgabe nicht korrekt erfüllt.[271] Der Datenschutzbeauftragte selbst ist allerdings nicht i. S. des Verantwortlichen rechenschaftspflichtig nach Art. 5 DSGVO.[272]

1.1.5 Die Notwendigkeit eines Datenschutz-Management-Systems

Um die Anforderungen der DSGVO und des BDSG angemessen umsetzen und die neuen bzw. bisher nicht in dieser Form oder Ausführlichkeit und nunmehr zum Teil mit Fristen versehenen Pflichten erfüllen zu können, ist ein strukturierter und effizienter Umgang mit dem Thema Datenschutz unerlässlich. Hierfür bedarf es der Konzeption, Dokumentation und Implementierung zahlreicher Maßnahmen in der Aufbau- und Ablauforganisation eines Unternehmens, wovon grundsätzlich alle Geschäftsprozesse und Fachbereiche der nationalen und ggf. internationalen Unternehmenseinheiten betroffen sind. Gerade mit Blick auf die Rechenschaftspflicht (siehe Abschnitt 1.1.3) und das erhebliche Reputations- und Bußgeldrisiko im Falle von Verstößen, wird hierfür regelmäßig kein Weg an der Einrichtung und kontinuierlichen Weiterentwicklung eines Datenschutz-Management-Systems (DSMS) vorbei führen.

Als DSMS können die organisatorischen Maßnahmen und Grundsätze einer Organisation bezeichnet werden, die den datenschutzkonformen Umgang mit personenbezogenen Daten gewährleisten sollen, insbesondere durch die Einrichtung und Ausgestaltung von Zuständigkeiten, Vorgaben und Prozessen, Schulungs- und Kommunikationsmaßnahmen, Kontrollen sowie Maßnahmen zur Fehlererkennung und -behebung.[273]

Die DSGVO enthält weder eine Definition des Begriffs des DSMS noch eine ausdrücklich formulierte Pflicht zu dessen Einrichtung. Letztere lässt sich allerdings aus der Rechenschaftspflicht des Verantwortlichen nach Art. 5 Abs. 2 DSGVO ableiten. Zudem folgt diese Pflicht, wie auch bei

268 Vgl. BGH, NJW 2012 S. 3439, 3441; 2010 S. 3458, 3460; LG München I, ZIP 2014 S. 570, 572; *Fleischer*, in: Fleischer (Hrsg.), Handbuch des Vorstandsrechts, 2. Aufl. 2019, § 7 Rn. 13.

269 Vgl. BGH, NJW 2013 S. 1958, 1960; 1997 S. 130, 131; *Goette*, in: Geiß et al. (Hrsg.), FS BGH, S. 125; *Holle*, Legalitätskontrolle im Kapitalgesellschafts- und Konzernrecht, 2015, S. 61; vgl. auch: Ziff. 4.1.3 DCGK.

270 Vgl. LG München I, ZIP 2014 S. 570, 573; *Fleischer*, NZG 2014 S. 322; *Thole*, ZHR 2009 S. 510.

271 Vgl. BGHZ 127, S. 336, 347; *Holle*, Legalitätskontrolle im Kapitalgesellschafts- und Konzernrecht, 2015, S. 61.

272 Vgl. *Heberlein*, in: Ehmann/Selmayr (Hrsg.), DSGVO, 2. Aufl. 2018, Art. 5 Rn. 34, Art. 37 Rn. 12.

273 Vgl. *Jung*, ZD 2018 S. 208, 210 m. w. Nachw.

sonstigen Maßnahmen der Unternehmens-Compliance, aus der Verantwortlichkeit der Unternehmensleitung, ein rechtstreues Verhalten der Gesellschaft und ihrer Mitarbeiter sicherzustellen.[274] Auf welche Weise das DSMS konkret ausgestaltet wird, bleibt grundsätzlich dem Leitungsermessen der Unternehmensführung überlassen. Eine Orientierung an den diesbezüglichen Vorgaben der Datenschutz-Aufsichtsbehörden[275] sowie einschlägiger Rechtsprechung ist hierbei sicherlich sinnvoll.

1.2 Aktuell diskutierte Lösungsansätze

Um das Unternehmen bestmöglich vor den Folgen eines Datenschutzverstoßes schützen zu können, muss das DSMS angemessen und wirksam sein. Bei der Ausgestaltung empfiehlt es sich, auf praxiserprobte Methoden zurückzugreifen und ggf. entsprechende Adjustierungen vorzunehmen. Hierbei können z. B. die nachfolgenden Standards als Orientierung herangezogen werden.

IDW PS 980

Der IDW Prüfungsstandard 980 geht von sieben – miteinander in Wechselwirkung stehenden – Grundelementen aus, die ein angemessenes Compliance Management System (CMS) aufweisen sollte. Dies sind Compliance Kultur, Ziele, Risiken, Programm, Organisation, Kommunikation sowie Überwachung und Verbesserung.

Zwar ist der IDW PS 980 nicht (ausschließlich) auf die Prüfung eines DSMS zugeschnitten. Allerdings werden „Datenschutz- und Datensicherheitsvorschriften" ausdrücklich als eines von verschiedenen Rechtsgebieten genannt, deren Befolgung über ein CMS i. S. des IDW PS 980 sichergestellt werden kann (IDW PS 980 Tz. A3). Letztlich werden die in diesem Prüfungsstandard beschriebenen Grundelemente guter Compliance – teils unter Verwendung anderer Begrifflichkeiten und/oder Reihenfolgen – auch in allen anderen gängigen Compliance Standards behandelt.

IDW PS 860 und PH 9.860.1

Mit dem IDW PS 860 hat das Institut der Wirtschaftsprüfer in Deutschland (IDW) einen Standard veröffentlicht, der für alle Sonderprüfungen im IT-Umfeld zur Anwendung kommen kann, für die es keinen eigenen Prüfungsstandard gibt. Die Grundsätze des IDW PS 860 wurden später durch den Prüfungshinweis 9.860.1 für die Prüfung der Grundsätze, Verfahren und Maßnahmen nach DSGVO und BDSG konkretisiert. Der Prüfungshinweis enthält insbesondere Beispiele für geeignete Grundsätze, Verfahren und Maßnahmen zur Einhaltung der Kriterien der DSGVO und des BDSG sowie mögliche Prüfungshandlungen. Dabei ist er inhaltlich auch an die CMS-Grundsätze nach IDW PS 980 (s. o.) angelehnt und baut letztlich auf diesen auf.

iDSM7

Das vom Bayerischen IT-Sicherheitscluster e.V. entwickelte Datenschutz-Management-System iDSM7[276] ist eine Variante des ISIS12 (InformationsSicherheitsmanagementSystem in 12 Schrit-

274 Vgl. (generell zum Compliance Management) *Goette*, ZHR 2011 S. 394 f.; *Harbarth*, ZHR 2015 S. 137 f.; *Kort*, GmbHR 2013 S. 568; siehe hierzu auch Abschn. 1.1.4 „Die Verantwortlichkeit für die Umsetzung der DSGVO-Vorgaben".

275 Vgl. nur: BayLDA, Veröffentlichungen, abrufbar unter: http://go.nwb.de/uhgez; DSK, Infothek, abrufbar unter: http://go.nwb.de/m7rec; EDSA, DSGVO: Leitlinien, Empfehlungen, bewährte Verfahren, abrufbar unter: http://go.nwb.de/nxs17 (jeweils abgerufen am 16.3.2020).

276 Online abrufbar unter: http://go.nwb.de/alefd (abgerufen am 16.3.2020).

ten). Es soll dem Anwender in einfacher Weise eine Erreichung der DSGVO-Compliance ermöglichen. Die hierfür verwendeten sieben Schritte dürften vor allem als Orientierung für kleine und mittlere Unternehmen hilfreich sein.

IT-Sicherheits-Standards

Insbesondere im Hinblick auf die Anforderungen des Art. 32 DSGVO (Sicherheit der Verarbeitung) kann auf bewährte Standards der Informationssicherheit zurückgegriffen werden. Zu nennen ist in diesem Zusammenhang insbesondere der IT-Grundschutz des Bundesamts für Sicherheit in der Informationstechnik (BSI). Der BSI IT-Grundschutz soll ein systematisches Vorgehen für die Identifizierung und Umsetzung notwendiger Sicherheitsmaßnahmen in Behörden und Unternehmen jeder Größenordnung bieten. Zudem ist der BSI IT-Grundschutz kompatibel mit der ISO-Norm 27001.

Bei ISO/EIC 27001 handelt es sich um einen internationalen Standard für die Informationssicherheit in Unternehmen einschließlich des Informationssicherheits-Managementsystems (welches Gegenstand einer Zertifizierung sein kann). Die ISO-Norm verlangt u. a. eine Risikoabschätzung, eine Klassifizierung von Daten, eine Anzeige von Incidents (Datenlecks oder andere Vorfälle) sowie eine entsprechende Dokumentation (je nach Prozess und Risiko). Hierbei bietet die Norm allerdings lediglich einen Rahmen, an dem man sich bei der Umsetzung der DSGVO orientieren kann, insbesondere im Hinblick auf die Anforderungen des Art. 32 DSGVO. Die jeweiligen Punkte müssen dementsprechend mit Blick auf die DSGVO-Vorgaben erweitertet und angepasst werden.

1.3 Handlungsempfehlungen

Da die Verhinderung, Aufdeckung und Aufarbeitung von Datenschutzverstößen letztlich derselben Logik folgt wie es auch bei sonstigen Rechtsverletzungen der Fall ist, bietet es sich an, bei der Konzeptionierung des DSMS auf praxisbewährte Methoden des Compliance Managements zurückzugreifen bzw. das Thema Datenschutz in das bestehende Compliance Management des Unternehmens zu integrieren. Insofern sollte das DSMS z. B. die im IDW PS 980 beschriebenen Grundelemente[277] (s. o.) abdecken und diese entsprechend für das Thema Datenschutz konkretisieren. Orientierung bietet hierbei auch der Anforderungskatalog[278] des IDW PH 9.860.1 für die Umsetzung der Grundsätze, Verfahren und Maßnahmen nach der DSGVO und dem BDSG (s. o.).

Datenschutz-Kultur

Da die besten Grundsätze nichts nutzen, wenn sie unternehmensintern nicht aktiv gelebt werden, hängt die Angemessenheit und Wirksamkeit jedes DSMS maßgeblich davon ab, inwieweit bei den einzelnen Mitarbeitern ein nachhaltiges Bewusstsein für die hohe Relevanz der Themen Datenschutz und Datensicherheit erzeugt werden kann. Das Entstehen einer positiven Datenschutz-Kultur sollte daher durch verschiedene Maßnahmen gefördert werden. Hierzu zählen aufgestellte und kommunizierte Verhaltensgrundsätze zum Datenschutz ebenso wie Anreizsysteme zur Förderung datenschutzkonformen Handelns (etwa durch Berücksichtigung bei Beurteilungen und Beförderungen). Niemals unterschätzt werden sollte auch die Vorbildwirkung der gesetzlichen Vertreter und der Mitarbeiter des Managements auf allen Ebenen. Nur wenn diese

277 Vgl. zum Ganzen: IDW PS 980 Tz. 23.
278 Vgl. zum Ganzen: IDW PH 9.860.1 Anlage 1.

sich aktiv zum Datenschutz bekennen und dieses Bekenntnis auch durch ihr eigenes tägliches Verhalten mit Leben füllen, kann eine nachhaltige Datenschutz-Kultur innerhalb der Belegschaft verankert werden („tone from the top"). Dazu gehört auch, dass bei bekanntgewordenen Verstößen nicht weggeschaut, sondern unverzüglich eingegriffen wird und Regelverletzungen – unabhängig von der dafür verantwortlichen Person und Hierarchieebene – angemessen sanktioniert werden. Letzteres kann von zusätzlichen Pflichtschulungen und/oder der Berücksichtigung bei Beurteilungen bzw. Beförderungsentscheidungen bis hin zur Kündigung bei schweren Verstößen reichen.

Datenschutz-Ziele

Die aus der Unternehmensstrategie abgeleiteten Datenschutz-Ziele geben die Ausrichtung des gesamten DSMS vor und stellen die Grundlage für die Beurteilung von Datenschutzrisiken (s. u.) dar. Bei der Festlegung der einzelnen Ziele sollte vor allem darauf geachtet werden, dass diese miteinander vereinbar sowie verständlich, praktikabel und auch erreichbar sind und dass sich die Zielerreichung in irgendeiner Form messen lässt. Darüber hinaus sollten auch die sich ggf. aus dem konkreten Geschäftsmodell ergebenden Besonderheiten[279] berücksichtigt werden.

Ziele des Datenschutzes im Unternehmen können (und sollten) z. B. die DSGVO-Konformität der Datenverarbeitung zur Vermeidung von Schadenersatzzahlungen und Bußgeldern sowie eine hohe Transparenz der Verarbeitungsprozesse und die bestmögliche Sicherstellung der Betroffenenrechte sein.

Datenschutz-Risiken

Mithilfe von einzuführenden Verfahren zur systematischen Risikoerkennung und -berichterstattung werden die Datenschutz-Risiken identifiziert, die eine Erreichung der zuvor festgelegten Datenschutz-Ziele be- bzw. verhindern könnten. Das Ergebnis dieser Risikoanalyse bildet dann wiederum die Grundlage für die Entwicklung eines angemessenen Datenschutz-Programms (s. u.).

Die DSGVO verlangt an mehreren Stellen einen geregelten Prozess zum Management der Risiken, die sich für die Rechte und Freiheiten der Betroffenen aus der Datenverarbeitung ergeben (vgl. Art. 24 Abs. 1, 25 Abs. 1, 32 und 35 DSGVO). Dabei gilt es, potenzielle Risiken zunächst zu identifizieren und diese anschließend im Hinblick auf ihre Eintrittswahrscheinlichkeit und ihre möglichen Folgen für die Rechte und Freiheiten der Betroffenen zu bewerten.[280] Auf Basis dieser Bewertung sollten die ggf. erforderlichen (technisch organisatorischen) Maßnahmen zur Behandlung der jeweiligen Risiken festgelegt und die ordnungsgemäße Umsetzung dieser Maßnahmen überwacht werden. Die Durchführung und die Ergebnisse dieses Prozesses sollten – auch mit Blick auf die datenschutzrechtliche Rechenschaftspflicht – dokumentiert und anhand dieser Dokumentation regelmäßig auf ihre Aktualität hin überprüft werden.

279 Siehe Abschn. 1.4 „Ausgewählte branchen- und segmentspezifische Besonderheiten".

280 Vgl. hierzu: DSK, Kurzpapier Nr. 18, abrufbar unter: http://go.nwb.de/cc8mp; vgl. ferner das BayLDA-Musterbeispiel für die Durchführung einer Risikobeurteilung in Anlehnung an ISO 31000: BayLDA, Risikobeurteilung nach ISO 31000, abrufbar unter: http://go.nwb.de/g5pz6 (jeweils abgerufen am 16.3.2020).

Bei Verarbeitungsvorgängen, die voraussichtlich ein hohes Risiko für die Rechte und Freiheiten der Betroffenen mit sich bringen, hat der Verantwortliche zwingend eine Datenschutz-Folgenabschätzung gem. Art. 35 DSGVO durchzuführen.[281] Aus diesem Grund muss sichergestellt sein, dass die Erforderlichkeit einer Datenschutz-Folgenabschätzung innerhalb des Risikomanagementprozesses erkannt wird und die nötigen Folgearbeiten, insbesondere die Einrichtung entsprechender technischer und organisatorischer Maßnahmen zur Risikomitigation, angestoßen werden. Zudem bedarf es eines geregelten Prozesses zur Durchführung von Datenschutz-Folgenabschätzungen, der die formalen Anforderungen des Art. 35 DSGVO erfüllt. Auch hierbei ist auf die hinreichende Dokumentation der Ergebnisse der Datenschutz-Folgenabschätzung (ebenso wie der vorgelagerten Prüfung ihrer Notwendigkeit) zu achten.

Sofern die Datenschutz-Folgenabschätzung zum Ergebnis hat, dass eine Verarbeitung trotz getroffener Maßnahmen ein hohes Risiko für die Betroffenen birgt, muss grundsätzlich die zuständige Aufsichtsbehörde eingebunden werden (Art. 36 DSGVO). Auch für diese Konsultation sollte ein geregelter Prozess mit klar festgelegten Zuständigkeiten eingerichtet werden.

Datenschutz-Programm

Ein Datenschutz-Programm setzt sich aus den Grundsätzen und Maßnahmen zusammen, die auf die Begrenzung der Datenschutz-Risiken und damit auch auf ein datenschutzkonformes Verhalten der Mitarbeiter abzielen. Generell gehört hierzu zunächst die Erstellung des Verarbeitungsverzeichnisses[282] i. S. des Art. 30 DSGVO sowie die Einrichtung von Verfahren und Kontrollen, die sicherstellen, dass das Verzeichnis auch ordnungsgemäß (weiter-)geführt und gepflegt wird sowie auf Anfrage bereitgestellt werden kann. Nur so kann erfasst werden, welche Daten im Unternehmen überhaupt verarbeitet werden und zu welchem Zweck. Darüber hinaus werden im Verarbeitungsverzeichnis u. a. die jeweiligen Informationen über die Kategorien der Betroffenen, die Empfänger der Daten (auch in Drittländern), die Löschfristen und die technischen und organisatorischen Sicherungsmaßnahmen erfasst. Das Verzeichnis dient daher regelmäßig als Ausgangspunkt für die Durchführung einer Risikoanalyse und ggf. einer Datenschutz-Folgenabschätzung (s. o.), die Beurteilung, ob eine alleinige oder gemeinsame Verantwortlichkeit oder eine Auftragsverarbeitung vorliegt (vgl. Art. 26 und 28 DSGVO), die Erarbeitung eines Löschkonzepts oder für das Management von Betroffenenanfragen (s. u.). Insoweit stellt das Verarbeitungsverzeichnis das Kernelement eines DSMS in seiner Funktion als Dokumentations- und Steuerungstool dar. In das Verzeichnis können und sollten daher über die nach Art. 30 DSGVO geforderten Mindestinhalte hinaus auch noch weitere Angaben aufgenommen werden, insbesondere die Rechtsgrundlagen der jeweiligen Verarbeitungen.

Zudem beinhaltet das Datenschutz-Programm die Einrichtung von Maßnahmen zur vollständigen Erfassung aller Systeme und Anwendungen, die personenbezogene Daten verarbeiten, sowie das Vorhandensein von Richtlinien zur Sicherheit der Verarbeitung gem. Art. 32 DSGVO. Diese Richtlinien sollten insbesondere klare Vorgaben, Rollen- und Verantwortlichkeitszuweisungen sowie Dokumentationsanforderungen enthalten und regelmäßig auf ihre Aktualität überprüft

281 Vgl. hierzu: Art. 29 Datenschutzgruppe, Leitlinien zur Datenschutz-Folgenabschätzung (DSFA) und Beantwortung der Frage, ob eine Verarbeitung i. S. der VO 2016/679 „wahrscheinlich ein hohes Risiko mit sich bringt" (17/DE WP 248 Rev. 01), abrufbar unter: http://go.nwb.de/o8ydi; DSK, Liste der Verarbeitungstätigkeiten, für die eine DSFA durchzuführen ist, abrufbar unter: http://go.nwb.de/u5i7y; DSK, Kurzpapier Nr. 5, abrufbar unter: http://go.nwb.de/dvt3u (jeweils abgerufen am 16.3.2020).

282 Vgl. hierzu: DSK, Kurzpapier Nr. 1, abrufbar unter: http://go.nwb.de/vscyi (abgerufen am 16.3.2020).

werden. Darüber hinaus sind als Teil des Datenschutz-Programms u. a. Verfahren und Maßnahmen zur Pseudonymisierung (Art. 32 Abs. 1 Buchst. a DSGVO) sowie zur regelmäßigen Überprüfung, Bewertung und Evaluierung der Angemessenheit und Wirksamkeit der technischen und organisatorischen Maßnahmen (Art. 32 Abs. 1 Buchst. d DSGVO) zu implementieren, die auch die Dokumentation dieser Prozesse umfassen sollten.

Einen weiteren bedeutenden Teil des Datenschutz-Programms stellen die Verfahren zur – fristgerechten – Sicherstellung der Betroffenenrechte dar. Hierzu gehören u. a. geregelte Prozesse für die Verwaltung von Betroffenenanfragen, bspw. Auskunfts- oder Löschungsersuchen, aber auch Prozesse zur proaktiven Information nach Art. 13 und 14 DSGVO.

Des Weiteren ist ein Prozess zur Sicherstellung des Datenschutzes durch Technikgestaltung und datenschutzfreundliche Voreinstellungen (vgl. Art. 25 DSGVO) einzurichten. Dieser sollte gewährleisten, dass bereits bei der Konzeption und Entwicklung neuer bzw. bei der Anpassung bestehender Datenverarbeitungsvorgänge und -technik, bei der Beschaffung von Datenverarbeitungstechnik sowie im laufenden Betrieb die Berücksichtigung der Datenschutzgrundsätze erfolgt. Zur Sicherstellung der Löschung von Daten nach Wegfall des Speicherzwecks und/oder der Rechtsgrundlage zur Verarbeitung bzw. Aufbewahrung ist ein Löschkonzept zu erstellen und umzusetzen.

Überdies ist nach Art. 33 DSGVO ein Prozess zur Reaktion auf Datenschutzverletzungen einzurichten. Dieser muss neben einer Erstevaluierung die unverzügliche Meldung an die zuständige Aufsichtsbehörde („möglichst binnen 72 Stunden“) sicherstellen, wie auch die Benachrichtigung der Betroffenen gem. Art. 34 DSGVO. Der Prozess muss so ausgestaltet sein, dass jede unnötige Verzögerung in der Informationsweitergabe vermieden und eine schnelle Einbindung des Datenschutzbeauftragten sichergestellt wird.[283]

Datenschutz-Organisation

Um das Datenschutz-Programm auch organisatorisch zu untermauern, müssen die Rollen und Verantwortlichkeiten sowie die Aufbau- und Ablauforganisation im DSMS als integraler Bestandteil der Unternehmensorganisation klar geregelt und ausreichende Ressourcen zur Verfügung gestellt werden. Hierzu gehört insbesondere die Zusammenstellung eines Datenschutzteams und ggf. die Bestellung eines Datenschutzbeauftragten mit jeweils klar festgelegten Aufgaben, hierarchischen Stellungen und Berichtslinien. Im Hinblick auf den Datenschutzbeauftragten ist insbesondere zu entscheiden, ob diese Funktion durch eine interne oder externe Person wahrgenommen (vgl. Art. 37 Abs. 6 DSGVO) und/oder ob ggf. ein Konzerndatenschutzbeauftragter für die gesamte Unternehmensgruppe (oder Teile hiervon) bestellt wird (vgl. Art. 37 Abs. 2 DSGVO). Ebenso ist die Zusammenarbeit mit anderen Fachabteilungen, wie bspw. der Compliance- und/oder der Rechtsabteilung, zu klären. Hierdurch kann das DSMS – soweit möglich – in andere, bereits bestehende Systeme der Unternehmensorganisation integriert werden.

Bei der Zuordnung von Verantwortlichkeiten sollte insbesondere berücksichtigt werden, dass Datenschutz nicht „vom Datenschutzbeauftragten gemacht“ wird. Vielmehr kommt bereits den jeweiligen Prozessverantwortlichen in den Fachbereichen die Aufgabe zu, den Schutz personenbezogener Daten an den verschiedenen Stellen in allen Unternehmensprozessen zu beachten

283 Vgl. hierzu auch die nachfolgenden Ausführungen zur Datenschutz-Kommunikation.

und umzusetzen. Sie bilden dadurch die sog. First Line of Defense.[284] Demgegenüber nimmt die Compliance- und/oder Datenschutz-Funktion – i. S. einer Second Line of Defense – vordergründig eine beratende und kontrollierende Rolle ein, während die sog. Third Line of Defense von der internen Revision repräsentiert wird, da diese die Wirksamkeit der internen Mechanismen sowie die Arbeit der ersten beiden Lines objektiv überprüft und bewertet (s. u.). Zur Unterstützung sollten organisatorische und technische Hilfsmittel zu den einzelnen DSMS-Komponenten entwickelt werden, insbesondere zum Datenschutz-Programm sowie zur Datenschutz-Kommunikation und -Überwachung (s. u.). Zu diesem Zweck bietet sich z. B. die Erstellung eines Datenschutz-Handbuchs an und/oder die Einführung von manuellen Datenschutz-Checklisten oder IT-Tools.

Datenschutz-Kommunikation

Damit die einzelnen Mitarbeiter ihre Aufgaben innerhalb des DSMS ausreichend verstehen und sachgerecht erfüllen können, müssen sie hinreichend über das Datenschutz-Programm und die festgelegten Rollen und Verantwortlichkeiten informiert werden. Dies kann z. B. in Form von Mitarbeiterbriefen, Schulungsveranstaltungen, Verhaltenskodizes und/oder Datenschutz-Handbüchern erfolgen. Die Teilnahme an regelmäßigen Datenschutzschulungen sollte als vertragliche Pflicht für alle Mitarbeiter festgeschrieben sein. Im Nachhinein sollten sich die Durchführung der Schulungen sowie die Teilnahme der einzelnen Mitarbeiter und deren jeweiliger Wissensstand anhand geeigneter Nachweise überprüfen lassen. Die Inhalte der Schulungsveranstaltungen und ergänzendes Informationsmaterial sind den Mitarbeitern dauerhaft zur Verfügung zu stellen, etwa als Print-Unterlagen oder zum Download über das Intranet. Diese Unterlagen und Schulungsinhalte sollten zudem in regelmäßigen Abständen auf ihre Aktualität und Angemessenheit überprüft und bei Bedarf angepasst werden.

Zur geregelten Datenschutz-Kommunikation gehört auf der anderen Seite auch die Festlegung von Berichtspflichten, -anlässen und -wegen, insbesondere für den Fall eines Datenschutz- bzw. Datensicherheitsvorfalls. Damit in diesen Fällen unverzüglich reagiert, die relevanten Entscheidungsträger informiert und eine ggf. erforderliche Meldung an die Aufsichtsbehörden und notfalls auch die Betroffenen erfolgen kann, müssen die Informationsflüsse bereits im Vorfeld klar geregelt worden sein. Dies beginnt bei der ersten Meldung nach Erkennen einer Datenschutzverletzung, für die es bekannte Anlaufstellen geben muss, die auch anonym für alle Mitarbeiter und externe Auftragsverarbeiter erreichbar sind. Die weiteren Kommunikationswege sollten ggf. eine Einbindung des Datenschutzbeauftragten sowie der Abteilung Unternehmenskommunikation (bzw. einer bereits zuvor bestimmten PR-Agentur) vorsehen. Eventuell notwendige Meldungen an die Aufsichtsbehörden sollten zudem durch bereits vorgefertigte Musterschreiben bzw. Formblätter unterstützt werden, um den fristgebundenen Prozess bestmöglich zu beschleunigen.

Schließlich umfasst der DSMS-Bestandteil „Kommunikation" auch den Informationsaustausch mit den Betroffenen. Um deren Rechte hinreichend zu wahren, sind Prozesse einzurichten, die sicherstellen, dass die betroffenen Personen

284 Ausführlich zum Three Lines of Defense Modell: IIA, Position Paper: The Three Lines of Defense in effective Risk Management and Control, abrufbar unter: http://go.nwb.de/q3orb (abgerufen am 16.3.2020).

- zum Zeitpunkt einer Datenerhebung die Informationen gem. Art. 13 Abs. 1 und 2 DSGVO erhalten (bzw. die Informationen gem. Art. 14 DSGVO, sofern die Daten nicht bei den Betroffenen erhoben werden);
- über eine beabsichtigte Zweckänderung informiert werden (einschließlich der Angaben nach Art. 13 Abs. 2 bzw. Art. 14 Abs. 2 DSGVO) und
- im Falle einer Geltendmachung von Betroffenenrechten (bspw. auf Auskunft, Berichtigung oder Löschung, vgl. Art. 15 ff. DSGVO) eindeutig identifiziert werden und innerhalb der Frist des Art. 12 Abs. 3 DSGVO eine Antwort einschließlich der ggf. notwenigen Informationen erhalten.

Datenschutz-Überwachung und Verbesserung

Um die Angemessenheit und Wirksamkeit des DSMS regelmäßig und anlassbezogen überprüfen und dieses ggf. anpassen zu können, muss das DSMS in geeigneter Weise überwacht werden. Hierzu gehört ein festgelegtes Verfahren zur internen Prüfung des DSMS im Hinblick auf Änderungen des rechtlichen und regulatorischen Umfelds sowie zur Ableitung ggf. notwendiger Änderungsmaßnahmen.

Zum einen kommt hier der Datenschutzbeauftragte ins Spiel, zu dessen Aufgaben gem. Art. 39 DSGVO die Überwachung der Einhaltung der DSGVO sowie der sonstigen Datenschutzvorschriften der Union bzw. der Mitgliedstaaten, sowie der Strategien des Verantwortlichen oder des Auftragsverarbeiters gehört. Zudem sollte das DSMS insgesamt von einer prozessunabhängigen Stelle, wie etwa der internen Revision, überwacht werden. Ziel der Maßnahmen sollte es sein, die Einhaltung der datenschutzrechtlichen Grundsätze, Verfahren und Maßnahmen zu überprüfen und im Bedarfsfall Verbesserungsvorschläge zu entwickeln. Zeigen sich Schwachstellen im DSMS, müssen diese an die zuständigen Stellen im Unternehmen kommuniziert werden. Voraussetzung hierfür sind eine klare Festlegung der Zuständigkeiten für die Datenschutz-Überwachung, die Berücksichtigung des DSMS im Überwachungsplan und die Bereitstellung ausreichender Ressourcen für die Durchführung der Überwachung. Darüber hinaus bedarf es bestimmter Berichtslinien für die Kommunikation der Überwachungsergebnisse und des davon abgeleiteten Verbesserungspotenzials sowie für eventuelle Hinweise auf erfolgte Datenschutzverstöße und die hierauf ergriffenen Abhilfe- und Verbesserungsmaßnahmen.

Alternativ oder ergänzend kann Verbesserungspotenzial des DSMS (bzw. einzelner Komponenten) auch mittels externer Prüfungen festgestellt werden. Zudem kann mithilfe eines datenschutzspezifischen Zertifizierungsverfahrens (bzw. der Erteilung eines Datenschutzsiegels oder -prüfzeichens) der Nachweis erbracht werden, dass die Verarbeitungsvorgänge eines Unternehmens DSGVO-konform sind (Art. 42 Abs. 1 Satz 1 DSGVO). Die Zertifizierung kann nur von einer hierfür gem. Art. 43 DSGVO akkreditierten Stelle und nur für eine Höchstdauer von drei Jahren (mit Möglichkeit der anschließenden Verlängerung) erteilt werden.

1.4 Ausgewählte branchen- und segmentspezifische Besonderheiten

Bei der Ausgestaltung des DSMS sollten von Beginn an auch die datenschutzrechtlichen Besonderheiten berücksichtigt werden, die sich im Zusammenhang mit der konkreten Geschäftstätigkeit eines Unternehmens ergeben können.

Solche Besonderheiten können einerseits aus spezialgesetzlichen Regelungen zum Datenschutz folgen. So müssen bspw. Unternehmen, die nach § 2 Abs. 1 GwG zu den geldwäscherechtlich Verpflichteten zählen, die strikte Zweckbindung gem. § 11a Abs. 1 GwG beachten. Danach dürfen personenbezogene Daten auf Grundlage des GwG ausschließlich für die Verhinderung von Geldwäsche und Terrorismusfinanzierung verarbeitet werden. Die zur Erfüllung der geldwäscherechtlichen Pflichten erforderlichen Daten müssen daher (ggf. redundant) gesondert erhoben werden.

Besonderheiten können sich ebenso aus der Art der verarbeiteten Daten ergeben. So gelten insbesondere in Bezug auf sensible Daten i. S. des Art. 9 DSGVO deutlich erhöhte Anforderungen an die Verarbeitung. Unternehmen, die bspw. im Bereich Health Care tätig sind und daher in großem Umfang sensible Gesundheitsdaten verarbeiten, müssen hierbei sowohl die diesbezüglichen gesetzlichen Sonderregelungen beachten als auch dem deutlich höheren Risiko für die Betroffenen durch verstärkte Sicherheitsmaßnahmen Rechnung tragen.

Weitere zu beachtende Besonderheiten ergeben sich im Zusammenhang mit internationalen Geschäftstätigkeiten und Konzernstrukturen, da es hierbei oft zur Übermittlung personenbezogener Daten in Drittstaaten (außerhalb der EU bzw. des EWR) kommt. Eine solche Datenübermittlung ist nur unter den Voraussetzungen nach Art. 44 ff. DSGVO zulässig. Das heißt, entweder muss die EU-Kommission für den jeweiligen Staat in einem sog. Angemessenheitsbeschluss nach Art. 45 DSGVO ein gleichwertiges Datenschutzniveau anerkannt haben (so bspw. für die Schweiz) oder es müssen geeignete Garantien i. S. von Art. 46 DSGVO vorgesehen sein, z. B. verbindliche interne Datenschutzvorschriften nach Art. 47 DSGVO. Sind diese Voraussetzungen nicht erfüllt, ist die Übermittlung in einen Drittstaat allenfalls in den von Art. 49 DSGVO genannten Ausnahmefällen zulässig.

1.5 Fazit

Seit Geltungsbeginn der DSGVO müssen Unternehmen nicht nur strengere datenschutzrechtliche Vorgaben beachten, sondern auch den Nachweis für deren Einhaltung erbringen können. Um diese Anforderungen zu erfüllen, ist ein angemessenes und wirksames DSMS in aller Regel unumgänglich. Bei dessen Ausgestaltung und Überprüfung können bereits bestehende und praxisbewährte Compliance- und IT-Sicherheits-Standards herangezogen werden. In Anlehnung an den IDW PS 980 sollte sich ein DSMS aus sieben Komponenten zusammensetzen, die im Hinblick auf die datenschutzrechtlichen Anforderungen zu konkretisieren sind. Orientierung bietet dabei der Anforderungskatalog des IDW PH 9.860.1.

2. Das geldwäschebezogene Risikomanagement

RAin Barbara Scheben

Das Thema der Geldwäscheprävention ist für Industrieunternehmen ein im Vergleich zu anderen Themen wie Korruptionsbekämpfung oder Wettbewerbs- und Kartellrecht eher junges Rechtsgebiet. Geldwäsche lässt sich umgangssprachlich beschreiben als die Verbringung illegal erworbenen Vermögens in den legalen Wirtschaftskreislauf.[285] Das Strafgesetzbuch stellt die Geldwäsche in § 261 StGB unter Strafe. Danach wird derjenige, der einen Gegenstand, der aus einer bestimmten rechtswidrigen Vortat[286] herrührt, verbirgt, dessen Herkunft verschleiert oder die Ermittlung der Herkunft, das Auffinden, die Einziehung oder die Sicherstellung eines solchen Gegenstands vereitelt oder gefährdet, mit Freiheitsstrafe von drei Monaten bis zu fünf Jahren bestraft. Bei Hinzutreten bestimmter Merkmale, wie der Gewerbsmäßigkeit oder Bandenmäßigkeit, ist der Strafrahmen noch erhöht. Die Wirkung ist also repressiv bzw. reaktiv.

Das „Gesetz über das Aufspüren von Gewinnen aus schweren Straftaten (Geldwäschegesetz – GwG)" wiederum verfolgt das Ziel, die Nutzung des Finanzsystems zum Zwecke der Geldwäsche und Terrorismusfinanzierung zu verhindern. Es wirkt vorbeugend und aufdeckend. Das GwG wurde zuletzt auf Basis der EU Richtlinie 2018/843 vom 30.5.2018 (Änderungsrichtlinie zur Vierten EU-Geldwäscherichtlinie) geändert. Die Änderungen traten am 1.1.2020 in Kraft. Im Zentrum der Geldwäscheprävention steht das unternehmensintern zu implementierende geldwäschebezogene Risikomanagement, das einen risikobasierten Ansatz verfolgt.

2.1 Der Anwendungsbereich des GwG

Adressaten des GwG sind die sog. „Verpflichteten" nach § 2 GwG. Zu diesen zählen, neben z. B. Kreditinstituten, Finanzdienstleistungsinstituten oder Versicherungsunternehmen, auch sog. Güterhändler (§ 2 Abs. 1 Nr. 16 GwG), auf die sich der vorliegende Beitrag bezieht. Güterhändler werden in § 1 Abs. 9 GwG definiert. Dem Begriff unterfällt, „wer gewerblich Güter veräußert, unabhängig davon in wessen Namen und auf wessen Rechnung". Der Begriff „Güter" ist weit zu verstehen. Güter sind alle beweglichen und nicht beweglichen Sachen, unabhängig von ihrem Aggregatzustand, die einen wirtschaftlichen Wert haben und deshalb Gegenstand einer Transaktion sein können.[287] Somit unterfallen auch z. B. Unternehmen der Energiebranche, Pharmaunternehmen oder Unternehmen mit ausschließlich B2B Geschäft, das sich aber eben auf Güter bezieht, wie z. B. Chemieunternehmen, Automobilzulieferer, etc. dem geldwäscherechtlichen Verpflichtetenbegriff.

Sofern die Muttergesellschaft eines Güterhändlers eine reine Industrieholding darstellt, die ausschließlich Beteiligungen an Unternehmen außerhalb des Kreditinstituts-, Finanzinstituts- und Versicherungssektors hält und nicht über die mit der Verwaltung des Beteiligungsbesitzes ver-

285 Vgl. *Schönke/Schröder/Hecker*, Strafgesetzbuch Kommentar, 30. Aufl. 2019, § 261, Rz. 1: „Vorgang, der darauf angelegt ist, die Spuren der unrechtmäßigen Herkunft von Straftaterlösen zu verschleiern, um so die unerlaubt erlangten Vermögenswerte als scheinbar legales Vermögen in den regulären Wirtschafts- und Finanzkreislauf einzuführen".

286 Z. B. Diebstahl, Unterschlagung, Betrug, Untreue, Bestechung und Bestechlichkeit im geschäftlichen Verkehr, Menschenhandel, Steuerhinterziehung, Straftaten nach dem Betäubungsmittelgesetz sowie weitere Vergehen und Verbrechen.

287 Vgl. BT-Drucks. 18/11555 S. 103.

bundenen Aufgaben hinaus unternehmerisch tätig ist, unterfällt diese nach § 1 Abs. 24 Satz 2 GwG nicht mehr dem Begriff des Finanzunternehmens i. S. des § 2 Abs. 1 Nr. 6 GwG. Die Gesetzesänderung, die am 1.1.2020 in Kraft trat, beendete damit die Diskussion um die Auslegung des § 2 Abs. 1 Nr. 6 GwG a. F.[288]

An anderer Stelle hat sich der Kreis der Verpflichteten mit der Gesetzesnovellierung erweitert. Nun werden neben Güterhändlern nach § 2 Abs. 1 Nr. 16 GwG auch Kunstvermittler und Kunstlagerhalter, soweit die Lagerung in Zollfreigebieten erfolgt, zu derselben Verpflichtetengruppe gezählt. Kunstvermittler gem. § 1 Abs. 23 GwG ist, wer gewerblich den Abschluss von Kaufverträgen über Kunstgegenstände vermittelt. Hierzu zählen auch Auktionatoren und Galeristen.

Auch Immobilienmakler sind Verpflichtete nach dem GwG. Dies ist nach § 1 Abs. 11 GwG der Fall, wenn sie gewerblich den Abschluss von Kauf-, Pacht- oder Mietverträgen über Grundstücke, grundstücksgleiche Rechte, gewerbliche Räume oder Wohnräume vermitteln.

2.2 Risikomanagement

Um dem risikobasierten Ansatz (*risk based approach*) des GWG Ausdruck zu verleihen, steht das Risikomanagement gem. § 4 GwG im Zentrum der Gesetzgebung. Demnach haben die Verpflichteten zur Verhinderung von Geldwäsche und Terrorismusfinanzierung über ein wirksames Risikomanagement zu verfügen, das im Hinblick auf Art und Umfang ihrer Geschäftstätigkeit angemessen ist (§ 4 Abs. 1 GwG). Dieses Risikomanagement umfasst eine Risikoanalyse nach § 5 GwG sowie interne Sicherungsmaßnahmen nach § 6 GwG (§ 4 Abs. 2 GwG). Verantwortlich für das Risikomanagement sowie für die Einhaltung der geldwäscherechtlichen Bestimmungen ist ein zu benennendes Mitglied der Leitungsebene. Die Risikoanalyse und interne Sicherungsmaßnahmen bedürfen zudem der Genehmigung dieses Mitglieds (§ 4 Abs. 3 GwG).

288 Vgl. Referentenentwurf des Bundesministeriums der Finanzen, Entwurf eines Gesetzes zur Umsetzung der Änderungsrichtlinie zur Vierten EU-Geldwäscherichtlinie (Richtlinie [EU] 2018/843), S. 68: „Innerhalb des Verweises des § 2 Absatz 1 Nummer 6 a. F. auf § 1 Absatz 3 Satz 1 Nummer 1 KWG war die Erfassung von reinen Industrieholdings umstritten, da die BaFin diese auf Grundlage des Single Rulebook Q&A der EBA bereits seit 2014 vom Anwendungsbereich des § 1 Absatz 3 KWG ausgenommen hatte. Reine Industrieholdings unterliegen nicht den Vorgaben der Geldwäscherichtlinie. Sie betreiben regelmäßig kein eigenes operatives Geschäft, so dass sich die Identifizierungspflicht nach § 10 Absatz 1 Nummer 1 im Rahmen der allgemeinen Sorgfaltspflichten auf die eigenen Tochtergesellschaften beschränken würde. Zukünftig werden reine Industrieholdings auch nach den Vorgaben der Capital Requirements Regulation (CRR) nicht mehr vom Begriff des Finanzinstitutes umfasst sein."

ABB. 25: Elemente und Ausnahmetatbestände des Risikomanagements

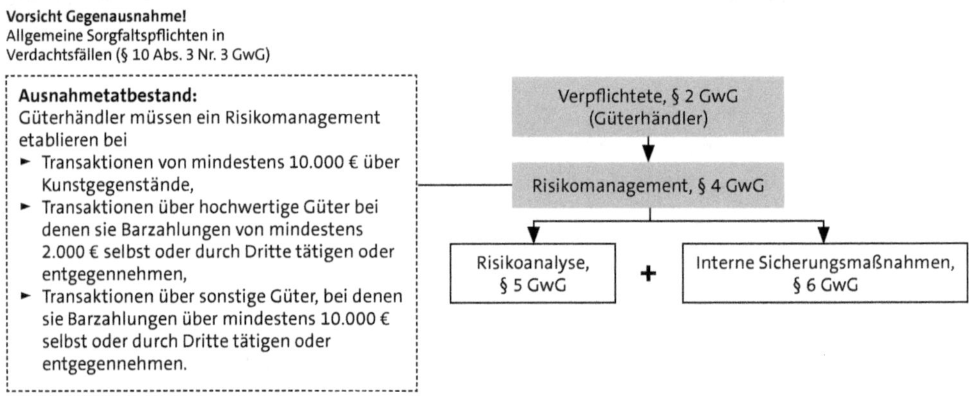

Für Güterhändler existiert eine wichtige Privilegierung, die einen wesentlichen Teil des risikobasierten Ansatzes der Gesetzgebung widerspiegelt. Sie müssen nur dann über ein wirksames Risikomanagement einschließlich gruppenweiter Verfahren verfügen, soweit sie im Rahmen einer Transaktion Barzahlungen über mindestens 10.000 € selbst oder durch Dritte tätigen oder entgegennehmen, bargeldunabhängige Transaktionen von mindestens 10.000 € über Kunstgegenstände vornehmen oder im Rahmen einer Transaktion über hochwertige Güter (etwa Edelmetalle oder Schmuck) Barzahlungen über mindestens 2.000 € selbst oder durch Dritte tätigen oder entgegennehmen (§ 4 Abs. 5 Nr. 1 GwG).[289]

Die auf den ersten Blick sehr klare und transparente Befreiung von der Pflicht zur Implementierung eines Risikomanagements, erweist sich auf den zweiten Blick als eine besondere Herausforderung, da der Gesetzgeber eine Gegenausnahme für einen entscheidenden Bereich des Risikomanagements, die Sorgfaltspflichten, vorsieht. Denn gem. § 10 Abs. 3 Nr. 3 GwG sind die Sorgfaltspflichten ungeachtet etwaiger bestehender Ausnahmeregelungen, Befreiungen oder Schwellenwerte von dem Verpflichteten zu erfüllen, wenn Tatsachen vorliegen, die darauf hindeuten, dass es sich bei den Vermögensgegenständen um den Gegenstand von Geldwäsche handelt oder die Vermögensgegenstände im Zusammenhang mit Terrorismusfinanzierung stehen. Diese Ausnahmeregelung hat zur Folge, dass auch die Unternehmen, die aufgrund des Unterschreitens der o. g. Schwellenwerte von 10.000 € bzw. 2.000 € grundsätzlich von der Pflicht zur Implementierung eines Risikomanagements befreit sind, ein Mindestmaß an Prozessen und Maßnahmen vorhalten müssen, um Gesetzeskonformität sicherstellen zu können. Hier stehen insbesondere die Erkennung der zuvor beschriebenen Tatsachen durch Mitarbeiterschulung und -sensibilisierung, die Einrichtung eines Prozesses zur Durchführung der Sorgfaltspflichten, die

289 Eine ähnliche Sonderregelung existiert für Immobilienmakler. Auch sie müssen über ein wirksames Risikomanagement einschließlich gruppenweiter Verfahren verfügen; im Falle des Mietmaklers allerdings nur dann, wenn er Miet- oder Pachtverträge mit einer monatlichen Miete oder Pacht i. H. von mindestens 10.000 € vermittelt, § 4 Abs. 4 Nr. 2 GwG.

Berücksichtigung von Aufzeichnungs- und Aufbewahrungspflichten sowie die Implementierung eines Prozesses zur Meldung von Verdachtsfällen an die Financial Intelligence Unit[290] im Fokus.

Darüber hinaus bezieht sich die Privilegierung gem. § 4 Abs. 5 GwG ausschließlich auf das Risikomanagement. Andere Vorschriften sind hingegen von der Privilegierung ausgeschlossen. So müssen auch Güterhändler insbesondere die Vorschriften des Abschnitts 4 zum Transparenzregister sowie des Abschnitts 6 hinsichtlich der Pflichten im Zusammenhang mit der Meldung von Sachverhalten unabhängig von einer Privilegierung einhalten.

Güterhändler stehen demnach vor der Herausforderung, die von dem Gesetzgeber vorgesehene Privilegierung für sich zu nutzen und gleichwohl den weiterhin bestehenden gesetzlichen Pflichten und Gegenausnahmen unter der Anwendung eines risikobasierten Ansatzes nachzukommen.

2.2.1 Risikoanalyse

Im Rahmen der Risikoanalyse muss der Verpflichtete für die von ihm betriebenen Geschäfte bestehende Risiken der Geldwäsche und der Terrorismusfinanzierung ermitteln und bewerten (§ 5 Abs. 1 GwG). Ziel der Risikoanalyse ist es, dass der Verpflichtete im Geschäftsbetrieb die Risiken in Bezug auf Geldwäsche und Terrorismusfinanzierung umfassend und vollständig identifiziert, kategorisiert sowie gewichtet.[291] Auch in der Risikoanalyse findet sich der risikobasierte Ansatz wieder. So haben Verpflichtete insbesondere die Risikofaktoren in Anlage 1 und 2 des GwG zu berücksichtigen. Der konkrete Umfang der Risikoanalyse richtet sich dabei stets individuell nach Art und Umfang der Geschäftstätigkeit des Verpflichteten (§ 5 Abs. 1 GwG).

Zusätzlich haben die Verpflichteten gem. § 5 Abs. 2 GwG die Risikoanalyse zu dokumentieren, regelmäßig zu überprüfen und ggf. zu aktualisieren. Insbesondere vor dem Hintergrund eines schnelllebigen Wandels von Technologie und Geschäftsabläufen sowie der sich laufend ändernden Methoden der Geldwäsche und Terrorismusfinanzierung, ist die regelmäßige Aktualisierung so zu verstehen, dass die Risikoanalyse zumindest einmal im Jahr einer Überprüfung unterzogen und ggf. angepasst wird.[292] Zusätzlich muss der Verpflichtete die Risikoanalyse in der jeweils aktuellen Fassung der Aufsichtsbehörde[293] auf Verlangen zur Verfügung stellen (§ 5 Abs. 2 Nr. 3 GwG). Somit ist eine gesetzeskonforme und griffbereite Dokumentation unabdingbar.

Verpflichtete, die als Mutterunternehmen einer Gruppe gelten, müssen die zuvor genannten Verpflichtungen gem. § 5 Abs. 3 GwG für die gesamte Gruppe[294] erfüllen.

290 „Die unter dem Dach der Generalzolldirektion als unabhängige administrative Zentralstelle eingerichtete FIU ist für die Entgegennahme, Sammlung und Auswertung von Meldungen über verdächtige Finanztransaktionen, die im Zusammenhang mit Geldwäsche oder Terrorismusfinanzierung stehen könnten, verantwortlich." (*Financial Intelligence Unit*, Jahresbericht 2018, S. 10).

291 Vgl. BT-Drucks. 18/11555 S. 110.

292 Vgl. ebenda, S. 109.

293 Die zuständige Aufsichtsbehörde wird nach § 50 GwG definiert.

294 Der Begriff „Gruppe" wird in § 1 Abs. 16 GwG definiert.

2.2.2 Interne Sicherungsmaßnahmen

Verpflichtete haben nach § 6 Abs. 1 Satz 1 GwG „angemessene geschäfts- und kundenbezogene interne Sicherungsmaßnahmen zu schaffen, um die Risiken von Geldwäsche und Terrorismusfinanzierung in Form von Grundsätzen, Verfahren und Kontrollen zu steuern und zu mindern".

Eine Auswahl wesentlicher interner Sicherungsmaßnahmen ist in dem nachfolgenden Schaubild in der Organisationsstruktur des Abschnitts 2 und 3 des GwG dargestellt.

ABB. 26: Elemente des Risikomanagements und interner Sicherungsmaßnahmen

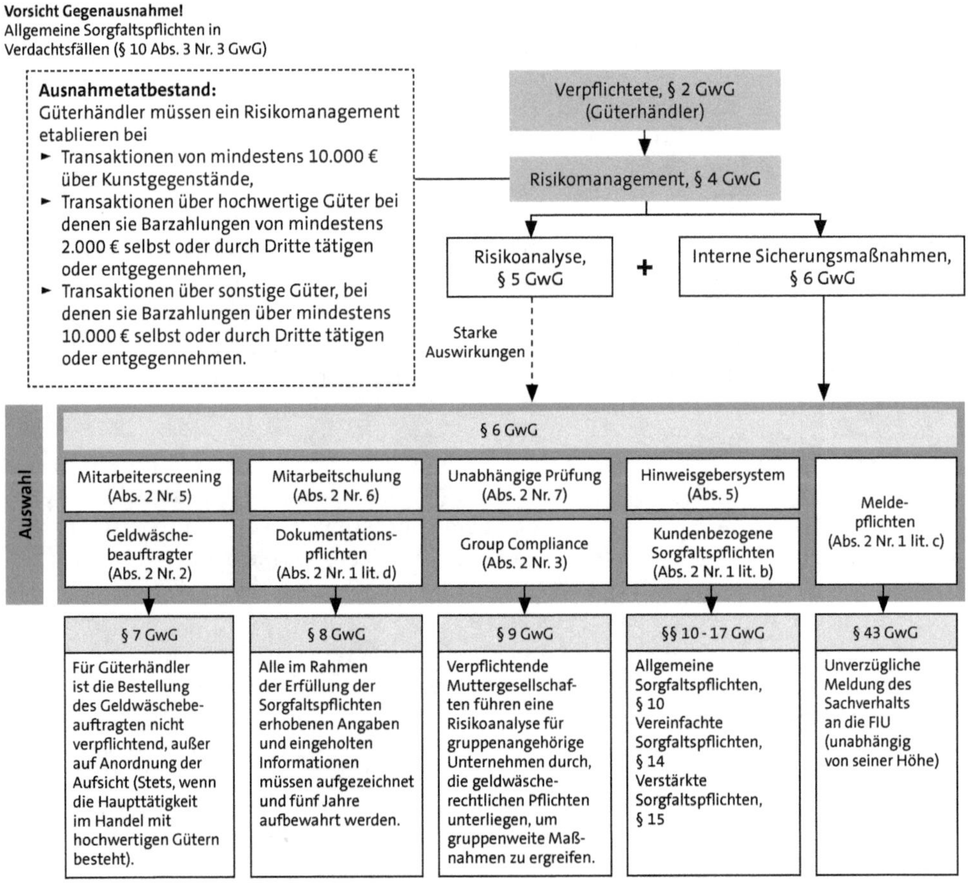

Die Grundlage für die Implementierung, Ausgestaltung und Aktualisierung der internen Sicherungsmaßnahmen ist stets die Risikoanalyse nach § 5 GwG (siehe hierzu Kap. 2.2.1). Demnach sind solche Sicherungsmaßnahmen als angemessen zu betrachten, die der jeweiligen Risikosituation des einzelnen Verpflichteten entsprechen und diese abdecken (§ 6 Abs. 1 Satz 2 GwG). Um die internen Sicherungsmaßnahmen darüber hinaus angemessen auszugestalten, sollten diese an der Größe des Verpflichteten und dessen Geschäfts- und Kundenstruktur ausgerichtet sein.[295] Zusätzlich haben die Verpflichteten die Funktionsfähigkeit der internen Sicherungsmaßnahmen zu überwachen und diese bei Bedarf zu aktualisieren (§ 6 Abs. 1 Satz 3 GwG). Eine Aktualisierung der internen Sicherungsmaßnahmen kann insbesondere auch in der Folge der Aktualisierung der Risikoanalyse nach § 5 GwG erforderlich sein.[296]

In den nachfolgenden Abschnitten werden einzelne interne Sicherungsmaßnahmen vorgestellt.

2.2.2.1 Kundenbezogene Sorgfaltspflichten

In Abhängigkeit zum Risiko unterscheidet der Gesetzgeber zwischen den allgemeinen, den vereinfachten und den verstärkten Sorgfaltspflichten.

Für Güterhändler nach § 2 Abs. 1 Nr. 16 GwG sieht der Gesetzgeber hinsichtlich der Erfüllung der Sorgfaltspflichten eine Ausnahmeregelung vor. So regelt § 10 Abs. 6a GwG, dass Güterhändler nur dann die Sorgfaltspflichten in Abschnitt 3 anwenden müssen, wenn einer der nachfolgenden Sachverhalte einschlägig ist:

Sachverhalt 1: Bargeldunabhängige Transaktion im Wert von mindestens 10.000 € über Kunstgegenstände, § 10 Abs. 6a Nr. 1 lit. a) GwG.

Sachverhalt 2: Transaktion über hochwertige Güter, bei welcher der Verpflichtete Barzahlungen über 2.000 € selbst oder durch Dritte tätigt oder entgegennimmt, § 10 Abs. 6a Nr. 1 lit. b) GwG.

Sachverhalt 3: Transaktion über sonstige Güter, bei welcher der Verpflichtete Barzahlungen über 10.000 € selbst oder durch Dritte tätigt oder entgegennimmt, § 10 Abs. 6a Nr. 1 lit. c) GwG.

Sachverhalt 4: Vorliegen von Tatsachen, die darauf hindeuten, dass es sich bei den Vermögensgegenständen, die mit einer Transaktion oder Geschäftsbeziehung im Zusammenhang stehen, um den Gegenstand von Geldwäsche handelt oder die Vermögensgegenstände im Zusammenhang mit Terrorismusfinanzierung stehen, § 10 Abs. 3 Nr. 3 GwG.

Trifft keiner der beschriebenen Sachverhalte zu, ist der gesamte Abschnitt 3 des GwG „Sorgfaltspflichten in Bezug auf Kunden“ nicht anzuwenden.[297]

Darüber hinaus ist zu beachten, dass wenn der Verpflichtete nicht in der Lage ist, die für ihn geltenden Sorgfaltspflichten[298] zu erfüllen, er die Geschäftsbeziehung nicht begründen oder nicht fortsetzen und keine Transaktion durchführen darf (§ 10 Abs. 9 GwG).

2.2.2.1.1 Allgemeine Sorgfaltspflichten

Im Zentrum der allgemeinen Sorgfaltspflichten steht die Identifizierung des Vertragspartners und ggf. der für ihn auftretenden Person inkl. der Prüfung, ob die für den Vertragspartner auftretende Person hierzu überhaupt berechtigt ist (§ 10 Abs. 1 Nr. 1 GwG). Dieser Prozess wird allgemein auch als KYC (Know-Your-Customer) -Prozess bezeichnet.

Gemäß § 11 Abs. 1 GwG hat der Verpflichtete den oder die Vertragspartner (bzw. die für diese auftretende Personen) und den wirtschaftlich Berechtigten vor Begründung der Geschäftsbezie-

295 Vgl. BT-Drucks. 18/11555 S. 110.

296 Vgl. ebenda.

297 Vgl. BT-Drucks. 18/11555 S. 117.

298 Hier bezieht sich der Gesetzgeber ausschließlich auf die Sorgfaltspflichten nach § 10 Abs. 1 Nr. 1 bis 4 GwG.

hung oder vor Durchführung der Transaktion zu identifizieren. Dadurch legt der Gesetzgeber den Zeitpunkt der Identifikation klar fest und stellt sicher, dass einem möglichen Waren- oder Geldfluss immer der KYC-Prozess vorangestellt ist. Abweichend kann der Verpflichtete von der Identifizierung absehen, wenn die zu identifizierende Person durch den Verpflichteten bereits bei einer früheren Gelegenheit im Rahmen der Erfüllung der Sorgfaltspflichten identifiziert wurde und die erhobenen Angaben aufgezeichnet wurden. Sofern aufgrund äußerer Umstände Zweifel daran bestehen, ob die bei der früheren Identifizierung erhobenen Angaben weiterhin zutreffend sind, hat der Verpflichtete jedoch eine erneute Identifizierung durchzuführen (§ 11 Abs. 3 GwG).

Bei den Angaben, die der Verpflichtete im Rahmen der Identifizierung einholen muss, unterscheidet der Gesetzgeber zwischen natürlichen Personen (§ 11 Abs. 4 Nr. 1 GwG) und juristischen Personen oder Personengesellschaften (§ 11 Abs. 4 Nr. 2 GwG).

Bei der Identifizierung einer natürlichen Person, muss der Verpflichtete gem. § 11 Abs. 4 Nr. 1 GwG folgende Informationen erheben:

a) Vorname und Nachname,

b) Geburtsort,

c) Geburtsdatum,

d) Staatsangehörigkeit,

e) eine Wohnanschrift.

Bei natürlichen Personen hat die Identitätsprüfung anhand eines gültigen amtlichen Ausweises zu erfolgen, der ein Lichtbild des Inhabers enthält und mit dem die Pass- und Ausweispflicht im Inland erfüllt wird. Hierzu zählt insbesondere ein inländischer oder ein nach den ausländerrechtlichen Bestimmungen anerkannter oder zugelassener Pass, Personalausweis bzw. Pass- oder Ausweisersatz (§ 12 Abs. 1 Nr. 1 GwG). Sofern die Identifizierung anhand eines gültigen amtlichen Ausweises erfolgt, ist zusätzlich die Art, die Nummer und die ausstellende Behörde vom Verpflichteten aufzuzeichnen (§ 8 Abs. 2 GwG).

Unter der Berücksichtigung weiterer gesetzlicher Vorschriften kann die Identitätsprüfung bei natürlichen Personen bspw. auch anhand eines elektronischen Identitätsnachweises (§ 12 Abs. 1 Nr. 2 GwG) oder einer elektronischen Signatur (§ 12 Abs. 1 Nr. 3 GwG) erfolgen. Die Durchführung der Identitätsprüfung von natürlichen Personen erfolgt durch angemessene Prüfung des vor Ort vorgelegten Dokuments (§ 13 Abs. 1 Nr. 1 GwG). Die angemessene Prüfung zeichnet sich durch eine Inaugenscheinnahme und eine haptische Prüfung durch die Anwesenden aus.[299] Vor dem Hintergrund des technischen Fortschritts sind darüber hinaus Verfahren zulässig, die ein gleichwertiges Sicherheitsniveau aufweisen wie die Prüfung des vorgelegten Dokuments. Hierzu zählt bspw. auch das Videoidentifizierungsverfahren.[300]

Bei der Identifizierung einer juristischen Person oder bei einer Personengesellschaft muss der Verpflichtete gem. § 11 Abs. 4 Nr. 2 GwG folgende Informationen erheben:

299 Vgl. BT-Drucks. 18/11555 S. 119.
300 Vgl. ebenda.

a) Firma, Name oder Bezeichnung,

b) Rechtsform,

c) Registernummer, falls vorhanden,

d) Anschrift des Sitzes oder der Hauptniederlassung,

e) die Namen der Mitglieder des Vertretungsorgans oder die Namen der gesetzlichen Vertreter und, sofern ein Mitglied des Vertretungsorgans oder der gesetzliche Vertreter eine juristische Person ist, von dieser juristischen Person die Daten nach den zuvor aufgeführten Buchstaben a) bis d).

Die Identitätsprüfung von juristischen Personen oder Personengesellschaften hat anhand eines Auszugs aus dem Handels- oder Genossenschaftsregister oder aus einem anderen vergleichbaren amtlichen Register bzw. Verzeichnis zu erfolgen. Daneben kann die Identitätsprüfung auch anhand von Gründungsdokumenten oder von gleichwertigen Dokumenten oder anhand einer eigens durchgeführten und dokumentierten Einsichtnahme des Verpflichteten in die Register- oder Verzeichnisdaten erfolgen (§ 12 Abs. 2 GwG).

Neben der Identifizierung sieht das GwG weitere allgemeine Sorgfaltspflichten vor, die in dem nachfolgenden Schaubild dargestellt sind.

ABB. 27: Übersicht der allgemeinen Kundensorgfaltspflichten

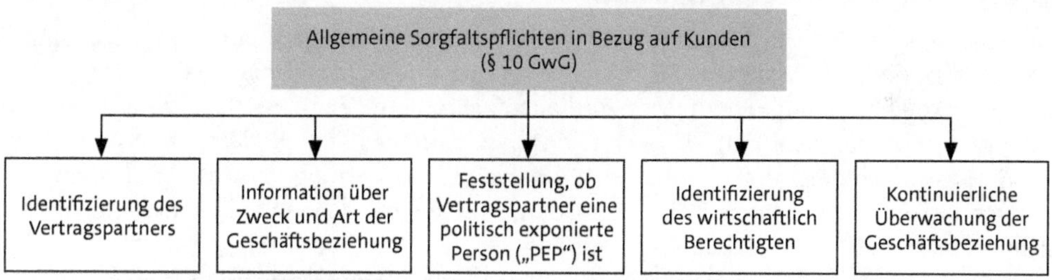

Insbesondere die Feststellung, ob es sich bei dem Vertragspartner um eine politisch exponierte Person (PEP) handelt und wer der wirtschaftlich Berechtigte ist, stellt Unternehmen vor große Herausforderungen, die häufig nur mit prozessintegrierten technischen Lösungen zu meistern sind.

Bei einem „PEP“ handelt es sich gem. § 1 Abs. 12 GwG um jede Person „die ein hochrangiges wichtiges öffentliches Amt auf internationaler, europäischer oder nationaler Ebene ausübt oder ausgeübt hat oder ein öffentliches Amt unterhalb der nationalen Ebene, dessen politische Bedeutung vergleichbar ist, ausübt oder ausgeübt hat“. Der Gesetzgeber führt hierzu einen nicht abschließenden Katalog mit Personen auf, die insbesondere als „PEP“ zu qualifizieren sind. Zu den politisch exponierten Personen gehören insbesondere

1. Staatschefs, Regierungschefs, Minister, Mitglieder der Europäischen Kommission, stellvertretende Minister und Staatssekretäre,

2. Parlamentsabgeordnete und Mitglieder vergleichbarer Gesetzgebungsorgane,

3. Mitglieder der Führungsgremien politischer Parteien,

4. Mitglieder von obersten Gerichtshöfen, Verfassungsgerichtshöfen oder sonstigen hohen Gerichten, gegen deren Entscheidungen im Regelfall kein Rechtsmittel mehr eingelegt werden kann,
5. Mitglieder der Leitungsorgane von Rechnungshöfen,
6. Mitglieder der Leitungsorgane von Zentralbanken,
7. Botschafter, Geschäftsträger und Verteidigungsattachés,
8. Mitglieder der Verwaltungs-, Leitungs- und Aufsichtsorgane staatseigener Unternehmen,
9. Direktoren, stellvertretende Direktoren, Mitglieder des Leitungsorgans oder sonstige Leiter mit vergleichbarer Funktion in einer zwischenstaatlichen internationalen oder europäischen Organisation.

Ein wirtschaftlich Berechtigter i. S. des GwG ist die natürliche Person, in deren Eigentum oder unter deren Kontrolle der Vertragspartner steht oder auf dessen Veranlassung die Transaktion durchgeführt bzw. die Geschäftsbeziehung begründet wird (§ 3 Abs. 1 GwG). Hierzu zählen insbesondere natürliche Personen, die unmittelbar oder mittelbar mehr als 25 % der Kapitalanteile halten, mehr als 25 % der Stimmrechtsanteile kontrollieren oder auf vergleichbare Weise Kontrolle ausüben (§ 3 Abs. 2 GwG).

2.2.2.1.2. Vereinfachte Sorgfaltspflichten

Für bestimmte Bereiche, für die unter Berücksichtigung der in Anlage 1 und 2 zum GwG genannten Risikofaktoren ein geringeres Risiko der Geldwäsche oder Terrorismusfinanzierung besteht, müssen Verpflichtete nur vereinfachte Sorgfaltspflichten erfüllen; diese Bereiche beziehen sich insbesondere auf Kunden, Transaktionen und Dienstleistungen oder Produkte (§ 14 Abs. 1 Satz 1 GwG). Hinsichtlich einer dokumentierten Grundlage zur Bewertung und Feststellung eines geringeren Risikos bietet sich die in Kap. 2.2.1 dargestellte Risikoanalyse an, die die Angemessenheit gegenüber Aufsichtsbehörden darlegen kann.

ABB. 28: Übersicht der vereinfachten Kundensorgfaltspflichten

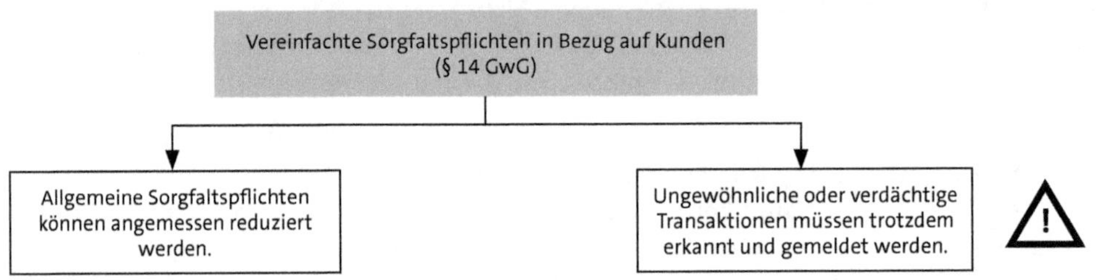

Die Anwendung vereinfachter Sorgfaltspflichten bedeutet jedoch nicht, dass einzelne der in § 10 Abs. 1 GwG genannten Pflichten vollständig unberücksichtigt bleiben können. Vielmehr sind vor dem Hintergrund des risikobasierten Ansatzes diese Sorgfaltspflichten in einem angemessenen reduzierten Umfang zu erfüllen.[301] Gleichwohl muss der Verpflichtete die Überprü-

301 Vgl. ebenda S. 120.

fung von Transaktionen und die Überwachung von Geschäftsbeziehungen in dem Umfang sicherstellen, dass dieser ungewöhnliche oder verdächtige Transaktionen erkennt und meldet (§ 14 Abs. 2 Satz 2 GwG).

2.2.2.1.3 Verstärkte Sorgfaltspflichten

Bei den verstärkten Sorgfaltspflichten gilt der Grundsatz, dass diese immer zusätzlich zu den allgemeinen Sorgfaltspflichten anzuwenden sind (§ 15 Abs. 1 GwG).

Stellen Verpflichtete auf Basis der in Kap. 2.2.1 beschriebenen Risikoanalyse und unter Berücksichtigung der in den Anlagen 1 und 2 zum GwG genannten Risikofaktoren fest, dass ein höheres Risiko der Geldwäsche oder Terrorismusfinanzierung vorliegen kann, haben sie die Pflicht zur Erfüllung verstärkter Sorgfaltspflichten (§ 15 Abs. 2 GwG).

Für Güterhändler nennt das GwG in § 15 Abs. 3 die in nachfolgendem Schaubild aufgeführten Fälle, für die insbesondere ein höheres Risiko anzunehmen ist. Hierbei ist zu beachten, dass es sich bei der Aufzählung um keinen abschließenden Katalog handelt, so dass auch das Vorliegen anderer Risikofaktoren zu verstärkten Sorgfaltspflichten führen kann.

ABB. 29: Übersicht der verstärkten Kundensorgfaltspflichten

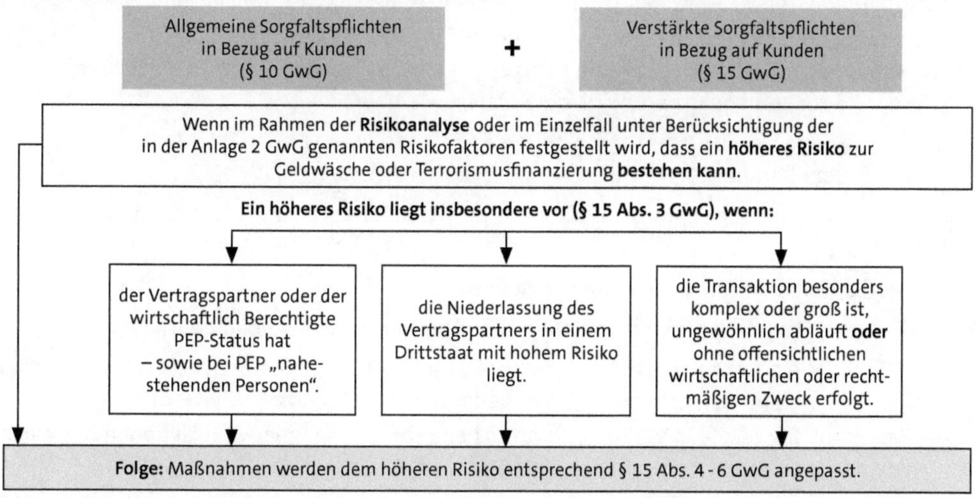

Die konkrete Ausgestaltung der verstärkten Sorgfaltspflichten geschieht grundsätzlich in Abhängigkeit zu den Gründen, die zu einem höheren Risiko führen. Sofern bspw. ein Vertragspartner ein wirtschaftlich Berechtigter oder eine PEP oder in einem Drittstaat mit hohem Risiko niedergelassen ist, müssen mindestens folgende verstärkte Sorgfaltspflichten kumulativ gem. § 15 Abs. 4 GwG wahrgenommen werden:

1. Die Begründung oder die Fortführung einer Geschäftsbeziehung bedarf der Zustimmung eines Mitglieds der Führungsebene[302] des Verpflichteten.

302 Der Begriff „Führungsebene" wird in § 1 Abs. 15 GwG definiert.

2. Es sind Maßnahmen zu ergreifen, mit denen die Herkunft der Vermögenswerte bestimmt werden kann, die im Rahmen der Geschäftsbeziehung oder der Transaktion eingesetzt werden.
3. Die Geschäftsbeziehung ist verstärkt und kontinuierlich zu überwachen.

Sind an einer Geschäftsbeziehung oder Transaktion natürliche oder juristische Personen aus einem von der Europäischen Kommission ermittelten Drittstaat mit hohem Risiko beteiligt, haben Verpflichtete nach § 15 Abs. 5 GwG mindestens folgende verstärkte Sorgfaltspflichten zu erfüllen:

„1. sie müssen einholen:

a) zusätzliche Informationen über den Vertragspartner und den wirtschaftlich Berechtigten,
b) zusätzliche Informationen über die angestrebte Art der Geschäftsbeziehung,
c) Informationen über die Herkunft der Vermögenswerte und des Vermögens des Vertragspartners,
d) Informationen über die Herkunft der Vermögenswerte und des Vermögens des wirtschaftlich Berechtigten mit Ausnahme der Person, die nach § 3 Absatz 2 Satz 5 als wirtschaftlich Berechtigter gilt,
e) Informationen über die Gründe für die geplante oder durchgeführte Transaktion und
f) Informationen über die geplante Verwendung der Vermögenswerte, die im Rahmen der Transaktion oder Geschäftsbeziehung eingesetzt werden, soweit dies zur Beurteilung der Gefahr von Terrorismusfinanzierung erforderlich ist,

2. die Begründung oder Fortführung einer Geschäftsbeziehung bedarf der Zustimmung eines Mitglieds der Führungsebene und
3. bei einer Geschäftsbeziehung müssen sie die Geschäftsbeziehung verstärkt überwachen durch
   a) häufigere und intensivere Kontrollen sowie
   b) die Auswahl von Transaktionsmustern, die einer weiteren Prüfung bedürfen."

Zudem können die zuständigen Aufsichtsbehörden von den Verpflichteten zu erfüllende risikoangemessene Maßnahmen anordnen. Hierzu gehören nach § 15 Abs. 5a GwG u. a.

- die Beschränkung oder das Verbot geschäftlicher Beziehungen oder Transaktionen mit natürlichen oder juristischen Personen aus Drittstaaten mit hohem Risiko,
- das Verbot für Verpflichtete mit Sitz in einem Drittstaat mit hohem Risiko, im Inland Tochtergesellschaften, Zweigniederlassungen oder Repräsentanzen zu gründen,
- das Verbot, Zweigniederlassungen oder Repräsentanzen in einem Drittstaat mit hohem Risiko zu gründen,
- sowie die Verpflichtung für Zweigniederlassungen und Tochtergesellschaften von Verpflichteten mit Sitz in einem Drittstaat mit hohem Risiko, sich einer verschärften Prüfung der Einhaltung der geldwäscherechtlichen Pflichten
  - durch die zuständige Aufsichtsbehörde oder
  - durch einen externen Prüfer zu unterziehen,
- wobei in Bezug auf eine solche externe Prüfung auch verschärfte Anforderungen eingeführt werden können.

2.2.2.2 Weitere interne Sicherungsmaßnahmen

Zusätzlich zu den kundenbezogenen Sorgfaltspflichten sind nach dem GwG weitere interne Sicherungsmaßnahmen einzurichten.

2.2.2.2.1 Meldepflicht

Verpflichtete haben nach § 6 Abs. 2 Nr. 1 lit. c) GwG i.V. mit § 43 Abs. 1 GwG einen Prozess zur Meldung von Verdachtsfällen auf Geldwäsche oder Terrorismusfinanzierung einzurichten. Demnach müssen Verpflichtete einen Sachverhalt unverzüglich an die Zentralstelle für Finanztransaktionsuntersuchungen (Financial Intelligence Unit – FIU) melden, wenn Tatsachen vorliegen, die darauf hindeuten, dass

- ein Vermögensgegenstand, der mit einer Geschäftsbeziehung, einem Maklergeschäft oder einer Transaktion im Zusammenhang steht, aus einer strafbaren Handlung stammt, die eine Vortat der Geldwäsche darstellen könnte,
- ein Geschäftsvorfall, eine Transaktion oder ein Vermögensgegenstand im Zusammenhang mit Terrorismusfinanzierung steht oder
- der Vertragspartner seine Pflicht nach § 11 Abs. 6 Satz 3, gegenüber dem Verpflichteten offenzulegen, ob er die Geschäftsbeziehung oder die Transaktion für einen wirtschaftlich Berechtigten begründen, fortsetzen oder durchführen will, nicht erfüllt hat.

Die Meldung hat dabei unabhängig von der Höhe der Transaktion oder dem Wert des betroffenen Vermögensgegenstands zu erfolgen (§ 43 Abs. 1 GwG).

Der Gesetzgeber verlangt, dass eine Verdachtsmeldung von dem Verpflichteten unverzüglich zu erfolgen hat. Dies bedeutet, diese muss ohne schuldhaftes Zögern abgegeben werden.[303] Die Meldung an die FIU hat elektronisch zu erfolgen (§ 45 Abs. 1 GwG). Hierzu wurde das Online-Meldeportal „goAML" eingerichtet, welches seit dem 1.2.2018 verpflichtend für die Abgabe von Verdachtsmeldungen genutzt werden muss.[304] Darüber hinaus haben Verpflichtete gem. § 2 Abs. 1 GwG sich verpflichtend bei goAML anzumelden. Diese Registrierungspflicht gilt unabhängig von der konkreten Abgabe einer Verdachtsmeldung (§ 45 Abs. 1 Satz 2 GwG).

Die Transaktion, die einer Meldung an die FIU zugrunde liegt, darf gem. § 46 Abs. 1 GwG frühestens dann durchgeführt werden, wenn eine Zustimmung der FIU oder der Staatsanwaltschaft vorliegt oder wenn der dritte Werktag nach Abgabe der Meldung verstrichen ist (3-Tages-Frist). Hierbei ist zu beachten: Der Samstag gilt nicht als Werktag.

Verpflichtete unterliegen unabhängig von etwaigen Privilegierungen den zuvor aufgeführten Meldepflichten.[305]

303 BaFin, Auslegungs- und Anwendungshinweise gem. § 51 Abs. 8 GwG, Stand Dezember 2018, Seite 74.

304 Vgl. Zoll, Fachliche Informationen, Abgabe von Verdachtsmeldungen, online abrufbar unter: http://go.nwb.de/qe2tc (Abruf 23.6.2020).

305 BaFin, Auslegungs- und Anwendungshinweise gem. § 51 Abs. 8 GwG, Stand Dezember 2018, S. 71.

2.2.2.2.2 Aufzeichnung von Informationen und Aufbewahrung von Dokumenten

Im Rahmen der Erfüllung geldwäscherechtlicher Pflichten müssen Verpflichtete nach § 6 Abs. 2 Nr. 1 lit. d) GwG i.V. mit § 8 GwG bestimmte Informationen und Dokumente aufzeichnen bzw. aufbewahren. Von dem Verpflichteten sind demnach u. a. die erhobenen Angaben im Zuge der Erfüllung der kundenbezogenen Sorgfaltspflichten, bspw. über den Vertragspartner und die Transaktion inkl. der dazugehörigen Transaktionsbelege, aufzuzeichnen und aufzubewahren (§ 8 Abs. 1 Nr. 1 GwG). Darüber hinaus müssen die Durchführung sowie das Ergebnis der Risikobewertung, nach denen sich der Umfang der Sorgfaltspflichten bemisst, inkl. der auf dieser Grundlage ergriffenen Maßnahmen, dokumentiert werden (§ 8 Abs. 1 Nr. 2 GwG). Hierunter fällt bspw. auch die Begründung, warum verstärkte oder vereinfachte Sorgfaltspflichten zur Anwendung kommen. Die Dokumentation kann nach § 8 Abs. 3 GwG digital auf einem Datenträger erfolgen. Hierbei muss der Verpflichtete jedoch sicherstellen, dass die gespeicherten Daten mit den festgestellten Angaben und Informationen übereinstimmen, diese während der Aufbewahrungsfrist verfügbar sind und jederzeit in einer angemessenen Frist lesbar gemacht werden können.

Sämtliche Belege und Aufzeichnungen, die im Rahmen der gesetzlichen Dokumentationspflicht erhoben werden, sind fünf Jahre aufzubewahren und danach unverzüglich zu vernichten. Andere gesetzliche Bestimmungen über Aufzeichnungs- und Aufbewahrungspflichten bleiben von der Vorschrift unberührt (§ 8 Abs. 4 GwG).

2.2.2.2.3 Der Geldwäschebeauftragte

Der Geldwäschebeauftrage nimmt bei Verpflichteten eine wichtige Rolle in der Geldwäscheprävention ein, da dieser für die Einhaltung der geldwäscherechtlichen Vorschriften zuständig ist. Dabei ist der Geldwäschebeauftragte unmittelbar der Geschäftsleitung nachgeordnet (§ 7 Abs. 1 GwG) und dient als Ansprechpartner für Behörden wie bspw. der FIU, der Aufsichtsbehörde oder Strafverfolgungsbehörden (§ 7 Abs. 5 Satz 2 GwG). Damit der Geldwäschebeauftragte seine Funktion ordnungsgemäß durchführen kann, sind ihm die notwendigen Mittel und ausreichende Befugnis einzuräumen (§ 7 Abs. 5 Satz 3 GwG).

Allerdings ist nicht jeder Verpflichtete automatisch zur Bestellung eines Geldwäschebeauftragten verpflichtet. So müssen bspw. Güterhändler nur dann einen Geldwäschebeauftragten bestellen, wenn dies durch die Aufsichtsbehörde angeordnet wird. Für Güterhändler soll eine Anordnung der Aufsichtsbehörde dann erfolgen, wenn die Haupttätigkeit des Verpflichteten im Handel mit hochwertigen Gütern besteht (§ 7 Abs. 3 GwG). Hochwertige Güter sind nach § 1 Abs. 10 GwG Gegenstände, die aufgrund ihres Preises keine Alltagsanschaffung darstellen oder die sich aufgrund ihrer Beschaffenheit, ihres Verkehrswerts oder ihres bestimmungsgemäßen Gebrauchs von Gebrauchsgegenständen des Alltags abheben.

2.2.2.2.4 Group Compliance

Verpflichtete, die Mutterunternehmen einer Gruppe[306] sind, müssen nach § 6 Abs. 2 Nr. 3 GwG i.V. mit § 9 GwG gruppenweite Verfahren einrichten. So muss in einem ersten Schritt die Risikoanalyse gem. § 5 GwG für alle gruppenangehörigen Unternehmen, Zweigstellen und Zweig-

306 Der Begriff „Gruppe" wird in § 1 Abs. 16 GwG definiert.

niederlassungen, die geldwäscherechtlichen Pflichten unterliegen, durchgeführt werden. Die Ergebnisse bilden daraufhin die Grundlage, um gruppenweit einheitliche interne Sicherungsmaßnahmen nach § 6 Abs. 1 und 2 GwG einzurichten (§ 9 Abs. 1 Nr. 1 GwG). Darüber hinaus ist ein Geldwäschebeauftragter zu bestellen, der eine gruppenweite Strategie zur Verhinderung von Geldwäsche und Terrorismusfinanzierung erstellt und für die Koordination und Überwachung ihrer Umsetzung zuständig ist (§ 9 Abs. 1 Nr. 2 GwG). Zusätzlich muss der Verpflichtete Verfahren für den Informationsaustausch innerhalb der Gruppe ergreifen (§ 9 Abs. 1 Nr. 3 GwG) und Vorkehrungen zum Schutz personenbezogener Daten treffen (§ 9 Abs. 1 Nr. 4 GwG).

Sofern sich gruppenangehörige Unternehmen in einem anderen Mitgliedsstaat der europäischen Union befinden, müssen die Mutterunternehmen sicherstellen, dass die dort geltenden nationalen Vorschriften zur Umsetzung der EU Richtlinie 2018/843 vom 30.5.2018 eingehalten werden (§ 9 Abs. 2 GwG).

Sofern sich gruppenangehörige Unternehmen in einem Drittstaat außerhalb der europäischen Union befinden, in dem weniger strenge geldwäscherechtliche Anforderungen gelten, muss der Verpflichtete sicherstellen, dass die Pflichten gemäß des deutschen GwG gruppenweit eingehalten werden. Wenn der Drittstaat dies nicht zulässt oder die geldwäscherechtlichen Maßnahmen nach dem GwG in dem Drittstaat nicht durchgeführt werden dürfen, müssen zusätzliche Maßnahmen ergriffen werden, um dem Risiko der Geldwäsche und Terrorismusfinanzierung wirksam zu begegnen. Über die so getroffenen Maßnahmen ist die zuständige Aufsichtsbehörde zu informieren. Sollten die getroffenen Maßnahmen nicht ausreichen, kann die Aufsichtsbehörde anordnen, dass keine Transaktion durchgeführt oder keine Geschäftsbeziehung begründet oder fortgesetzt werden darf (§ 9 Abs. 3 GwG).

Zusammenfassend soll durch die Group Compliance sichergestellt werden, dass eine große Anzahl von grenzüberschreitenden Geschäften im Rahmen der Geldwäscheprävention berücksichtigt wird.[307]

2.2.2.2.5 Zuverlässigkeit der Mitarbeiter

Verpflichtete haben durch geeignete Maßnahmen ihre Mitarbeiter auf Zuverlässigkeit zu überprüfen. Hierzu zählen insbesondere Personalkontroll- und Beurteilungssysteme (§ 6 Abs. 2 Nr. 5 GwG). Ein Mitarbeiter gilt gem. § 1 Abs. 20 GwG als zuverlässig, wenn dieser die gesetzlichen und sonstigen geldwäscherechtlichen Pflichten sorgfältig beachtet, Tatsachen, die eine Geldwäscheverdachtsmeldung begründen können, dem Vorgesetzten oder dem Geldwäschebeauftragten meldet und sich weder aktiv noch passiv an zweifelhaften Transaktionen oder Geschäftsbeziehungen beteiligt.

2.2.2.2.6 Mitarbeiterschulung

Nach § 6 Abs. 2 Nr. 6 GwG müssen Verpflichtete ihre Mitarbeiter in Bezug auf Typologien und aktuelle Methoden der Geldwäsche und Terrorismusfinanzierung sowie die einschlägigen Vorschriften und Pflichten (einschließlich Datenschutzbestimmungen) unterrichten. Die Schulung der Mitarbeiter muss nach einer erstmaligen Unterrichtung kontinuierlich erfolgen. Dieser spiegelt in einem sehr hohen Maße den präventiven Charakter des GwG wider, da Schulungen die

307 Vgl. BT-Drucks. 18/11555 S. 115.

Mitarbeiter für das Thema sensibilisieren und notwendiges Wissen aufbauen, um im Verdachtsfall richtig handeln zu können.

2.2.2.2.7 Unabhängige Prüfung

Soweit nach Art und Umfang der Geschäftstätigkeit angemessen, müssen Verpflichtete nach § 6 Abs. 2 Nr. 7 GwG das geldwäschebezogene Risikomanagement durch eine unabhängige Prüfung prüfen lassen. Die Prüfung kann dabei von der Internen Revision oder durch sonstige interne oder externe Prüfungen erfolgen.[308] Um sicherzustellen, dass in einem angemessenen Zeitraum alle Bereiche des geldwäschebezogenen Risikomanagements geprüft werden, sollte ein langfristiger Prüfungsplan in Zusammenarbeit mit der Internen Revision oder externen Prüfungsgesellschaften vereinbart werden. Die im Rahmen solcher Prüfungen erarbeiteten Handlungsempfehlungen und Maßnahmen tragen in einem zweiten Schritt dazu bei, dass das geldwäschebezogene Risikomanagement stetig verbessert wird.

2.2.2.2.8 Hinweisgebersystem

Als einen weiteren Teil der internen Sicherungsmaßnahmen normiert das GwG in § 6 Abs. 5 die Einrichtung eines Hinweisgebersystems. Dieses muss den Mitarbeitern des Verpflichteten oder Personen in vergleichbaren Positionen ermöglichen, Verstöße gegen geldwäscherechtliche Vorschriften an geeigneter Stelle und unter Wahrung der Vertraulichkeit ihrer Identität zu berichten (§ 6 Abs. 5 GwG). Dabei ist es dem Verpflichteten überlassen, wie die Vertraulichkeit der Identität garantiert werden kann und welche Stelle intern für die Bearbeitung der Meldung zuständig ist.[309]

Neben der geldwäscherechtlichen Relevanz erfährt diese Maßnahme eine zusätzliche Wichtigkeit und Aktualität, da die „Richtlinie des Europäischen Parlaments und des Rates zum Schutz von Personen, die Verstöße gegen das Unionsrecht melden" (Richtlinie (EU) 2019/1937) am 16.12.2019 in Kraft getreten ist. Im Zentrum der Richtlinie steht der Schutz von Hinweisgebern, also Personen, die rechtswidrige Handlungen oder Fälle von Rechtsmissbrauch melden oder publik machen. Somit kann die Erfüllung bereits bestehender geldwäscherechtlicher Vorschriften dazu führen, dass Verpflichtete gut oder besser auf weitere gesetzliche Regelungen in der Zukunft vorbereitetet sind.

2.3 Transparenzregister

Dem Transparenzregister kommt im GwG eine wichtige Funktion zu. Ziel ist die Erfassung und Zugänglichmachung von Angaben über den wirtschaftlich Berechtigten von juristischen Personen des Privatrechts, eingetragenen Personengesellschaften, Trusts und Rechtsgestaltungen, die in ihrer Struktur und Funktion Trusts ähneln. Die hierdurch gewonnene Transparenz soll einen Beitrag dazu leisten, dass die zuvor genannten Vereinigungen und Rechtsgestaltungen nicht zum Zwecke der Geldwäsche missbraucht werden.[310]

308 Vgl. ebenda, S. 111.
309 Vgl. ebenda, S. 112.
310 Vgl. ebenda, S. 125.

Bei dem wirtschaftlich Berechtigten handelt es sich gem. § 3 Abs. 1 GwG um die natürliche Person, in deren Eigentum oder unter deren Kontrolle der Vertragspartner letztlich steht, oder auf deren Veranlassung eine Transaktion durchgeführt oder eine Geschäftsbeziehung begründet wird. Dies ist insbesondere der Fall, wenn die natürliche Person unmittelbar oder mittelbar mehr als 25 % der Kapitalanteile hält, mehr als 25 % der Stimmrechtsanteile kontrolliert oder auf vergleichbare Weise Kontrolle ausübt (§ 3 Abs. 2 GwG).

Gemäß § 20 Abs. 1 GwG müssen juristische Personen des Privatrechts und eingetragene Personengesellschaften Angaben über den wirtschaftlich Berechtigten einholen, aufbewahren, auf dem aktuellen Stand halten und unverzüglich der registerführenden Stelle zur Eintragung in das Transparenzregister mitteilen. Hierbei ist zu beachten, dass die Pflicht zur Eintragung in das Transparenzregister nicht an den Verpflichtetenstatus geknüpft, sondern weiter gefasst ist und allgemein für juristische Personen und eingetragene Personengesellschaften gilt. Nach § 19 Abs. 1 GwG müssen dem Transparenzregister folgende Angaben über den wirtschaftlich Berechtigten mitgeteilt werden:

- Vor- und Nachname,
- Geburtsdatum,
- Wohnort,
- Art und Umfang des wirtschaftlichen Interesses und
- Staatsangehörigkeit.

Die wirtschaftlich Berechtigten der o. g. Vereinigungen trifft nach § 20 Abs. 3 GwG die Pflicht, notwendige Angaben mitzuteilen und jede Änderung dieser Angaben unverzüglich anzuzeigen. Hat die Vereinigung keine Angaben der wirtschaftlich Berechtigten nach § 20 Abs. 3 GwG erhalten, trifft sie selbst die zu dokumentierende Pflicht, bei ihren Anteilseignern, soweit sie ihr bekannt sind, in angemessenem Umfang um Auskunft zu den wirtschaftlich Berechtigten der Vereinigung zu ersuchen (§ 20 Abs. 3a GwG).

Sofern die zuvor aufgeführten Angaben aus einem in § 20 Abs. 2 GwG aufgeführten Register (bspw. Handelsregister und Unternehmensregister) elektronisch abrufbar sind, gilt die Pflicht zur Mitteilung als erfüllt (Mitteilungsfiktion). § 23 Abs. 1 Nr. 3 GwG gestattet „allen Mitgliedern der Öffentlichkeit“ die Einsichtnahme in das Transparenzregister, wobei die Angaben zum wirtschaftlich Berechtigten beschränkt zugänglich sein können (§ 23 Abs. 1 Satz 2 GwG sowie § 23 Abs. 2 GwG). Ein berechtigtes Interesse an der Einsichtnahme ist nicht mehr erforderlich.

Das Transparenzregister soll zukünftig mit den entsprechenden Registern anderer EU-Mitgliedstaaten über eine zentrale Europäische Plattform vernetzt werden (§ 26 GwG). Seine Bedeutung wird auch dadurch hervorgehoben, dass nach § 23a GwG Verpflichtete Unstimmigkeiten unverzüglich zu melden haben, die sie zwischen den im Transparenzregister vorhandenen Angaben über die wirtschaftlich Berechtigten und durch sie selbst ermittelten Informationen festgestellt haben. Eine Nichterfüllung dieser Mittelungspflicht stellt eine Ordnungswidrigkeit i. S. des § 56 Abs. 1 GwG dar, die mit einer Geldbuße geahndet werden kann (vgl. 2.4 Folgen von Verstößen).

2.4 Folgen von Verstößen

Im Zuge der Umsetzung der 5. EU-Geldwäscherichtlinie in nationales Recht wurde die Anzahl der Bußgeldtatbestände sowie der Bußgeldrahmen deutlich erhöht. So werden in § 56 Abs. 1

GwG insgesamt 74 Ordnungswidrigkeiten aufgeführt. Wenn es sich um einen schwerwiegenden, wiederholten oder systematischen Verstoß handelt, kann dieser mit einer Geldbuße von bis zu 1.000.000 € oder mit bis zum Zweifachen des aus dem Verstoß gezogenen wirtschaftlichen Vorteils geahndet werden (§ 56 Abs. 3 GwG). In den übrigen Fällen vorsätzlicher Begehung kann die Ordnungswidrigkeit mit einer Geldbuße bis zu 150.000 € geahndet werden (§ 56 Abs. 1 Satz 2 GwG). Darüber hinaus sind für Unternehmen des Finanzsektors[311] höhere Bußgelder von bis zu 5.000.000 € oder 10 % des Gesamtumsatzes des vorangegangenen Geschäftsjahres möglich (§ 56 Abs. 3 Satz 3 und 4 GwG). Auch normiert das GwG eine Vielzahl von Ordnungswidrigkeiten für fahrlässiges Handeln oder Unterlassen, etwa die pflichtwidrige Nichtbestellung eines Geldwäschebeauftragten, die Nichterfüllung von Sorgfaltspflichten oder die Durchführung einer Transaktion vor Zustimmung der FIU i. S. des § 46 Abs. 1 Satz 1 Nr. 1 GwG (§ 56 Abs. 2 GwG).

Neben Bußgeldern sieht das GwG gem. § 57 Abs. 1 zusätzlich vor, dass bestandskräftige Maßnahmen und unanfechtbare Bußgeldentscheidungen auf der Internetseite der Aufsichtsbehörde bekannt gemacht werden („*Naming & Shaming*"). Die Bekanntmachung enthält Art und Charakter des Verstoßes sowie die für den Verstoß verantwortlichen natürlichen und juristischen Personen. Die Bekanntmachung muss insgesamt fünf Jahre auf der Internetseite der Aufsichtsbehörde veröffentlicht bleiben (§ 57 Abs. 4 GwG).

2.5 Aktuell diskutierte Lösungsansätze

Im Rahmen der Novellierung des GwG sind die Verpflichteten mit zahlreichen neuen Anforderungen konfrontiert, die eine Überarbeitung und Umsetzung umfangreicher Prozesse und Maßnahmen erforderlich machen.

Aufgrund des risikobasierten Ansatzes des GwG sind die Verpflichteten dazu gezwungen, die konkrete Ausgestaltung des geldwäschebezogenen Risikomanagements individuell in Abhängigkeit des Geschäftsmodells sowie der Risikosituation vorzunehmen. Dies bezieht sich bspw. auf die Risikoanalyse und die Einrichtung interner Sicherungsmaßnahmen. Insbesondere für Verpflichtete mit internationalen Konzernstrukturen, die in verschiedenen Geschäftsfeldern aktiv sind, kann die Individualisierung in der Ausgestaltung eine besondere Herausforderung darstellen. Dies gilt im Besonderen vor dem Hintergrund der Group Compliance. Um dieser Herausforderung effektiv und ressourcenschonend begegnen zu können, bietet sich eine strukturierte Umsetzung in Orientierung an allgemein anerkannten Standards an.

So sieht § 51 Abs. 8 GwG vor, dass die Aufsichtsbehörde regelmäßig aktualisierte Auslegungs- und Anwendungshinweise für die Umsetzung der Sorgfaltspflichten und der internen Sicherungsmaßnahmen zur Verfügung stellt. So veröffentlichte bspw. die Bundesanstalt für Finanzdienstleistungsaufsicht (BaFin) am 11.12.2018 die Auslegungs- und Anwendungshinweise zum GwG.[312] Auch wenn sich diese nicht auf Güterhändler beziehen, sondern auf Unternehmen des Finanzsektors, die unter der Aufsicht der BaFin stehen,[313] können zahlreiche Erläuterungen als

311 Verpflichtete gem. § 2 Abs. Nr. 1 bis 3 und 6 bis 9.

312 Online abrufbar unter: http://go.nwb.de/cvewt (Abruf 21.1.2020).

313 Namentliche Adressaten der geldwäscherechtlichen Pflichten unter Aufsicht der BaFin: Kreditinstitute, Finanzdienstleistungsinstitute, Zahlungsinstitute und E-Geld-Institute, Agenten und E-Geld-Agenten, selbständige Gewerbetreibende i. S. des GwG (natürliche oder juristische Personen, die E-Geld vertreiben oder rücktauschen), Versicherungsunternehmen, Kapitalverwaltungsgesellschaften, Finanzholding-Gesellschaften und gemischte Finanzholding-Gesellschaften.

gute Anhaltspunkte auch für Güterhändler dienen. Zudem haben die Länder der Bundesrepublik Deutschland im Juli 2017 ein gemeinsames Merkblatt mit dem Titel „Geldwäscheprävention – Ein Thema für mich?! Basisinformationen Geldwäschegesetz (GwG) für Güterhändler, Immobilienmakler und andere Nichtfinanzunternehmen“[314] veröffentlicht, das grundsätzlich herangezogen werden kann. Mit Blick auf die Gesetzesnovellierung ist auch eine Aktualisierung dieser Dokumente zu erwarten, die zur Orientierung herangezogen werden können.

Aktuell ist jedoch festzustellen, dass explizit für die Umsetzung des geldwäschebezogenen Risikomanagements kein allgemein anerkanntes Rahmenwerk zur Verfügung steht. Soweit es sich bei der Prävention von Geldwäsche respektive bei der Umsetzung der korrespondierenden Maßnahmen um eine Querschnittsfunktion im Unternehmen handelt und verschiedene Unternehmensbereiche und Rechtsgebiete berührt, kann im Rahmen der Implementierung zur Orientierung auch auf Standards außerhalb der Geldwäscheprävention oder aus anderen Rechtsordnungen zurückgegriffen werden. Hier bieten sich insbesondere der „IDW Prüfungsstandard: Grundsätze ordnungsmäßiger Prüfung von Compliance Management Systemen“ (IDW PS 980) sowie das OFAC-Rahmenwerk für US-Sanktions-Compliance-Programme (Framework for OFAC Compliance Commitments) an. Beide Standards werden im Nachfolgenden kurz erläutert.

IDW Prüfungsstandard: Grundsätze ordnungsmäßiger Prüfung von Compliance Management Systemen (IDW PS 980)

Das Institut der Wirtschaftsprüfer in Deutschland e.V. (IDW) beschreibt im Rahmen des PS 980 den Inhalt von CMS vor dem Hintergrund freiwilliger Prüfungen des CMS. Das CMS als integraler Bestandteil der Corporate Governance ist darauf ausgerichtet, die Regeln im Unternehmen einzuhalten.[315] Hierzu zählen u. a. auch die Anforderungen des GwG.[316]

Die sieben Grundelemente des IDW PS 980[317], bestehend aus

1. Compliance Kultur,
2. Compliance Ziele,
3. Compliance Risiken,
4. Compliance Programm,
5. Compliance Organisation,
6. Compliance Kommunikation und
7. Compliance Überwachung und Verbesserung,

können auch zur Implementierung des geldwäschebezogenen Risikomanagements herangezogen werden. Bei den nachfolgend kurz dargestellten Grundelementen ist im Rahmen der Umsetzung stets darauf zu achten, dass die Ausgestaltung sich an den festgelegten Compliance Zielen orientiert und alle Grundelemente in Wechselwirkung zueinanderstehen.[318]

314 Online abrufbar unter: http://go.nwb.de/4fssf (Abruf 21.1.2020).

315 IDW PS 980 Rz. 1.

316 IDW PS 980 Rz. A3.

317 IDW PS 980 Rz. 23.

318 Ebenda.

Compliance Kultur

Die Compliance Kultur wird insbesondere von dem „tone at the top", also der Grundeinstellung und der Verhaltensweise des Managements und der Aufsichtsorgane, geprägt; hier bezogen auf die Vermeidung und Aufdeckung von Geldwäsche und Terrorismusfinanzierung.[319]

Compliance Ziele

Vor dem Hintergrund der Unternehmensziele, einer ausführlichen Analyse und der Gewichtung der für das Unternehmen bedeutsamen Regeln, legt der gesetzliche Vertreter Ziele fest, die mit dem CMS erreicht werden sollen, im hier betreffenden Fall die Sicherstellung der Anforderungen des GwG.[320]

Compliance Risiken

Mit einem Verfahren zur systematischen Risikoerkennung und -berichterstattung werden die Compliance Risiken festgestellt, die Verstöße gegen zugrundeliegende Regeln zur Folge haben können.[321] An dieser Stelle kommt die geldwäschebezogene Risikoanalyse zum Tragen.

Compliance Programm

Um die definierten Compliance Ziele zu erreichen, werden Grundsätze und Maßnahmen eingeführt, die Compliance Verstöße verhindern und damit die Compliance Risiken vermindern sollen. Damit die personenunabhängige Funktion sichergestellt werden kann, wird das Compliance Programm dokumentiert.[322] In Bezug auf das GwG geht es hier vor allem um die Einrichtung des geldwäschebezogenen Risikomanagements, aber auch die weiteren Anforderungen des GwG, wie z. B. die Meldung zum Transparenzregister.

Compliance Organisation

Die Compliance Organisation regelt die Aufbau- und Ablauforganisation, Rollen und Verantwortlichkeiten sowie eine angemessene Ressourcenausstattung, die für ein wirksames CMS notwendig sind.[323] Mit Blick auf das GwG sind hier z. B. die Rollen und Aufgaben der Leitungsebene und Führungsebene, des Geldwäschebeauftragten respektive des Geldwäscheverantwortlichen (sofern keine gesetzliche Pflicht zur Bestellung besteht) wie auch der relevanten Fachbereiche zu verstehen.

Compliance Kommunikation

Damit das CMS verstanden wird und das Handeln danach ausgerichtet werden kann, werden betroffene Mitarbeiter und ggf. Dritte über das Compliance Programm sowie die festgelegten Rollen und Verantwortlichkeiten informiert. Hierzu zählen auch die Berichtswege bei Hinweisen auf mögliche Regelverstöße oder Compliance Risiken.[324] Im Rahmen der Umsetzung des GwG kann dies bspw. über Schulungen erfolgen. Ein möglicher Kanal zur Kommunikation von Verdachtsfällen kann u. a. das im GwG vorgegebene Hinweisgebersystem darstellen.

319 Ebenda.
320 Ebenda.
321 Ebenda.
322 Ebenda.
323 Ebenda.
324 Ebenda.

Compliance Überwachung und Verbesserung

Die Angemessenheit und die Wirksamkeit der CMS werden auf Grundlage einer ausreichenden Dokumentation in einer geeigneten Art und Weise überwacht. Identifizierte Mängel und Verbesserungen werden von den gesetzlichen Vertretern beseitigt.[325] Vor dem Hintergrund des GwG bietet sich die Umsetzung der normierten internen und/oder externen Prüfung an sowie die notwendige regelmäßige Aktualisierung der Risikoanalyse und der internen Sicherungsmaßnahmen.

OFAC-Rahmenwerk für US-Sanktions-Compliance-Programme (Framework for OFAC Compliance Commitments)

Das U.S. Department of the Treasury's Office of Foreign Assets Control, kurz OFAC, ist die Exportkontrollbehörde des US-Finanzministeriums, welches sämtliche US-amerikanischen Sanktionen (mit extraterritorialer Wirkung) verwaltet und diese auch weltweit durchsetzt. Um die dadurch entstehenden Risiken abzumildern, empfiehlt die OFAC die Entwicklung, Implementierung und Aktualisierung eines Compliance Sanctions Program (SCP) auf Grundlage eines risikobasierten Ansatzes. Das Rahmenwerk umfasst die fünf nachfolgend aufgezählten Komponenten, die sich in der jeweiligen Ausgestaltung stark an der Größe und Komplexität des Unternehmens, den Produkten und Dienstleistungen, den Kunden und Gegenparteien sowie den geografischen Standorten ausrichtet:[326]

1. Management Commitment
2. Risikoanalyse
3. Interne Kontrollen
4. Tests und Audits
5. Schulungen

Das OFAC-Rahmenwerk entfaltet aufgrund der extraterritorialen Anwendbarkeit US-amerikanischer Sanktionen und Embargos eine internationale Anerkennung. Dies ist insbesondere vor dem Hintergrund der zuvor ausgeführten geldwäscherechtlichen Anforderung der Group Compliance ein wesentlicher Vorteil. Darüber hinaus besteht eine inhaltliche Nähe zwischen den Gebieten Sanktionen, Embargos, Geldwäsche und Terrorismusfinanzierung. Dies drückt sich bspw. in der Überschneidung einzelner Teilbereiche wie z. B. dem Transaktionsmonitoring sowie dem Kunden- und Lieferanten-Onboarding (KYC-Prozess) aus. Somit bietet das OFAC-Rahmenwerk eine ausgesprochen gute Grundlage für eine Umsetzung der geldwäscherechtlichen Verpflichtungen vor dem Hintergrund internationaler Konzernstrukturen.

2.6 Handlungsempfehlungen

2.6.1 Feststellung des Verpflichtetenstatus und Identifizierung möglicher Privilegierungen

Geldwäscherechtliche Pflichten unterscheiden sich nach dem Verpflichtetenstatus. Dieser ist im ersten Schritt der Befassung mit der Konzeption und Implementierung des geldwäschebezoge-

325 Ebenda.

326 *Department of the Treasury*, Framework for OFAC Compliance Commitments, S. 1.

nen Risikomanagements zu bestimmen. Darüber hinaus sieht der Gesetzgeber für Güterhändler explizite Privilegierungen vor, so dass die Bestimmung des Verpflichtetenstatus vor dem Hintergrund einer effizienten und ressourcenschonenden Umsetzung den wesentlichen ersten Schritt darstellt.

2.6.2 Umsetzung von Maßnahmen

2.6.2.1 Nutzen bereits vorhandener Strukturen

Da die Ausgestaltung der Maßnahmen zur Geldwäscheprävention sich stets an den individuellen Bedürfnissen und Strukturen des Verpflichteten ausrichten, gibt es keine One-Size-Fits-All-Lösung zur Verhinderung von Geldwäsche. Neben den konkret normierten Anforderungen führt der risikobasierte Ansatz im Rahmen der Risikoanalyse und der internen Sicherungsmaßnahmen dazu, dass für die Verpflichteten Leitplanken errichtet wurden, in deren Rahmen sie die konkrete Ausgestaltung eigenständig und passgenau übernehmen müssen. Da die Geldwäscheprävention als Querschnittsfunktion im Unternehmen betrachtet werden muss, sollten Strukturen, Prozesse, Methoden und Maßnahmen an bereits vorhandenen Governance-Elementen wie dem CMS, dem Risikomanagement oder dem internen Kontrollsystem ausgerichtet bzw. integriert werden. So werden Doppelstrukturen vermieden und Synergien gehoben, wodurch die Akzeptanz im Unternehmen gesteigert werden kann. Bei der Integration geldwäscherechtlicher Pflichten in andere Unternehmensbereiche ist darauf zu achten, dass es nicht zu einer kompletten Dezentralisierung von Pflichten und Verantwortlichkeiten kommt. Stattdessen ist eine zentral koordinierende geldwäscheverantwortliche Stelle im Unternehmen zu empfehlen, welche unabhängig die Einhaltung der Pflichten aus dem GwG unternehmensweit sicherstellt. Dies gilt auch für den Fall, wenn Güterhändler formal nicht dazu verpflichtet sind, einen Geldwäschebeauftragten zu bestellen.

2.6.2.2 Orientierung an anerkannten Standards

Bei der konkreten Umsetzung und Ausgestaltung des geldwäschebezogenen Risikomanagements sollte auf ein standardisiertes Rahmenkonzept zurückgegriffen werden. Hierdurch wird u. a. sichergestellt, dass definierte Kernelemente und Strukturen konzernweit einheitlich angewendet werden. Insbesondere aufgrund möglicher Synergien zum dem Gebiet Sanktionen und Embargos ist es zu empfehlen, dass Güterhändler mit internationalen Konzernstrukturen das OFAC-Rahmenwerk für die Geldwäscheprävention anwenden. Im Rahmen der fünf Kernelemente bieten sich folgende beispielhafte Ausgestaltungen an:

Management Commitment

Ein entscheidender Faktor für ein langfristig funktionierendes geldwäschebezogenes Risikomanagement ist die Unterstützung und gelebte Überzeugung der Unternehmensleitung. Hierzu gehört ein regelmäßiger „Tone from the Top" bspw. im Intranet, via Compliance-Newslettern oder per Video in Schulungsmaßnahmen, wodurch das Thema Geldwäsche mit einer positiven Konnotation belegt und ein nachhaltiges Bewusstsein bei den Mitarbeitern erzeugt wird. Darüber hinaus sind weitere konkrete Maßnahmen von hoher Bedeutung. Hierzu zählt bspw. eine direkte Reporting-Linie der Geldwäscheverantwortlichen (z. B. des Geldwäschebeauftragten) zur Unternehmensleitung inkl. definierten Kommunikationsformaten. So wird ein stets aktueller Informationsfluss garantiert, auf dessen Basis die Unternehmensleitung Risiken erkennen und entsprechende mitigierende Maßnahmen beschließen kann. Hierzu zählt bspw. auch die angemessene Ressourcenausstattung im Bereich der Geldwäscheprävention, so dass eine vollumfängliche Wahrnehmung aller Pflichten gewährleistet werden kann.

Risikoanalyse

Wie bereits ausgeführt steht der risikobasierte Ansatz im Mittelpunkt des GwG und somit auch in der Geldwäscheprävention. Daher kommt der in Kap. 2.2.1 beschriebenen Risikoanalyse eine entscheidende Rolle zu. Die Ergebnisse der Risikoanalyse bilden die Grundlage zur detaillierten Ausgestaltung sämtlicher Maßnahmen. Hierbei sollte besonders auf ein transparentes und dokumentiertes Vorgehen Wert gelegt werden, welches in kurzer Zeit an eine veränderte Risikolage oder an neue Methoden und Typologien angepasst werden kann.

Die Risikoanalyse bezieht sich jedoch nicht nur auf das Unternehmen selbst, sondern bezieht auch das Risiko von Geschäftspartnern, Kunden und sonstigen in Beziehung zu dem Unternehmen stehenden Dritten mit ein. Hier kommt auch dem KYC-Prozess eine besondere Bedeutung zu. Um der Schnelllebigkeit und den großen Mengen an Daten in der heutigen Zeit gerecht zu werden, ist eine technische Unterstützung in Form einer KYC-Software zu empfehlen. Hierdurch wird eine Bearbeitung in angemessener Zeit gewährleistet und die Aktualität von wichtigen Datenbanken zur Identifikation des PEP-Status und/oder des wirtschaftlich Berechtigten sowie eine standardisierte Dokumentation ist sichergestellt.

Interne Kontrollen

Prozessintegrierte interne Kontrollen sollen grundsätzlich sicherstellen, dass die zuvor definierten mitigierenden Maßnahmen eingehalten werden und so langfristig die Wirksamkeit des Geldwäscherisikomanagements sicherstellen. Vor dem Hintergrund des risikobasierten Ansatzes ist zu empfehlen, die Intensität und die Frequenz interner Kontrollen in Abhängigkeit des jeweils festgestellten Risikos zu implementieren. Sofern das Unternehmen bereits über ein institutionalisiertes Internes Kontrollsystem verfügt, sollten die geldwäscherelevanten Kontrollen entsprechend integriert und dokumentiert werden. Darüber sind die Kontrollen mit klaren Verantwortlichkeiten zu hinterlegen und Eskalationsstufen zu definieren.

Tests und Audits

Ob die implementierten Prozesse, Maßnahmen und internen Kontrollen tatsächlich wirksam und effektiv sind, ist im Rahmen von Tests und Audits festzustellen. Das GwG legt hierzu fest, dass diese unabhängig zu erfolgen haben (§ 6 Abs. 2 Nr. 7 GwG). Dabei gilt die Interne Revision bereits als unabhängig, wenngleich auch externe Prüfer Tests und Audits durchführen können.[327] Die Prüfung stellt dabei einen wesentlichen Teil des Managementzyklus dar, da durch die Vereinbarung von Verbesserungsmaßnahmen eine ständige Weiterentwicklung und Aktualität sichergestellt wird. Sofern die Prüfung von der Internen Revision durchgeführt wird, ist es wichtig wechselnde Prüfungsschwerpunkte langfristig in dem Prüfungsplan zu verankern, so dass alle relevanten Bereiche in einem angemessenen Zeitraum überprüft werden.

327 Vgl. BT-Drucks. 18/11555 S. 115.

Schulungen

Nicht nur das OFAC stellt die Wichtigkeit von Mitarbeiterschulungen heraus, sondern auch im GwG sind Schulungen Teil der internen Sicherungsmaßnahmen. So müssen Verpflichtete ihre Mitarbeiter in Bezug auf Typologien und aktuelle Methoden der Geldwäsche und Terrorismusfinanzierung sowie einschlägige Vorschriften und Pflichten, einschließlich Datenschutzbestimmungen, schulen (§ 6 Abs. 2 Nr. 6 GwG). Dabei ist zu empfehlen, die Schulungsintensität und die Schulungsinhalte auf das jeweilige Risiko des Arbeitsumfeldes adressatengerecht zu gestalten. So sollten bspw. Mitarbeiter, die mit Barkassen arbeiten, oder Mitarbeiter im Bereich Treasury und im Lieferanten-Onboarding besonders intensiv geschult werden. Als Kontrollmaßnahme sollte in diesem Zusammenhang die Teilnehmerquote der relevanten Bereiche geprüft werden, so dass Mitarbeiter ohne Schulung identifiziert werden können.

3. Tax Compliance

WP/StB Marc Stauder und StB Julia Quade

3.1 Einleitung

Der englische Begriff Compliance umfasst die Einhaltung von Regeln (gesetzliche Bestimmungen und unternehmensinterne Richtlinien). Unter einem Compliance Management System (CMS) sind die eingeführten Grundsätze und Maßnahmen eines Unternehmens zu verstehen, die auf die Einhaltung bestimmter Regeln und damit auf die Verhinderung von wesentlichen Verstößen (Regelverstöße) abzielen. In den letzten Jahren hat sich in der Praxis ein Trend herausgebildet, der die Einhaltung steuerrechtlicher Vorschriften im Rahmen eines Management-System-Ansatzes sieht. Insofern ist ein Tax Compliance Management System (Tax CMS) ein abgegrenzter Teilbereich eines CMS, dessen Zweck die vollständige und zeitgerechte Erfüllung steuerlicher Pflichten ist. Die hohe Komplexität des Steuerrechts erfordert ein hohes Maß an Wissen, um insbesondere Änderungen der steuerrechtlichen Vorschriften nachhalten zu können. Dabei spielt die Umsetzung der Einhaltung von Vorgaben in Prozessen eine zunehmende Rolle. Effizienzgedanken und technologische Möglichkeiten fördern die Digitalisierung dieser Prozesse. Damit lassen sich zwei Themen miteinander verbinden: Sicherheit und Effizienz.

Die Einhaltung steuerrechtlicher Vorschriften durch Unternehmen hat aufgrund der fortwährenden Compliance-Diskussion, sowie der öffentlich wirksamen Thematik der Steuerhinterziehung in der Vergangenheit an Bedeutung gewonnen.

Über diese aktuellen Entwicklungen hinaus wird die Bedeutung eines wirksamen Tax CMS durch den vom BMF veröffentlichten Anwendungserlass zu § 153 AO hinsichtlich der Abgrenzung der Berichtigung einer Erklärung von einer Selbstanzeige (§§ 371, 378 Abs. 3 AO) gestärkt. Das Tax CMS als Kontrollsystem soll die Erfüllung steuerlicher Pflichten sicherstellen und das Bemühen eines Unternehmens zum Ausdruck bringen, eine präventive Verhinderung von Gesetzesverstößen in die betrieblichen Prozesse zu integrieren. Folglich können Unternehmen sich durch die Implementierung eines Tax CMS vor dem Vorwurf einer leichtfertigen oder vorsätzlichen Steuerverkürzung schützen.[328]

Tax Compliance umfasst die Einhaltung gesetzlicher Vorschriften und unternehmensinterner Richtlinien im Teilbereich Steuern. Die organisatorische Umsetzung erfolgt durch die Einrichtung eines Tax CMS. Es stellt einen inhaltlichen Teilbereich des gesamten CMS dar und ist durch einen systematischen und präventiv ausgerichteten Aufbau gekennzeichnet.[329] Ein wirksames Tax CMS kann die Unternehmen sowohl vor finanziellen Schäden und potentiellen Reputationsverlusten bewahren als auch die gesetzlichen Vertreter eines Unternehmens schützen.[330]

Das Steuerrecht verlangt aufgrund der ausgeprägten Komplexität ein hohes Maß an Know-how und Steuerung und unterliegt regelmäßigen Änderungen durch den Gesetzgeber. Unternehmen

328 Vgl. *Müller*, IDW Life 3/2016 S. 117.

329 Vgl. *Koch/Stauder*, Assurance: Vertrauensleistungen außerhalb der Abschlussprüfung, 2017, S. 555.

330 Vgl. *Creed/Link*, BB 17/2016 S. 983.

können mit einem angemessenen und wirksamen Tax CMS zur korrekten Behandlung steuerlicher Sachverhalte die sukzessive steigenden Anforderungen erfüllen.[331]

Im Folgenden werden die begrifflichen und rechtlichen Grundlagen der Tax Compliance dargestellt. Anschließend wird die konkrete Ausgestaltung eines Tax CMS und darauf aufbauend die Prüfung eines Tax CMS auf der Grundlage des IDW PS 980[332] erläutert. Schließlich werden aktuelle Trends dargestellt und ein Ausblick gegeben.

3.2 Begriffliche und rechtliche Grundlagen der Tax Compliance

3.2.1 Definition Tax CMS

Das Tax CMS als abgegrenzter Teilbereich eines übergreifenden, ganzheitlichen CMS dient der Sicherstellung eines regelkonformen Verhaltens im Unternehmen hinsichtlich aller steuerrechtlichen Vorschriften. Dies wird auch i. R. d. IDW Praxishinweises 1/2016 zur Ausgestaltung und Prüfung eines Tax CMS deutlich. Der IDW Praxishinweis 1/2016 basiert auf IDW PS 980 und überträgt dessen Inhalte auf den steuerspezifischen Teilbereich.[333]

Im Rahmen des Anwendungserlasses zur AO (AEAO) zu § 153 wird der Begriff des innerbetrieblichen Kontrollsystems eingeführt, jedoch nicht definiert oder näher erläutert. Es erfolgt lediglich die Darlegung, dass ein innerbetriebliches Kontrollsystem „der Erfüllung der steuerlichen Pflichten dient". Trotz einer semantischen Nähe ist in diesem Zusammenhang nicht das interne Kontrollsystem eines Unternehmens gemeint, da dieses neben der Sicherstellung regelkonformen Verhaltens auch weiteren Zwecken dient. Es handelt sich um ein System, das auf die ganzheitliche Überwachung des Unternehmens durch entsprechende Kontrollen und die Funktionsfähigkeit der Geschäftsprozesse gerichtet ist.[334]

Da der Anwendungserlass ein System fordert, das die Einhaltung von steuerrelevanten Regeln gewährleistet, handelt es sich beim Tax CMS um einen abgegrenzten Teilbereich eines allgemeinen CMS. Darüber hinaus bieten der IDW PS 980 und der IDW Praxishinweis 1/2016 die entsprechenden Grundlagen und Hilfestellungen, auf die sowohl i. R. d. Prüfung als auch hinsichtlich der unternehmerischen Entwicklung und Ausgestaltung zurückgegriffen werden kann.[335]

Mit dem BMF-Schreiben vom 23.5.2016 hat die Finanzverwaltung den Anwendungserlass zur AO um den Abschnitt zu § 153 AO – „Berichtigung von Erklärungen" ergänzt, in dem die Anzeige- und Berichtigungspflicht als steuerliche Pflicht dargestellt wird. Demnach besteht die Anzeige- und Berichtigungspflicht nach § 153 Abs. 1 Satz 1 AO, wenn ein Steuerpflichtiger, sein gesetzlicher Vertreter oder eine andere in § 153 Abs. 1 Satz 2 AO genannte Person nachträglich erkennt, dass eine von ihm oder für ihn abgegebene Erklärung objektiv unrichtig oder unvollständig ist und es dadurch zu einer Steuerverkürzung gekommen ist oder kommen kann.[336]

331 Vgl. *Kromer/Pumpler/Henschel*, Compliance Berater 4/2013 S. 156.

332 IDW Prüfungsstandard: Grundsätze ordnungsmäßiger Prüfung von Compliance Management Systemen (IDW PS 980).

333 Vgl. *Koch/Stauder*, Assurance: Vertrauensleistungen außerhalb der Abschlussprüfung, 2017, S. 556.

334 Ebenda, S. 557.

335 Vgl. AEAO zu § 153, eingef. durch BMF, Schreiben v. 23.5.2016, BStBl 2016 I S. 490, Rz. 2.6; *Müller*, IDW Life 3/2016 S. 117; *Hilsebein*, Compliance Berater 4/2016 S. 120.

336 Vgl. AEAO zu § 153 Nr. 1.

3.2.2 AEAO zu § 153

Die Anzeige- und Berichtigungspflicht des § 153 AO dient der gesetzmäßigen Besteuerung und ergänzt die Erklärungs- und Mitwirkungspflichten der §§ 149, 150 und 90 AO. Die Wahrheitspflicht für Angaben in den Steuererklärungen nach § 150 Abs. 2 AO und § 90 Abs. 1 Satz 2 AO bleibt auch nach deren Abgabe bestehen.[337]

Bei juristischen Personen trifft die Anzeige- und Berichtigungspflicht des § 153 AO die nach §§ 34 und 35 AO handelnden Personen, wie z. B. den Geschäftsführer einer GmbH und den Vorstand einer AG. Dies ist unabhängig davon, ob die Steuererklärung von einem Bevollmächtigten, d. h. einem Steuerberater, Wirtschaftsprüfer oder Rechtsanwalt, vorbereitet, unterschrieben oder elektronisch übermittelt wurde.[338]

Nach § 153 Abs. 1 Satz 1 AO erstreckt sich die Anzeige- und Berichtigungspflicht auf alle Erklärungen des Steuerpflichtigen, die sich auf die Höhe der festgesetzten Steuer auswirken. Damit werden, neben der Erfassung von Steuererklärungen, auch Änderungsanträge nach § 172 Abs. 1 Satz 1 Nr. 2 Buchst. a AO oder § 173 Abs. 1 Nr. 2 AO sowie Anträge auf Herabsetzung der Vorauszahlungen erfasst.[339]

Die Anzeige nach § 153 Abs. 1 Satz 1 und Abs. 2 AO muss „unverzüglich", d. h. ohne schuldhaftes Zögern, gegenüber der sachlich und örtlich zuständigen Finanzbehörde erfolgen. Die Berichtigung nach § 153 Abs. 1 Satz 1 AO kann, sofern für eine Aufbereitung der Unterlagen eine gewisse Zeit erforderlich ist, ggf. zu einem späteren Zeitpunkt erfolgen. In diesem Fall ist die Dauer der Aufbereitung zu begründen.[340]

Die Anzeige- und Berichtigungspflicht nach § 153 Abs. 1 Satz 1 und Abs. 2 AO gilt auch im Falle der Steuerhinterziehung, die mit bedingtem Vorsatz begangen wurde. Dieser ist ebenfalls „unverzüglich" nachzukommen.[341] Es gilt der Zeitpunkt des Eingangs der Selbstanzeige, wenn kein Sperrgrund i. S. des § 371 Abs. 2 AO vorliegt.[342] Das Zugeständnis der angemessenen Zeit zur Aufbereitung der Selbstanzeige ist jedoch nicht im Kontext des § 371 AO zu sehen, da dieser ein solches Zugeständnis nicht vorsieht.[343] Voraussetzung für eine Selbstanzeige ist gem. § 371 Abs. 1 AO, dass gegenüber der Finanzbehörde zu allen unverjährten Steuerstraftaten einer Steuerart in vollem Umfang die unrichtigen Angaben berichtigt und die unvollständigen Angaben ergänzt oder die unterlassenen Angaben nachgeholt werden.

Im Falle des Verstoßes gegen die Anzeige- und Berichtigungspflicht nach § 153 Abs. 1 Satz 1 und Abs. 2 AO liegt eine Steuerhinterziehung durch Unterlassen gem. § 370 Abs. 1 Nr. 2 AO ab dem Zeitpunkt des Erkennens der objektiv unrichtig abgegebenen Steuererklärung bzw. des vollständigen oder teilweisen Wegfalls einer Steuervergünstigung vor. Dies führt zu einer Verlängerung der Festsetzungsfrist nach § 169 Abs. 2 Satz 2 AO.[344]

---

337 Vgl. *Cöster*, in: Koenig, AO, 3. Aufl. 2014, § 153 Rz. 1 ff.
338 Vgl. AEAO zu § 153 Nr. 4.
339 Ebenda, Nr. 3.
340 Ebenda, Nr. 5.1.
341 Ebenda, Nr. 5.2.
342 Vgl. *Jäger*, in: Klein, AO, 15. Aufl. 2020, § 371 Rz. 95 i. V. mit Rz. 111 ff.
343 Vgl. *Wegner*, SteuK 2016 S. 292.
344 Vgl. AEAO zu § 153 Nr. 5.3.

3.2.3 Abgrenzung § 153 AO zu § 371 AO

Die Vorschriften zur Selbstanzeige wurden in den letzten Jahren erheblich verschärft. Insbesondere ist die Unterscheidung zwischen einer Berichtigung nach § 153 AO und einer strafbefreienden Selbstanzeige nach § 371 AO seit der Einführung des § 398a AO von entscheidender Bedeutung. Sofern die Berichtigung als Selbstanzeige nach § 371 AO im Hinblick auf eine vorsätzliche Steuerhinterziehung von mehr als 25.000 € ausgelegt wird, ist von der Strafverfolgung nur dann abzusehen, wenn die an der Tat Beteiligten neben den hinterzogenen Steuern und Zinsen gem. den §§ 235 und 233a AO auch einen Geldbetrag von 10 % bis 20 % der hinterzogenen Steuer entrichten (§ 398a AO).[345]

Die Erklärung muss zum Zeitpunkt ihrer Abgabe sowohl bei einer Anzeige und Berichtigung nach § 153 Abs. 1 AO als auch bei einer Selbstanzeige nach § 371 AO objektiv unrichtig gewesen sein. Eine objektive Unrichtigkeit liegt vor, wenn i. R. d. Erklärung entgegen § 90 Abs. 1 Satz 2 und § 150 Abs. 2 Satz 1 AO nicht alle steuerlich erheblichen Tatsachen vollständig und wahrheitsgemäß offengelegt werden.[346]

Eine Steuerhinterziehung i. S. des § 370 AO oder eine leichtfertige Steuerverkürzung i. S. des § 378 AO liegt nicht vor, wenn der Steuerpflichtige im Nachgang und vor Ablauf der Festsetzungsfrist die Fehlerhaftigkeit der von ihm abgegebenen Steuererklärung erkennt und seiner Anzeige- und Berichtigungspflicht nach § 153 Abs. 1 AO unverzüglich nachkommt. Dies setzt voraus, dass weder Vorsatz noch Leichtfertigkeit vorliegen.[347] Dies bedeutet, dass im Falle einer vorsätzlichen oder leichtfertigen Handlung ausschließlich eine strafbefreiende Selbstanzeige nach § 371 AO möglich ist. Für eine Steuerhinterziehung ist bedingter Vorsatz ausreichend, d. h. der Täter hält die Tatbestandsverwirklichung für möglich; er muss sie nicht anstreben oder für sicher halten. Leichtfertigkeit nach § 378 AO liegt vor, wenn der Täter im großen Maße gegen Sorgfaltspflichten verstößt und ihm dieser Verstoß aufgrund der Vorhersehbarkeit und Vermeidbarkeit des Erfolgs vorzuwerfen ist.[348]

Nach Nr. 2.6 des AEAO zu § 153 kann die Implementierung eines der Erfüllung der steuerlichen Pflichten dienenden innerbetrieblichen Kontrollsystems ggf. als Indiz gegen das Vorliegen von Vorsatz oder Leichtfertigkeit gelten. Dies befreit jedoch nicht von einer Prüfung des Einzelfalls.

Mit dem Urteil des Bundesgerichtshofs vom 9.5.2017 (BGH zur Berücksichtigung von Compliance Management Systemen bei der Bemessung einer Geldbuße nach § 30 Abs. 1 OWiG) wird das (Tax) CMS erstmals in die Bemessung einer Geldbuße einbezogen. In dem Verfahren ging es um Vorwürfe der Steuerhinterziehung und Bestechung bei Rüstungsgeschäften. Die Vorinstanz (Landgericht München) hatte den Mitarbeiter eines Rüstungsunternehmens unter anderem wegen Beihilfe zur Steuerhinterziehung verurteilt, gegen das Unternehmen hatte das LG München ein Bußgeld nach § 30 Abs. 1 OWiG verhängt.

In der Urteilsbegründung werden zwei Faktoren zur Bemessung der zu verhängenden Geldbuße gem. § 30 Abs. 1 OWiG angeführt. Zum einen, inwieweit das Unternehmen der Verpflichtung genügt, Rechtsverletzungen aus der Sphäre des Unternehmens zu unterbinden. Zum anderen,

345 Vgl. *Koch/Stauder*, Assurance: Vertrauensleistungen außerhalb der Abschlussprüfung, 2017, S. 561.
346 Vgl. AEAO zu § 153 Nr. 2.1.
347 Ebenda, Nr. 2.2 i. V. mit 2.4.
348 Ebenda, Nr. 2.6 f.

ob es ein effizientes Compliance Management installiert habe, das auf die Vermeidung von Rechtsverstößen ausgelegt ist. Dabei sei auch zu berücksichtigen, ob das Unternehmen in der Folge des Verfahrens entsprechende Regelungen optimiert und die betriebsinternen Abläufe so gestaltet habe, dass vergleichbare Normverletzungen zukünftig deutlich erschwert werden.

Die Einrichtung eines Tax CMS im Unternehmen ist aufgrund der Indizwirkung gegen Vorsatz oder Leichtfertigkeit zu empfehlen. Mit dem Ziel, einen hohen Grad an Rechtssicherheit zu erlangen, haben Unternehmen die Möglichkeit, sich die Angemessenheit und Wirksamkeit des Tax CMS durch einen Wirtschaftsprüfer nach dem anerkannten Prüfungsstandard IDW PS 980 bescheinigen zu lassen.

3.3 Ausgestaltung eines Tax CMS

3.3.1 Verantwortlichkeit für die Einrichtung eines Tax CMS

Nach § 34 Abs. 1 AO sind die gesetzlichen Vertreter juristischer Personen und Geschäftsführer von nicht rechtsfähigen Personenvereinigungen für die Erfüllung derer steuerlichen Pflichten verantwortlich. Nicht rechtsfähige Personenvereinigungen sind insbesondere die GbR, OHG und KG. Im Falle einer GbR oder OHG obliegt die Geschäftsführung allen Gesellschaftern (§§ 709 f. BGB, § 114 HGB), wenn der Gesellschaftsvertrag keine abweichende Regelung vorsieht. Im Falle einer KG sind ausschließlich Komplementäre zur Geschäftsführung befugt (§ 164 Satz 1 HGB). Bei juristischen Personen des Privatrechts sind der Vorstand (AG, Genossenschaft, Verein und Stiftung) oder die Geschäftsführer (GmbH) die gesetzlichen Vertreter i. S. des § 34 Abs. 1 AO.

Wird seitens der Geschäftsführung nicht sichergestellt, dass die steuerlichen Pflichten erfüllt werden, besteht das Risiko einer strafrechtlichen Inanspruchnahme (insbesondere § 370 AO, § 266 StGB), einer ordnungswidrigkeitenrechtlichen Inanspruchnahme (insbesondere § 378 AO, § 130 OWiG, § 26b UStG) sowie zivilrechtlicher Schadenersatzansprüche nach § 43 Abs. 2 GmbHG bzw. § 93 Abs. 2 AktG. Zudem besteht die persönliche Haftung der gesetzlichen Vertreter i. S. des § 34 Abs. 1 AO im Falle der vorsätzlichen oder grob fahrlässigen Verletzung der steuerlichen Pflichten für die verkürzte Steuer nach § 69 AO. Derjenige, der den Tatbestand der Steuerhinterziehung verwirklicht hat, haftet persönlich nach § 71 AO für die verkürzten Steuern.[349]

Dementsprechend tragen auch die gesetzlichen Vertreter i. S. des § 34 Abs. 1 AO die Verantwortung für ein Tax CMS sowie die Inhalte der Tax CMS-Beschreibung. In den Verantwortungsbereich fällt auch die Organisation der Erstellung der CMS-Beschreibung durch geeignete Personen.[350]

3.3.2 Geltungsbereich eines Tax CMS

Die Definition des Geltungsbereichs des Tax CMS ist eine grundlegende Entscheidung bei der Implementierung und ggf. Prüfung eines Tax CMS. Das Unternehmen hat festzulegen, für welche Steuerrechtsordnungen, Steuerarten, rechtliche Einheiten und Betriebsstätten das Tax CMS gelten soll.[351]

349 Vgl. *von Busekist/Birkemeyer*, Ubg 2015 S. 231.
350 Vgl. IDW Praxishinweis 1/2016 Rz. 19.
351 Ebenda, Rz. 20.

In der Praxis wird das Tax CMS im ersten Schritt häufig auf die inländischen steuerlichen Pflichten ausgewählter Gesellschaften ausgerichtet. Wenige deutsche Unternehmen haben ihr Tax CMS auch auf ausländische Gesellschaften ausgeweitet bzw. sind derzeit dabei, eine solche Ausweitung des Geltungsbereichs anzugehen.

Mögliche Steuerarten für ein Tax CMS können u. a. sein:

- Ertragsteuern (Körperschaft- und Gewerbesteuer),
- Lohnsteuer,
- Umsatzsteuer,
- Quellensteuer,
- Versicherungsteuer,
- Energiesteuer und
- Zölle.

Bei der Festlegung der vom Tax CMS umfassten Steuerarten ist zu berücksichtigen, dass in den meisten Unternehmen steuerrelevante Entscheidungen in einem hohen Maße außerhalb der Steuerabteilung getroffen werden, wenn es um die Umsatzsteuer und Lohnsteuer geht.[352] Erfahrungsgemäß ist es dabei entscheidend, dass die Schnittstellen zu den involvierten Fachbereichen eindeutig definiert werden und ein regelmäßiger Austausch sichergestellt wird.

In der Praxis ist zu beobachten, dass die Mehrzahl der Unternehmen bei der Implementierung eines Tax CMS mit ein bis zwei Steuerarten begonnen haben und den Geltungsbereich sukzessive um weitere Steuerarten erweitern. Der Großteil der uns bekannten Tax CMS umfasst die Steuerarten Ertragsteuern, Lohnsteuer und Umsatzsteuer. In Versicherungsunternehmen umfasst das Tax CMS i. d. R. zusätzlich die Versicherungsteuer. Das Tax CMS von Unternehmen des Energiesektors umfasst häufig zusätzlich die Energiesteuer.

Im Rahmen des Tax CMS werden die Rollen und Verantwortlichkeiten von internen sowie externen Personen und Organisationseinheiten definiert, die in die Erfüllung von steuerlichen Pflichten einbezogen werden. Interne Personen und Organisationseinheiten sind z. B. Mitarbeiter des Unternehmens und das interne Shared Service/Delivery Center, externe z. B. Wirtschaftsprüfer, Steuerberater und andere externe Dienstleister.[353]

3.3.3 Grundelemente eines Tax CMS

Die Finanzverwaltung macht keine Angaben, wie ein Tax CMS ausgestaltet sein sollte, um eine Indizwirkung gegen das Vorliegen von Vorsatz oder Leichtfertigkeit zu entfalten.[354] Mit dieser Fragestellung hat sich auf Bitten des BMF das IDW beschäftigt und am 31.5.2017 den Praxishinweis zur Ausgestaltung und Prüfung eines Tax CMS gemäß IDW PS 980 veröffentlicht.

Demnach weist ein angemessenes Tax CMS i. S. des IDW PS 980 die in der folgenden Abbildung dargestellten sieben Grundelemente auf, die in Wechselwirkung zueinander stehen und die in die Geschäftsprozesse eingebunden sind.[355]

352 Vgl. *Diebel/Erhard*, Tax Compliance: Pflichten des Aufsichtsrats, Der Aufsichtsrat 07-08/2019 S. 112.

353 Vgl. IDW Praxishinweis 1/2016 Rz. 21.

354 Vgl. *Pielke*, Tax Compliance, 2018, S. 6.

355 Vgl. IDW Praxishinweis 1/2016 Rz. 22.

ABB. 30: Sieben Grundelemente des Tax CMS

3.3.3.1 Tax Compliance Kultur

Die Tax Compliance Kultur bildet die Grundlage für ein angemessenes und wirksames Tax CMS. Sie wird geprägt durch die Grundeinstellung und das Verhalten der Geschäftsleitung und der Aufsichtsorgane. Die Kultur ist in Bezug auf die Einhaltung steuerlicher Vorschriften jedoch nicht als eigenständiger Teil, sondern als Teil der allgemeinen Compliance Kultur zu betrachten.[356]

Um eine Tax Compliance Kultur im Unternehmen zu etablieren, ist ein eindeutiges und nachhaltiges Bekenntnis der Unternehmensleitung und damit auch der Steuerabteilung zur Einhaltung und Erfüllung der steuerlichen Pflichten im Unternehmen erforderlich.[357] Dieses Bekenntnis ist einerseits auf Ebene der Unternehmensleitung zu verankern (tone at the top). Andererseits ist dieses Bekenntnis durch die Unternehmensleitung in das Unternehmen hinein und damit an die Mitarbeiter innerhalb und außerhalb der Steuerabteilung zu kommunizieren (tone from the top).[358] Hierzu gehört nicht nur, die Bedeutung der Einhaltung der steuerlichen Vorschriften darzustellen. Zugleich muss die Unternehmensleitung klar kommunizieren, dass Verstöße nicht geduldet werden und Zuwiderhandlungen unternehmensintern sanktioniert werden (sog. Zero To-

356 Ebenda, Rz. 26.
357 Vgl. *Birkemeyer/Koch*, Ubg 2016 S. 90.
358 Vgl. IDW Praxishinweis 1/2016 Rz. 26.

lerance Policy).[359] In der Praxis zeigt sich, dass die Kultur zunehmend durch Tax Compliance geprägt wird.

Die Dokumentation der Grundeinstellung erfolgt i. d. R. schriftlich, wie z. B. i. R. d. Steuerrichtlinie, der Steuerstrategie, des Leitbildes oder des Verhaltenskodexes. In immer mehr Unternehmen ist zu beobachten, dass das Thema Tax Compliance in den Verhaltenskodex aufgenommen wurde. Darüber hinaus ist zu beobachten, dass durch regelmäßige Kommunikationsmaßnahmen der Unternehmensleitung die Einhaltung steuerlicher Vorschriften durch das Unternehmen unterstrichen wird.

3.3.3.2 Tax Compliance Ziele

Abgeleitet von den übergeordneten Unternehmenszielen, legt die Unternehmensleitung die Tax Compliance Ziele fest.[360] Dabei ist zu beachten, dass die Tax Compliance Ziele konsistent, verständlich, messbar und mit den verfügbaren Ressourcen abgestimmt sind.[361] I. d. R. werden die Tax Compliance Ziele in der Steuerrichtlinie oder der Steuerstrategie definiert und dokumentiert.[362]

Die Ziele können in quantitative Ziele, wie z. B. die Steuerung der Konzernsteuerquote und die Vermeidung von steuerlichen Nebenleistungen, und in qualitative Ziele, wie z. B. die Erfüllung aller Rechtspflichten und die Effizienz der Steuerfunktion, unterteilt werden.[363]

3.3.3.3 Tax Compliance Risiken

Die Anforderungen an die Tax Compliance Risikoanalyse sind im IDW PS 980 und im IDW Praxishinweis 1/2016 definiert. Demnach wird ein Verfahren zur systematischen Risikoerkennung und -berichterstattung im Hinblick auf Eintrittswahrscheinlichkeit und mögliche Folgen benötigt, um eine Verfehlung der Compliance Ziele zu vermeiden.[364] Es muss sich ferner um einen kontinuierlichen Regelprozess handeln. Das bedeutet, dass die Tax Compliance Risikoanalyse keine einmalige Übung darstellt, sondern in den Regelbetrieb überführt werden muss.[365] Es ist sicherzustellen, dass die Bewertung der identifizierten Tax Compliance Risiken regelmäßig aktualisiert wird und dass ggf. neu identifizierte Tax Compliance Risiken aufgenommen werden (z. B. aufgrund neuer Geschäftsfelder oder veränderter Rechtsprechung).[366]

Tax Compliance Risiken sind in Bezug auf die jeweilige Steuerart und den zusammenhängenden Prozessen zu identifizieren, anhand von Kriterien zu bewerten und zu dokumentieren.[367] Damit stellt die Tax Compliance Risikoanalyse das Herzstück eines Tax CMS dar und diese benötigt in der Praxis Zeit und die richtigen Ressourcen.

359 Ebenda, Rz. 28; *Hauschka*, ZIP 2004 S. 877.
360 Vgl. IDW Praxishinweis 1/2016 Rz. 31.
361 Ebenda, Rz. 32.
362 Ebenda, Rz. 34.
363 Vgl. *Kromer/Pumpler/Henschel*, BB 2013 S. 791.
364 Vgl. IDW PS 980 Rz. 23.
365 Vgl. *Kromer/Pumpler/Henschel*, BB 2013 S. 265.
366 Vgl. *Dahlke*, Risikobewertung in einem Tax-Compliance-Management-System, BB 2019 S. 620.
367 Vgl. IDW Praxishinweis 1/2016 Rz. 42.

Für die Aufnahme der unternehmensspezifischen Risiken je Steuerart bietet sich ein systematisches Risk Assessment (Aufnahme der steuerlichen Risiken im Unternehmen) an. Dabei erfolgt im ersten Schritt eine detaillierte und umfassende Erhebung der steuerlichen Risiken. Hierfür bilden – unter Beachtung der gesetzlichen Vorgaben – konkrete Risikoszenarien die Grundlage. Im zweiten Schritt erfolgt die Bewertung der erhobenen steuerlichen Risiken entsprechend ihrer Eintrittswahrscheinlichkeit und der potenziellen Schadenshöhe. Für die Bestimmung der Eintrittswahrscheinlichkeit und der potenziellen Schadenshöhe bietet es sich an, einheitliche Kriterien festzulegen, um eine vergleichbare Risikoeinschätzung innerhalb der Organisation sicherzustellen. Je Risiko ist dabei das Bruttorisiko zu bewerten, d. h. das Risiko vor Implementierung der risikomitigierenden Maßnahmen. Dieses Risiko bildet die Grundlage zur Bestimmung des Umfangs der notwendigen Grundsätze, Maßnahmen und Kontrollen. Das anschließend zu ermittelnde Nettorisiko stellt dabei das Risiko nach Implementierung der geeigneten Grundsätze, Maßnahmen und Kontrollen dar.[368]

Häufig ist in Unternehmen zu beobachten, dass zwar eine Tax Compliance Risikoanalyse durchgeführt und dokumentiert wurde, jedoch die Vorgehensweise, die jeweiligen Verantwortlichkeiten sowie der Turnus nicht schriftlich festgehalten sind. Unsere Empfehlung lautet grundsätzlich, dass eine Prozessbeschreibung für die Tax Compliance Risikoanalyse durch das Unternehmen erstellt wird, damit interne Vorgaben hinsichtlich der Tax Compliance Risikoanalyse klar und für alle Mitarbeiter verständlich definiert sind.

3.3.3.4 Tax Compliance Programm

Auf Grundlage der identifizierten und bewerteten Tax Compliance Risiken sind die Grundsätze, Maßnahmen und Kontrollen abzuleiten, die dazu notwendig sind, die Tax Compliance Risiken zu mitigieren.

Die folgende, nicht abschließende Aufzählung zeigt präventive Maßnahmen, die seitens der Unternehmen implementiert werden können[369]:

- Richtlinien und Arbeitsanweisungen,
- Checklisten,
- Schulungen,
- Newsletter und andere Kommunikationskanäle,
- Definition von Prozessen und
- Berechtigungskonzepte.

Zur Vermeidung der Haftungsinanspruchnahme reichen risikomitigierende Maßnahmen allein nicht aus. Zusätzlich bedarf es einer Überwachung, ob diese im täglichen Geschäft tatsächlich umgesetzt werden. In der Praxis zeigt sich, dass i. R.v. Steuerstrafverfahren eine Exkulpation vom Vorwurf eines Organisationsverschuldens nur möglich ist, wenn die Verantwortlichen eine lückenlose Überwachung auf allen Ebenen nachvollziehbar belegen können.[370]

368 Vgl. *Koch/Stauder*, Assurance: Vertrauensleistungen außerhalb der Abschlussprüfung, 2017, S. 570.
369 Vgl. IDW Praxishinweis 1/2016 Rz. 44.
370 Vgl. *Birkemeyer/Koch*, Ubg 2016 S. 90.

Für die Überwachung kommen folgende exemplarische Kontrollen, sog. detektive Maßnahmen, in Betracht[371]:

- Prozess-Kontrollen, z. B. Vier-Augen-Prinzip,
- technische Kontrollen, z. B. systemseitige Buchungssperre und
- stichprobenartige Verprobung, z. B. Plausibilitätschecks.

Die Dokumentation des Programms hat stets in schriftlicher Form zu erfolgen. Hierfür eignet sich insbesondere eine Risiko-Kontroll-Matrix, die je Risiko die entsprechenden risikomitigierenden Maßnahmen und Kontrollen beinhaltet.[372]

3.3.3.5 Tax Compliance Organisation

Die Tax Compliance Organisation umfasst die Aufbau- und Ablauforganisation. Die Aufbauorganisation definiert die Rollen und Verantwortlichkeiten in Bezug auf die Wahrnehmung der steuerlichen Aufgaben. Diese müssen in organisatorischer, fachlicher, prozesstechnischer, geografischer und bereichsspezifischer Hinsicht eindeutig, umfassend und widerspruchsfrei geregelt sein.[373] Dies bedeutet, dass die Geschäftsleitung festzulegen hat, welche Gesellschaften im Konzern durch die zentrale Steuerabteilung betreut werden, für welche Rechtsgebiete diese verantwortlich ist und inwieweit ausländische konzernangehörige Gesellschaften einbezogen werden.[374] Darüber hinaus sind die Verantwortlichkeiten klar voneinander abzugrenzen, wenn Tätigkeiten zur Erfüllung der steuerrechtlichen Pflichten auf Externe (z. B. Steuerberater) übertragen werden.[375]

Die Dokumentation der Tax Compliance Organisation kann z. B. in der Steuerrichtlinie oder in einem Organisationshandbuch vorgenommen werden.[376] Die bildliche Darstellung der Tax Compliance Organisation (z. B. in einem Organigramm) trägt grundsätzlich zum Rollenverständnis bei. Für konkrete und umfassende Regelungen der Rollen und Verantwortlichkeit sind Organigramme grundsätzlich nicht ausreichend und bedürfen weiterer Erläuterungen. Fehlende oder unzureichende Regelungen der Verantwortlichkeiten bestehen in der Praxis insbesondere an Schnittstellen zu anderen Abteilungen. Als Beispiel können die Schnittstellen im Bereich der Lohnsteuer (Steuerabteilung, Personalabteilung) sowie im Bereich der Umsatzsteuer (Steuerabteilung, Einkauf, IT-Abteilung, Rechnungswesen) genannt werden.[377] Die Schnittstellen zu anderen Fachbereichen sollten klar, eindeutig und überschneidungsfrei durch das Unternehmen definiert werden.[378] Anderenfalls kann bei Kompetenzüberschneidungen nicht ausgeschlossen werden, dass Mitarbeiter auf die Erfüllung der Pflichten durch andere Mitarbeiter vertrauen und letztlich kein Mitarbeiter die Verantwortung trägt.[379]

---

371 Vgl. IDW Praxishinweis 1/2016, Rz. 45.
372 Ebenda, Rz. 47.
373 Ebenda, Rz. 37.
374 Vgl. *von Busekist/Birkemeyer*, Ubg 2015 S. 234.
375 Vgl. IDW Praxishinweis 1/2016 Rz. 21 i. V. mit 56.
376 Ebenda, Rz. 40.
377 Vgl. *Koch/Stauder*, Assurance: Vertrauensleistungen außerhalb der Abschlussprüfung, 2017, S. 570.
378 Vgl. IDW Praxishinweis 1/2016 Rz. 38.
379 Vgl. OLG Düsseldorf, Beschluss v. 12.11.1998 - 2 Ss (Owi) 358/98 - (Owi) 112/98 III.

Es ist grundsätzlich zulässig, die Erfüllung steuerlicher Pflichten zu delegieren. Dabei ist zwischen der horizontalen und der vertikalen Delegation zu differenzieren. Die horizontale Delegation umfasst die Verteilung der Pflichten auf die verschiedenen Ressorts eines Geschäftsleitungsgremiums. Bei der vertikalen Delegation werden die Verantwortlichkeiten auf nachgelagerte Unternehmensteile verteilt.[380] Im Hinblick auf die Erfüllung steuerlicher Pflichten wird die Verantwortlichkeit häufig auf den Leiter der Steuerabteilung (vertikal) delegiert, der die Verantwortung wiederum auf die fachlichen Mitarbeiter der Steuerabteilung delegieren kann.[381]

Bei der Delegation von Aufgaben muss die Geschäftsführung bzw. der Vorstand sicherstellen, dass die Personen, die mit diesen Aufgaben betraut werden sollen, über die fachliche und persönliche Eignung verfügen, um die übertragenen steuerlichen Pflichten erfüllen zu können. Dies geschieht einerseits durch eine sorgfältige Mitarbeiterauswahl und andererseits durch deren Verpflichtung zur fachlichen Aus- und Fortbildung. Dies ist insbesondere im Bereich Steuern wichtig, der durch fachliche Komplexität, ständige Gesetzesänderungen und die Rechtsprechung geprägt ist.[382]

Im Rahmen der Compliance Organisation sollte eine Compliance Abteilung oder ein Compliance Officer bestimmt werden. In diesem Zusammenhang ist auch die Verantwortung für Tax Compliance zu definieren.[383] In der Praxis wird die Verantwortung für den Bereich Tax Compliance häufig dem Leiter der Steuerabteilung zugewiesen.

3.3.3.6 Tax Compliance Kommunikation

Maßnahmen der Tax Compliance Kommunikation sind insbesondere Schulungs- und Kommunikationsmaßnahmen im Bereich Tax Compliance sowie die interne und externe Berichterstattung über Tax Compliance.

Zur Planung von Schulungsmaßnahmen im Unternehmen bietet sich ein Tax Compliance Schulungskonzept an. Darin werden vor allem die Zielgruppe, der thematische Umfang sowie die Häufigkeit der Schulungsmaßnahme definiert. Darüber hinaus kann darin festgelegt werden, ob die Schulungsmaßnahme intern oder extern durchgeführt werden soll. Bereits vor den berufsrechtlichen Anforderungen an einen Steuerberater, ist eine regelmäßige Aus- und Fortbildung sicherzustellen (§ 57 Abs. 2a StBerG). Neben den Mitarbeitern der Steuerabteilung sollte sichergestellt sein, dass Mitarbeiter aus anderen Fachbereichen, die steuerrelevante Entscheidungen zu treffen haben (z. B. Einkauf, Vertrieb, HR), ausreichend geschult werden.

Zu den Tax Compliance Kommunikationsmaßnahmen gehören u. a. Rundschreiben, Newsletter o. Ä. Dadurch soll sichergestellt werden, dass relevante Informationen mit den Mitarbeitern geteilt werden.

Die Berichterstattung zum Thema Tax Compliance umfasst vor allem identifizierte Tax Compliance Risiken sowie ggf. festgestellte Tax Compliance Verstöße. Es ist festzulegen, wie häufig, in welchem Format und an wen über Tax Compliance berichtet wird. Die regelmäßige Berichterstattung erfolgt in den meisten Unternehmen durch den Steuerabteilungsleiter an das zu-

380 Vgl. IDW Praxishinweis 1/2016 Rz. 36.

381 Vgl. *Koch/Stauder*, Assurance: Vertrauensleistungen außerhalb der Abschlussprüfung, 2017, S. 570.

382 Vgl. *von Busekist/Birkemeyer*, Ubg 2015 S. 231.

383 Vgl. *Besch/Starck*, in: Hauschka, Corporate Compliance, 3. Aufl. 2016, § 33, Rz. 112.

ständige Vorstandsmitglied (z. B. CFO). Darüber hinaus sollte sichergestellt sein, dass über wesentliche Tax Compliance Risiken ad hoc berichtet werden kann. Auch sollte ein Berichtsrecht an das Aufsichtsorgan vorgesehen sein, damit die entsprechenden Überwachungspflichten erfüllt werden können.

3.3.3.7 Tax Compliance Überwachung und Verbesserung

Um eine enthaftende Wirkung dauerhaft sicherzustellen, ist die bloße Existenz eines Tax CMS ist nicht ausreichend. Vielmehr muss das System in einen Regelbetrieb überführt werden. Dazu gehört auch eine kontinuierliche Überwachung und Verbesserung des Tax CMS.

Die Überwachung des Tax CMS kann u. a. mittels folgender Maßnahmen erfolgen[384]:

- regelmäßige Überprüfung der Prozessabläufe,
- Überprüfung der Wahrnehmung von Schulungen.

Die Überwachungsmaßnahmen sind auf verschiedenen Ebenen zu definieren. Mängel, die bei der Überwachung des Tax CMS festgestellt werden, sind an die Verantwortlichen zu berichten, damit Maßnahmen zur Verbesserung der Prozessabläufe getroffen werden können.[385]

Häufig werden in der Praxis Überwachungsmaßnahmen durch die interne Revision durchgeführt. Dabei wird die Einhaltung von steuerlich relevanten Maßnahmen überprüft und es werden Kontrollen im Rahmen von Revisionsprüfungen vorgenommen. Teilweise ist das Tax CMS als Ganzes als Prüfobjekt im Audit Universe enthalten.

Verbesserungsmaßnahmen sind regelmäßig abzuleiten und zu implementieren. Verbesserungspotenziale können sich u. a. aus Überwachungsmaßnahmen, im Nachgang zu durchgeführten Betriebsprüfungen und durch die Tax Compliance Risikoanalyse ergeben.

3.4 Prüfung eines Tax CMS

3.4.1 Prüfungsziel und Prüfungsgegenstand

Da es sich bei einem Tax CMS um einen abgegrenzten Teilbereich des allgemeinen CMS handelt, kann die Prüfung eines Tax CMS durch einen Wirtschaftsprüfer auf Grundlage des IDW PS 980 durchgeführt werden. Hinweise zur Prüfung eines Tax CMS enthält der IDW Praxishinweis 1/2016.

Bei einer Prüfung nach IDW PS 980 handelt es sich um eine Systemprüfung. Aus diesem Grund liegt das Prüfungsziel nicht im Erkennen von einzelnen Regelverstößen.[386] Die Prüfung ist nicht darauf ausgerichtet, absolute Sicherheit über die tatsächliche Einhaltung von steuerrechtlichen Vorschriften zu erhalten.[387] Prüfungsgegenstand sind die Aussagen der gesetzlichen Vertreter über das Tax CMS. Die Aussagen sind in einer durch das Unternehmen zu erstellende Tax CMS Beschreibung aufgeführt. Die Tax CMS Beschreibung wird Anhang des Prüfungsberichts.

384 Vgl. IDW Praxishinweis 1/2016 Rz. 53.
385 Ebenda, Rz. 54.
386 Ebenda, Rz. 58.
387 Ebenda, Rz. 58.

3.4.2 Prüfungsumfang

Bei der Prüfung von Tax CMS wird im Wesentlichen zwischen einer Angemessenheits- und einer Wirksamkeitsprüfung unterschieden. Die Angemessenheitsprüfung umfasst die Prüfung der Angemessenheit und Implementierung von Grundsätzen, Maßnahmen und Kontrollen auf einen bestimmten Zeitpunkt. Die Wirksamkeitsprüfung umfasst neben der Angemessenheit und Implementierung auch die wirksame Durchführung der Grundsätze, Maßnahmen und Kontrollen in einem definierten Betrachtungszeitraum (ca. sechs bis zwölf Monate).[388]

Im Rahmen einer Angemessenheitsprüfung zählen Interviews mit den gesetzlichen Vertretern eines Unternehmens und mit den zuständigen (Tax) Compliance Verantwortlichen zu deren Qualifikation, Kompetenz sowie Stellung im Unternehmen zu den möglichen Prüfungshandlungen. Mögliche Schwachstellen des Tax CMS sowie das Bestehen und die Sanktionierung tatsächlicher Verstöße sollten in Interviews abgefragt werden.[389] Weitere Prüfungshandlungen umfassen die Beobachtung von Arbeitsabläufen sowie die Sichtung relevanter Dokumente.[390]

Als Systemprüfung kann die Tax CMS Prüfung nur eine hinreichende (keine vollständige) Sicherheit hinsichtlich der Konformität mit Steuergesetzen und internen Vorgaben bieten. So können Regelverstöße bspw. durch menschliche Fehlleistungen sowie bewusste Umgehungen auftreten, die trotz Bestehen eines wirksamen Tax CMS nicht verhindert werden konnten.[391]

Bei der Durchführung einer Wirksamkeitsprüfung ist der Umfang der Prüfung und der damit verbundene Aufwand als weitaus größer anzusehen. Die Wirksamkeitsprüfung schließt die Angemessenheitsprüfung mit ein und prüft zusätzlich, ob die beschriebenen Maßnahmen und Grundsätze zu einem festgelegten Zeitraum wirksam waren. Wirksam ist ein Tax CMS dann, wenn betroffene Personen (z. B. Mitarbeiter) die jeweils zu beachtenden Grundsätze und Maßnahmen zur Kenntnis nehmen und sich gemäß diesen verhalten. Der Wirksamkeitszeitraum sollte nicht weniger als ein halbes Jahr betragen, um eine hinreichende Kontinuität in der Regelbefolgung sicherstellen zu können.[392]

Als Folge des umfassenderen Prüfungsumfangs der Wirksamkeitsprüfung im Vergleich zu einer Angemessenheitsprüfung sind die durchzuführenden Prüfungshandlungen auszuweiten. Die tatsächliche Einhaltung der Grundsätze und Maßnahmen muss durch dokumentierte Nachweise, bspw. in Form von Teilnehmerlisten bei verpflichtenden Schulungsmaßnahmen, bestätigt werden. Zudem umfasst der erweiterte Prüfungsumfang auch dezentrale Geschäftseinheiten.[393]

Der Prüfer eines Tax CMS kann bereits bei der Entwicklung, Einführung, Änderung oder Erweiterung des Systems einbezogen werden. Dies ist insbesondere bei erstmaligen Prüfungen von Nutzen, da wesentliche Mängel frühzeitig erkannt und beseitigt werden können.[394] Bei einer solchen „projektbegleitenden" Prüfung bleibt die Unabhängigkeit des Prüfers gewahrt, solange der

388 Vgl. *Pielke*, Tax Compliance: Effektive Organisation der Einhaltung steuerlicher Pflichten, 2018, S. 9.
389 Vgl. *Stauder*, Tax Compliance, 2017, S. 48.
390 Vgl. *Laue*, in KPMG (Hrsg.), Das wirksame Compliance-Management-System, 2. Aufl. 2016, S. 160.
391 Vgl. IDW Praxishinweis 1/2016 Rz. 18.
392 Ebenda, Rz. 12, 16 und 64; IDW PS 980 Rz. 21.
393 Vgl. *Laue*, in KPMG (Hrsg.), Das wirksame Compliance-Management-System, 2. Aufl. 2016, S. 160.
394 Vgl. *Stauder*, Tax Compliance, 2017, S. 48.

Prüfer lediglich Entscheidungsvarianten aufzeigt und die Entscheidung über deren Annahme nur vom Unternehmen selbst getroffen wird.[395]

3.4.3 Berichterstattung und Weitergabe von Prüfungsergebnissen

Der Prüfer ist dazu verpflichtet, im Anschluss an die Prüfung des CMS einen schriftlichen Prüfungsbericht sowie eine Bescheinigung nach IDW PS 980 zu verfassen. Der Bericht muss die Darstellung des Prüfungsauftrags, die Darstellung von Gegenstand, Art und Umfang der Prüfung, ggf. Prüfungsfeststellungen sowie das Prüfungsurteil enthalten. Als Anlage ist die Tax CMS Beschreibung des Unternehmens beizufügen; deren Vollständigkeit ist vom Unternehmen durch eine entsprechende Erklärung zu bestätigen. Ein uneingeschränktes Prüfungsurteil wird erteilt, wenn im Rahmen der Prüfung keine wesentlichen Beanstandungen festgestellt werden konnten. Wurden wesentliche Beanstandungen identifiziert, die sich auf einzelne Teilbereiche des CMS beschränken, erfolgt die Erteilung eines eingeschränkten Prüfungsurteils. Das Prüfungsurteil ist zu versagen, wenn wesentliche Beanstandungen vorliegen, die Auswirkungen auf das gesamte Tax CMS haben. Beispielsweise kann hier eine ungünstige Compliance Kultur mit Einfluss auf die anderen Elemente des Tax CMS genannt werden.[396]

Adressat des Prüfungsberichtes ist allein das Unternehmen, das den Wirtschaftsprüfer per Auftragsschreiben mit der Durchführung einer Tax CMS Prüfung beauftragt hat. Der Bericht informiert das Unternehmen über das Ergebnis der Prüfung und ist daher nicht darauf ausgerichtet, als Entscheidungsgrundlage für externe Dritte zu dienen. Gleichwohl ist zu beachten, dass gem. dem AEAO zu § 153 einem funktionierenden innerbetrieblichen Kontrollsystem ggf. eine Indizwirkung in Bezug auf die Abgrenzung vorsätzlicher oder leichtfertiger Steuerhinterziehung und Berichtigung einer Steuererklärung zukommen kann. Folglich kann es für Unternehmen, die dem Vorwurf der Steuerhinterziehung gegenüberstehen, durchaus sinnvoll sein, den Finanzbehörden einen Prüfungsbericht mit uneingeschränktem Prüfungsurteil zugänglich zu machen.[397] Eine solche Weitergabe des Prüfungsberichts sollte in Abstimmung mit dem Wirtschaftsprüfer erfolgen, dieser ist nach wie vor nur dem Unternehmen gegenüber verantwortlich.[398]

3.5 Trends und Ausblick

Der Begriff Tax Compliance wurde in den vergangenen Jahren mit Leben gefüllt. Zum einen steht der Begriff für eine stärkere Prozessorientierung der Steuerabteilungen, zum anderen für eine risikoorientierte Betrachtung des Geschäftsmodells und der steuerlich relevanten Geschäftsvorfälle. Nicht selten ist in der Praxis ein Projekt zur Umsetzung eines Tax CMS der Startpunkt für eine Ausweitung dieser Sichtweisen. Damit rücken die stark einzelfallorientierten Lösungen gegenüber den prozessualen Lösungen in den Hintergrund.

Darüber hinaus spielt die damit korrespondierende Absicherung eine große Rolle: Das Interesse und die Möglichkeit, eine Schutzwirkung für die handelnden Personen durch ein Tax CMS sowohl durch die erstmalige systematische Einrichtung als auch die Prüfung eines solchen Sys-

395 Vgl. IDW Praxishinweis 1/2016 Rz. 65.
396 Ebenda, Rz. 66; IDW PS 980 Rz. 55-63.
397 Vgl. *Stauder*, Tax Compliance, 2017, S. 52.
398 Vgl. IDW Praxishinweis 1/2016 Rz. 67; *Müller*, IDW Life 2016 S. 117, 122; *Hilsebein*, Compliance Berater 2016 S. 120.

tems zu entfalten, ist nach wie vor der entscheidende Aspekt in Bezug auf die Sicherheit, die ein Tax CMS entfaltet.

Der IDW Praxishinweis 1/2016 hat einen Rahmen gesetzt, den viele Unternehmen für sich nutzen, um ein Tax CMS umzusetzen. Das Herzstück bilden dabei die Risiko-Kontroll-Matrizen, die eine tiefgreifende Beschäftigung mit den Risiken und den mitigierenden Grundsätzen, Maßnahmen und Kontrollen notwendig machen. Im ersten Schritt wird i. d. R. das Tax CMS in Deutschland betrachtet. Ein zweiter Schritt bildet dann die Ausweitung der Betrachtung auf ausländische Tochtergesellschaften eines Konzerns. Die für Deutschland geltenden Risiko-Kontroll-Matrizen können auch in ausländischen Tochtergesellschaften angewendet werden. Darüber hinaus ist es möglich, Mindestanforderungen an Maßnahmen zu definieren, um in einem Konzern ein grundsätzliches Set an Maßnahmen einzuführen. Damit trägt das Tax CMS dazu bei, die Überwachungs- und Sorgfaltspflichten des Vorstands in Bezug auf die steuerlichen Pflichten des Konzerns in seinen Tochtergesellschaften zu unterstützen.

Der in den Risiko-Kontroll-Matrizen dokumentierte prozess- und risikoorientierte Blick trägt auch dazu bei, dass die wesentlichen Prozesse dokumentiert werden. Vielfach werden hierzu moderne Workflowtools eingesetzt. Die strukturierte Aufbereitung dieser Prozesse trägt bereits zu einer systematischen Beschäftigung mit den Abläufen und den integrierten Kontrollen bei. Als Ergebnis resultieren daraus Prozessverbesserungen und -automatisierungen. Der Umbau eines Prozesses zum Workflow kann auf Basis einer mit modernen Tools erfassten Dokumentation recht einfach gelingen. Damit trägt das Tax CMS dazu bei, die Digitalisierung in den Steuerabteilungen voranzutreiben.

Prozesse und Entscheidungen können in eine Workflowumgebung eingebettet werden, die eine Automatisierung der steuerlichen Prozesse auf der Grundlage von Gesetzen und steuerlichen Richtlinien ermöglicht. Hierbei bietet die Digitalisierung und Automatisierung steuerlicher Prozesse zum einen den Vorteil der Harmonisierung und revisionssicheren Dokumentation, zum anderen entlastet es die Mitarbeiter der Steuerabteilung und erlaubt eine grundlegende Qualitätssicherung von Richtlinien und Anweisungen bezüglich entsprechender Prozess- und Entscheidungslogiken. Fortschrittliche Technologien helfen der Steuerabteilung, die steuerlichen Prozesse samt ihrer unterschiedlichen Anforderungen und Dokumentationspflichten im Überblick zu behalten, um potenzielle Risiken frühzeitig zu erkennen und entsprechende Maßnahmen einzuleiten.

Der Trend zur Digitalisierung der Steuerabteilung im Unternehmen bringt die Frage nach IT-gestützten bzw. IT-unterstützen Implementierungen und Betrieb des Tax CMS mit sich. So bietet der Markt inzwischen eine Vielzahl von Tools und Programmen zur Prozessvisualisierung, Process Mining, Continous Monitoring sowie Risikomanagement-Dashboards und IT-gestütztes Richtlinien- und Entscheidungsmanagement. Die Herausforderung liegt somit nicht darin, geeignete Systeme zum effizienten Management des Tax CMS zu finden, sondern vielmehr in der Auswahl aus der Vielzahl von Möglichkeiten mit dem Ziel, ein auf die Zukunft ausgerichtetes und einfach handhabbares Tax CMS zu implementieren. Eine effiziente Nutzung der neuen Technologien ist zum einen abhängig von der grundlegenden digitalen Verfügbarkeit der steuerrelevanten Daten und zum anderen ist es erforderlich, dass die zur Abbildung von Steuerprozessen genutzten IT-Systeme und Programme aufeinander abgestimmt sind und die relevanten Nutzer auf diese Zugriff haben.

Der Praxishinweis des IDW hat einen verlässlichen Rahmen für die Implementierung und Prüfung eines Tax CMS gesetzt. Unternehmen finden hier eine flexible Richtschnur zur Anpassung des Tax CMS an die spezifischen Gegebenheiten. In Deutschland haben sich in einem ersten Schritt viele große Unternehmen an die Einführung eines Tax CMS begeben. Vielfach wurden diese Projekte mit einer Bescheinigung des Tax CMS nach IDW PS 980 abgeschlossen. Die Vorgehensweise ist dabei stufenweise möglich. Als Abschluss des Implementierungsprojektes steht i. d. R. eine Angemessenheitsprüfung, in der die Angemessenheit und die Implementierung bescheinigt werden. Die Erweiterung der Prüfungssicherheit auf eine Prüfung der Wirksamkeit ist vielfach der zweite Schritt und erfolgt zeitlich nachgelagert. Hier ist auch zu erwarten, dass die wiederkehrende Beurteilung der Wirksamkeit des Tax CMS zum zukünftigen Standard werden wird. Je mehr Unternehmen ihre zertifizierten Tax CMS im Rahmen ihrer Betriebsprüfungen vorstellen, desto früher bildet sich hier ein erwartbarer Standard im Markt heraus. Damit steigen Anforderungen an die Systeme, weil die Beurteilungsmaßstäbe sich im Laufe der Zeit entwickeln und vereinheitlichen. Eine ähnliche Entwicklung war in den letzten Jahren bei dem Umgang mit Anforderungen an Verrechnungspreissysteme zu verzeichnen.

Die Prüfung nach der Methodik des IDW PS 980 ist eine in der Praxis nicht mehr wegzudenkende Absicherung für Management Systeme. Die Methodik ist vielfach erprobt und auf Ebene von Geschäftsleitungen und Aufsichtsräten etabliert. Sie erlaubt eine flexible Handhabung im Hinblick auf einen mehrjährigen Prüfungsplan und eine dauerhafte Absicherung des Tax CMS durch die Wiederholung von Prüfungen bei gleichzeitig steigender Effizienz in der Prüfungsdurchführung. Insofern ist davon auszugehen, dass die Absicherung durch eine Prüfung des Tax CMS zukünftig in den Regelkreislauf integriert und zur jährlichen Routine werden wird. Prüfungstätigkeiten können hier auch auf die interne Revision ausgelagert werden.

Die Geschichte des Tax CMS ist noch jung. Es hat sich in vergleichsweise kurzer Zeit sehr viel entwickelt, was einen Ausgangspunkt für weitere innovative Entwicklungen darstellt. Die Digitalisierung und die Absicherung von Prozessen stehen im Mittelpunkt und auf der Agenda von Verantwortlichen in Unternehmensleitung und Steuerabteilung. Damit trägt das Thema dazu bei, die Steuerabteilungen effizienter und gleichzeitig risikoadäquat aufzustellen. Technologische Innovationen unterstützen diese Entwicklungen. Im Tax CMS vereint sich alles, was eine moderne Steuerabteilung ausmacht: Digitalisierung verbunden mit Prozess- und Risikoorientierung. Die Zukunft des Themas Tax CMS ist damit gleich in mehrfacher Hinsicht gesichert.

4. Kartellrechts-Compliance

WP/StB Verena Brandt, RA Dr. Gerrit Rixen, RA Dr. Hannes Schwinn, Lic. en Droit (Lyon III) und Maximilian Kirch

4.1 Einleitung

Kartellrechtliche Anforderungen sind oftmals ein zentraler Treiber der Compliance-Anforderungen und -Anstrengungen von Unternehmen. Dabei ergibt sich die Bedeutung des Themas nicht nur aus normierten Anforderungen, sondern auch aus den vielfach medial begleiteten Kartellrechtsverstößen, welche in Teilen schwerwiegend und mit einschneidenden Geldbußen für Unternehmen verbunden sind. Die damit vielfach einhergehenden zivil- und ordnungswidrigkeitenrechtlichen Haftungsrisiken für natürliche Personen, zuvorderst für die Mitglieder der entsprechenden Leitungsgremien, und das Risiko einer negativen medialen Berichterstattung sowie drohender Reputationsverluste sind ein weiterer Grund für die Präsenz des Kartellrechts in der Welt der Compliance. Globalisierungstendenzen und damit internationale Unternehmenstransaktionen sowie drohende Kursverluste von börsennotierten Unternehmen im Falle schwerwiegender Kartellrechtsverstöße sind weitere Gründe für die Bedeutung der kartellrechtlichen Anforderungen im modernen CMS.

In diesem Fachbeitrag soll im zweiten Teil zunächst auf die rechtlichen und praktischen Grundlagen des Kartellrechts eingegangen werden. Im dritten Teil folgen Erläuterungen zu einer risikobasierten Umsetzung (Scoping) der Kartellrechts-Compliance und zur Bedeutung von Umfeldfaktoren für ein kartellrechtliches CMS. Im vierten Teil werden auf der Basis langjähriger Compliance Erfahrungen Best-Practice-Beispiele erläutert, praktische Handlungsempfehlungen gegeben und relevante Situationen dargestellt. Im abschließenden, fünften Teil wird in einem Ausblick auf aktuelle Entwicklungen und Herausforderungen für kartellrechtliche CMS eingegangen.

4.2 Kartellrecht – Rechtliche und praktische Grundlagen

4.2.1 Grundlagen des EU- und deutschen Kartellrechts, insbesondere Kartellverbot

Der Wettbewerb ist ein elementarer Grundpfeiler der sozialen Marktwirtschaft. Das Kartellrecht dient der Aufrechterhaltung des freien Wettbewerbs und dessen Schutz. Das Ziel ist es, einen wirksamen und funktionsfähigen Wettbewerb zu erhalten und insbesondere wettbewerbsbeschränkende Vereinbarungen sowie den Missbrauch von Marktmacht zu verhindern. Die Folgen von Verstößen gegen geltendes Kartellrecht gehen weit über die reine finanzielle Belastung durch verhängte Bußgelder der Kartellbehörden und Prozesskosten für Bußgeldverfahren hinaus. Kartellrechtliche Bußgeldverfahren sind i. d. R. langwierig und binden in erheblichem Maße Ressourcen in den betroffenen Unternehmen. Hierunter können dann die alltäglichen Unternehmensaktivitäten leiden, und ein Kartellbußgeld schmälert letztlich den Unternehmensgewinn. Bereits durch das Vorliegen eines Verdachts auf einen Kartellrechtsverstoß können Lieferanten- und Kundenbeziehungen belastet werden. Ein Reputationsschaden aufgrund von Kartellrechtsverstößen kann bis zu einem negativen Einfluss auf das Rating und den Börsenwert des Unternehmens führen. Nach abgeschlossenen Untersuchungen und Bußgeldverfahren schließen sich häufig kartellzivilrechtliche Prozesse an, insbesondere Schadensersatzklagen von Abnehmern der „kartellbefangenen" Produkte.

Die wichtigsten kartellrechtlichen Normen finden sich im EU-Kartellrecht in den Artikeln 101 bis 106 des Vertrags über die Arbeitsweise der Europäischen Union (AEUV). Nach deutschem Kartellrecht gilt außerdem insbesondere das Gesetz gegen Wettbewerbsbeschränkungen (GWB). Inhaltlich wurde das deutsche Kartellrecht in weitem Umfang an das EU-Kartellrecht angeglichen. In § 1 GWB ist das deutsche Kartellverbot geregelt. § 1 GWB verbietet im Ausgangspunkt *„Vereinbarungen zwischen Unternehmen, Beschlüsse von Unternehmensvereinigungen und aufeinander abgestimmte Verhaltensweisen, die eine Verhinderung, Einschränkung oder Verfälschung des Wettbewerbs bezwecken oder bewirken"*. Das Kartellverbot richtet sich somit gegen Unternehmen (und Unternehmensvereinigungen). Im EU-Kartellrecht findet sich das Kartellverbot in Art. 101 Abs. 1 AEUV. Es entspricht im Wesentlichen dem deutschen Kartellverbot, setzt aber zusätzlich insbesondere voraus, dass die betroffene Vereinbarung, der Beschluss bzw. die aufeinander abgestimmten Verhaltensweisen geeignet sind, den Handel zwischen Mitgliedstaaten spürbar zu beeinträchtigen.

Auch wenn wettbewerbsbeschränkende Vereinbarungen nach Art. 101 Abs. 1 AEUV bzw. § 1 GWB grundsätzlich verboten sind, besteht die Möglichkeit, dass sie gem. Art. 101 Abs. 3 AEUV / § 2 GWB vom Kartellverbot freigestellt werden. Eine Einzelfreistellung nach Art. 101 Abs. 3 AEUV / § 2 GWB setzt voraus, dass die Vereinbarung, der Beschluss bzw. die aufeinander abgestimmten Verhaltensweisen

- zu Effizienzvorteilen führen, d. h. zur Verbesserung der Warenerzeugung oder -verteilung oder zur Förderung des technischen oder wirtschaftlichen Fortschritts beitragen,
- die Verbraucher hieran angemessen beteiligt werden, ohne dass den beteiligten Unternehmen Beschränkungen auferlegt werden, die für die Verwirklichung dieser Ziele nicht unerlässlich sind, oder
- Möglichkeiten eröffnet werden, für einen wesentlichen Teil der betreffenden Waren den Wettbewerb auszuschalten.

Zwar zeigt sich an dieser Freistellungsmöglichkeit einerseits der Vorteil einer erhöhten Flexibilität, andererseits tragen Unternehmen das Risiko, die Zulässigkeit ihres Verhaltens selbst veranlagen zu müssen. Kartellbehörden könnten im Nachhinein eine Untersagung des fraglichen Verhaltens aussprechen und sonstige Sanktionen (z. B. ein Bußgeld) verhängen. Dieses System der sog. Legalausnahme vom Kartellverbot bringt daher nicht nur Vorteile für Unternehmen mit sich, sondern auch eine gewisse Rechtsunsicherheit.

Eine Freistellung vom Kartellverbot kann sich überdies aus den sog. EU- Gruppenfreistellungsverordnungen ergeben. Diese sind im deutschen Kartellrecht analog anwendbar (§ 2 Abs. 2 GWB).

4.2.2 Wesentliche Teilbereiche des EU- und deutschen Kartellrechts

ABB. 31: Die Säulen des Kartellrechts

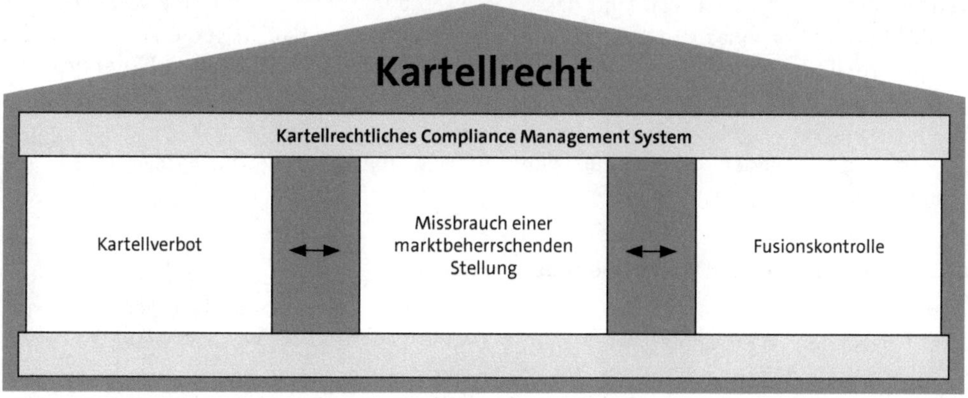

4.2.2.1 Horizontale Wettbewerbsbeschränkungen

Das oben dargestellte EU- und deutsche Kartellverbot kann sowohl auf horizontale als auch auf vertikale Verhaltensweisen Anwendung finden. Bei horizontalen Vereinbarungen handelt es sich um Absprachen zwischen Unternehmen auf derselben Marktstufe. Typische horizontale Vereinbarungen – und dies sind zugleich schwerwiegende *„hardcore"*-Verstöße gegen das Kartellverbot – sind insbesondere Preisabsprachen, Quotenkartelle, Kundenaufteilungen oder Gebietsaufteilungen zwischen Wettbewerbern. Dabei kommt es nicht darauf an, in welcher Art und Weise eine Absprache getroffen worden ist (mündliche Form, schriftliche Form).[399] Vielmehr ist ein sog. „Gentlemen's Agreement" ebenfalls verboten. Zudem ist hervorzuheben, dass nicht nur umgesetzte Kartellabsprachen geahndet werden können, sondern auch Absprachen, die das Planungsstadium nicht überschritten haben.[400]

4.2.2.2 Austausch wettbewerblich sensibler Informationen zwischen Wettbewerbern

Der Zugang zu Informationen über Konkurrenten kann einen entscheidenden Wettbewerbsvorteil am Markt bedeuten. Der Informationsaustausch zwischen Wettbewerbern ist jedoch stark in den Fokus der Kartellbehörden gerückt – und damit auch in den Fokus kartellrechtlicher CMS. Eine Information lässt sich dann als wettbewerblich sensibel einstufen, wenn sie Rückschlüsse auf das gegenwärtige oder zukünftige Marktverhalten oder die Strategie eines Wettbewerbers zulässt. Zu beachten ist, dass bereits die Entgegennahme einer wettbewerblich sensiblen Information von einem Wettbewerber letztlich zu einem Verstoß gegen das Kartellverbot führen kann. Denn nach der Rechtsprechung der EU-Gerichte greift bei Entgegennahme einer wettbewerblich sensiblen Information eine widerlegliche Vermutung, dass diese Information für das

399 Siehe *Hauschka et al.*, Corporate Compliance – Handbuch der Haftungsvermeidung im Unternehmen, 3. Aufl. 2016, S. 725.

400 Vgl. hierzu auch *KPMG*, Das wirksame Compliance-Management-System, 2. Aufl. 2016, S. 231.

eigene Marktverhalten auch berücksichtigt wird (vorausgesetzt, das Unternehmen ist weiterhin auf dem Markt tätig).[401]

Wenn in der Praxis jedoch feststeht, dass ein Unternehmensmitarbeiter eine wettbewerblich sensible Information eines Wettbewerbers entgegengenommen hat, so ist die Vermutung, dass diese Information für das eigene Marktverhalten berücksichtigt wurde, regelmäßig nur schwer gegenüber der Kartellbehörde zu widerlegen. Aus diesem Grund sollte ein kartellrechtliches CMS nicht nur die Vorgabe an die Mitarbeiter beinhalten, keine wettbewerblich sensiblen Informationen weiterzugeben, sondern auch vom Wettbewerber keine wettbewerblich sensiblen Informationen entgegen zu nehmen.

4.2.2.3 Vertikal bewirkte Wettbewerbsbeschränkungen

Absprachen zwischen Unternehmen, die nicht miteinander im Wettbewerb stehen und sich auf unterschiedlichen Wertschöpfungsebenen befinden, können zu vertikal bewirkten Wettbewerbsbeschränkungen führen. Auch auf diese ist das Kartellverbot anwendbar;[402] dazu gehören bspw. Ausschließlichkeitsvereinbarungen sowie Preis- oder Konditionenbindungen zwischen Herstellern und Händlern.

4.2.2.4 Missbrauch einer marktbeherrschenden Stellung

Unternehmen ist es verboten, eine marktbeherrschende Stellung missbräuchlich auszunutzen (Art. 102 AEUV, § 19 Abs. 1 GWB). Eine marktbeherrschende Stellung liegt vor, wenn das betroffene Unternehmen die Aufrechterhaltung eines wirksamen Wettbewerbs auf dem relevanten Markt verhindern und sich seinen Wettbewerbern, seinen Abnehmern und letztlich dem Verbraucher gegenüber in einem wesentlichen Umfang unabhängig verhalten kann.[403] Im deutschen Recht wird die marktbeherrschende Stellung in § 18 GWB definiert. Die Ermittlung, ob ein Unternehmen eine marktbeherrschende Stellung innehat, setzt eine Abgrenzung des relevanten Markts voraus, sowohl in sachlicher als auch in räumlicher Hinsicht.

Die Feststellung einer marktbeherrschenden Stellung auf einem bestimmten Markt hängt dann von einer Vielzahl an Faktoren ab. Zentrale Bedeutung kommt dem Marktanteil des betroffenen Unternehmens zu. Aber bspw. auch der Abstand zum nächsten Wettbewerber auf dem relevanten Markt sowie ein technologischer, finanzieller oder kommerzieller Vorsprung sind bei der Ermittlung der Marktstellung eines Unternehmens zu betrachten. Nach deutschem Recht wird ab einem Markanteil von 40 % eine marktbeherrschende Stellung eines einzelnen Unternehmens widerleglich vermutet (§ 18 Abs. 4 GWB). In der Praxis der europäischen Gerichte und der EU-Kommission liegt die maßgebliche Grenze eher bei 50 % Marktanteil.

Eine marktbeherrschende Stellung kann des Weiteren in der Form eines Oligopols vorliegen (sog. kollektive Marktbeherrschung). Kennzeichnend für ein Oligopol ist die enge Reaktionsverbundenheit der Unternehmen. Eine kollektive Marktbeherrschung liegt vor, wenn die Unternehmen im Oligopol in ihrer Gesamtheit im Verhältnis zu den übrigen Wettbewerbern eine überragende Markstellung haben und sich auch untereinander keinen wesentlichen Binnenwett-

401 EuGH v. 4.6.2009 – C-8/08 – T-Mobile Netherlands, Rz. 51-53.

402 Siehe für das EU-Kartellrecht bereits EuGH v. 13.7.1966, Verb. Rs. 56 u. 58/64.

403 EuGH v. 13.2.1979 – Rs. 85/76 – Hoffmann-La Roche/Kommission, Slg. 1979, 461 LS 4.

bewerb machen (vgl. § 18 Abs. 5 GWB). Eine kollektive Marktbeherrschung wird im deutschen Recht widerleglich vermutet, wenn zwei oder drei Unternehmen zusammen mindestens 50 % Marktanteil innehaben, oder wenn vier oder fünf Unternehmen zusammen mindestens zwei Drittel Marktanteil haben (§ 18 Abs. 6 GWB).

Das bloße Innehaben einer marktbeherrschenden Stellung ist selbstverständlich erlaubt. Marktbeherrschenden Unternehmen werden aber durch das Kartellrecht besondere Verhaltensanforderungen auferlegt; sie dürfen ihre marktbeherrschende Stellung nicht missbrauchen. Ein Unternehmen mit einer marktbeherrschenden Stellung muss sich deshalb seiner besonderen Verantwortung gegenüber Geschäftspartnern und Wettbewerbern bewusst sein. Die missbräuchliche Ausnutzung einer marktbeherrschenden Stellung ist im EU-Kartellrecht objektiv zu bestimmen. Ein (Behinderungs-)Missbrauch liegt insbesondere bei allen Verhaltensweisen von marktbeherrschenden Unternehmen vor, welche die Struktur eines Markts beeinflussen können, auf dem der Wettbewerb (gerade wegen der Anwesenheit des Marktbeherrschers) bereits geschwächt ist, und die den noch bestehenden (Rest-)Wettbewerb durch die Verwendung von Mitteln behindern, die „von den Mitteln eines normalen Produkt- oder Dienstleistungswettbewerbs abweichen".[404]

Zur Frage, wann ein Missbrauch einer marktbeherrschenden Stellung vorliegt, finden sich in Art. 102 Satz 2 AEUV für das EU-Kartellrecht sowie in § 19 Abs. 2 GWB für das deutsche Kartellrecht nicht abschließende Regelbeispiele. Zum Missbrauch haben die Europäische Kommission, das Bundeskartellamt und die mit Kartellrecht befassten Gerichte eine umfangreiche Kasuistik entwickelt. Formen des sog. Behinderungsmissbrauchs sind z. B. sachlich nicht gerechtfertigte Ausschließlichkeitsbindungen durch einen Marktbeherrscher, Kopplungsgeschäfte oder Fälle von Kampfpreisunterbietung. Eine marktbeherrschende Stellung kann überdies z. B. missbraucht werden, indem Abnehmer durch das marktbeherrschende Unternehmen diskriminiert oder auch durch erheblich überhöhte Preise oder ungünstige Geschäftsbedingungen ausgebeutet werden.

4.2.2.5 Fusionskontrolle

Unternehmenszusammenschlüsse stellen in einer globalisierten Wirtschaftsordnung einen wesentlichen Handlungsfaktor für Unternehmen dar. Bei Unternehmenszusammenschlüssen ist die Fusionskontrolle, als eine weitere Säule des Kartellrechts, zu beachten. Schließen sich global tätige Unternehmen zusammen, so kann dies weltweit Anmeldepflichten bei Kartellbehörden auslösen (auch in Ländern, in denen die beteiligten Unternehmen nicht ihren Sitz haben).

Zusammenschlüsse sind typischerweise vor ihrem Vollzug anzumelden und von der zuständigen Kartellbehörde nach Prüfung freizugeben, vorausgesetzt, die Transaktion erreicht die Schwellenwerte der jeweiligen Fusionskontrollregelungen. In der Regel beziehen sich diese Schwellenwerte auf die Umsätze der beteiligten Unternehmen (es gibt in manchen Ländern aber auch z. B. Asset- oder Marktanteilsschwellen). Sowohl im EU-Recht als auch im deutschen Recht besteht eine Anmeldepflicht, wenn die an der Unternehmenstransaktion beteiligten Unternehmen bestimmte Umsatzschwellen überschreiten (§ 35 Abs. 1 GWB; Art. 1 Abs. 2, Abs. 3 Verordnung (EU) Nr. 139/2004 über die Kontrolle von Unternehmenszusammenschlüssen – Fu-

404 EuGH v. 13.2.1979 – Rs. 85/76 – Hoffmann-La Roche/Kommission, Slg. 1979, 461, LS 6 und Rz. 91.

sionskontrollverordnung, „FKVO"). In Deutschland können zudem seit dem Jahr 2017 auch Zusammenschlüsse anmeldepflichtig sein, bei denen nur ein beteiligtes Unternehmen nennenswerte Umsätze in Deutschland erzielt hat, wenn zugleich ein sehr hoher Kaufpreis für das zu erwerbende Unternehmen bezahlt wird (§ 35 Abs. 1a GWB).

Anmeldepflichtige Zusammenschlüsse dürfen von den beteiligten Unternehmen erst vollzogen werden, wenn alle zuständigen Kartellbehörden den geplanten Zusammenschluss freigegeben haben (Vollzugsverbot, siehe für das EU-Recht Art. 7 Abs. 1 FKVO und für die deutsche Zusammenschlusskontrolle § 41 Abs. 1 GWB). Im Rahmen eines kartellrechtlichen CMS empfiehlt sich daher – z. B. als Regelung in der Kartellrechtsrichtlinie des Unternehmens – die Vorgabe an die Mitarbeiter, dass Unternehmenszusammenschlüsse nur unter Einbeziehung der Rechtsabteilung geplant und umgesetzt werden dürfen. Auf diese Weise kann sichergestellt werden, dass das Vorliegen einer Anmeldepflicht der geplanten Transaktion rechtzeitig geprüft wird, Anmeldeverfahren bei Kartellbehörden unter Einschaltung von Kartellrechtsspezialisten durchgeführt werden und die Mitarbeiter bis zur Freigabe der Transaktion durch die Kartellbehörde das Vollzugsverbot beachten.

Bei Unternehmensübernahmen können kartellrechtliche Risiken beim Zielunternehmen vorliegen, für die der Erwerber häufig als Rechtsnachfolger haftet. Die Durchführung einer kartellrechtlichen Due Diligence beim Zielunternehmen bietet den Vorteil für den Erwerber, dass derartige kartellrechtliche Risiken aufgedeckt und rechtzeitig im weiteren M&A-Prozess berücksichtigt werden können. Eine kartellrechtliche Due Diligence im Rahmen von Unternehmenskäufen kann folglich ein sinnvolles Element zur Sicherstellung der Kartellrechts-Compliance sein.

4.2.3 Wesentliche Rechtsfolgen

Verstöße gegen das Kartellrecht können zu einem empfindlichen Bußgeld führen. Das EU-Kartellrecht und seine Rechtsfolgen richten sich ausschließlich an Unternehmen und Unternehmensvereinigungen. Die zentrale Bußgeldnorm, wenn die Europäische Kommission das Bußgeldverfahren durchführt, ist Art. 23 VO (EG) Nr. 1/2003 (Kartellverfahrensverordnung).

Verstöße gegen deutsches Kartellrecht werden nach § 81 GWB grundsätzlich als Ordnungswidrigkeiten bewertet. Wettbewerbsbeschränkende Absprachen im Rahmen von Ausschreibungen können dagegen gem. § 298 StGB sogar eine Straftat darstellen und werden dann mit Freiheitsstrafe bis zu fünf Jahren oder mit Geldstrafe bestraft. Nach der Systematik des deutschen Ordnungswidrigkeitenrechts wird in erster Linie an das Verhalten von natürlichen Personen angeknüpft (gegen diese kann übrigens auch dann ein Bußgeld verhängt werden, wenn sie gegen Vorschriften des EU-Kartellrechts verstoßen haben, § 81 Abs. 1 GWB). Gegen Unternehmen kann (vereinfachend gesagt) eine Geldbuße verhängt werden, wenn ein Mitarbeiter einen Kartellrechtsverstoß begangen hat und dabei für das Unternehmen gehandelt hat (§ 30 Abs. 1 OWiG). Die Bußgeldhöhe kann bei natürlichen Personen bis zu einer Mio. € betragen (§ 81 Abs. 4 Satz 1 GWB). Bei Unternehmen liegt die Grenze der Bußgeldhöhe bei 10 % des konzernweiten Gesamtumsatzes im Geschäftsjahr vor der Bußgeldentscheidung (§ 81 Abs. 4 Satz 2 und 3 GWB; Art. 23 Abs. 2 Satz 2 VO 1/2003). Die Höhe des Bußgeldes richtet sich insbesondere nach der Schwere des Kartellrechtsverstoßes und dessen Dauer (§ 81 Abs. 4 Satz 6 GWB; Art. 23 Abs. 3 VO 1/2003).

Zu beachten ist: Unternehmensinhaber oder Leitungsorgane des Unternehmens nach § 130 OWiG haben eine Aufsichtspflicht, welche beinhaltet, dass diese ausreichende Aufsichtsmaßnahmen treffen. Sie müssen insbesondere sicherstellen, dass die Aufsichtspersonen des Unternehmens sorgfältig ausgewählt und überwacht werden. Implizit bedeutet dies, dass auch bei fehlender aktiver Tatbeteiligung von Leitungsorganen bei Kartellrechtsverstößen das Unternehmen trotzdem mit einem Bußgeld belegt werden kann. Unternehmensinhaber oder Leitungsorgane des Unternehmens können einer Haftung ihres Unternehmens entgegenwirken, indem sie ein nachhaltiges CMS implementieren und dieses fortlaufend überwachen und weiterentwickeln. So können sie alles Erforderliche tun, um Verstöße zu vermeiden und ihrer Aufsichtspflicht nachzukommen. In Verbindung mit den im § 93 Abs. 1 des Aktiengesetzes (bzw. § 43 Abs. 1 GmbHG) definierten Sorgfaltspflichten werden die Leitungsorgane so in Verantwortung genommen, um eine gesetzestreue Aufbau- und Ablauforganisation zu schaffen.[405]

In zivilrechtlicher Hinsicht sind wettbewerbsbeschränkende Verträge regelmäßig nichtig (§ 134 BGB i.V. mit § 1 GWB). Unteilbare wettbewerbsbeschränkende Verträge sind insgesamt nichtig; bei Trennbarkeit des Vertrags wäre im Grundsatz ebenfalls Gesamtnichtigkeit anzunehmen, außer es wäre anzunehmen, dass die Vertragsparteien das Rechtsgeschäft auch ohne den nichtigen (kartellrechtswidrigen) Teil vorgenommen hätten – dann wären diese (kartellrechtskonformen) Vertragsbestandteile gültig (§ 139 BGB).

In verwaltungsrechtlicher Hinsicht kann das Bundeskartellamt die beteiligten Unternehmen verpflichten, eine Zuwiderhandlung gegen das Kartellrecht abzustellen, d. h. eine sog. Abstellungsverfügung erlassen (§ 32 Abs. 1 GWB). In der Abstellungsverfügung könnte das Bundeskartellamt insbesondere auch eine Rückerstattung erwirtschafteter Vorteile anordnen (§ 32 Abs. 2a GWB).

Bei Verstößen gegen das Kartellrecht können sich außerdem Unterlassungs- und/oder Beseitigungsansprüche sowie Schadensersatzansprüche Dritter ergeben (§§ 33, 33a GWB).

Neben diesen möglichen Rechtsfolgen ist auch zu bedenken, dass schwerwiegende Kartellrechtsverstöße für die beteiligten Unternehmen in der Öffentlichkeit zu einem Reputationsschaden führen können, der z.T. beträchtlich sein kann.

In den USA können Kartellrechtsverstöße gar mit Gefängnisstrafen gegen einzelne Mitarbeiter sanktioniert werden. Dies gilt auch für Mitarbeiter deutscher Unternehmen, wenn sich der durch sie begangene Kartellrechtsverstoß in den USA ausgewirkt hat. Unternehmen, deren Tätigkeit einen US-Bezug aufweist, legen deshalb im Rahmen ihres Compliance Programms ein besonderes Augenmerk auf die Schulung der Vorgaben des US-Kartellrechts.[406]

4.3 Berücksichtigung unternehmensbezogener Risiken und Umfeldfaktoren für ein kartellrechtliches CMS

4.3.1 Risikobasierter Ansatz und Scoping

Unternehmen sind nicht gesetzlich verpflichtet Risikoanalysen durchzuführen. Jedoch sollte für ein risikoorientiertes CMS eine Einschätzung der Risiken für die betreffenden Teilrechtsgebiete vorausgegangen sein, da die Compliance Risikoanalyse unmittelbar mit der Formulierung von

405 Vgl. *Ghassemi-Tabar/Pauthner/Wilsing*, Corporate Compliance, 2016, S. 425 f.; *Inderst/Bannenberg/Poppe*, Compliance: Aufbau – Management – Risikobereiche, 3. Aufl. 2017, S. 204.

406 *Hauschka et al.*, Corporate Compliance, 3. Aufl. 2016, S. 707.

Compliance Maßnahmen verbunden ist. Aufgrund der erwähnten schwerwiegenden Risiken und Sanktionen, die aus Kartellrechtsverstößen folgen, gehört es zu einem funktionsfähigen Kartellrechts-CMS, die bestehenden Risiken zu identifizieren und zu bewerten (risikobasierter Ansatz).

Da mögliche kartellrechtliche Risiken in keinem Unternehmen deckungsgleich sind, sollte ein CMS grundsätzlich auf die speziellen Bedürfnisse eines Unternehmens zugeschnitten sein (Scoping). So unterscheiden sich die jeweiligen Compliance Maßnahmen bspw. dadurch, auf welchen sachlichen und räumlichen Märkten ein Unternehmen tätig ist. Ein Unternehmen, welches z. B. auf einem oligopolistischen Markt aktiv ist, kann einen Schwerpunkt auf die Vermeidung von Kartellabsprachen mit Wettbewerbern legen. Dagegen kann ein Unternehmen mit starker Marktstellung das Hauptaugenmerk auf die Vermeidung eines Missbrauchs einer marktbeherrschenden Stellung legen.

4.3.2 Kartellrechtliche Umfeldfaktoren und branchenspezifische Besonderheiten

Kartellrechtlichen Risiken liegen zunächst im Kontakt zu Wettbewerbern. Hier stellt sich die Frage, ob es auf dem Markt, auf dem das Unternehmen agiert, in der Vergangenheit bereits zu Kartellrechtsverstößen gekommen ist, und/oder ob der betroffene Markt aufgrund seiner Struktur anfällig für Kartellrechtsverstöße ist. Ein erhöhtes Kartellrechtsrisiko besteht häufig dann, wenn es nur wenige relevante Anbieter im Markt gibt und wenige Wettbewerber konstante Marktanteile besitzen (z. B. in engen Oligopolen). Seltene, sprunghafte Preisänderungen können zudem ein Indiz für das Vorliegen von Preisabsprachen darstellen. Falls auf einem Markt im Wesentlichen homogene, standardisierte Massengüter angeboten werden, kann das Risiko von Absprachen unter Wettbewerbern erhöht sein, da neue und innovative Produkte auf dem betroffenen Markt nur geringe Anteile der Gesamtumsätze ausmachen und eher ein Preis- denn ein Qualitätswettbewerb vorherrscht. Dauerhaft hohe und kaum schwankende Renditen können zudem auf das Vorhandensein von Absprachen unter Wettbewerbern hinweisen, denn offensichtlich machen sich die Wettbewerber in einem solchen Szenario untereinander keinen Preiswettbewerb.

Bei der Durchführung einer Risikoanalyse im Vorfeld der Ausgestaltung des kartellrechtlichen CMS können zudem weitere Kriterien berücksichtigt werden, wie z. B. die Struktur und der Ablauf von Vertragsverhandlungen in der betroffenen Branche; die Intensität von Verbandsaktivitäten oder auch standortabhängige Besonderheiten (z. B.: Wie aktiv ist die Kartellbehörde im betroffenen Land?). All diese Faktoren beeinflussen die individuellen Risiken des betroffenen Unternehmens.[407] Empirische Screenings können dabei helfen, Marktstruktur und -verhalten besser zu verstehen und dadurch Kartellrechtsverstöße zu vermeiden.[408]

4.4 Handlungsempfehlungen und Best-Practices

Ein kartellrechtliches CMS hat die Funktion, den Rahmen im Unternehmen dafür zu schaffen, dass kartellrechtliche Vorschriften von den Führungskräften und Mitarbeitern eingehalten wer-

407 Vgl. auch *Inderst/Bannenberg/Poppe*, Compliance: Aufbau – Management – Risikobereiche, 3. Aufl. 2017, S. 199 ff.
408 Ebenda, S. 215.

den. Maßnahmen im Rahmen eines kartellrechtlichen CMS zielen primär auf das kartellrechtskonforme Verhalten risikoexponierter Mitarbeitergruppen und einzelner Individuen ab.[409]

Die Implementierung eines CMS, gleich auf welchem sachlichen und räumlichem Markt ein Unternehmen aktiv ist, sollte sich an einem fundierten Standard ausrichten. Der IDW PS 980 bildet ein bewährtes Rahmenwerk für die Grundelemente eines funktionsfähigen CMS. Dies beinhaltet zunächst im Allgemeinen eine Compliance Kultur, eine Definition der Compliance Ziele und eine sinnvolle Compliance Organisation. Im Besonderen umfasst das kartellrechtliche CMS die Identifizierung wesentlicher Kartellrechtsrisiken und die Compliance Risikoanalyse, ein entsprechendes Regelwerk und die schriftliche Ausarbeitung kartellrechtlicher Verhaltensanweisungen (Compliance Programm). Eine umfassende und risikoorientierte Compliance Kommunikation (insbesondere durch Schulungen) an die Mitarbeiter ist von besonderer Bedeutung. Die Aufdeckung und das Management möglicher Compliance Verstöße und eine fortlaufende Weiterentwicklung des kartellrechtlichen CMS bilden den letzten Grundpfeiler eines funktionierenden Kartellrechts-CMS.

Die hier genannten Maßnahmen zur Schaffung einer kartellrechtlichen Compliance Kultur sind auch deshalb von Bedeutung, da sie das „Mind-Set“ der Mitarbeiter beeinflussen können und dadurch bei den Mitarbeitern das Verständnis für funktionierenden Wettbewerb schärfen können. Zu beachten ist in diesem Zusammenhang: Kartellrechtsverstöße sind häufig schwer aufzudecken, da sie sich z. B. nicht durch die Kontrolle von Zahlungsflüssen eines Unternehmens feststellen lassen.[410]

Im Folgenden werden die Grundelemente eines funktionsfähigen CMS gem. IDW PS 980 mit Bezug auf die Ausgestaltung eines kartellrechtlichen CMS einzeln erläutert.

4.4.1 Compliance Kultur

Eine effiziente Kartellrechts-Compliance Kultur zeichnet sich insbesondere durch das Bekenntnis der Unternehmensführung zur kartellrechtlichen Rechtstreue sowie durch eine „zero-tolerance“-Politik aus. Diese Haltung sollte sich in der unternehmensweiten Kommunikation der Leitungsorgane, dem „tone-from-the-top“, und dem Vorleben der auf kartellrechtliche Vorgaben bezogenen Werte durch die unmittelbaren Vorgesetzten („tone-from-the-middle“) widerspiegeln. So kann sichergestellt werden, dass eine kartellrechtliche Compliance Kultur auf allen Ebenen implementiert ist und dadurch an die Mitarbeiter herangetragen wird.[411] Es ist wichtig sich bewusst zu machen, dass sinnbildlich ein „Augenzwinkern“ der Unternehmensleitung alle CMS-Bemühungen zunichtemachen kann. Eine gesunde Unternehmens- und „speak up“-Kultur in der Belegschaft sind ein wichtiger Faktor für eine erfolgreiche Einführung oder Verbesserung eines CMS. Hier ist das (gesamte) Management als „role model“ gefragt und es kann sinnvoll sein, auch die Einhaltung von Compliance Zielen mit dem Jahresbonus zu incentivieren.

Bei der Implementierung eines CMS im Teilbereich Kartellrecht ist besonders darauf zu achten, bei den Mitarbeitern das Bewusstsein für die Einhaltung der kartellrechtlichen Spezialvorschriften zu erhöhen. Denn immer wieder kommt es hierzu bei den Mitarbeitern zu Missverständnis-

409 Vgl. *Hauschka et al.*, Corporate Compliance, 3. Aufl. 2016, S. 706.

410 *Ghassemi-Tabar/Pauthner/Wilsing*, Corporate Compliance, 2016, S. 425 f.; *Inderst/Bannenberg/Poppe*, Compliance: Aufbau – Management – Risikobereiche, 3. Aufl. 2017, S. 437 f.

411 *Hauschka et al.*, Corporate Compliance, 3. Aufl. 2016, S. 723.

sen. Z.T. liegt bei Verstößen einzelner Mitarbeiter kein Bewusstsein für ihre Tat vor. Diese Einstellung kann sich aus der Auffassung ergeben, dass der Mitarbeiter rein im Interesse des Unternehmens gehandelt hat.[412] Um das kartellrechtliche Verständnis zu schärfen, sollten Mitarbeiter bereits im Rahmen ihrer Einstellung im Unternehmen („Compliance-Onboarding") geltende Verhaltensrichtlinien aufgezeigt bekommen. Die kartellrechtlichen Richtlinien sollten zudem stets auf aktuellem Stand gehalten werden und aktuelle kartellrechtliche Entwicklungen berücksichtigen. Kartellrechtliche Richtlinien/Leitlinien sollten Mitarbeiter zu spezifischen Themen (wie z. B. horizontalen Kartellabsprachen oder Verbandsaktivitäten) informieren. Die Inhalte sollten sich nicht ausschließlich auf die gesetzlichen Grundlagen beziehen, sondern den Mitarbeitern bereits konkrete Handlungsanweisungen an die Hand geben, falls die Mitarbeiter mit kartellrechtlichen Risiken konfrontiert werden. Zudem sollte auch an dieser Stelle auf die den Mitarbeitern zu Verfügung stehenden Ansprechpartner im Unternehmen und Ressourcen verwiesen werden.[413]

4.4.2 Compliance Ziele

Kartellrechtliche Compliance Ziele sollten vom Unternehmen klar definiert werden. Das übergeordnete Ziel des kartellrechtlichen CMS ist es zunächst, Kartellrechtsverstöße präventiv zu vermeiden. Des Weiteren sollten begangene Verstöße durch das CMS aufgedeckt und dann auch abgestellt werden können.

4.4.3 Compliance Risiken

Eine kartellrechtliche Risikoanalyse bezieht sich insbesondere auf die Vertriebsfunktion (einschließlich Marketing) des Unternehmens, denn Mitarbeiter in diesem Bereich haben eine unmittelbare Nähe zum Markt und können häufig Einfluss auf die Preisgestaltung nehmen. Zudem treffen Vertriebsmitarbeiter typischerweise auf Wettbewerber (z. B. im Rahmen von Branchenmessen).

Darüber hinaus sollte ein kartellrechtliches CMS jedoch insbesondere auch die Unternehmensbereiche Einkauf und auch Forschung und Entwicklung („FuE") einbeziehen. Auf Beschaffungsmärkten bestehen Wettbewerbsverhältnisse zu anderen Unternehmen, die die gleichen Produkte einkaufen. Hierzu ist es wichtig, den Einkaufsmitarbeitern zu vermitteln, dass auch branchenfremde Unternehmen Wettbewerber sein können (z. B. konkurriert ein Autohersteller beim Einkauf von Stahl nicht nur mit anderen Autoherstellern, sondern auch mit Maschinenbauunternehmen). In der Risikoanalyse sollte beim Einkauf ein besonderes Augenmerk auf Einkaufskooperationen und die Analyse der Nachfragemacht gelegt werden. Für den Bereich Forschung und Entwicklung sollte sich die Analyse auch auf bestehende oder geplante FuE-Kooperationen mit Wettbewerbern beziehen.

Bei der Durchführung der Risikoanalyse ist zu beachten, dass operative Mitarbeiter der jeweiligen Abteilung durch Interviews in die Einschätzung des Risikos mit einbezogen werden, um eine transparente, nachvollziehbare und vergleichbare Darstellung der Risiken zu erarbeiten (Bottom-Up Risikoanalyse). Auch eine Top-Down Analyse, in welcher durch das Leitungsgremi-

412 Ebenda, S. 721.

413 *Inderst/Bannenberg/Poppe*, Compliance: Aufbau – Management – Risikobereiche, 3. Aufl. 2017, S. 218.

um Compliance Risiken identifiziert werden, ist als sinnvoll zu erachten – beide Ansätze (Bottom-Up und Top-Down) können miteinander kombiniert werden. Die Ergebnisse der Analyse können ggf. nach Auswertung durch Compliance Mitarbeiter an die betroffenen operativen Mitarbeiter verteilt werden.[414]

Allgemein gilt es bei der Risikoanalyse zu beachten: Verschiedene Geschäftsbereiche eines Konzerns besitzen unterschiedliche Risikoprofile.[415] Die Risikoanalyse ist somit auf die jeweiligen Geschäftsbereiche individuell anzupassen.

4.4.4 Compliance Organisation

Entsprechend der Größe des Unternehmens und dem identifizierten Risiko müssen im Unternehmen genügend Ressourcen zur Verfügung stehen, um ein effektives kartellrechtliches Compliance Programm organisieren zu können. Neben der ausreichenden finanziellen Ausstattung ist eine angemessene personelle Ausstattung – qualitativ und quantitativ – unumgänglich. Belastbare Benchmarks, welche Ausstattung im Einzelfall angemessen ist, lassen sich jedoch nur schwer allgemeingültig definieren, da auch dieser Aspekt stark von den unternehmensindividuellen Risikofaktoren und Rahmenbedingungen abhängig ist.

Für eine sinnvolle Eingliederung der Compliance Organisation in das Gesamtunternehmen sind wiederum Schnittstellen von besonderer Bedeutung. In Bezug auf das kartellrechtliche CMS ist eine Schnittstelle zur Rechtsabteilung unabdingbar – falls im Unternehmen (wie häufig) die Grundentscheidung getroffen wurde, kartellrechtliche Anfragen, die nicht unmittelbar das CMS betreffen, in der Rechtsabteilung und nicht in der Compliance Abteilung zu bearbeiten. Daneben sind auch die hierarchische Verortung des (Chief) Compliance Officers im Unternehmen und die damit verbundenen Berichtslinien nicht zu unterschätzen. Angesichts der Bedeutung und drohenden Risiken ist eine Berichtslinie in die Geschäftsführung oder den (Bereichs-)Vorstand durchaus angezeigt.

4.4.5 Compliance Programm

Grundsätzlich sollte in der Organisation ein Hinweisgebersystem etabliert sein. Dies bedeutet, dass Mitarbeiter, aber auch externe Hinweisgeber nach dem „Whistleblower"-Konzept Compliance Verstöße melden können. Die Wahrung der Anonymität hat besondere Bedeutung, da Mitarbeiter dann bei diesem Berichtsweg nicht ihre Vorgesetzten einbinden müssen (welche im Einzelfall ja in den Verstoß involviert sein könnten).

Aus dem Hinweisgebersystem heraus folgt die Notwendigkeit eines Fallbearbeitungskonzepts. Es sollte damit auch definiert werden, wie mit Hinweisen umgegangen wird, d. h. wie Hinweise geprüft und ggf. sanktioniert werden und welche Verantwortlichkeiten im Unternehmen für den Prozess liegen.[416]

Um sicherzustellen, dass das kartellrechtliche CMS Kartellrechtsrisiken im Unternehmen ausreichend abdeckt, indem die relevanten Mitarbeiter kartellrechtlich geschult werden, kann es sich empfehlen, die Mitarbeiter bzw. ihre Stellenprofile zunächst anhand von Risikoprofilen zu kate-

414 Vgl. *Hauschka et al.*, Corporate Compliance, 3. Aufl. 2016, S. 723 f.
415 Vgl. ebenda, S. 724.
416 Vgl. ebenda, S. 729 f.

gorisieren. Diejenigen Mitarbeiter, die direkten Kontakt mit Wettbewerbern haben, haben ein hohes Risikoprofil und sollten in turnusmäßigen Abständen eine kartellrechtliche Pflichtschulung absolvieren. Mitarbeiter mit direktem Wettbewerberkontakt finden sich u. a. typischerweise im Vertrieb. Vertriebsmitarbeiter sind aber auch dann einem Kartellrechtsrisiko ausgesetzt, wenn sie zwar keinen Wettbewerberkontakt haben, aber Händler und sonstige Wiederverkäufer betreuen (hier gilt dann insbesondere das Verbot, einem konzernexternen Händler die Wiederverkaufspreise vorzuschreiben). Wichtig ist in diesem Zusammenhang aber auch, den Mitarbeitern zu erläutern, dass die kartellrechtlichen Vorgaben nicht allein im beruflichen Umfeld, sondern durchgehend gelten. Mit alten Kollegen, Freunden und Familienmitgliedern gibt es kein kartellrechtliches Privileg.

Ein weiteres Element in der Ausgestaltung eines kartellrechtlichen CMS sind Regel-Kontrollen. Es bietet es sich an, dass sensible Geschäftsbereiche im Unternehmen für die Durchführung von Kontroll-Interviews ausgesucht werden. Hierfür muss dann eine Auswahl derjenigen Mitarbeiter getroffen werden, die zu Compliance-relevanten Kartellrechtsthemen befragt werden. Die Befragung der Mitarbeiter in kartellrechtlich risikobehafteten Segmenten eines Unternehmens kann sowohl aufgrund eines konkreten Tatverdachts erfolgen als auch im Wege einer Regelkontrolle aufgrund einer Einstufung der betroffenen Unternehmenseinheit als *„high risk entity"*.[417] Wichtig ist es dabei, den Mitarbeitern das gemeinsame Interesse des Unternehmenswohls klarzumachen und klar zu stellen, dass man keinen Generalverdacht gegen sie hegt. Im Gegenteil – es geht um eine kollegiale Aufklärung eines Sachverhalts zum Wohle desselben Unternehmens. Hierbei ist der „Stresslevel" auf Seiten des Mitarbeiters nicht zu unterschätzen, wenn er sich nun einer „verhörartigen" Interview-Situation mit zwei oder mehr Juristen bzw. Compliance Verantwortlichen ausgesetzt sieht.

Darüber hinaus bietet sich für besonders risikobehaftete Funktionen in der Organisation ein Notifizierungs- und Genehmigungssystem an, wodurch Mitarbeiter den Kontakt zu Wettbewerbern erst nach Genehmigung suchen dürfen und strikte Dokumentationspflichten der mit Wettbewerbern besprochenen Sachverhalte implementiert sind.[418] Besondere Praxisbedeutung für die Ausgestaltung und Umsetzung eines kartellrechtlichen CMS hat dabei das Thema der Teilnahme an Messen und Verbandssitzungen. Verbandsarbeit lässt sich (etwas überspitzt) als „kartellrechtliche Hochrisikozone" ansehen, denn hierbei treffen Wettbewerber direkt aufeinander und diskutieren regelmäßig aus einem legitimen Anlass heraus aktuelle Branchenthemen. Dabei besteht das Risiko, dass die Grenze zum unerlaubten Austausch wettbewerblich sensibler Informationen (s. o., Abschn. 4.2.2.2) überschritten wird. Die Entscheidungspraxis der Kartellbehörden hat gezeigt: Kartellabsprachen sind immer wieder unter Beteiligung von Verbänden oder im Zuge von Verbandstreffen getroffen worden. Die Rechtsprechung des EuGH ist hier sehr streng und verlangt dem Unternehmensvertreter ab, dass er unter vermerktem Protest die Sitzung umgehend verlässt. Ohne entsprechende Instruktion und Training kann eine Sensibilisierung für Risikobereiche und Grauzonen nur schwer in die Organisation gebracht werden.

Diesem kartellrechtlichen Risiko sollte durch konkrete Handlungsanweisungen an Mitarbeiter, die zu einer Verbandssitzung gehen möchten, begegnet werden. Diese Mitarbeiter sollten zunächst kartellrechtlich geschult sein und insbesondere den Unterschied zwischen einem zulässi-

417 Vgl. *KPMG*, Das wirksame Compliance-Management-System, 2. Aufl. 2016, S. 236 ff.

418 *Inderst/Bannenberg/Poppe*, Compliance: Aufbau – Management – Risikobereiche, 3. Aufl. 2017, S. 58.

gen Informationsaustausch über „erlaubte Themen" (z. B. die allgemeine Konjunkturentwicklung) einerseits und dem unzulässigen Austausch wettbewerblich sensibler Informationen andererseits kennen. Mitarbeiter sollten im Vorfeld der Verbandssitzung auf die Zusendung einer Tagesordnung bestehen. Ggf. kann der Compliance Officer oder die Kontaktperson für Kartellrecht im Unternehmen bei Fragen über die Agenda der Sitzung kontaktiert werden.[419] Mitarbeiter, die an einer Verbandssitzung teilnehmen, sollten zudem die Pflicht haben zu handeln, wenn es zu einer kartellrechtlichen Absprache oder kartellrechtswidrigem Informationsaustausch im Zuge des Verbandstreffens kommt (erst protestieren, dann Verlassen der Sitzung, wenn das Verhalten fortgesetzt wird). Nach der Verbandssitzung sollte es ein Sitzungsprotokoll geben. Dieses ist vom Teilnehmer auf seine Richtigkeit und ggf. missverständliche Formulierungen zu prüfen und ggf. zu korrigieren.

4.4.6 Compliance Kommunikation

Ziel einer wirksamen Compliance Kommunikation ist es, ein nachhaltiges Bewusstsein für die Spezialmaterie der Kartellrechts-Compliance im Unternehmen zu schaffen, so dass die Führungskräfte und Mitarbeiter typische kartellrechtliche Risikosituationen erkennen und dadurch Kartellrechtsverstöße verhindert werden können. Ein wesentliches Element eines wirksamen kartellrechtlichen CMS sind Schulungen, da durch sie der richtige Umgang mit entsprechenden Sachverhalten verinnerlicht werden kann.[420] Compliance Schulungen sind allgemein ein zentraler Faktor jedes effektiven Compliance Programms. Kartellrecht muss ein eigener Baustein der Compliance Schulungen sein, um die „zero-tolerance"-Kultur im Unternehmen gerade gegenüber Kartellrechtsverstößen zu fördern. Die Schulungen sollten jedenfalls die wesentlichen kartellrechtlichen Grundlagen beinhalten. Zudem zeichnet eine effektive Schulung aus, dass spezifische Fallkonstellationen mit Relevanz für die betroffene Wirtschaftsbranche behandelt werden. Zusätzlich können Verhaltenshinweise und -vorgaben den Mitarbeitern helfen, ein Gefühl für den Umgang mit kartellrechtlichen Sachverhalten zu erlernen. Mitarbeiter, die in häufigem Kontakt mit Wettbewerbern stehen (z. B. im Rahmen von Verbandsarbeit oder Messen), sollten besonders sensibilisiert werden, da sie ein hohes Risikoprofil aufweisen (s. o. 4.4.5).

Eine weitere Best Practice besteht darin, innerhalb der Compliance- und Rechts-Organisation des Unternehmens Meldepflichten zu etablieren. D. h.: Tritt an einer Stelle im Konzern ein kartellrechtliches Risiko auf und ist hiermit ein Mitarbeiter in der lokalen Rechts- oder auch Compliance-Abteilung befasst, so kann es hilfreich für die Abstellung dieses Risikos sein, wenn dieser Mitarbeiter verpflichtet ist, das Risiko innerhalb des Konzerns an die für Kartellrecht zuständige Stelle zu melden.

4.4.7 Compliance Überwachung & Verbesserung

Für die Überwachung und Verbesserung des CMS muss besonders auf das sich wandelnde Risikoprofil eines Unternehmens geachtet werden. So können Veränderungen in der Vertriebs- oder Marktstruktur eine Erhöhung des kartellrechtlichen Risikos bedeuten (z. B.: Ist das Unternehmen im Markt besonders erfolgreich, so steigt möglicherweise sein Marktanteil über die o. g Schwelle

419 *Hauschka et al.*, Corporate Compliance, 3. Aufl. 2016, S. 725 f.

420 *Inderst/Bannenberg/Poppe*, Compliance: Aufbau – Management – Risikobereiche, 3. Aufl. 2017, S. 213 ff.

der Marktbeherrschung; ab dann gelten strengere kartellrechtliche Verhaltensanforderungen, s. o. 4.2.2.4).

Es ist neben dem sich möglicherweise wandelnden Geschäftsfeld des Unternehmens stets auf sich verändernde gesetzliche Vorgaben zu achten, um das kartellrechtliche CMS kontinuierlich zu überwachen und weiterzuentwickeln.[421] Darüber hinaus können auch kartellrechtliche Sonderprüfungen durch die Interne Revision sinnvoll sein, um bestehende und neue kartellrechtliche Risiken zu identifizieren und zu bewerten. Diese Prüfungen sollten auch anlassbezogen möglich sein, bspw. im Rahmen von Compliance Vorfällen. Bei den Ermittlungen sollte auf eine transparente und gesetzestreue Durchführung geachtet werden.

4.5 Aktuelle Entwicklungen und Herausforderungen für kartellrechtliche CMS

4.5.1 Digitalisierung

Traditionell ist die kartellrechtliche Compliance von Unternehmen insbesondere auf die Vermeidung, Aufdeckung und Abstellung von „*hardcore*"-Verstößen ausgerichtet, wie Preisabsprachen und Marktaufteilungen, aber auch auf die Begrenzung des Austauschs wettbewerblich sensibler Informationen zwischen Wettbewerbern. Im Zuge der fortschreitenden Digitalisierung kommen neue Herausforderungen auf diese Ausrichtung kartellrechtlicher CMS zu: In Unternehmen, die ein stark digital geprägtes Geschäftsmodell haben, muss das kartellrechtliche CMS auch zur Verhinderung von Kartellrechtsverstößen auf den neu entstandenen, durch das Internet geprägten Märkten geeignet sein und die Mitarbeiter hierfür entsprechend sensibilisieren.

Darüber hinaus hat die starke Zunahme des Online-Handels die Bedeutung des Vertriebskartellrechts als Teilbereich des Kartellrechts (wieder) steigen lassen. Das Internet sorgt für hohe Preistransparenz zu Gunsten der Verbraucher – dies ist manchen Unternehmen ein „Dorn im Auge". Unternehmen versuchen daher z.T. den Vertrieb ihrer Waren über das Internet einzuschränken (z. B. indem Händlern das Verbot auferlegt wird, über Online-Plattformen zu vertreiben). Hierbei gilt es jedoch, die Grenzen des Kartellrechts einzuhalten und Online-Händlern keine zu weitgehenden Beschränkungen aufzuerlegen. Kartellrechtliche CMS in Unternehmen, deren Waren auch über das Internet vertrieben werden, sollten auf diese Entwicklung reagieren – z. B. durch Ergänzung der Kartellrechts-Richtlinie des Unternehmens und Aufnahme von Vorgaben an die Mitarbeiter zum Umgang mit Online-Händlern.

4.5.2 Verbandssanktionengesetz

Das Bundesministerium für Justiz und Verbraucherschutz (BMJV) hat im April 2020 den „Entwurf eines Gesetzes zur Stärkung der Integrität in der Wirtschaft" veröffentlicht, dessen Kernstück das „Gesetz zur Sanktionierung von verbandsbezogenen Straftaten" (Verbandssanktionengesetz – VerSanG) ist. Die Bundesregierung hat den Referentenentwurf mit Beschluss vom 16.6.2020 – und damit wenige Tage nach Ablauf der Frist zur Abgabe von Stellungnahmen – ohne Änderungen beschlossen. Durch ihn soll es in Zukunft möglich werden, Unternehmen stärker zu sanktionieren, nach dem Legalitätsprinzip Untersuchungen einzuleiten und eine ange-

421 *Hauschka et al.*, Corporate Compliance, 3. Aufl. 2016, S. 735.

messene Ahndung von Verbandsstraftaten zu ermöglichen. Zugleich soll es Anreize schaffen, dass Unternehmen Straftaten selbstständig verhindern und aufklären. Vorgesehen ist zudem die Einrichtung eines (nicht öffentlichen) zentralen Verbandssanktionenregisters zur Erfassung der verhängten Sanktionen. Bei einer Vielzahl von Geschädigten sollen die verhängten Verbandssanktionen nach Anordnung eines Gerichts öffentlich gemacht werden können (§ 14 VerSanG-RegE) – dies erinnert an das *„naming & shaming"* im Geldwäscherecht.[422]

Einem CMS wird künftig eine höhere Bedeutung zukommen als bisher. Nach § 15 Abs. 3 Nr. 6 VerSanG-RegE werden effektive Compliance Maßnahmen bei der Verhängung einer Verbandsgeldbuße positiv berücksichtigt. Anders als im VerSanG vorgesehen, fehlt eine ausdrückliche Regelung zur bußgeldmindernden Berücksichtigung von CMS im Kartellrecht bislang gänzlich. Mit Blick auf die 10. GWB-Novelle, zu der ein Referentenentwurf vorliegt, ist aber die Einführung einer Regelung ähnlich dem § 15 Abs. 3 Nr. 6 VerSanG-RegE vorgesehen (siehe § 81d GWB-E).

Im Übrigen wird für das Kartellrecht relevant sein, wie sich eine Berücksichtigung auswirken wird: Tatbestandsausschließend, weil die Zurechnung abbricht, oder bußgeldmindernd in der Berechnung – CMS als mildernder Umstand. Sehr zu begrüßen sind ferner die erfolgten Änderungen bzw. Klarstellungen im Entwurf zum VerSanG: Gemäß § 17 Abs. 1 VerSanG-RegE „sollen" verbandsinterne Untersuchungen und die Zusammenarbeit mit den Verfolgungsbehörden nunmehr zu Sanktionsrabatten führen. In einer Vorläuferfassung des Entwurfs aus dem Jahr 2019 war dies noch eine „kann"-Bestimmung. Damit würden verbandsinterne Untersuchungen zwar weiterhin nicht automatisch zum Sanktionsrabatt führen, gleichwohl schafft die neue Formulierung ein Regel-Ausnahme-Verhältnis. Die Gerichte wären in ihrem Ermessen gebunden und hätten Sanktionen regelmäßig zu mildern, wenn die Vorgaben des VerSanG für die Zusammenarbeit zwischen Unternehmen und Verfolgungsbehörden sowie für die Durchführung verbandsinterner Untersuchungen eingehalten werden. Hiervon könnten sie nur noch in Ausnahmefällen abweichen.

Eine Verbandsstraftat kann zugleich eine Kartellordnungswidrigkeit (vgl. § 81 GWB) darstellen. Die Verfolgungsbehörde wäre dann nach dem im Gesetzentwurf vorgesehenen Legalitätsprinzip verpflichtet zu ermitteln sowie parallel die Kartellbehörde zuständig. Für diesen Fall der möglichen Doppelverfolgung statuiert § 42 VerSanG-RegE eine Unterrichtungspflicht der Behörden untereinander. Unterrichtet die Kartellbehörde die Verfolgungsbehörde von einer Verfolgung oder Verfahrenseinstellung durch sie, hat die Verfolgungsbehörde die Verfolgung einzustellen (§ 42 Abs. 3 VerSanG-RegE).

Durch den Entwurf des Verbandssanktionengesetzes stellen sich folglich die Fragen zur gegenseitigen Unterrichtung und Zuständigkeitsabgrenzung zwischen Kartellbehörde und Strafverfolgungsbehörde unter neuen, veränderten Rahmenbedingungen. Vor allem aber steigt die Bedeutung eines wirksamen CMS für die Unternehmen weiter an, denn die Existenz eines CMS kann – ebenso wie die Durchführung einer unternehmensinternen Untersuchung zur Aufklärung von Rechtsverstößen – zu einer geringeren Sanktion führen.

422 *Scheben*, Unternehmen aufgepasst: Einblick in das Verbandssanktionengesetz, 2019, online abrufbar unter: http://go.nwb.de/uyrda (Abruf 2.7.2020).

5. Integration von Themen der Nachhaltigkeit über die CSR-Berichtspflicht in das CMS (Beispiel Menschenrechte)

Christian Hell und Carolin Sander

Bestimmte große kapitalmarktorientierte Unternehmen, Kreditinstitute und Versicherungsunternehmen sind ab dem Geschäftsjahr 2017 durch das CSR-Richtlinie-Umsetzungsgesetz erstmals dazu verpflichtet, jährlich über nichtfinanzielle Themen zu berichten. Damit wurde die bisher freiwillige Praxis der Nachhaltigkeitsberichterstattung für bestimmte Unternehmen verpflichtend.[423]

Neben einer Beschreibung ihres Geschäftsmodells haben die von diesem Gesetz betroffenen Unternehmen mindestens über Umweltbelange, Arbeitnehmerbelange, Sozialbelange, die Achtung der Menschenrechte sowie über die Bekämpfung von Korruption und Bestechung zu berichten. Die geforderten Angaben beziehen sich dabei insbesondere auf die verfolgten Konzepte und deren Ergebnisse, wesentliche Risiken und bedeutsamste nichtfinanzielle Leistungsindikatoren.[424]

Bei der Umsetzung der CSR-Berichtspflicht können betroffene Unternehmen nichtfinanzielle Informationen entweder als Teil des Lageberichts („nichtfinanzielle Erklärung") oder in gesonderter Form („gesonderter nichtfinanzieller Bericht") veröffentlichen. Wird eine nichtfinanzielle Erklärung als Teil des Lageberichts offengelegt, so herrscht kein Wahlrecht bezüglich des Veröffentlichungszeitpunkts – es gelten die Fristen zur Veröffentlichung des Jahresabschlusses. Wird ein gesonderter nichtfinanzieller Bericht gewählt, so haben Unternehmen diesen spätestens vier Monate nach dem Abschlussstichtag zu veröffentlichen.[425]

Eine Besonderheit des CSR-Richtlinie-Umsetzungsgesetzes ist die aktienrechtliche Prüfpflicht des Aufsichtsrats für die nichtfinanzielle Berichterstattung. Diese stellt Aufsichtsräte vor neue, inhaltliche Herausforderungen. Viele Aufsichtsräte geben daher eine zusätzliche Prüfung der nichtfinanziellen Berichterstattung in Auftrag.[426] I. d. R. beauftragen Aufsichtsräte Wirtschaftsprüfer für diese Aufgaben. Die meisten Prüfungen erfolgen mit begrenzter Sicherheit („Limited Assurance"), einer Aussage, dass keine Kenntnisse erlangt worden sind, dass Angaben nicht entsprechend der Berichtskriterien aufgestellt sind.

Eine erhöhte Sicherheit können Aufsichtsräte allerdings durch die Integration von Nachhaltigkeitsthemen in bekannte Governance Systeme erreichen. Beispielhaft kann die Integration des Themas Menschenrechte in ein CMS, um die Einhaltung der Menschenrechte systematisch und systemisch sicherzustellen, hier genannt werden.

Sowohl nach der ersten als auch nach der zweiten Berichtsperiode lassen sich diverse Trends in der nichtfinanziellen Berichterstattung erkennen. 90 % der DAX30 Unternehmen lassen sich extern prüfen, insbesondere die Form der hinreichenden Sicherheit („Reasonable Assurance") nimmt leicht zu. Auch im MDAX, SDAX und TecDAX lassen sich nach der zweiten Berichtsperiode

423 Vgl. KPMG, CSR-Berichtspflicht, Wie Unternehmen die verpflichtende Nachhaltigkeitsberichterstattung richtig umsetzen, abrufbar unter: http://go.nwb.de/5ztji (abgerufen am 28.8.2019).

424 Ebenda.

425 Ebenda.

426 Ebenda.

mehr als die Hälfte der Unternehmen extern prüfen. Bei den Analysen der Berichte sticht das Thema Menschenrechte hervor, da im Vergleich zu den anderen gesetzlichen Mindestbelangen hier weniger umfangreich berichtet wird. Die Ergebnisse der von den Unternehmen durchzuführenden Wesentlichkeitsanalysen zeigen hinsichtlich der CSR-Belange, dass Menschenrechte für 90 % der Unternehmen als wesentlich eingestuft worden sind. An dieser Stelle scheint es verwunderlich, dass jedoch nur 31 % der Unternehmen umfangreiche Managementansätze zu diesem wesentlichen Belang im Bericht darstellen. Bei der Anzahl der identifizierten wesentlichen Themen sowie der Anzahl an formulierten Zielen liegt das Thema Menschenrechte ebenfalls weit hinter den Themen Umwelt, Arbeitnehmerbelange und Sozialbelange.[427] Darüber hinaus wurden zum Thema Menschenrechte im Verhältnis zu anderen Aspekten auch nur wenige Leistungsindikatoren dargestellt. Konkrete Indikatoren wurden nur von einem Drittel der Unternehmen angegeben. So gilt das Thema Menschenrechte laut einer durchgeführten Onlinebefragung des Unternehmensnetzwerks econsense als größte Herausforderung hinsichtlich der Beschreibung von Konzepten, Risiken und Leistungsindikatoren.[428]

Es stellt sich daher die Frage, weshalb zum Thema Menschenrechte vergleichsweise wenig berichtet wird und ob dies der Unsicherheit vieler Unternehmen geschuldet ist, wie das Thema grundsätzlich zu managen ist.

Nur ungern tätigen Unternehmen absolute Aussagen, die jegliche Verstöße gegen Menschenrechte in ihrem Unternehmen ausschließen. Dies ist der Härte sowie den Risiken solcher Aussagen geschuldet. Eine Studie zur Umsetzung der CSR-Berichtspflicht in Deutschland durch econsense[429] unterstützt diese Vermutung: Unternehmen berichten zu Sozialbelangen und Menschenrechten deutlich weniger als zu den restlichen Themen.[430] Um mehr Sicherheit zu erlangen, empfiehlt es sich, die Einhaltung der Menschenrechte in die bekannten Governance Systeme eines Unternehmens zu integrieren, genauer gesagt in ein CMS. Da im Compliance Management das regelgerechte Verhalten im Fokus steht, eignet es sich besonders dazu, auch die Regeleinhaltung von Menschenrechten systemisch und systematisch sicher zu stellen. Dementsprechend stellt die Integration in ein CMS einen Managementansatz dar, der in Verbindung mit Zielen aber auch Leistungsindikatoren in einem externen Bericht wie der Nichtfinanziellen Erklärung dargestellt werden kann.

Neben dem CSR-Richtlinie-Umsetzungsgesetz gibt es noch weitere aktuelle Diskussionen und Entwicklungen im Bereich Menschenrechte. Denn wer weltweit auf unterschiedlichen nationalen Märkten erfolgreich sein will, für den genügt es längst nicht mehr, lokale Kulturen zu verstehen und auf sie einzugehen. Die Verantwortlichen müssen sich auch intensiv Gedanken darüber machen, ob ihre Aktivitäten und die ihrer Partner vor Ort mit global akzeptierten Normen verantwortlichen unternehmerischen Verhaltens im Einklang stehen. Dieses Spannungsfeld ist

427 Vgl. unveröffentlichte/eigene interne KPMG Analyse zur Umsetzung der CSR-Berichtspflicht. Erkenntnisse und Best Practices der Berichterstattung der DAX 30 aus dem zweiten Jahr.

428 Vgl. Deutsches Global Compact Netzwerke/consense – Forum Nachhaltige Entwicklung der Deutschen Wirtschaft (Hrsg.), Neuer Impuls für die Berichterstattung zu Nachhaltigkeit? Studie zur Umsetzung des deutschen CSR-Richtlinie-Umsetzungsgesetzes, http://go.nwb.de/cy3r2 (abgerufen am 28.8.2019).

429 Ebenda.

430 Ebenda.

durch Legal Compliance allein nicht zu managen, Unternehmen müssen sich zusätzlich an internationalen Regelwerken orientieren.[431]

Ein zentrales Regelwerk stellen dabei die Leitprinzipien für Wirtschaft und Menschenrechte der Vereinten Nationen von 2011 dar. Diese definieren die Verantwortlichkeit von Staaten, Menschenrechte zu achten, zu schützen und zu gewährleisten. Unternehmen haben in diesem Sinne die Verpflichtung, den Regelungen des Staates Folge zu leisten und Menschenrechte zu achten. Die deutsche Übersetzung der Leitprinzipien für Wirtschaft und Menschenrechte spiegelt sich in dem Ende 2016 verabschiedeten Nationalen Aktionsplan für Wirtschaft und Menschenrechte (NAP) wider, welcher unter Leitung des Auswärtigen Amts umgesetzt werden soll. Mit dessen Einführung erwartet die Bundesregierung von allen Unternehmen eine angemessene Umsetzung menschenrechtlicher Sorgfaltspflichten entsprechend ihrer Größe, Branche und ihrer Position in der Liefer- und Wertschöpfungskette. Zentrales Element des Deutschen Nationalen Aktionsplans ist das Monitoring von 2018 bis 2020, welches die Umsetzung menschenrechtlicher Sorgfaltspflichten überwacht. Ziel ist, dass bis 2020 mindestens die Hälfte aller in Deutschland ansässigen Unternehmen mit über 500 Beschäftigten Elemente menschenrechtlicher Sorgfalt in ihre Unternehmensprozesse integriert haben. Andernfalls sollen weitere gesetzliche Schritte durch die Bundesregierung zur Einhaltung menschenrechtlicher Sorgfaltspflichten geprüft werden.[432]

Die fünf Kernelemente menschenrechtlicher Sorgfaltspflicht gem. NAP und demnach auch der Leitprinzipien sind:

- Grundsatzerklärung zur Achtung der Menschenrechte
- Verfahren zur Ermittlung tatsächlicher und potenziell nachteiliger Auswirkungen auf die Menschenrechte
- Maßnahmen zur Abwendung potenziell negativer Auswirkungen und Überprüfung der Wirksamkeit dieser Maßnahmen
- Berichterstattung darüber
- Beschwerdemechanismus[433]

Einen weiteren Diskussionspunkt stellt die Debatte um den Vorschlag eines nachhaltigen Wertschöpfungskettengesetzes in Deutschland dar. Dieser Vorschlag wurde vom Bundesentwicklungsministerium erarbeitet und enthält mögliche Änderungen, u. a. im Handelsgesetzbuch. Dieser Vorschlag würde den Verantwortungsbereich deutscher Unternehmen bezüglich ihrer Auftragnehmer im Ausland definieren. Der Vorschlag eines nachhaltigen Wertschöpfungskettengesetzes würde für Unternehmen mit mehr als 250 Beschäftigten und mehr als 40 Mio. € Umsatz pro Jahr menschenrechtliche Sorgfaltspflichten vorsehen. Vorgesehene Sanktionen beim Verfehlen menschenrechtlicher Sorgfalt umfassen Bußgelder, Freiheitsstrafen sowie den Ausschluss von der Vergabe öffentlicher Aufträge im Inland.[434] Ob es hier bei einem Vorschlag

431 Vgl. KPMG, Nachhaltig überzeugen, CGO Das Governance Magazin, (3) 2018 S. 8.

432 Ebenda.

433 Ebenda.

434 Vgl. Business and Human Rights Resource Center, Entwicklungsministerium erarbeitet Vorschlag für Wertschöpfungsketten-Gesetz für deutsche Unternehmen, abrufbar unter: http://go.nwb.de/haedu (abgerufen am 28.8.2019).

bleibt bzw. ob und wann der Vorschlag durchgesetzt wird, bleibt abzuwarten. Jedoch ist und bleibt das zentrale NAP Monitoring ausschlaggebend für mögliche zukünftige gesetzliche Änderungen zur menschenrechtlichen Sorgfalt von Unternehmen.[435]

Die Ergebnisse deuten auf eine große Diskrepanz zwischen der Relevanz des Themas und der Berücksichtigung in der Berichterstattung von Unternehmen hin. Neben dem CSR-Richtlinie-Umsetzungsgesetz, dem Nationalen Aktionsplan für Wirtschaft und Menschenrechte sowie dem Vorschlag eines nachhaltigen Wertschöpfungsgesetzes gibt es auch weitere internationale Bewegungen wie den UK Modern Slavery Act oder das French Corporate Duty of Vigilance Law. Im Vergleich zu den deutschen Gesetzen stellen diese bereits verpflichtende Gesetze dar, die von Unternehmen einzuhalten sind. Sollten vergleichbare verpflichtende Gesetze zur menschenrechtlichen Sorgfaltspflicht in Deutschland eingeführt werden, so scheinen deutsche Unternehmen, nach ihrer derzeitigen Berichterstattung zu urteilen, nicht ausreichend vorbereitet zu sein.

5.1 Herausforderungen

In Zeiten vieler neuer internationaler Konflikte und fehlender politischer Lösungen für ältere Krisenherde ist mehr und mehr auch die gesamtgesellschaftliche Verantwortung der Unternehmen gefordert. Die Leitprinzipien für Wirtschaft und Menschenrechte der Vereinten Nationen beschreiben ausdrücklich die Erwartung der Gesellschaft, dass sich Unternehmen ihrer Verantwortung stellen. Tragödien wie der Einsturz des achtstöckigen Rana-Plaza-Gebäudes in Bangladesch 2013, bei dem 1.135 Textilarbeiterinnen und Textilarbeiter ums Leben kamen, haben dabei das Bewusstsein der Öffentlichkeit weiter geschärft. Außerdem geben soziale Medien mehr Menschen als je zuvor eine Stimme und diese Stimmen werden gehört.[436]

Auch deshalb sind wir mittlerweile an einem Punkt angekommen, an dem mehr Unternehmen erkennen, dass Probleme existieren und dass sie eine Verantwortung bei deren Lösung haben. Viele der sozioökonomischen Risikopotenziale im Bereich „Wirtschaft und Menschenrechte" sind zu groß und zu systemisch verankert, als dass eine einzelne Organisation sie lösen könnte. Um wirkliche Veränderung herbeizuführen, ist die konstruktive Zusammenarbeit zwischen allen relevanten Stakeholdern, wie Regierungen, NGOs, Investoren und Unternehmen, notwendig.[437]

Die Nichtbeachtung von Menschenrechten kann verschiedene Risiken in sich bergen. Neben Imageschäden und Beziehungsverlusten können der Verlust von Investoren und vermehrte Prüfungen durch Kreditgeber mögliche Folgen sein. Die Nichtbeachtung von Regulierungen und Standards erhöht das Risiko für Rechtsstreitigkeiten über unternehmerische Menschenrechtsverletzungen. Zudem steigt der Druck von internationalen Richtlinien und Standards wie den UN-Leitprinzipien für Wirtschaft und Menschenrechte. Schließlich untergräbt ein Misserfolg beim Verhindern von Menschenrechtsverletzungen den Unternehmenszweck, die Unternehmenskultur sowie die Werte des Unternehmens. Genauere Informationen dazu finden sich in Tab. 2.[438]

435 Vgl. Deutscher Bundestag, abrufbar unter: http://go.nwb.de/2374s (abgerufen am 28.8.2019).
436 Vgl. KPMG, Nachhaltig überzeugen, CGO Das Governance Magazin, (3) 2018, S. 10-11.
437 Ebenda.
438 KPMG, Nachhaltig überzeugen, CGO Das Governance Magazin, (3) 2018, S. 9.

TAB. 2: Risiken - Warum aktiv Menschenrechte adressieren?

Nichtbeachtung von Regulatorik/Regulierungen und Standards	Imageschäden und Beziehungsverluste	Verlust von Investoren und mehr Prüfungen durch Kreditgeber	Unternehmenszwecke
► Die Gesetzgebung im Rahmen von Menschenrechten nimmt zu (z. B. UK Modern Slavery Act)	► Prüfungen der Medien und NGOs führen zu Imageschäden und einem Verlust von Marktanteilen	► Verlust von Investoren durch einen Skandal infolge von Menschenrechtsverletzungen (Pensionskassen spielen hier zunehmend eine Rolle)	► Misserfolg beim Verhindern von Menschenrechtsverletzungen untergräbt den Unternehmenszweck, die Unternehmenskultur sowie die Werte des Unternehmens
► Zunehmende Rechtsstreitigkeiten über unternehmerische Menschenrechtsverletzungen	► Strikte Kundenanforderungen eines unternehmerischen Beitrags zum Schutz der Menschenrechte	► Bei Kreditgewährung durch Banken werden Menschenrechte wichtiger	
► Steigender Druck von internationalen Richtlinien und Standards wie den UN-Leitprinzipien für Wirtschaft und Menschenrechte (UNGPs), dem Nationalen Aktionsplan, dem CSR-Richtlinie-Umsetzungsgesetz	► Schwache Leistung kann zu einem Verlust oder Schwierigkeiten bei der Gewinnung von Mitarbeitern führen	► Börsenindizes verlangen eine größere Transparenz	

Dementsprechend bestehen für Aufsichtsräte viele Risiken und Unsicherheiten, die es zu minimieren gilt. Die zuvor beschriebenen Entwicklungen sowie die Vielzahl an Risiken werden mehr und mehr in deutschen Aufsichtsräten diskutiert. Allerdings scheint es auf Basis der aktuellen Berichterstattung noch unklar, wie diese Risiken am effizientesten und effektivsten zu adressieren sind. Um diese Diskrepanz zwischen der Relevanz des Themas, der daraus abzuleitenden Risiken sowie der Unsicherheit bezüglich effektiver und effizienter Managementansätze zu bewältigen, sollten menschenrechtliche Sorgfaltsprozesse in konkrete Governance Funktionen, genauer gesagt in ein CMS nach IDW PS 980, integriert werden. Mit Hilfe dieser Governance Funktion kann die Achtung der Menschenrechte systematisch und systemisch sichergestellt und die genannten Risiken für Aufsichtsräte und Unternehmen minimiert werden.

5.2 Aktuell diskutierte Lösungsansätze

Risiko- und Compliance Management sind eng miteinander verbunden. Diese Verbundenheit spiegelt sich im COSO-Rahmenwerk wider, das drei Zieldimensionen umfasst:

a) operativer Betrieb,

b) externe Finanzberichterstattung und

c) Compliance.

Gemäß dem COSO-Modell ist Risikobeurteilung eine der fünf Komponenten des internen Kontrollsystems. So ist auch im ersten Prinzip (von 17 Prinzipien des Rahmenwerks), das in die Kategorie Kontrollumfeld fällt, zu lesen: „The organization demonstrates a commitment to integrity and ethical values." Organisationen müssen mithin dringend Mittel und Wege finden, die Risiken und Chancen der sozialen Verantwortung zu verstehen, die nicht nur mit dem Betrieb der Organisation verbunden sind, sondern auch in ihrem Einflussbereich existieren – innerhalb oder außerhalb ihrer Wertschöpfungskette.[439]

Eine Möglichkeit, diesen unausweichlichen Herausforderungen zu begegnen, ist das Due-Diligence-Konzept – ein Frühwarnsystem, das ein Subsystem des Risikomanagementsystems darstellt. Dieses Konzept beruht auf dem Gedanken, dass ein kontinuierlicher, auf umfassende Informationsfindung ausgerichteter investigativer Prozess stattfinden muss, um Ereignisse oder Risiken, die für Organisationen bedeutsam sind, frühzeitig – das heißt vor einem Schadenseintritt – zu erkennen. Risk-based Due Diligence ist als Frühwarnsystem sowohl eine interne als auch eine externe Komponente eines Risikomanagementsystems. Due Diligence ist somit ein Schlüsselelement zur Risikokontrolle. Die Relevanz wertgetriebener Themen in der Gesellschaft und der damit verbundene Zuwachs an normativen Ansprüchen, die an Unternehmen und ihre Führungskräfte in den Bereichen gestellt werden, die gerade über Integrity und Compliance Management, CSR und Nachhaltigkeitsthemen integrativer Teil eines Unternehmens sind, steigt stetig. Folglich gewinnt für Unternehmen das strategisch normative Management, das heißt die Corporate Governance, an Bedeutung – und als elementarer Bestandteil der Corporate Governance auch das Risikomanagement. Es steht der Gedanke dahinter: Eine Firma kann als Netzwerk von Verträgen gesehen werden, das aus der Firma selbst und ihren Stakeholdern besteht.[440]

Im Kontext von Corporate Governance, Risk Management und Compliance Management (GRC) geht es um mehr als die reine Regelbefolgung; es geht um die verantwortungsvolle Steuerung der Stakeholder-Beziehungen eines Unternehmens durch menschenrechtliche Sorgfaltsprozesse. Folglich werden durch die Perspektive der Firma als Netzwerk von Verträgen die Identifikation und Steuerung von Compliance Risiken in Stakeholder-Beziehungen ermöglicht. An dieser Stelle sei darauf hingewiesen, dass gerade durch eine Verzahnung von GRC Synergien entstehen, die die Qualität, die Effizienz und die Transparenz in einem Unternehmen steigern; dies wird durch die permanente Anwendung menschenrechtlicher Sorgfaltspflicht unterstützt.[441]

Durch die Integration des Themas Menschenrechte in das bestehende CMS können sich die o. g. Risiken und Stakeholder-Beziehungen identifizieren und steuern lassen. Ziel ist es also, die Einhaltung der Menschenrechte in ein bewährtes Managementsystem, ein CMS nach IDW PS 980, zu übersetzen. Wie Abb. 32 verdeutlicht, setzt sich ein Human Rights oder Social Compliance Management System aus sieben Bereichen zusammen:

Eine Social Compliance (SoC) Kultur soll etabliert werden, indem ein Bewusstsein für SoC in den Köpfen der Mitarbeiter geschaffen wird. Hier gilt als zentrales Element der sog. „Tone from the Top". Neben der Definition von SoC Zielen sind auch Risiken zu identifizieren und diese in einem risikobasierten Prozess zu dokumentieren. Darauf aufbauend sind effektive Maßnahmen zur Vorbeugung und Reaktion auf (potentielle) Menschenrechtsverletzungen zu definieren und implementieren. Von zentraler Bedeutung sind zudem eine zentralisierte, kompetente und globale

439 Vgl. KPMG, Nachhaltig überzeugen, CGO Das Governance Magazin, (3) 2018, S. 10.
440 Ebenda.
441 Ebenda.

Organisationsstruktur sowie ein SoC Kommunikations- und Trainingskonzept. Das Kommunikationskonzept beinhaltet sowohl eine interne wie auch externe Kommunikationsstruktur. Durch die Überwachung und Verbesserung der SoC sollen kontinuierliche Verbesserungen innerhalb des gesamten CMS erzielt werden. Abb. 32 veranschaulicht den Aufbau und die sieben Kernelemente.

ABB. 32: Design eines Social Compliance Management Systems

Ein solches SoC Management System kann ein Unternehmen dabei unterstützen, den Anforderungen des Nationalen Aktionsplans, des derzeit diskutierten Vorschlags eines Nachhaltigen Wertschöpfungskettengesetzes sowie den Anforderungen des CSR-Richtlinie-Umsetzungsgesetz gerecht zu werden.

Die verschiedenen Elemente des SoC Management Systems können den verschiedenen Erfordernissen des NAPs zugeordnet werden: So findet sich bspw. die Grundsatzerklärung im Element SoC Kultur – Schaffung eines Bewusstseins wieder. Die geforderte Risikoanalyse korrespondiert mit dem Element SoC Risiken. Die erforderten Maßnahmen sowie der Beschwerdemechanismus finden sich im Bereich SoC Programm wieder und das Element SoC Kommunikation schließt wiederum die externe Berichterstattung mit ein. Hat ein Unternehmen die sieben Kernelemente eines SoC Management Systems entsprechend des IDW PS 980 implementiert, so können die fünf Kernelemente des Deutschen Nationalen Aktionsplans vereinfacht im Unternehmen erfüllt werden.

Beim diskutierten Vorschlag eines Nachhaltigen Wertschöpfungskettengesetzes können die vorgeschlagenen Anforderungen mit einem SoC Management System vereinfacht im Unternehmen umgesetzt werden.

Über die Berichterstattung können schließlich auch die Erfordernisse der CSR-Berichtspflicht in Deutschland erfüllt und derzeitige Entwicklungen im Bereich berichteter Managementkonzepte übertroffen werden. Dazu sind die gesetzlich geforderten Angaben zum Managementansatz, zu verfolgten Konzepten, zu Due Diligence Prozessen, wesentlichen Risiken entlang der Wertschöpfungskette sowie den bedeutsamsten, nichtfinanziellen Leistungsindikatoren in der Nichtfinanziellen Erklärung darzustellen.

5.3 Handlungsempfehlungen

Grundsätzlich kann die Entwicklung, Implementierung und Integration menschenrechtlicher Sorgfalt in ein CMS nach IDW PS 980 empfohlen werden. Dabei können Synergien über Schnittstellenfunktionen zum bereits bestehenden Compliance Management genutzt werden. Ein Beispiel stellt hier die Whistleblowing Hotline zur Meldung von Verdachtsfällen dar.

BEISPIEL Befindet man sich in Produktionsstätten in Ostasien, Süd- oder Mittelamerika, so ist es nicht überraschend, wenn Mitarbeiter nicht angemessen über ihre Rechte informiert sind. In diesem Fall können mögliche Verdachtsfälle oder sogar Verstöße durch Mitarbeiter nicht gemeldet werden, da diese womöglich durch die Mitarbeiter selbst gar nicht erkannt werden. Teil des SoC Management Systems ist es, angemessene Maßnahmen zu Reduzierung von identifizierten Risken und somit die Zielerreichung des CMS sicherzustellen. Ein Beispiel stellt dabei die Weiterbildung von Mitarbeitern dar, d. h. eine notwendige Maßnahme ist zunächst die Schulung aller Mitarbeiter, so dass alle Mitarbeiter über ihre persönlichen Rechte Kenntnis erlangen. Ebenfalls müssen besondere Personengruppen wie Vorgesetzte oder Mitarbeiter im Bereich Personal speziell geschult werden, um die Rechte der Mitarbeiter zusätzlich schützen zu können.

5.4 Ausgewählte branchen- und segmentspezifische Besonderheiten

Das Thema Menschenrechte betrifft alle Branchen und Segmente gleichermaßen, da Menschenrechte universelle Rechte darstellen, die allen Menschen gleichermaßen zustehen. Dennoch kann es sinnvoll sein, je nach Branche einen spezifischen Fokus für menschenrechtliche Sorgfalt zu wählen. Z. B. spielen Menschrechtsthemen wie Kinder- und Zwangsarbeit vermehrt in der vorgelagerten Wertschöpfungskette der Textilindustrie eine Rolle, d. h. innerhalb der Produktionsstätten. Bei Finanz- und Versicherungsinstituten hingegen liegt der Fokus vermehrt in der nachgelagerten Wertschöpfungskette, d. h. in welche Projekte wird Geld dieser Institute investiert und somit gefördert.

6. IT-Compliance

WP Guido Havers, Yann Paul Hengstenberg, Timo Herold

Die fortlaufende Digitalisierung führt für Unternehmen zu großen Herausforderungen im Hinblick auf die IT-Compliance, das heißt für die Einhaltung von Regeln, welche sich direkt oder indirekt auf die Informationstechnologie (IT) beziehen. Die IT-Compliance als Teilgebiet der übergeordneten Firmen-Compliance trägt der rasch steigenden Bedeutung der digitalen Infrastruktur für den Unternehmenserfolg Rechnung.[442] Allgemein lässt sich sagen, dass die IT insgesamt in einem Großteil der Unternehmen keinen inhärenten Wert besitzt, stattdessen entfaltet sie erst in Verbindung mit ihrer Anwendung Nutzen oder potenziellen Schaden.

Da mögliche Risiken und Schäden im Zeichen der Möglichkeiten zunehmender Daten-Verfügbarkeit und innovativerer Technologien kontinuierlich neu überdacht werden müssen, ist der Umgang des Unternehmens sowie seiner verschiedenen Organe und einzelner Mitarbeiter mit Risiken digitalen Ursprungs in das Zentrum der Betrachtung einer angemessenen IT-Compliance gerückt. Besonders die digitale Risikokultur ist dabei elementarer Bestandteil, da durch sie die Frage des verantwortungsvollen Umgangs mit IT für jedes Unternehmen selbst zu beantworten ist.

Bezogen auf die IT-Landschaft verlangt dies von den verantwortlichen Stellen die Abwägung zwischen den möglichen Vorteilen einer spezifischen Technologie im unternehmerischen Einsatz im Verhältnis zu den potenziell (finanziellen) Risiken, die mit neuen Technologien einhergehen. Ganz entscheidend für den Erfolg neuer Technologien in Unternehmen sind die Strukturen, in welche Innovationen eingebettet werden müssen. Folglich sind sowohl potenzielle Schäden sowie der erwartbare Nutzen entlang ethischer Leitplanken zu bewerten.

In diesem Spannungsfeld ist der Kern der IT-Compliance anzusiedeln – er besteht in der Betrachtung und im Monitoring der Technogien im Hinblick auf die Möglichkeiten der Anwendung sowie der einzuhaltenden Rahmenbedingungen. Dazu ist es essenziell, dass ein Unternehmen versteht, wie durch Technologien Werte generiert werden und wie es diese effizient und effektiv zu managen vermag.

Das Zusammenspiel von Risiken und Lösungsansätzen im Einsatz neuartiger Technologien wird im Folgenden anhand des übergeordneten Prüfungsstandards IDW PS 980 des Instituts der Wirtschaftsprüfer weiter dargelegt, welcher die Prüfung und subsequenter Weise die Implementierung von CMS untergliedert.

Die Gliederung des IDW PS 980 nimmt eine Aufteilung in sieben Grundelemente vor: Kultur, Ziele, Risiken, Programm, Organisation, Kommunikation sowie Überwachung und Verbesserung. Aufgrund dieser Grundelemente können die IT-Risiken in Bezug auf Organisation, Finanzen, Technologien und umsetzungbezogene Risiken in folgenden Ordnungsfragen zusammengefasst werden:

- **Kultur:** Welche gemeinsamen Werte und Überzeugungen werden in Bezug auf die organisatorischen, finanziellen und technologischen IT-Risiken angestrebt?
- **Ziele:** Welche organisatorischen, finanziellen und technologischen Ziele sollen in Bezug auf IT-Fragestellungen befolgt werden?

442 Vgl. *Knoll/Strahringer* (Hrsg.), IT-GRC-Management – Governance, Risk und Compliance, 2017, S. 6 f.

- **Risiken:** Welche von IT-Fragestellungen ausgehenden organisatorischen, finanziellen und technologischen Risiken können identifiziert, bewertet und gesteuert werden?
- **Programm:** Auf welchen organisatorischen, finanziellen und technologischen Wegen sollen die IT-bezogenen Compliance Ziele erreicht werden?
- **Organisation:** Welches Organisationsdesign adressiert das Koordinations- und Anreizproblem in optimaler Weise und wie werden die angestrebten IT-Compliance Ziele unterstützt?
- **Kommunikation:** Welche Kommunikationsmaßnahmen dienen dazu, die angestrebten IT-Compliance Ziele zu erreichen?
- **Überwachung und Verbesserung:** Wie wird der Gesamtüberblick über eine wirksame IT-Compliance sichergestellt und wie wird das IT-CMS verbessert?

6.1 Herausforderungen

In Anlehnung an die sieben Grundelemente werden die konkreten Herausforderungen dargelegt, welche der Einsatz neuer Technologien und die Einbettung in die Governance-Strukturen eines Unternehmens bedingt.

6.1.1 Unternehmensspezifische Zieldefinition

Wie bereits eingangs dargelegt stellt die Gewährleistung der IT-Sicherheit und damit die Einhaltung unterschiedlicher Regelwerke, welche auf die IT-Infrastruktur einwirken, eines der zentralen IT-Compliance Ziele dar. Die Erstellung der Zieldefinition im Hinblick auf diese Regelungen ist als ein elementarer erster Schritt für die Implementierung eines umfassen CMS anzusehen.

6.1.2 Unternehmensspezifisches IT-Regelwerk und Regelungsambivalenz

Nationale und internationale Gesetzgeber haben unterschiedliche (Minimal-)Anforderungen an die Ausgestaltung IT-bezogener Regelwerke definiert, welche den Unternehmen verschiedene Freiheitsgrade zugestehen. IT-bezogene rechtliche Regelungen können allgemein in vier Gruppen zusammengefasst werden.[443]

Die **erste Gruppe** umfasst **rechtliche Vorgaben**, die entweder gesetzliche Regelungen oder auf gesetzlicher Grundlage erlassene Vorschriften abbilden. Hierzu gehören u. a. Gesetze, Rechtsverordnungen, Rechtsprechung oder Verwaltungsvorschriften, die sich auf den betrieblichen Einsatz von IT auswirken. Dazu gehört u. a. die Datenschutz-Grundverordnung (DSGVO).

Die **zweite Gruppe** bilden bilaterale **Vertragsvereinbarungen** mit Auswirkungen auf die IT-Compliance. Bei Kontrakten, die ein Unternehmen mit Kunden, Lieferanten und weiteren Partnern abschließt, kann zwischen allgemeinen und IT-spezifischen Verträgen unterschieden werden. Der Vertragsgegenstand der allgemeinen Verträge konzentriert sich nicht ausdrücklich auf die IT. Diese Verträge können jedoch IT-relevante Elemente enthalten. Bei den IT-spezifischen Verträgen bezieht sich hingegen der Vertragsgegenstand unmittelbar auf die Erbringung von IT-

443 Vgl. *Amberg/Mossanen/Walser*, Vorteile und Herausforderungen IT-gestützter Compliance-Erfüllung, Studie, 2007, online abrufbar unter: http://go.nwb.de/lmiqj (Abruf 17.6.2020); *Klotz*, Regelwerke der IT-Compliance – Klassifikation und Übersicht Teil 1: Rechtliche Regelwerke, SIMAT Arbeitspapiere, 2011, online abrufbar unter: http://go.nwb.de/5j637 (Abruf 17.6.2020); *Kronschnabl*, Vorstellung der Studienergebnisse: IT-Sicherheitsstandards und IT-Compliance, 2010, online abrufbar unter: http://go.nwb.de/p7p4y (Abruf 17.6.2020).

Leistungen oder die Gewährleistung von IT-Standards (bspw. Anforderungen an den Datenschutz).

Die **dritte Gruppe** bilden die **internen Regelwerke**, dazu gehören vor allem Richtlinien, Hausstandards und Verfahrensanweisungen, die unternehmensinterne Festlegungen bezüglich der IT enthalten. Unternehmensinterne Regelwerke werden häufig verwendet, um die Einhaltung anderer Vorgaben sicherzustellen und gegenüber externen Interessengruppen (z. B. Finanzaufsicht oder mit der Jahresabschlussprüfung beauftragte Wirtschaftsprüfungsgesellschaft) zu dokumentieren.

Zur **vierten Gruppe** der **externen Regelwerke** gehören überwiegend Kodizes, Normen und Standards wie z. B. der IDW PS 330 und RS FAIT 1, IT Infrastructure Library (ITIL), ISO 20000, ISO 27001, die sich in vielen Branchen durchgesetzt haben. Diese Gruppe von Regelwerken ist für Unternehmen besonders von Bedeutung, wenn die Erfüllung der Vorgaben bei der Auftragsvergabe von Kunden erwartet oder vorgeschrieben wird. Viele Unternehmen versuchen die Vorgaben auch freiwillig zu erfüllen, um Reputation zu erhalten oder zu verstärken.[444]

Dabei weisen einzelne Regelungen der IT-Compliance, etwa zur Informationssicherheit oder zum Datenschutz, in vielerlei Hinsicht Gemeinsamkeiten auf. So sind zentrale Schutzziele der IT-Security, wie die Authentizität, Integrität und Vertraulichkeit von Daten, die einerseits für die Betriebssicherheit von Anlagen und Systemen notwendig sind, andererseits auch zentrale Schutzzwecke des Datenschutzrechts zum Schutz personenbezogener Daten.[445]

Daneben gibt es aber auch gegensätzliche Ziele im Bereich der IT-Sicherheit und des Datenschutzes, denn Schutzmaßnahmen bringen es in vielen Fällen mit sich, dass zweckgebunden gerade auch personenbezogene Daten verarbeitet werden. Ein Beispiel in diesem Zusammenhang ist die Regelung des § 100 TKG, die es Telekommunikationsdienstanbietern ermöglicht, die Bestandsdaten und die Verkehrsdaten von Teilnehmern und Nutzern zu erheben und zu verwenden, um Störungen oder Fehler an Telekommunikationsanlagen zu erkennen, einzugrenzen oder zu beseitigen.[446] Um dem bei dieser gesetzlich eingeräumten Befugnis zur Verarbeitung von personenbezogenen Daten inhärenten Risiko vorzubeugen, dass es unter dem Deckmantel der IT-Sicherheit zu einer Aufweichung der Grenzen zulässiger Datenverarbeitungsvorgänge kommt, ist die Verarbeitung personenbezogener Daten für Cyber-Security-Maßnahmen einer strengen Zweckbindung zu unterwerfen.[447]

Eine 100-prozentige IT-Sicherheit ist zwar i. d. R. für Unternehmen nicht erreichbar, jedoch ermöglichen konkrete Aktivitäten die Eindämmung von riskanten Schnittstellen. Besonders im Hinblick auf Haftungsaspekte sehen sich Unternehmen in der Verantwortung, eine gesetzeskonforme und effektive IT-Compliance herzustellen. Hier können neue Technologien helfen, die Sicherheit zu erhöhen, allerdings entstehen dadurch ggf. neue Risiken und ethische Fragestellungen mit Auswirkungen auf die Unternehmens- und damit Compliance Kultur.

444 Vgl. *Strasser/Wittek*, IT-Compliance, 2012, online abrufbar unter: http://go.nwb.de/hz1pq (Abruf 17.6.2020).

445 Vgl. *Rudel/Lechner*, IT-Sicherheit für Kritische Infrastrukturen – State of the Art, Ergebnisse des Förderschwerpunkts IT-Sicherheit für Kritische Infrastrukturen, IST/Kritis des MBMF, 2018, online abrufbar unter http://go.nwb.de/s09g4 (Abruf 17.6.2020), S. 77.

446 Vgl. ebenda.

447 Ebenda.

6.1.3 Verantwortungsvoller Umgang mit IT und Informationen

Die zentralen Fragen im verantwortungsvollen Umgang mit IT und Informationen sind häufig, welcher Nutzen durch den Einsatz von IT verfolgt wird und inwieweit diese Nutzung noch im Rahmen gewisser definierter Leitplanken liegt. Der angestrebte Nutzen für Unternehmen im Zeitalter der Digitalisierung kann am besten mit dem nachfolgend dargestellten Modell der „Datenpyramide" aus der Informationswissenschaft beschrieben werden. Es wird zwischen den aufeinander aufbauenden Konzepten der Daten, Informationen und Wissen unterschieden, woraus sich final entsprechende Handlungsweisen ableiten lassen.[448]

ABB. 33: Modell der „Datenpyramide"[449]

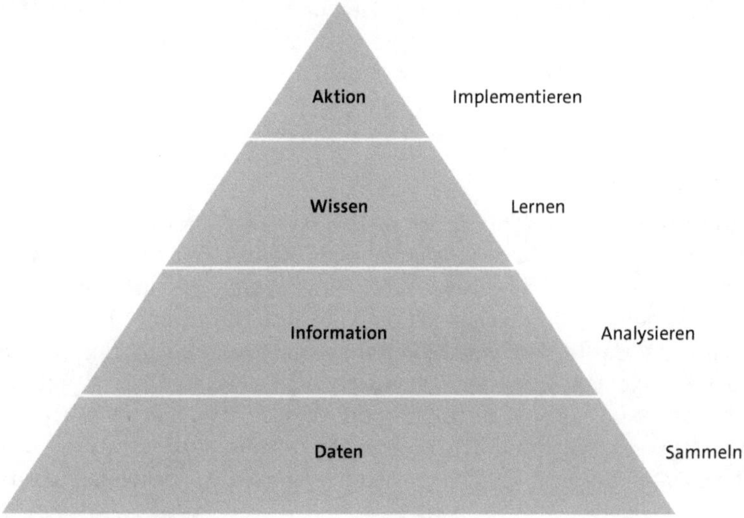

Auf dem Modell der „Datenpyramide" aufbauend lässt sich in Bezug auf das Sammeln, Analysieren, Lernen und Umsetzen von Daten und Informationen ableiten: Bei der Sammlung, Analyse und Generierung von Daten übernehmen Maschinen zunehmend größere Anteile. Lernen und Wissen hingegen wird aktuell noch eher mit Menschen verbunden. Bei den daraus abgeleiteten Handlungen sind heutzutage sowohl Menschen, wenngleich zunehmend Maschinen denkbar, insbesondere unter dem Aspekt der Vernetzung und Automatisierung, z. B. im Rahmen von Internet of Things-Konzepten. Bezogen auf die IT-Compliance bedeutet dies, dass die Datenpyramide Gegenstand der Compliance Betrachtung sein sollte, so dass hier potenzieller Nutzen und Schaden durch IT-bezogene Handlungen bestmöglich abgewogen werden können. Die wichtigste Erkenntnis aus der Datenpyramide liegt zugleich darin, dass der Mensch mit seinen Entscheidungen basierend auf Informationen und daraus abgeleiteten Handlungen Dreh- und Angelpunkt aller technischen Möglichkeiten bleibt, bestmöglich unterstützt in seiner Entscheidungsfindung durch die Nutzung moderner Technologien.

448 Vgl. *Varian*, Artificial Intelligence, Economics and Industrial Organization, The Economics of Artificial Intelligence: An Agenda, 2017, S. 5 f.

449 Ebenda, S. 7 f.

Der Mensch ist gefordert, die Grenzen der Technik zu bestimmen und zu entscheiden, welche Handlungen und Entscheidungen anhand welcher Grundsätze von Maschinen getroffenen werden sollen. Dieser Umstand führt in eine moralisch-ethische Fragestellung, die vor allem in Unternehmen, deren Geschäftsmodell auf Informationstechnologie beruht, beantwortet werden muss. Die Antwort kann in Selbstverpflichtungen zur Informations- und Technikverantwortung formuliert sein und sollte folglich in die zentralen Compliance Ziele einfließen. Daraus abgeleitete Risiken erfordern eine aktive Steuerung und Überwachung im Rahmen des CMS.

Denn auch in traditionellen Industrien nimmt die moralisch-ethische Fragestellung eine zusehends wichtigere Rolle ein. Beispielhaft seien Unternehmen aus der Automobilindustrie genannt, welche die neuen technischen Bedarfe und Angebote im Bereich der Mobilitätsservices und den Entwicklungen zum autonomen Fahren nutzen und in ihre Geschäftsmodelle integrieren. Wesentliche Herausforderungen liegen im Sektor Automotive in der Vernetzung der Produktionstechnologien, der Bereitstellung von Apps und Betriebssystemen bis hin zur Vernetzung der Fahrzeuge untereinander.

6.1.4 Wirtschaftskriminalität

Der Einsatz moderner Technologien führt dabei zu konkreteren IT-basierten Angriffsvektoren, die mögliche Schwachstellen innerhalb des Unternehmens offenbaren und ausnutzen. Zu neueren, aktuell in ihrem Risiko vergleichsweise schwer bemessbaren Herausforderungen zählen u. a. die digitale Datensicherheit, die allgemeine Corporate Security, die Abwehr von Cyber-Attacken, die Disaster Recovery, das fortlaufende Monitoring von Hackingtrends, und ein umfassendes Dokumentationsmanagement jedweder Sicherheitsvorfälle. Insbesondere die Informationssicherheit ist beeinflusst von einer relativ neuen Art der Wirtschaftskriminalität, der Computer- und Cyber-Kriminalität. Diese basiert auf der Dynamik der Technik, ausgelöst durch die Digitalisierung und sorgt bei Organisationen für eine starke Abhängigkeit von der Nutzung verschiedener Informationstechnologien.[450]

Einer weiteren Gefahr sind sowohl individuelle Nutzer als auch Organisationen ausgesetzt, wenn Lösegeldforderungen und Erpressungen an sie gerichtet sind. Dabei handelt es ich um einen einkommensträchtigen Hacking-Trend, bei dem auf Daten zugegriffen wird, diese gestohlen oder verschlüsselt werden, um im Folgenden Lösegeld für die Rückgabe bzw. Entschlüsselung zu erpressen. Nicht selten verbergen sich dahinter weitere parallele Hintertüren, die das Opfer bei unkooperativem Handeln, z. B. bei dem Versuch, Kontrolle über seine Daten und IT-Systeme zurückzuerlangen, schädigen. Dabei werden durch den Angreifer die Bestände unwiderruflich gelöscht und sämtliche Spuren beseitigt. Ein bekanntes Fallbeispiel ist der Cloud Anbieter Code Spaces. Folge einer solchen Attacke war, dass die Angreifer alle Datenbestände der Kunden auf den Servern und dazugehörende Backups löschten, was letztendlich zur Insolvenz von Code Spaces führte.

Neben den Gefahren durch diese Form der digitalisierten Erpressungen sehen sich Unternehmen und auch Individuelle noch weiteren Risiken ausgesetzt. In Tausch- und Kaufbörsen des Darknets besteht die Möglichkeit, neben den standardisierten Schadsoftwares, Trojanern oder Viren auch Aufträge mit diesen Inhalten an bestimmte Personen bzw. IP-Adressen, d. h. an deren

450 Vgl. *Sowa*, Management der Informationssicherheit, Kontrolle und Optimierung, 2017, S. 103 f.

Server oder Computer zu versenden. Dieser sog. Attack-as-a-Service (AasS) gehört zu einer neuen illegalen Geschäftsidee für professionelle Angreifer. Dabei handelt es sich um komplexe Produkte, die von auf professionelle Angriffe spezialisierten Cyber-Kriminellen durchgeführt werden. Diese Variante ermöglicht es, ohne spezielle Kenntnisse, Zeit oder Technik, gezielt und individuell bestimmte Opfer sowie Unternehmen langfristig geplant und strategisch anzugreifen. Bekannt aus der Finanzdienstleistungsbranche sind Trojaner, wie ZeuS oder SpyEye, während die kritischen Infrastrukturen mit dem Virus Stuxnet angegriffen wurden. Letztgenannte werden unter dem Begriff des sog. „lukewarm cyberwar" zusammengefasst. Dazu zählen physikalische und informationstechnische Anlagen von Unternehmen, u. a. aus den Branchen Wasserversorgung, Telekommunikation, Gesundheit, Energieversorgung, aber auch Lebensmittelindustrie, Transporte und Banken. Angriffe solcher Art beschränken sich nicht auf den Informationsdiebstahl oder die Industriespionage, sondern bieten ebenfalls Raum für Cyber-Sabotage, welche zur Folge haben kann, dass ganze Funktionen von Gaspipelines, Windturbinen oder Wasserleitungen beeinträchtigt werden oder ausfallen.[451]

6.1.5 Datenschutz, Informationssicherheit und Geschäftsgeheimnisschutz

Eine Vielzahl von Regularien stellt zudem Anforderungen an die Informationstechnologie und sollte somit in einem IT-CMS betrachtet werden. Beispielhaft seien hier die Informationssicherheit, der Datenschutz und der Geschäftsgeheimnisschutz genannt. Die Informationssicherheit stellt dabei Anforderungen an die IT im Hinblick auf den Schutz von Informationen, in Abhängigkeit einer Informationsklassifizierung.

Eine besondere Form dieser Informationen sind personenbezogene Daten, welche wiederum durch spezielle Regelungen des Datenschutzes, wie die DSGVO und das BDSG, betrachtet werden. Auch hier muss die Gewährleistung des Schutzes bei ihrer Nutzung und Aufbewahrung sichergestellt werden. Bei der Speicherung von Daten hat jede Person das grundsätzliche Recht stetiger Einsichtnahmen in ihre Daten. Ein Unternehmen muss sowohl Auskunft erteilen können als auch über Löschkonzepte verfügen. Die Verarbeitung erfolgt über transparente IT-Prozesse, um die Aspekte der Offenlegung i. S. der Datenvertraulichkeit, -integrität und -verfügbarkeit zu wahren. Dies erfordert in der IT-Sicherheit, die Risiken in unternehmerischen Prozessen und erzeugten Datenströmen zu identifizieren, zu bewerten und über ein IT-Compliance Programm angemessen und wirksam zu steuern.[452] Sowohl beim Sammeln von Daten für Bonus- oder Gutscheinprogramme, Kundenwerbemaßnahmen als auch bei der Bewerbersuche werden personenbezogene Daten verarbeitet. Dabei fordern immer mehr Kunden ihr Recht auf Kenntnis, sofern es um Werbezwecke geht.

Eine weitere Spezialform der Informationssicherheit ist der Geschäftsgeheimnisschutz, welcher in Deutschland durch das Gesetz zum Schutz von Geschäftsgeheimnissen (GeschGehG) reguliert wird. Demnach kann ein Unternehmen nur dann Ansprüche bei Geschäftsgeheimnisverletzung geltend machen, wenn die betreffende Information im Vorfeld als solche deklariert war und durch entsprechende Maßnahmen geschützt wurde. Auch dies hat wiederum Auswirkung auf die eingesetzte Informationstechnologie.

451 Vgl. ebenda, S. 71 ff.

452 Vgl. *Gnändiger/Falk*, CGO Das Governance Magazin 2018 S. 43 ff.

Im Fall von Missbrauch oder fehlenden Sicherheitsmaßnahmen, die zu Verlust der (personenbezogenen) Daten führen, drohen dem Unternehmen neben gesetzlichen Sanktionsmechanismen auch Reputationsverluste, Nachteile bei der Vergabe öffentlicher Aufträge oder Kundenabwanderungen, häufig verbunden mit spürbaren Umsatzrückgängen.[453] Um ein Informationssicherheitsmanagement als effektiv zu bezeichnen, bedarf dieses der Berücksichtigung sowohl aktuell bekannter, als auch langfristig und strategisch ausgerichteter Aspekte im Hinblick auf Gefahrensituationen im Risiko- bzw. Sicherheitsmanagement.[454]

6.2 Aktuell diskutierte Lösungsansätze

Um diesen Herausforderungen adäquat und umfassend begegnen zu können sind eine Reihe aktuell diskutierter Lösungsansätze zu benennen.

6.2.1 Das „Three Lines of Defense"-Modell als organisatorischer Lösungsrahmen

Mit Blick auf die Risikosteuerung in Unternehmen hat das Three Lines of Defense-Modell als Rahmenwerk für ein ganzheitliches Governance-System stark an Bedeutung gewonnen.[455] Es unterteilt sich in drei Ebenen – „Lines" – die unterhalb der Unternehmensführung liegen. Bei der Prävention von Risiken agieren die Lines[456] als Verteidigungslinien[457], autonom.[458] Dabei verläuft die Ablauforganisation zwischen den IT-Abteilungen (IT-Product Owner) und den Fachbereichen (Process Owner).[459]

In der **1st Line of Defense** befindet sich das operative Management, welches unabhängig von unternehmensspezifischen Gegebenheiten mit den Steuerungs- und Kontrollelementen im Wertschöpfungsprozess beschrieben werden kann. Durch die Geschäftsleitung werden dabei Steuerungs- und Kontrollmaßnahmen bestimmt und in dem Wertschöpfungsprozess der operativen Tätigkeit eingepflegt. Dabei werden die zugehörigen Elemente direkt in den Verantwortungsbereich des jeweiligen Process Owners übertragen.

Im Gegensatz zur 1st Line of Defense ist die Ausgestaltung der **2nd Line of Defense** abhängig vom jeweiligen Geschäftsmodell eines Unternehmens und den damit verbundenen Risiken. Die Einordnung der hier angesiedelten Geschäftseinheiten wie Compliance, Qualitätssicherung, Legal und Risikomanagement erfolgt durch die Geschäftsleitung und Aufsichtsorgane. Sie erfüllen verschiedene Aufgaben in der Aufsicht, Kontrolle und Unterstützung des operativen Managements zur Risikosteuerung. Im Rahmen der IT-Compliance sind hier insbesondere die Informationssicherheit und die Unternehmenssicherheit als typische Funktionen zu nennen. Diese bestimmen den Rahmen und die Anforderungen an das IT-Management in der 1st Line. Die IT-Sicherheit nimmt dabei eine Doppelrolle ein, ist aber in diesem Modell eher der 1st Line zuzurechnen. Zudem macht es auch Sinn hier weitere Bereiche in die Definition der Vorgaben aus der

453 Vgl. ebenda, S. 47.

454 Vgl. *Sowa*, Management der Informationssicherheit, Kontrolle und Optimierung, 2017, S. 71 ff.

455 Vgl. *Ruud/Kyburz*, Gedanken zum Three Lines of Defense Modell – Was ist mit Verteidigung gemeint? Der schweizer Treuhänder 2014 S. 761–763.

456 Vgl. ebenda.

457 Vgl. *Gnändiger/Falk*, CGO Das Governance Magazin 2018 S. 42 ff.

458 Vgl. *Ruud/Kyburz*, Gedanken zum Three Lines of Defense Modell – Was ist mit Verteidigung gemeint? Der schweizer Treuhänder 2014 S. 761–763.

459 Vgl. *Gnändiger/Falk*, CGO Das Governance Magazin 2018 S. 44 ff.

2nd Line einzubeziehen, wie bspw. den Datenschutz, da dieser auch spezielle Anforderungen an den technischen und organisatorischen Schutz von Informationen, sprich personenbezogenen Daten, stellt.

Aufgrund der engen Verzahnung zwischen 2nd Line of Defense zum operativen Management und der Geschäftsleitung bedarf es einer unabhängigen Instanz, um die Geschäftsprozesse und deren Risiken unabhängig beurteilen zu können. Diese Rolle nimmt die **3rd Line of Defense** ein. Hierbei handelt es sich um die letzte risikosteuernde Instanz, welche die Geschäftsleitung und Aufsichtsorgane risikoorientiert und unabhängig über die Prozesse im Unternehmen informiert.

In der Praxis werden zwar auch durch die 2nd Line-Funktionen Überwachungstätigkeiten hinsichtlich der Umsetzung der Vorgaben in der 1st Line durchgeführt, dies sollte allerdings noch durch die unabhängige Überprüfung durch die 3rd Line ergänzt werden, um auch die Überwachung und Verbesserung der Anforderungen an die IT-Compliance sicherzustellen.

Das Three Lines of Defense-Modell erlaubt durch das Zusammenspiel der drei Lines, das Risiko, welches im Unternehmen nach Präventivmaßnahmen verbleibt, in ein akzeptables Verhältnis zur Risikotoleranz zu setzen.[460]

ABB. 34: Three Lines of Defense[461]

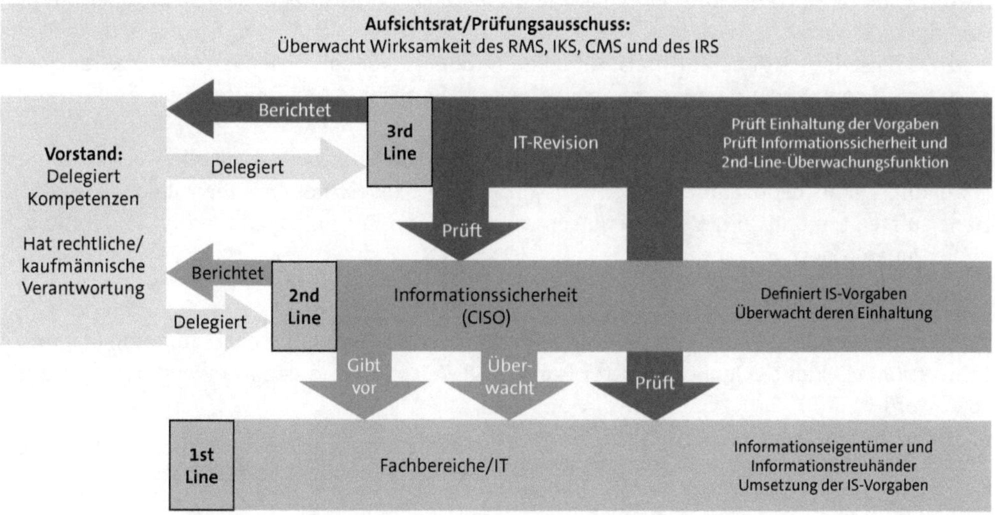

6.2.2 IT-Strukturanalyse und Schutzbedarfsfeststellung als Lösungsrahmen für IT-Sicherheit

Die Analyse und Dokumentation der vorhandenen Informationstechnikstruktur ist die Grundlage für das IT-Sicherheitskonzept und für die Anwendung der IT-Grundschutzkataloge. In der Praxis wird derzeit wegen der starken Vernetzung von IT-Systemen der Netztopologieplan als Basis für die Analyse der Informationstechnikstruktur verwendet. Dabei empfiehlt es sich, die

460 Vgl. *Ruud/Kyburz*, Gedanken zum Three Lines of Defense Modell – Was ist mit Verteidigung gemeint? Der schweizer Treuhänder 2014 S. 761–763.

461 Eigene Darstellung.

vorhandene Infrastruktur, die organisatorischen und personellen Rahmenbedingungen für den Informationsverbund, eingesetzte vernetzte und nicht-vernetzte IT-Systeme, die Kommunikationsverbindungen zwischen den IT-Systemen sowie betriebene IT-Anwendungen in die Analyse einzubeziehen.

Auf dieser Basis wird die Schutzbedarfsanalyse aufgebaut. Die auf der jeweiligen IT-Infrastruktur laufende Anwendung bestimmt den dazugehörigen Schutzbedarf. Im Fall einer höheren Anzahl von Anwendungen auf einem IT-System wird die Schutzbedarfskategorie der Anwendung mit dem höchsten Schutzbedarf ausgewählt. Laufen auf einem Server mehrere Anwendungen mit einem niedrigeren Schutzbedarf, ist für ihre Summe eine höhere Schutzstufe erforderlich.

6.2.3 IT-Investmentportfolio-Analyse als Lösungsrahmen für anwendungsbezogene Risiken

Das IT-Investitionsportfolio teilt IT-Investitionen in vier Bereiche ein („strategic, high potential, key operational und support"). Die Aufteilung erfolgt anhand der Relevanz, die sie für das aktuelle und zukünftige Geschäft des Unternehmens besitzen.[462] **High Potential Investitionen** sind Investitionen, welche für das heutige Geschäft keine bis geringe Relevanz haben, allerdings für die Zukunft von hoher Relevanz sein können. Sie sind damit eher spekulativ und hochrisikobehaftet. Es bietet sich ein Controlling nach Zeit und Kosten an. **Strategische Investitionen** sind Investitionen die sowohl für das heutige als auch für das zukünftige Geschäft von hoher Relevanz sind. Da diese Investitionen oftmals mit einem großen Veränderungsbedarf einhergehen, ist es erforderlich sowohl die organisatorischen als auch die technischen und finanziellen Risiken zu betrachten. **Key operational Investitionen** dienen i. d. R. dazu, bestehende Prozesse und Systeme zu verbessern, was dazu führt, dass bestehende Prozesse und die Organisation der Leistungserstellung genau beobachtet werden müssen. **Support Investitionen** haben das Ziel, die Effizienz zu steigern und so die Kosten zu senken. Dies kann mit organisatorischen Widerständen einhergehen (Angst vor Jobverlust).[463]

Zudem zeigt die Portfoliobetrachtung auf, nach welchen Kriterien Unternehmen ihre investitionsbezogenen Risiken im Bereich IT-Compliance anwendungsgenau steuern können, indem die Schwerpunkte „Zeit", „Quality" „Kosten" und „F&E Ausgaben" je nach Anwendung richtig gesetzt werden.

462 Vgl. *Peppard*, Managing the Investment Portfolio, 2015, o. S.
463 Vgl. *Peppard/Ward*, The Strategic Management of Information Systems, 2016, S. 335 f.

ABB. 35: IT Investitionsportfolio[464]

Diese Analyse wird für das gesamte Portfolio des Unternehmens erstellt, um eine Kategorisierung der typischen Risiken vornehmen zu können. Zusammenfassend ergeben sich nachfolgend beschriebene Einzelrisiken anhand der Kategorien Organisation, Finanzen, Technologie und Umsetzung jeweils in der oben skizzierten Gewichtung. Dabei spielt es keine Rolle, ob das Investment bereits getätigt wurde oder ob es erst angedacht ist.

Aus den obigen Ausführungen ergibt sich, dass Unternehmen eine Vielzahl von Risikofaktoren berücksichtigen müssen, die nachfolgend in einem beispielhaften Risikokatalog zusammengefasst sind:

TAB. 3: Heat Map

Technologische Risikofaktoren in der Strukturanalyse bei IT-Compliance[465] Programmen	**Finanzielle Risikofaktoren in der Strukturanalyse bei IT-Compliance Programmen**	**Organisatorische Risikofaktoren in der Strukturanalyse bei IT-Compliance Programmen**	**Umsetzungsbezogene Risikofaktoren in Bezug auf IT-Compliance Programme**
Komplexität der Systemfunktionalität	Umfang der Investition	Engagement des Senior Managements	„Blackbox" durch Einsatz von Big Data Techniken, z. B. Deep Learning
Technologische Neuheit bezüglich Organisation und Lieferanten	Laufzeit von Projekten	Anwenderengagement in Ressourcen und Wissen	DSGVO Einwilligungen in berechnete Datenprodukte
Anzahl der Systemschnittstellen und der Systeme	Grad des Vertrauens in alle Elemente der Projektkosten	Stabilität der Organisation und der Führungskräfte	Entscheidungsautomatsierung, z. B. durch Machine Learning bzw. Künstliche Intelligenz

464 Vgl. ebenda, S. 322 ff.

465 Eigene Darstellung in Anlehnung an *Peppard/Ward*, The Strategic Management of Information Systems, 2016, S. 334; *Papp/Weidinger/Meir-Huber/Ortner/Langs/Wazir*, Handbuch data science, 2019, S. 208 f.

Technologische Risikofaktoren in der Strukturanalyse bei IT-Compliance[465] Programmen	**Finanzielle Risikofaktoren in der Strukturanalyse bei IT-Compliance Programmen**	**Organisatorische Risikofaktoren in der Strukturanalyse bei IT-Compliance Programmen**	**Umsetzungsbezogene Risikofaktoren in Bezug auf IT-Compliance Programme**
Sicherheit und Stabilität der Geschäftsanforderungen	Vertrauen in Investitionsvorteile	Umfang von Änderungen an Geschäftsprozessen und Tätigkeiten	Handlungsautomatisierung, z. B. durch Robotic Process Automation
Technologische Qualifikation des Teams	Angemessenheit von Kostenkontrollmechanismen	Anzahl der beteiligten und betroffenen Abteilungen, Funktionen und Mitarbeiter	Lücken und Scheingenauigkeit entstehen durch falsche Reihenfolge, d. h. Schutzbedarfsanalyse erfolgt vor Strukturanalyse oder durch zu enge Informationstypen
Geschäftswissen des Teams	Zuverlässigkeit der Schätzungen der externen Lieferanten und Durchsetzbarkeit von Vertragsbedingungen	Ausmaß der Organisations- und Rollenänderungen, die zur Realisation der Vorteile erforderlich sind	Fehlende Berücksichtigung von Prozessen bei den Schutzanforderungen
Formale Methoden und Normen	Veränderungsrate der externen Umgebung	Andere Änderungsinitiativen, die Auswirkung auf die gleichen Bereiche des Unternehmens haben	Kein singuläres Herausstellen des Themas Detection von Daten anstatt Protection, wie es früher ausreichend war
Umfang der IT Infrastruktur	Geschäftskritikalität der vom System betroffenen Bereiche	Existenz von Change-Management Kompetenz und Erfahrung	Unklare Verantwortlichkeiten im „Three Lines of Defense"-Modell durch unklare Abgrenzungen und Begriffe, z. B. IT versus Non-IT oder Overruling von Entscheidungen beim Schutzbedarf, da klare Prozessgovernance fehlt
Möglichkeiten der Pilotierung und des Prototypings	Abhängigkeit der Vorteile von anderen Projekten	Vorhandensein von IT- und Informationsfähigkeiten und Wissen darüber, wie das Geschäft funktioniert	Falsche Umsetzung der „Three Lines of Defense" durch Vermischung von Verantwortlichkeiten über die Lines hinweg

6.3 Handlungsempfehlungen auf Basis des IDW PS 980

Wie eingangs beschrieben bietet der IDW PS 980 einen Rahmen, der sich bei der Integration der IT-Herausforderungen in die Unternehmens-Compliance empfiehlt. Maßgebend ist die Orientierung an den sieben Grundelementen (Kultur, Ziele, Risiken, Programm, Organisation, Kommunikation und Verbesserung), die bei der Neugestaltung oder Überarbeitung eines bestehenden IT-CMS zu berücksichtigen sein sollten:

Das Element **Kultur** deckt das grundlegende Verständnis der Angestellten und der Führungspositionen von IT-Compliance ab. Ziel ist es hierbei, einen Überblick über das aktuelle Bewusstsein und die Relevanz des Themas zu erhalten und gleichsam Vorkehrungen bei einer Missachtung der Regeln des Unternehmens festzulegen. Wesentliche Fragen sind: Welches Verhalten leben die Vorgesetzten in einer Unternehmenshierarchie und was kommt bei den Mitarbeitern an? Welche Anreize und Gelegenheiten skizzieren Non-IT-Compliance und sind Sachverhalte, die die IT-Compliance im Unternehmen kennzeichnen, im Tagesgeschäft integriert? Gibt es eine Dokumentation, die zeigt, welche kommunikativen und kulturellen Maßnahmen im Zusammenhang mit IT-Compliance ergriffen werden?

Hinsichtlich der **IT-Compliance Ziele** muss die Konformität mit Gesetzen und Regularien, aber auch die Haftungsvermeidung erreicht werden. Dazu ist grundlegend die Transparenz der Prozesse herzustellen. Gleichwohl kann somit das Vertrauen bei Mitarbeitern und Kunden gestärkt werden, wenn diese Ziele kohärent formuliert sind. Die Festlegung der Ziele erfolgt dabei anhand der für das Unternehmen relevanten Themenfelder, welche im Rahmen der IT-Compliance betrachtet werden sollen.

Im Bereich der **IT-Compliance Risiken** werden die Überlegungen angestellt, welche Risiken unter Berücksichtigung der IT-Compliance Ziele zu beachten sind. Als Kategorisierung bieten sich die oben ausgeführten Ansätze an. Für eine Ausgestaltung des IT-CMS ist die Identifikation von IT-Risiken ein grundlegender Schritt und bedarf unternehmensindividueller Erfassung und Beurteilung. Dabei werden Fragen gestellt, die Auskunft darüber geben, inwieweit bereits im Unternehmen eine Risikobewertung, z. B. nach dem IT-Investitionsportfolio vorliegt. Nach der Identifizierung der IT-Compliance Risiken ist eine Analyse hinsichtlich der Eintrittswahrscheinlichkeit und möglichen Folgen vorzunehmen. Ist dies nicht möglich, bewegt man sich im Stadium der Unsicherheit. In diesem Bereich gehört die präzise Identifizierung der IT-Compliance Risiken neben der Sicherung der Wirksamkeit und Verlässlichkeit zu den größten Herausforderungen.

Auf diesen Risiken basierend bildet das **IT-Compliance Programm** den Kern der IT-Compliance. Hier kann nun risikobasiert eine Struktur- (Anwendungssysteme und IT-Prozesse) und Schutzbedarfsanalyse (Bewertung der Informationen nach Vertraulichkeit, Integrität und Verfügbarkeit) hilfreich sein, die dazu dient, die identifizierten Risiken im Unternehmen transparent zu machen. Konkrete Lösungsbausteine sind z. B. auch Selbstverpflichtungen, Richtlinien, Verhaltensstandards aber auch die Vorgaben von Geschäftspartnern, Job Rotations und IT-Lösungen selbst. Die Ergänzung der Code of Conducts sowie die Ergänzung des Whistleblowingsystems mit IT-Fragestellungen runden das IT-Compliance Programm ab. Neue Technologien können z. B. in einem Technologie Radar betrachtet werden. Auch muss grundsätzlich geprüft werden, welche Kontrollen vorliegen, um die IT-Compliance Richtlinien einzuhalten. Präventive Kontrollkategorien sollen den Schaden bereits vor dem Eintritt verhindern. Detektive Kontrollen decken den Vorfall auf bevor der Schaden entsteht. Zusätzlich können korrektive Kontrollen eine Schadensbegrenzung herbeiführen.[466]

Die **IT-Compliance Organisation** erfordert die Zuordnung der Verantwortungen, z. B. in Form von strukturierten Organisationsformen, wie etwa die Einrichtung eines Compliance Committees und die Einordnung in ein „Three Lines of Defense"-Modell.

Im Rahmen der **IT-Compliance Kommunikation** stellt sich die Frage, in wie weit betroffene Mitarbeiter (ggf. Dritte) über das Compliance Programm sowie die CMS-Rollen und Verantwortlich-

466 Vgl. *Sowa*, Management der Informationssicherheit, Kontrolle und Optimierung, 2017, S. 58 ff.

keiten informiert sind. Schulungsprogramme und Beratungsangebote fördern den Wissensaufbau über das CMS und damit die IT-Compliance Kultur.

Die **Überwachung und Verbesserung von IT-CMS** bezieht sich auf das grundsätzliche Dokumentationserfordernis. Eine kontinuierliche Anpassung des Systems ist in der sich fortentwickelnden IT-Welt unumgänglich. Zu unterscheiden ist die systemimmanente Überwachung und die externe Prüfung. Die operative Verantwortung für die Überwachung tragen die interne Revision, IT-CMS Prüfer und/oder ein angemessenes Self-Assessment in Überwachungsintervallen.

6.4 Ausgewählte branchen- und segmentspezifische Besonderheiten in kritischen Infrastrukturen

Kritische Infrastrukturen sichern die Versorgung der Bevölkerung. Als kritisch gelten sie, weil sie untereinander oft eng vernetzt und manchmal voneinander abhängig sind. Ihr Ausfall oder eine Schädigung kann nachhaltige Folgen haben, welche die Versorgungssicherheit beeinträchtigen, Menschenleben und die öffentliche Sicherheit gefährden.[467] Damit unterliegen sie einer gesonderten Betrachtung und strengeren Gesetzgebungen gegenüber anderen Branchen. Diese werden zusammenfassend unter der Bezeichnung KRITIS diskutiert. In den neun Branchen, die der KRITIS Betrachtung unterliegen (Energie, Gesundheit, IT und Telekommunikation, Transport und Verkehr, Medien und Kultur, Wasser, Finanz- und Versicherungswesen, Ernährung, sowie Staat und Verwaltung) sind besondere Themen aus der IT-Sicherheit branchenspezifisch aufbereitet. In diesem Zusammenhang gewinnt die Schutzbedarfsanalyse ein besonderes Gewicht.[468] Sie unterstützt dabei, Einfallstore zu identifizieren und den möglichen Schaden zu bewerten.[469] Um erfolgreich durch die Risiken zu navigieren, sollten verschiedene Konzepte, wie hier dargestellt, zur Anwendung kommen. Neben den allgemeingültigen Modellen und Vorgehensweisen („Three Lines of Defense"-Modell, Strukturanalyse, Schutzbedarfsfeststellung und Portfoliobetrachtung) sind weitere branchen- (z. B. KRITIS) und unternehmensspezifische Kriterien (Größe, Standort, etc.) heranzuziehen. Übergeordnetes Ziel ist und bleibt, eine individuell passende, effektive IT-Compliance sicher zu stellen, die sich in die Unternehmens-Compliance integriert.

6.5 Abschließende Betrachtung der IT-Compliance

Die vorangegangenen Abschnitte haben gezeigt, dass neben den etablierten CMS die Bedeutung umfassender Regelwerke in Bezug auf die Nutzung und Steuerung moderner, IT-basierter Technologien von zunehmender Relevanz ist. Die verschiedenen Herausforderungen und Instrumente, um diesen zu begegnen, unter anderem an Hand des Prüfungsstandards IDW PS 980, wurden vorgestellt und in Relation gesetzt. So fassen die Worte *Charles Darwins* die zentrale Gewissheit, die einem jedem IT-CMS in immanenter Weise zu Grunde liegt, präzise zusammen: *„Nichts in der Geschichte des Lebens ist beständiger als der Wandel"*.

467 Vgl. *Kompetenzzentrum kritische Infrastrukturen e. V.*: Kritische Infrastrukturen, 2020, online abrufbar unter: http://go.nwb.de/74qje (Abruf 17.6.2020).

468 Vgl. *Prehl*, IT-Sicherheit – das kalkulierte Risiko, 2015, online abrufbar unter: http://go.nwb.de/iga5q (Abruf 17.6.2020).

469 Vgl. ebenda.

7. Technische Compliance – Compliance in der Produktentwicklung und Produktion

Gerd Krause

7.1 Einführung in das Teilrechtsgebiet

Millionen Unternehmen erzeugen Produkte, erbringen Dienstleistungen und handeln mit anderen Unternehmen und Konsumenten in der zunehmend global vernetzten Wirtschaft. Die klassische Wertschöpfungskette produzierender Unternehmen umfasst dabei Forschung & Entwicklung, Beschaffung, Produktion, Vertrieb, Logistik und Kundendienst. Personalwesen, Bewirtschaftung von Infrastruktur oder Buchhaltung unterstützen die Wertschöpfung.[470]

Bereits am Anfang der Wertschöpfungskette ermitteln Unternehmen in der Produktentwicklung mit erheblichem Aufwand, wie neue oder bestehende Produkte und Dienstleistungen relevante, technische Anforderungen erfüllen sollen. Diese technischen Anforderungen sind produkt- oder dienstleistungsspezifisch, z. B. für Fahrzeuge, Pharmazeutika, Lebensmittel und Maschinen, richten sich nach den geografischen Absatzmärkten, und ergeben sich aus gesetzlichen Vorgaben, (Branchen-)Selbstverpflichtungen, Verträgen mit Kunden und ggf. weiteren impliziten Vorgaben, wie Versicherungsbedingungen oder internationaler und nationaler Normung.

Fehler in der Entwicklung von Produkten und Dienstleistungen und der benötigten Herstellverfahren, sowie bei Beschaffung, Produktion und Transport können dazu führen, dass relevante technische Anforderungen an Produkte und Dienstleistungen nicht (mehr) erfüllt werden. Hieraus entstehen Risiken für die Wertschöpfung des Unternehmens, für Kunden, sowie Gesellschaft und Umwelt. Lässt sich ein Restrisiko für Fehler insbesondere für neue Technologien und Anwendungsfälle unter Umständen nicht vollständig ausschließen, so können Fehler auch durch höhere Gewalt, sowie Fahrlässigkeit oder Vorsatz von beteiligten Personengruppen verursacht werden.

Fehler in Produktentwicklung und Produktion gab es zu allen Zeiten. So kennt schon der Code des Hammurabi[471] von wohl 1754 vor Christus in den §§ 229 ff. die Verpflichtung zu Schadensersatz und Strafen für Baumeister, bei Einsturz eines Bauwerks, und Schiffbauer, bei fehlender Seetauglichkeit eines gebauten Schiffes. In der Praxis zeigen sich heutzutage diese Fehler besonders deutlich durch mehr oder weniger öffentlichkeitswirksame Produktrückrufe, Bußgelder gegen Unternehmen und Strafen gegen verantwortliche Führungskräfte und daneben in Regulierungen von Industrieversicherern zu Produkthaftpflichtpolicen.[472]

Technische Compliance mit Produktbezug wird zunehmend zum Handlungsfeld des zeitgemäßen Compliance Managements, weil Transparenzanforderungen von internen und externen Anspruchsgruppen in Unternehmen steigen und traditionelle Handlungskonzepte keine ausreichende Wirksamkeit bei der Vermeidung tatsächlicher Schäden sicherstellen. Diese immer größeren Schäden werden ermöglicht durch Skalierung von Produktion und Absatz in der Globalisierung, sowie die Verkürzung von Produkt-Lebenszyklen durch Automatisierung und Digitalisierung.

470 Vgl. Tab. 4 - Ausgewählte Strukturdaten zu Produkten und Dienstleistungen.

471 The Code of Hammurabi King of Babylon (Übersetzung *Robert Francis Harper*, 1904).

472 Vgl. beispielhafte Auswahl von relevanten Produktrückrufen, Bußgeldern und Strafen.

Steigende tatsächliche und antizipierte Schäden ziehen regelmäßig die Verschärfung technischer Anforderungen nach sich. Gleichzeitig bieten Managementmethoden und Digitalisierung die Möglichkeit, delegierte Aufgaben für technische Compliance in Unternehmen zielgerichteter und transparenter zu steuern und zu überwachen. Gutes Compliance Management deckt Technische Compliance also ab, weil dies sinnvoll und möglich ist.

TAB. 4: Ausgewählte Strukturdaten zu Produkten und Dienstleistungen

	Industrie (einschließlich Baugewerbe), Wertschöpfung[473]		**Dienstleistungen, Wertschöpfung**		**Handel**		**Forschung & Entwicklung, Aufwand**[474]	
	Mrd. US$		Mrd. US$		% GDP		Mrd. PPP$	
	Welt	EU	Welt	EU	Welt	EU	Welt	EU
2018[475]	23.568	4.183	48.508	11.370	57,9	86,9	2019	405
2000	9.300	2.217	21.683	5.591	51,1	68,4	738	167

TAB. 5: Beispielhafte Auswahl von relevanten Produktrückrufen, Bußgeldern und Strafen

	Produktrückruf[476]	**Bußgeld gegen Unternehmen**	**Strafen gegen verantwortliche Führungskräfte**
Fahrzeuge	Takata (Airbags, seit 2013)	Volkswagen (Dieselfahrzeuge, seit 2018)	Volkswagen (Dieselfahrzeuge, 2017)
Pharmazeutika, Medizinprodukte	Merck (Vioxx, 2004)	Bayer (Lipobay, seit 2001); Changchun Changsheng (Tollwut Wirkstoff, 2018), TÜV Rheinland (Silikonimplantate, 2013)	Poly Implant Prothèse (Silikonimplantate, 2013)
Lebensmittel	Wilke Wurst		Müller-Brot (Hygiene, 2012); Kollmer Fleisch und Kühlhaus GmbH (Abfall, 2005)
Maschinen	Rapex (Geschirrspüler)	Elektrischer Ofen Reiseadapter	

473 Soweit nicht anders angegeben, Angaben online abgerufen von *The World Bank* unter: http://go.nwb.de/yn0ub.

474 Angaben online abgerufen von *Unesco Institute for Statistics* unter: http://go.nwb.de/hpjv9.

475 Bzw. letzte veröffentlichte Angabe.

476 Siehe auch folgende Produktrückrufe: EU RAPEX (http://go.nwb.de/p09oe); EU RASFF (http://go.nwb.de/xwvtv); US Behörden (http://go.nwb.de/i5rzy); US EPA (http://go.nwb.de/os5ga); US CPSC (http://go.nwb.de/w7yji sowie http://go.nwb.de/45ayn); Strafen (http://go.nwb.de/qnyq4).

7.2 Grundelemente eines CMS im Teilrechtsgebiet

Für die Etablierung eines CMS für Technische Compliance mit Produktbezug kann auf den bewährten IDW PS 980 zurückgegriffen werden, nach dessen Elementen das CMS gegliedert werden kann und das nachfolgende Kapitel aufgebaut ist.

In relevanten, operativen Unternehmensbereichen sind in vielen Unternehmen bereits seit Jahrzehnten Qualitätsmanagementsysteme nach der international gültigen Norm ISO 9001 eingeführt. Mitarbeiter von operativen Bereichen, insbesondere Ingenieure, Naturwissenschaftler und Informatiker, sind meist mit den Konzepten des Qualitätsmanagements vertraut. Hierzu zählen auch Lean Techniken, Total Quality Management (TQM) oder Design for Six Sigma (DFSS).

Um unnötigen Mehraufwand beim Aufbau des CMS zu vermeiden und die Akzeptanz im Unternehmen zu erhöhen, werden die Anforderungen des IDW PS 980 – wo sinnvoll möglich – unter Rückgriff auf Instrumente des ISO 9001:2015 umgesetzt. Hierzu kann der IDW PS 980 über die Brücke des ISO 19600:2014 bzw. des Nachfolgers ISO 37301:CD mit der ISO 9001:2015 verknüpft werden. Die „High Level Structure“ bildet als gemeinsame Gliederung der beiden Normen die Brücke.[477]

TAB. 6: Gegenüberstellung relevanter Standards

IDW PS 980	**ISO 19600:2014, ISO 37301:CD**	**ISO 9001:2015, ISO 14001:2015**		**ISO 31000:2018**
Compliance Kultur	Kontext der Organisation	Kontext der Organisation		Communication and consultation
Compliance Ziele	Führung	Führung		Scope, context and criteria
Compliance Risiken	Planung	Planung		Risk assessment
Compliance Programm	Unterstützung	Unterstützung		Risk treatment
Compliance Organisation	Betrieb	Betrieb		Monitoring and review
Compliance Kommunikation und Information	Bewertung der Leistung	Bewertung der Leistung		Recording and reporting
Compliance Überwachung und Verbesserung	Verbesserung	Verbesserung		

477 Vgl. Tab. 6 - Gegenüberstellung relevanter Standards.

7.2.1 Compliance Kultur

Die richtige Compliance Kultur für Handlungsfelder der Technischen Compliance ist zur Einbindung von Entscheidungsträgern und Mitarbeitern über alle Unternehmensebenen erfolgskritischer als bei traditionellen Handlungsfeldern, wie Geldwäsche oder Bestechung.

Da die Compliance Programme für Technische Compliance regelmäßig weniger automatisiert und digitalisiert sind, spielt der einzelne Mitarbeiter eine größere Rolle. Über damit einhergehende höhere Risiken für Fahrlässigkeit und Vorsatz hinaus, unterscheiden sich die Mitarbeitergruppen in Produktentwicklung und Produktion bezüglich Qualifikationen und Erfahrungen von den traditionell kaufmännisch-betriebswirtschaftlichen Unternehmensbereichen, wie Vertrieb, Rechnungswesen, Controlling, Einkauf, Personalwesen.

Derzeit stellen Betriebswirtschaftler unter den etwa 200 Vorständen von DAX30-Unternehmen die Mehrheit. Der Anteil von Juristen nimmt seit Jahren ab. In Produktentwicklung und Produktion sind demgegenüber überwiegend Ingenieure, Naturwissenschaftler und Informatiker tätig. Ausgehend vom Qualitätsverständnis sind in der Aufbauorganisation von Produktentwicklung und Produktion bereits Kulturelemente gesetzt und kultiviert.

Der „Tone-from-the-top" ist in Unternehmen meist in einer Qualitätspolitik formuliert, welche durch Aussagen zu Umwelt- und Nachhaltigkeitsverantwortung konkretisiert ist. Mitarbeiter in Produktentwicklung und Produktion sind regelmäßig stolz auf Produkte und ihren Beitrag. Gleichzeitig verfügen sie über Erfahrungen aus dem regelmäßigen Umgang mit Entscheidungsträgern im Spannungsfeld zwischen Qualitätsverständnis und betriebswirtschaftlicher Nutzenmaximierung.

Kultursetzung im Bereich Technische Compliance setzt bei diesem Qualitätsverständnis an und argumentiert über die Wirkungskette von technischen Anforderungen über das Qualitätsverständnis zum Unternehmenserfolg. Auf diesem Wege wird deutlich, dass Qualitätsverständnis und betriebswirtschaftliche Nutzenmaximierung nicht im Wiederspruch stehen müssen.

Vorstände und Geschäftsführer, auch außerhalb der Produktentwicklung und Produktion, zeigen ein klares Bekenntnis zu Technical Compliance und schaffen formalisierte Instrumente zur Einbindung von Führungskräften, Mitarbeitern und Geschäftspartnern. Technische Compliance ist Teil der Zielvereinbarung des Managements, von Anreizsystemen zur Förderung regelkonformen Verhaltens und Sanktionsmechanismen bei Fehlverhalten. Die Integrität von handelnden Führungskräften, Mitarbeitern und Geschäftspartnern wird sichergestellt.

7.2.2 Compliance Ziele

Für das CMS ist auch die Zielsetzung für das Teilrechtsgebiet Technische Compliance mit Produktbezug festzulegen. Als Ambitionsniveau kommt grundsätzlich eine Bandbreite infrage – von einer Rechtskonformität bei Vermeidung von Bußgeldern oberhalb einer Bagatellgrenze und Gefängnisstrafen für handelnde Personen bis gesteigert zur Vermeidung von Reputationsschäden aus Compliance Verstößen bereits dem Anschein nach.

Ein Ambitionsniveau oberhalb der Rechtskonformität ist regelmäßig notwendig, weil Wert- und Moralvorstellungen zwischen von im Unternehmen handelnden Personen und anderen Anspruchsgruppen auseinander gehen können. Wegen dieser Unterschiede kann, wie am Beispiel der Entsorgung der „Brent Spar" durch Shell in 1995 illustriert, ein Verlust der „License to operate“ drohen. Die Zielsetzung schließt deshalb sinnvollerweise auch antizipierte Anforderungen zu Nachhaltigkeitsaspekten, wie Kreislaufwirtschaft und Dekarbonisierung, ein.

Für produzierende Unternehmen mit Inverkehrbringung in der EU, gleichgestellte Importeure und Händler beginnt eine Zielsetzung für Rechtskonformität typischerweise bei der EU-Richtlinie 85/374/EWG mit Änderung 1999/34/EG über die Haftung für fehlerhafte Produkte mit deren jeweils nationalen Umsetzung in den EU-Mitgliedsstaaten, wie dem Produkthaftungsgesetz in Deutschland. Dieses sieht bspw. eine verschuldensunabhängige Haftung bei Inverkehrbringung eines fehlerhaften Produkts mit einem Ersatz von erlittenen Sach-, Personen- und Folgeschäden bei weiterverarbeitenden Unternehmen, deren Mitarbeitern und Endkunden vor. Branchenbezogen und je nach Absatzmarkt können auch andere oder weitere Anforderungen zutreffen.[478]

Neben gesetzlichen Vorgaben können zur Zielsetzung (Branchen-)Selbstverpflichtungen, Verträge mit Kunden und ggf. weitere implizite Vorgaben, wie Versicherungsbedingungen oder internationale und nationale Normung herangezogen werden. In den Muster-Versicherungsbedingungen (VSG 2010 GDV 1800 vom 1.4.2014) deutscher Versicherer wird bspw. in den §§ 8 ff. vom versicherten Unternehmen die Abwendung und Minderung des Schadens und der Beweis des Nichtvorliegens einer groben Fahrlässigkeit gefordert. Beide Anforderungen gehen über eine Zielsetzung auf Rechtskonformität hinaus.

Die technischen Anforderungen mit Produktbezug sollten in einem unternehmensweiten Rechtskataster unter Berücksichtigung der Vertraulichkeit von Verträgen mit Dritten und Lizenzbedingungen von Normen gesammelt und an Organisationseinheiten verteilt werden. Über die reine Wiedergabe hinaus, ist eine klare Kennzeichnung der für die Zielsetzung relevanten Anforderungen, deren Verdichtung zur Erhöhung der Verständlichkeit und die Verknüpfung mit den Instrumenten der Compliance Kultur sinnvoll.[479]

Betreibt das Unternehmen bereits ein Qualitätsmanagementsystem, so kann auf den hierzu etablierten Prozess zur Ermittlung von rechtlichen und anderen Anforderungen nach ISO 9001:2015 gem. Kap. 4.2 für die Organisation i.V. mit Kap. 8.2.2 für deren Produkte und Dienstleistungen zurückgegriffen werden. Hier werden bereits anspruchsgruppen- und kontextbezogene technische Anforderungen ermittelt, analysiert und bestimmt. Diese können über die Rechtskonformität hinaus um Themen aus der Kontextanalyse gem. ISO 9001:2015 Kap. 4.1 ergänzt werden.

478 Vgl. Tab. 7 - Beispiele technischer Anforderungen als Grundlage für die Setzung von Compliance Zielen.
479 Vgl. Abschn. 7.2.1 Compliance Kultur.

TAB. 7: Beispiele technischer Anforderungen als Grundlage für die Setzung von Compliance Zielen

Thema	Technische Anforderungen
Produkte	EU-Richtlinie 85/374/EWG mit Änderung 1999/34/EG über die Haftung für fehlerhafte Produkte; Produkthaftungsgesetz EU-Richtlinie 2001/95/EG über die allgemeine Produktsicherheit; Produktsicherheitsgesetz
Medizinprodukte	EU-Verordnung 2017/745 zu Medizinprodukten; Medizinproduktegesetz
Lebensmittel	EU-Verordnung 2015/2283 über neuartige Lebensmittel; sowie Lebensmittel-, Bedarfsgegenstände- und Futtermittelgesetzbuch
Fahrzeuge	US-Regulierung zu autonomem Fahren[480]

7.2.3 Compliance Risiken

Im CMS ist für das Teilrechtsgebiet Technische Compliance mit Produktbezug in einer Risikoanalyse für die Compliance Ziele je Risikoträger zu ermitteln, in welchem Maß dieser zu einer Nichterreichung der Compliance Ziele beitragen kann. Risikoträger werden dabei sinnvoll aus der Kombination von Legaleinheiten, geografischen oder funktionalen Organisationseinheiten, Prozessen und Verfahren, sowie Produkten bzw. Dienstleistungen gebildet. Risikoträger mit gleichartigen Kombinationen von Merkmalen können zusammengefasst werden.[481]

In der Praxis bietet sich eine Gliederung der Risikoanalyse entlang der Wertschöpfungskette und deren unterstützenden Prozesse an. Der Betrachtungsrahmen sollte dabei die vor- und nachgelagerte Supply Chain und – soweit nicht bereits aus den Compliance Zielen abgeleitet – die Nutzungsphase von Produkten und Dienstleistungen sowie die anschließende Verwertung oder Entsorgung der Produkte einschließen. Auch für Dienstleistungen kann eine Betrachtung nach Einstellung der Dienstleistung, bspw. aus Garantien, Gewährleistung oder Herausgabeansprüchen, sinnvoll oder notwendig sein.

Risikoträgern mit Bezug zur Supply Chain und Beschaffung werden Ergebnisse aus Geschäftspartneranalysen und Due Diligence-Prozessen zugeordnet. Diese Ergebnisse sollten auch anderen Risikoträgern zugeordnet werden, wenn diese stark arbeitsteilig mit Geschäftspartnern zusammenarbeiten. Am Beispiel des Skandals um den Airbag-Hersteller Takata seit 2013 wird deutlich, dass die Risikoanalyse für die Herstellung von Fahrzeugen mit Komponenten eines Geschäftspartners auch Informationen über den Geschäftspartner enthalten sollte, um die eigenen Compliance Ziele zum Produkthaftungsgesetz erreichen zu können. Sinngemäß gilt dies auch für Dienstleistungen, wie der Skandal um SSL-Zertifikate von Symantec seit 2015 und die davon betroffenen Browser-Anbieter und deren Anwender zeigt.

Mögliche Verläufe für eine Nichterreichung der Compliance Ziele werden für die Risikoträger entlang der Kette „Auslöser-Ursache-Effekt" und mögliche Wechselwirkungen mit anderen Ketten beschrieben. Für diese Ketten werden Bruttorisiken vor etwaigen Maßnahmen eines Compliance Programms ermittelt. Die Definition für Risikoklassen, bspw. nach Schadenshöhe und Eintrittswahrscheinlichkeit, sollte auf die Compliance Ziele abgestimmt werden. Risiken sollten

480 Online abrufbar unter: http://go.nwb.de/1dpvt.

481 Vgl. Abschn. 7.2.2 Compliance Ziele.

auch bei Überschreiten von festgelegten Bagatell- oder Nichtaufgriffsgrenzen identifiziert werden. Gleichzeitig ist eine Differenzierung der Risikoklassen sinnvoll, um auf dieser Basis die nachfolgend abgeleiteten Elemente des CMS – Programm, Organisation und Überwachung – wirksam und gleichzeitig effizient gestalten zu können.

In Unternehmen mit einem Qualitätsmanagementsystem kann auf den etablierten Prozess zur Bestimmung von Chancen und Risiken nach ISO 9001:2015 gem. Kap. 6.1.1 zurückgegriffen werden. Hier werden zu den Compliance Zielen bzw. die nach ISO 9001:2015 Kap. 4.2 ermittelten technischen Anforderungen und darüber hinaus nach ISO 9001:2015 Kap. 4.1 kontextbezogenen Themen die relevanten Chancen und Risiken ermittelt, analysiert und bestimmt.

Im Maschinen- und Fahrzeugbau werden im Rahmen des Qualitätsmanagements bereits produkt- und verfahrensbezogene Risikoanalysen („Failure mode and effects analysis" bzw. FMEA[482]) erstellt. Diese sind bspw. Grundlage für die CE-Kennzeichnung von Produkten in der EU.

TAB. 8: Beispiel für die Bildung von Risikoträgern durch Kombination verschiedener Merkmale

Produkthaftungsgesetz	—	XYZ AG	—	Standort 123	—	Entwickeln von Produkten	—	Produkt ABC
Produkthaftungsgesetz	—	UVW GmbH	—	Werke 456, 789	—	Herstellen von Produkten	—	Produkt ABC
Produkthaftungsgesetz	—	UVW GmbH	—	Werk 789	—	Lagern von Produkten	—	Produkt ABC

7.2.4 Compliance Programm

Die grundsätzlichen Festlegungen zur Gliederung und Ausgestaltung des CMS werden typischerweise in einer Richtlinie zusammengeführt, durch die Unternehmensleitung freigegeben und über ein Richtlinienmanagement in der Organisation verteilt. Betreibt das Unternehmen bereits ein Qualitätsmanagementsystem, so kann auf die gem. ISO 9001:2015 Kap. 4.4.2, 7.5.2 und 7.5.3 festgelegten Verfahren zur Lenkung dokumentierter Informationen zurückgegriffen werden.

Unter Berücksichtigung von Compliance Kultur, Zielen und Risiken ist ein geeignetes Compliance Programm zu entwickeln. Bestandteile des Compliance Programms sind präventive und erkennende Compliance Maßnahmen für das Teilrechtsgebiet Technische Compliance mit Produktbezug, deren Integration in die Geschäftsprozesse, Instrumente zur Compliance Konsultation, ein Hinweisgebersystem, Fallmanagement zum Umgang mit Hinweisen und Compliance von Geschäftspartnern.

Zu Entwicklung geeigneter präventiver Compliance Maßnahmen kann in Unternehmen mit Qualitätsmanagementsystem auf den etablierten Prozess zum Umgang mit Chancen und Risiken nach ISO 9001:2015 gem. Kap. 6.1.2 zurückgegriffen werden. Hier werden zu den Compliance Risiken bzw. die nach ISO 9001:2015 Kap. 6.1.1 ermittelten Chancen und Risiken relevante Maßnahmen zum Umgang mit diesen sowie eine passende Wirksamkeitsbewertung geplant.

Diese präventiven Maßnahmen werden in die jeweils relevanten Geschäftsprozesse integriert, wobei diese in Unternehmen mit Qualitätsmanagementsystem bereits nach ISO 9001:2015

482 Vgl. AIAG & VDA, FMEA Handbook, Juni 2019.

gem. Kap. 8.1 festgelegt wurden. Relevante operative Kernprozesse der Wertschöpfungskette mit wesentlichen Kontrollen sind dabei in vielen Branchen bereits festgelegt. Typische Kontrollen sind Freigaben von Entwicklungsergebnissen, Auftragsannahme und Warenausgangskontrolle, sowie die Freigabe von Änderungen.[483]

Die Übertragung von Compliance Zielen, sowie die Anwendung des Compliance Programms kann im Kontext des Einzelfalls zu Anwendungsfragen führen, die über einzurichtende Konsultationsverfahren zur Klärung gebracht werden. Damit wird vermieden, dass einzelne Mitarbeiter ohne ausreichende Kenntnisse und Befugnis Entscheidungen zu Auslegungsfragen mit übergeordneter Bedeutung für das CMS treffen. Auslegungsfragen können auch Hinweise auf Verbesserungspotential liefern.

Unabhängig von anderen Kommunikationskanälen können bereits bekannte Hinweisgebersysteme aus dem CMS für andere Teilrechtsgebiete auch für die Meldung möglicher Straftaten und Verstöße zu Technischer Compliance mit Produktbezug durch Mitarbeiter und Dritte genutzt werden. Hierfür ist das Fallmanagement anzupassen, um eine inhaltliche Bearbeitung von gemeldeten Fällen sinnvoll durchführen zu können.

Neben Geschäftspartneranalysen und Due Diligence-Prozessen zur Auswahl und Überwachung von Geschäftspartnern in der vor- und nachgelagerten Supply Chain ergibt sich aus der Analyse der Compliance Risiken regelmäßig der Bedarf, Kontrollen des Compliance Programms auch bei Geschäftspartnern einzurichten. Können bspw. verdeckte Mängel in zugelieferten Produkten nicht über Wareneingangskontrollen ermittelt werden, so kann stattdessen die Qualitätskontrolle des Geschäftspartners überwacht werden. Praktisch kann dies über eine Kombination aus Durchsicht von Prüfdokumentation (wie „Certificates of Analysis"), eigenen, vertraglich eingeräumten Inspektionen und Lieferantenaudits sowie einer Akkreditierung oder Zertifizierung durch einen unabhängigen Dritten realisiert werden.

Werden Informationen zu Geschäftspartnern im Rahmen von Brancheninitiativen oder aus externen Ratings, bspw. zu Nachhaltigkeitsaspekten, im Rahmen von Kontrollen verarbeitet, so sollte ein Abgleich der angewendeten Kriterienkataloge mit den Compliance Zielen und eine eigene Wirksamkeitskontrolle erfolgen.

TAB. 9: Beispiele für Anforderungen an operative Kernprozesse mit wesentlichen Kontrollen

Thema	**Technische Anforderungen**
Pharmazeutika	Good Manufacturing Practice[484] (GMP) der EU EMA bzw. US FDA; Good Laboratory Practice der OECD, EU, US FDA
Lebensmittel	ISO 22001:2018 „Managementsysteme für die Lebensmittelsicherheit – Anforderungen an Organisationen in der Lebensmittelkette"
Fahrzeuge	IATF 16949:2016 „Anforderungen an Qualitätsmanagementsysteme für die Serien- und Ersatzteilproduktion in der Automobilindustrie"
Flugzeuge	EN 9100:2017 „Qualitätsmanagementsysteme – Anforderungen an Organisationen der Luftfahrt, Raumfahrt und Verteidigung"

483 Vgl. Tab. 9 - Beispiele für Anforderungen an operative Kernprozesse mit wesentlichen Kontrollen.

484 Online abgerufen von *European Commission* unter: http://go.nwb.de/v7n09.

7.2.5 Compliance Organisation

Die Aufbauorganisation des CMS für das Teilrechtsgebiet Technische Compliance mit Produktbezug kann gem. des „3 Lines of Defense"-Modells unter Berücksichtigung von Funktionstrennung gegliedert werden. Weiterhin sollte die Aufbauorganisation in eine zentrale Organisationsstruktur mit übergeordneten Aufgaben für den Aufbau und die Steuerung des CMS und dezentrale Organisationsstrukturen mit überwiegend Umsetzungsaufgaben gegliedert werden.

Die zentrale Organisationsstruktur umfasst den im dualistischen System („two-tier") bestehenden Aufsichtsrat, sowie die Unternehmensleitung, also Vorstand oder Geschäftsführung, und relevante Stabsstellen, zweckmäßigerweise zumindest die Compliance Stabsstelle und die Innenrevision. Besteht die Unternehmensleitung aus mehreren Personen mit, per Geschäftsverteilung oder implizit gelebt, aufgeteilten Verantwortlichkeitsbereichen für Aufbau- und Ablauforganisation, so sollten die relevanten Personen in einem Compliance Komitee regelmäßig den Sachstand zum CMS beraten. Im Übrigen wird auf die bereits bestehenden Berichtslinien in der Aufbau- und Ablauforganisation zurückgegriffen.[485]

In Unternehmen mit Qualitätsmanagementsystem bestehen bereits Instrumente für Kommunikation und Information nach ISO 9001:2015 gem. Kap. 7.4, sowie die Einbeziehung der obersten Leitung über die Managementbewertung gem. Kap. 9.3. Wird das Instrument der Managementbewertung für das CMS herangezogen, so ist ein bestehender Aufsichtsrat zweckmäßig einzubeziehen, obwohl dies im Rahmen des Qualitätsmanagementsystems meist nicht erfolgt. Weiterhin sollte das Qualitätsmanagementsystem alle relevanten Organisationsbereiche abdecken.

Dezentrale Organisationsstrukturen umfassen alle weiteren Organisationseinheiten, die zur Erfüllung der Compliance Ziele beitragen oder Risikoträger von Compliance Risiken sind. Typischerweise bilden sich Organisationseinheiten je Betriebsstätte einer Legaleinheit. Sind an einer Betriebsstätte einer Legaleinheit mehrere Stufen der Wertschöpfungskette angeordnet, so sollten hier jeweils getrennte Organisationseinheiten gebildet werden.

Weiterhin können sich aus der Gestaltung der Kontrollen des Compliance Programms Anforderungen an die Funktionstrennung ergeben. So kann bspw. die Trennung von Forschung & Entwicklung von Produktregistrierung, -zertifizierung, Homologation oder die Trennung von Produktion von Qualitätssicherung mit Zuordnung zu jeweils eigenen Organisationseinheiten notwendig sein.

Umsetzungsaufgaben und entsprechende Befugnisse im CMS, insbesondere des Compliance Programms, werden an die leitende Führungskraft der Organisationseinheit delegiert. Leitende Führungskräfte von Organisationseinheiten dürfen Teilaufgaben und Teilbefugnisse in der Organisationseinheit weiter delegieren, bleiben jedoch für zweckmäßige Auswahl, wirksame Delegation und Überwachung verantwortlich. Insbesondere die Bündelungen aller Umsetzungsaufgaben auf Managementbeauftragte ohne wirkliche Entscheidungsbefugnisse, analog zu Qualitätsmanagementbeauftragten der Vorgängerversion der ISO 9001:2015, sollten vermieden werden.

485 Vgl. Tab. 10 - Typische Funktionen im „3 Lines of Defense"-Modell.

Kritische Rollen in der Compliance Organisation sollten nur durch zuverlässige Personen ausgeübt werden, die über ausreichend Verständnis und Expertise zu Compliance Management für das Teilrechtsgebiet Technische Compliance mit Produktbezug verfügen. In der Praxis kann eine Anpassung der bestehenden Aufbauorganisation zur wirksamen Gestaltung der zentralen Organisationsstruktur notwendig werden, insbesondere bei reinen Managementholdings ohne bspw. operative Geschäftsführer bzw. Vorstände.

TAB. 10: Typische Funktionen im „3 Lines of Defense"-Modell

1st Line	2nd Line	3rd Line
Forschung & Entwicklung, Einkauf, Produktion, Logistik, Vertrieb, Kundendienst	Stabsstellen Qualitätsmanagement, Prozesse & Systeme, Recht & Compliance	Innenrevision, Interne Auditoren Qualitätsmanagementsystem

7.2.6 Compliance Kommunikation und Information

Für das Teilrechtsgebiet Technische Compliance mit Produktbezug sollten die wesentlichen Kommunikationskanäle und Trainingsformate für die Wissensvermittlung in einem Kommunikationskonzept festgelegt werden. Dies betrifft Berichtslinien der Aufbau- und Ablauforganisation, zwischen zentraler Organisationsstruktur und dezentralen Geschäftseinheiten, sowie weiteren, internen und externen Anspruchsgruppen. Kommunikation schließt alle Arten von Informationsaustausch – also persönliche Gespräche, Schriftverkehr, per Email, als elektronische Datenmeldung oder auf Internetseiten ein.

Typische, bestehende Kommunikationskanäle im Teilrechtsgebiet sind die Kommunikation mit Händlern und Endkunden zu Produktdefekten, Reklamationen, Garantie, Gewährleistung, Kulanz, sowie im Rahmen der Marktüberwachung und bei Produktrückrufen mit Behörden und Geschäftspartnern der Supply Chain. Die Kommunikationskanäle sind dahingehend anzupassen, dass die Compliance Funktion Zugang zu den ausgetauschten Informationen als Grundlage für deren Überwachungsaktivitäten erhält.

Sieht das Compliance Programm auch Maßnahmen zur Sicherstellung des Geschäftsbetriebs („Business Continuity", BCM[486]) vor, so sollte das Kommunikationskonzept auch die BCM-bezogenen Kommunikationsinstrumente mit Relevanz für das Teilrechtsgebiet Technische Compliance mit Produktbezug einschließen. Der Umfang der direkten Steuerung dieser Kommunikationsinstrumente durch die Compliance Funktion sollte abgestimmt werden, da einzelne Geschäftseinheiten dezentral weiteren externe Anforderungen zur Kommunikation mit Behörden und der Öffentlichkeit unterliegen können und eine Umlenkung der Kommunikation über eine andere Legaleinheit eventuell nicht möglich oder sinnvoll ist.

Informationen zum CMS des Unternehmens, dessen Zielen in Bezug auf Technische Compliance mit Produktbezug sowie zu den vorgesehenen Abläufen und Instrumenten können auch über Trainings an Funktionsträger, Führungskräfte, Mitarbeiter, sowie Geschäftspartner adressatengerecht vermittelt werden. Anders als bei einer rein einseitigen Informationsverteilung, kann der Erfolg der Wissensvermittlung in Trainings direkt gemessen werden.

486 Vgl. ISO 22301:2012 Business continuity management, online abrufbar unter: http://go.nwb.de/il1wz.

In Unternehmen mit Qualitätsmanagementsystem bestehen bereits Instrumente für Kommunikation und Information nach ISO 9001:2015 gem. Kap. 7.4, i.V. mit 5.1.1, 5.2.2, 8.2.1, 8.2.4, 8.4.3, 8.5.3 und 8.7.1. Es kann weiterhin auf etablierte Verfahren zum Wissensmanagement nach ISO 9001:2015 gem. Kap. 7.1.6, zum Schaffen von Kompetenz auf Basis von Ausbildung, Schulung oder Erfahrung gem. Kap. 7.2, und Schaffen von Bewusstsein gem. Kap. 7.3 zurückgegriffen werden.

7.2.7 Compliance Überwachung und Verbesserung

Im CMS ist für das Teilrechtsgebiet Technische Compliance mit Produktbezug festzulegen, wie typische bestehende Instrumente zur Überwachung und Verbesserung angewendet werden sollen. Hierzu zählen das Monitoring durch die Innenrevision, stichprobenhafte Überprüfung Compliance relevanter Kontrollen durch die Compliance Funktion, externe Auditierung des CMS und die Analyse von Verbesserungspotential.

Für ein Monitoring durch die Innenrevision sind die Kompetenzen der Innenrevision um Kenntnisse zu Technischer Compliance mit Produktbezug zu ergänzen. Dies kann über Kompetenzaufbau bei den Revisoren selbst, über Hinzuziehung von ausreichend unabhängigen Spezialisten oder die Verlagerung der in einem bestehenden Qualitätsmanagementsystem bereits vorhandenen Funktion für interne Audits erfolgen.

Das gem. ISO 9001:2015 Kap. 9.2.1 notwendige interne Auditprogramm wird typischerweise gem. ISO 19011:2018 geplant und durchgeführt. Es liefert Belege über die wirksame Erfüllung der technischen Anforderungen in einem Qualitätsmanagementsystem. Die nach ISO 19011 angewendete Methodologie ist mit den Internationale Standards für die berufliche Praxis der Internen Revision (Version 6.1) vergleichbar, so dass Auditergebnisse effizient für CMS und Qualitätsmanagementsystem verwendet werden.

Die Compliance Funktion überprüft auch stichprobenhaft Kontrollen mit Relevanz zum Teilrechtsgebiet Technische Compliance. Hierbei sollte die Überprüfung die Kontrollen zu allen Grundelementen des CMS grundsätzlich abdecken und vertieft die Kontrollen zur Wertschöpfungskette mit dem höchsten Restrisiko berücksichtigen. Ist das Restrisiko unbekannt, so sollte dazu hilfsweise das Bruttorisiko als Restrisiko angenommen werden.

Die Kontrollen zur Wertschöpfungskette ergeben sich aus Maßnahmen zu den Compliance Risiken. Besondere Beachtung verdienen im Rahmen der Überprüfung Entwicklungsüberprüfungen, Verifizierung und Validierung von Entwicklungsergebnissen in Forschungs- und Entwicklungstätigkeiten gem. ISO 9001:2015 Kap. 8.3.4 sowie Eingangs-, In-Prozess und Ausgangskontrollen für bspw. Beschaffung, Produktion, Logistik gem. ISO 9001:2015 Kap. 8.5.1.[487]

Betreibt das Unternehmen bereits ein Qualitätsmanagementsystem, so kann auf die gem. ISO 9001:2015 Kap. 6.1.2 festgelegte Wirksamkeitsbewertung zu den für die Compliance Risken bzw. nach ISO 9001:2015 ermittelten Chancen und Risiken festgelegten Maßnahmen zurückgegriffen werden. Dazu stehen bereits gem. ISO 9001:2015 Kap. 8.5.1, 9.1.1, 9.1.2 ermittelte und gem. Kap. 9.1.3 analysierte Informationen zu den Prozessen und Ergebnissen zur Verfügung.

487 Vgl. Abschn. 7.2.4 Compliance Programm.

Für eine unabhängige, externe Überprüfung des CMS für das Teilrechtsgebiet Technische Compliance mit Produktbezug kommt eine Zertifizierung nach IDW PS 980, die Auditierung nach ISO 19600:2014 bzw. deren Nachfolger ISO/CD 37301 infrage. Die Auswahl des Prüfungsstandards hängt dabei vom konkreten Informationsinteresse der adressierten Anspruchsgruppen ab.

Die Ergebnisse aus Monitoring der Innenrevision, stichprobenhafter Überprüfung durch die Compliance Funktion und externer Überprüfung sollten zusammengeführt und nach den Grundelementen des CMS sowie weiterhin nach den Compliance Zielen systematisiert werden. Auf dieser Basis identifiziert die Compliance Funktion unter Einbeziehung relevanter Anspruchsgruppen Verbesserungspotentiale, um Restrisiken im CMS weiter zu reduzieren. Die abgeleiteten Verbesserungsmaßnahmen werden über das Maßnahmenmanagement im Compliance Programm nachverfolgt.

7.3 Praxishinweise zur Integration des Teilrechtsgebiets in das CMS

7.3.1 Compliance Ziele

Bei der Entwicklung der Compliance Ziele wird ein hoher Reifegrad erreicht, wenn neben der Einbeziehung von technischen Anforderungen mit Produktbezug auch weitere, gesellschaftlich relevante Fragestellungen holistisch berücksichtigt werden. Hierzu bieten sich die Bearbeitung der UN Sustainable Development Goals[488] (SDG) und der WEF Global Risks[489] an. Auf diesem Weg wird das CMS für das Teilrechtsgebiet Technische Compliance mit Produktbezug proaktiver in Bezug auf langfristige Herausforderungen und Chancen.

7.3.2 Risikoanalyse

In der Praxis ergeben sich häufig Probleme bei der Ermittlung von Schadenshöhe und Eintrittswahrscheinlichkeit, da diese nur mit viel Aufwand ermittelt werden können oder die Informationen für deren Ermittlung nicht beschaffbar sind. Hier empfiehlt sich die Arbeit mit Näherungswerten und Bandbreiten.

Im Lichte der „Amerikanisierung" deutschen Schadensersatzrechts und Überlegungen zum Reputationsschutz sollte der nicht-zweckgemäße Gebrauch von Produkten („Tide Pods Challenge") und Dienstleistungen (Beispiel „Swatting") in der Risikoanalyse berücksichtigt werden.

Die Berücksichtigung von Fraud Risiken sollte insbesondere für bedeutende Risikoträger ohne Anlass und routinemäßig durch Funktionen der 2.Verteidigungslinie erfolgen.

Bei detaillierter Bearbeitung auf Standort- oder Anlagenebene, sowie bei Produkten und Verfahren erhöht sich die Anzahl der zu bearbeitenden Risikoträger und „Auslöser-Ursache-Effekt"-Ketten exponentiell. Gleichzeitig werden insbesondere bei der Bearbeitung im „Bottom-up"-Ansatz für gleichartige Sachverhalte unterschiedliche Begriffe verwendet. Beide Probleme erschweren die Konsolidierung von Risiken auf Unternehmensebene und die effiziente Pflege der Risikoanalyse. Mit einer Standardisierung der Taxonomie bzw. Beschreibung von Risikoträgern und „Auslöser-Ursache-Effekt"-Ketten kann hier entgegengewirkt werden. Gleichzeitig werden damit Abhängigkeiten und Duplikate besser ermittelbar.

488 SDGs, online abgerufen von *United Nations*: http://go.nwb.de/nwq8k.

489 WEF Global Risks, online abgerufen von *World Economic Forum*: http://go.nwb.de/0tz1u.

7.3.3 Umsetzung des „3-Lines-of-Defense"-Modells

Bestehende Qualitätsorganisationen verantworten meist ohne eine besondere Rollentrennung gleichzeitig Governance-Aufgaben, Qualitätssicherung und Interne Audits. Governance-Aufgaben sind bspw. die Festlegung von Verantwortlichkeiten, Prozessstandards und Kontrollen. Die Qualitätssicherung beinhaltet Vorbereitung und eventuell auch Durchführung von Produktfreigaben und Verwendungsentscheidungen für Forschung & Entwicklung, sowie Produktion, Logistik und Kundendienst getrennt. Interne Qualitätsaudits bestätigen bspw. die Wirksamkeit festgelegter Prozesse.

Governance-Aufgaben der Qualitätsorganisation und Sonderfreigaben der Qualitätssicherung können in der 2. Verteidigungslinie mit den Aufgaben der Compliance Funktion zusammengeführt werden. Systemaudits als Variante interner Audits können in die 3. Verteidigungslinie überführt werden. In der 1. Verteidigungslinie verbleiben die Qualitätssicherung und die Produkt- und Prozessaudits als Variante interner Audits in funktionsgetrennten Bereichen.

7.3.4 Einsatz von Software

Wesentliche Kontrollen im Qualitätsmanagementsystem sind bereits standardmäßig in ERP-Systemen, wie SAP, Oracle oder Microsoft Dynamics abbildbar. Bspw. ist ein automatisierbarer Verwendungsentscheid als wesentlicher Schritt der Warenausgangskontrolle in SAP bereits vorgesehen. Gleichzeitig werden diese ERP-Systeme und spezialisierte GRC-Lösungen für die Überwachung von Compliance Programmen anderer Teilrechtsgebiete eingesetzt.

Bei der Einrichtung des CMS für das Teilrechtsgebiet Technische Compliance mit Produktbezug sollte die Abbildung der präventiven und erkennenden Kontrollen des Compliance Programms bereits berücksichtigt werden. Wird bspw. eine Spezifikationsänderung mit Bezug zu Produktsicherheit oder Produktkonformität im ERP als Folge einer Reklamation, eines Feldfehlers oder Rückrufs angelegt, so kann eine Überwachung der Materialflüsse aller Produkte mit der aktuell gültigen Spezifikation durch die Funktionen der 2. Verteidigungslinie sinnvoll sein.

TAB. 11: Auswahl von Praxisbeispielen

Unternehmen	Beispiel
Toyota	Beschreibung eines Qualitätsmanagementsystems; abrufbar unter: http://go.nwb.de/hyxaa (abgerufen am 21.2.2020)
P&G	Product Safety & Compliance Statement; abrufbar unter: http://go.nwb.de/3ac4v (abgerufen am 21.2.2020)
Daimler	Beschreibung eines CMS für das Teilrechtsgebiet Technische Compliance mit Produktbezug; abrufbar unter: http://go.nwb.de/u8569 (abgerufen am 21.2.2020)
Nestle	Corporate Business Principles mit Bezug zu Produktsicherheit und Konsumentenschutz, sowie Zugang zum Hinweisgebersystem; abrufbar unter: http://go.nwb.de/54i33 (abgerufen am 21.2.2020)
Inter IKEA Systems B.V.	Code of Conduct mit Bezug zu Einhaltung von Rechtsvorschriften; abrufbar unter: http://go.nwb.de/anuap (abgerufen am 21.2.2020)
Google	Beispiel für ein Bug Bounty Programm; abrufbar unter: http://go.nwb.de/7f06d (abgerufen am 21.2.2020)

8. Compliance in Arbeitssicherheit und Gesundheitsschutz

Gerd Krause

8.1 Einführung in das Teilrechtsgebiet

In Deutschland arbeiten derzeit etwa 45 Mio. Erwerbstätige in mehr als drei Mio. Unternehmen. Hierbei kommt es jährlich zu mehr als 400 tödlichen Arbeitsunfällen, weiterhin mehr als 2.500 vorzeitigen Todesfällen infolge einer vorherigen Berufskrankheit, etwa 875.000 Arbeitsunfällen mit einem Arbeitsausfall von mehr als drei Tagen. 789.000 Personen erhalten wegen ihrer Berufskrankheiten eine Rente aus der gesetzlichen Unfallversicherung. In 2017 zahlte alleine die gesetzliche Unfallversicherung Entschädigungsleistungen i. H. von 5,75 Mrd. € als finanzielle Kompensation und 4,18 Mrd. € für Rehabilitation.[490]

Bei der Organisation von Arbeitssicherheit und Gesundheitsschutz betreiben Unternehmen erheblichen Aufwand, um relevante technische Anforderungen zu erfüllen. Diese technischen Anforderungen sind tätigkeits-, arbeitsmittel- oder gefahrstoffbezogen, z. B. für Maschinen, Fahrzeuge, Chemikalien und Werkstoffe oder Software, richten sich nach den geografischen Regionen, und ergeben sich aus gesetzlichen Vorgaben, (Branchen-)Selbstverpflichtungen, Verträgen mit Kunden und ggf. weiteren impliziten Vorgaben, wie Versicherungsbedingungen oder internationaler und nationaler Normung.

Fehler in der Entwicklung und Anwendung geeigneter Verfahren hinsichtlich Arbeitssicherheit und Gesundheitsschutz sowie bei der Beschaffung von Arbeitsmitteln können dazu führen, dass relevante technische Anforderungen an Arbeitssicherheit und Gesundheitsschutz nicht (mehr) erfüllt werden. Hieraus entstehen Risiken für die Wertschöpfung des Unternehmens für Kunden, sowie Gesellschaft und Umwelt. Lässt sich ein Restrisiko für Fehler insbesondere für neue Technologien, deren Anwendungsfälle und neue Arbeitsformen unter Umständen nicht vollständig ausschließen, so können Fehler auch durch höhere Gewalt sowie Fahrlässigkeit oder Vorsatz von beteiligten Personengruppen verursacht werden.

Bereits das Bismarck'sche Unfallversicherungsgesetz von Juli 1884 kennt in den §§ 95 ff. die Haftung von Unternehmern, deren Bevollmächtigten und Repräsentanten für Schäden bei Vorsatz und Fahrlässigkeit und in den §§ 103 ff. Bußgelder für Verletzung von Meldepflichten. In der Praxis zeigen sich heutzutage diese Fehler besonders deutlich durch mehr oder weniger öffentlichkeitswirksame Untersuchungen von Strafverfolgungsbehörden, Schadensersatzklagen Betroffener, Bußgelder gegen Unternehmen und Strafen gegen verantwortliche Führungskräfte und daneben in Regulierungen von Berufsgenossenschaften und Unfallkassen sowie Industrieversicherern zu Betriebshaftpflichtpolicen.[491]

Technische Compliance in Arbeitssicherheit und Gesundheitsschutz wird zunehmend zum Handlungsfeld des zeitgemäßen Compliance Managements, weil Erwartungen von internen und externen Anspruchsgruppen an Unternehmen steigen. Diese Erwartungen betreffen nicht nur das Leistungsniveau in Arbeitssicherheit und Gesundheitsschutz bei Rationalisierung von Arbeit durch Digitalisierung und Automatisierung (Beispiel Logistikbranche), sondern auch bei

490 Vgl. Tab. 12 - Ausgewählte Strukturdaten zur Erwerbstätigkeit in Deutschland.
491 Vgl. Tab. 13 - Beispielhafte Auswahl von relevanten Regressnahmen, Bußgeldern und Strafen.

der Steuerung von Tochtergesellschaften und Lieferketten in der Globalisierung (Beispiel Textilindustrie).

Neue tatsächliche und antizipierte Schadensbilder ziehen regelmäßig die Verschärfung technischer Anforderungen nach sich. Gleichzeitig bieten Managementmethoden und Digitalisierung die Möglichkeit, delegierte Aufgaben für technische Compliance in Arbeitssicherheit und Gesundheitsschutz im Unternehmen zielgerichteter und transparenter zu steuern und zu überwachen. Gutes Compliance Management deckt Technische Compliance in Arbeitssicherheit und Gesundheitsschutz ab, weil trotz Delegation Organisationspflichten, sowie die Pflicht zur Überwachung, Kontrolle und Eingreifen bei Vorständen und Geschäftsführern verbleiben.

TAB. 12: Ausgewählte Strukturdaten zur Erwerbstätigkeit in Deutschland

	Erwerbstätige[492]	**Arbeitsstunden**[493]	**Arbeitsunfälle, nicht-tödlich**[494]	**Arbeitsunfälle, tödlich**[495]
2018	44,8 Mio.	61,3 Mio.	878.525	430
2008	40,8 Mio.		943.999	616

TAB. 13: Beispielhafte Auswahl von relevanten Regressnahmen, Bußgeldern und Strafen

Regressnahme durch Unfallversicherung	**Bußgeld gegen Unternehmen**	**Strafen gegen verantwortliche Führungskräfte**
► Städtischer Bauhof, 2014[496] ► Bauunternehmer, 2004	► Inditex, 2011 Vereinbarung, 2015 Bußgeld ► Helios-Klinik, 2013	► Hero-Glas[497], 2013 ► thyssenkrupp Italien, 2011 ► Fuhrparkleiter, 2008

8.2 Grundelemente eines CMS im Teilrechtsgebiet

Für die Etablierung eines CMS für Technische Compliance in Arbeitssicherheit und Gesundheitsschutz kann auf den bewährten IDW PS 980 zurückgegriffen werden, nach dessen Elementen das CMS gegliedert werden kann und das nachfolgende Kapitel aufgebaut ist.

In relevanten, operativen Unternehmensbereichen sind in vielen Unternehmen bereits seit Jahrzehnten Arbeitsschutzmanagementsysteme nach der international gültigen Norm BS OHSAS 18001 eingeführt. Derzeit werden diese Managementsysteme auf die ISO 45001 umgestellt. Mitarbeiter von operativen Bereichen, insbesondere Ingenieure, Naturwissenschaftler, Meister und Facharbeiter sind meist mit den Konzepten des Arbeitsschutzes vertraut. Hierzu zählen auch ISO 14001 RC, IATF 16949 sowie SCC.

Um unnötigen Mehraufwand beim Aufbau des CMS zu vermeiden und die Akzeptanz im Unternehmen zu erhöhen, werden die Anforderungen des IDW PS 980 – wo sinnvoll möglich – unter Rückgriff auf Instrumente des ISO 45001:2018 umgesetzt. Hierzu kann der IDW PS 980 über die

492 Destatis, Erwerbstätige im Inland.

493 Destatis, Anzahl der geleisteten Arbeitsstunden der Erwerbstätigen in Deutschland.

494 Eurostat, hsw_n2_01, 2017 und 2008.

495 Ebenda.

496 BGH, 18.2.2014 – VI ZR 51/13.

497 LG Osnabrück, Urteil v. 20.9.2013 – 10 KLs 16/13.

Brücke des ISO 19600:2014 bzw. des Nachfolgers ISO 37301:CD mit dem ISO 45001:2018 verknüpft werden. Die „High Level Structure" bildet als gemeinsame Gliederung der beiden Normen die Brücke.[498]

TAB. 14: Gegenüberstellung relevanter Standards

IDW PS 980	**ISO 19600:2014, ISO 37301:CD**	**ISO 45001:2018**		**ISO 31000:2018**
Compliance Kultur	Kontext der Organisation	Kontext der Organisation		Communication and consultation
Compliance Ziele	Führung	Führung		Scope, context and criteria
Compliance Risiken	Planung	Planung		Risk assessment
Compliance Programm	Unterstützung	Unterstützung		Risk treatment
Compliance Organisation	Betrieb	Betrieb		Monitoring and review
Compliance Kommunikation und Information	Bewertung der Leistung	Bewertung der Leistung		Recording and reporting
Compliance Überwachung und Verbesserung	Verbesserung	Verbesserung		

8.2.1 Compliance Kultur

Die Compliance Kultur für Technische Compliance in Arbeitssicherheit und Gesundheitsschutz ist zur Einbindung von Entscheidungsträgern und Mitarbeitern über alle Unternehmensebenen wichtig. Dies ist grundsätzlich einfach, da alle Entscheidungsträger und Mitarbeiter persönlich von den Folgen eines Arbeitsunfalls oder einer Berufskrankheit betroffen sein können.

Da die Compliance Programme für Technische Compliance regelmäßig weniger automatisiert und digitalisiert sind, spielt der einzelne Entscheidungsträger oder Mitarbeiter eine größere Rolle. Über damit einhergehende höhere Risiken für Fahrlässigkeit und Vorsatz hinaus, unterscheiden sich die Mitarbeitergruppen in Produktentwicklung und Produktion bezüglich Qualifikationen und Erfahrungen von den traditionell kaufmännisch-betriebswirtschaftlichen Unternehmensbereichen, wie Vertrieb, Rechnungswesen, Controlling, Einkauf, Personalwesen.

Derzeit stellen Betriebswirtschaftler unter den etwa 200 Vorständen von DAX30-Unternehmen die Mehrheit. Der Anteil von Juristen nimmt seit Jahren ab. In Produktentwicklung und Produktion sind demgegenüber überwiegend Ingenieure, Naturwissenschaftler und Informatiker tätig. Ausgehend vom Arbeitsschutzverständnis sind in der Aufbauorganisation von Forschung & Entwicklung, Produktion und Logistik bereits Kulturelemente gesetzt und kultiviert.

498 Vgl. Tab. 14 - Gegenüberstellung relevanter Standards.

Der „Tone-from-the-top“ ist in Unternehmen meist in einer Politik für Arbeitssicherheit und Gesundheitsschutz formuliert, welche durch Aussagen zu Anlagen- und Verfahrenssicherheit und Menschenrechts- und Nachhaltigkeitsverantwortung konkretisiert ist. Mitarbeiter in Forschung & Entwicklung, Produktion und Logistik sind regelmäßig sensibilisiert auf Vermeidung von Selbstgefährdung und die Folgen von Arbeitsunfällen und Berufskrankheiten. Gleichzeitig verfügen sie über Erfahrungen aus dem regelmäßigen Umgang mit Entscheidungsträgern im Spannungsfeld zwischen Arbeitsschutzverständnis und betriebswirtschaftlicher Nutzenmaximierung.

Kultursetzung im Bereich Technische Compliance setzt bei diesem Arbeitsschutzverständnis an und argumentiert über die Wirkungskette von technischen Anforderungen über das Arbeitsschutzverständnis zum Unternehmenserfolg. Auf diesem Wege wird deutlich, dass Arbeitsschutzverständnis und betriebswirtschaftliche Nutzenmaximierung nicht im Wiederspruch stehen müssen.

Vorstände und Geschäftsführer, auch außerhalb der Forschung & Entwicklung, Produktion und Logistik, zeigen ein klares Bekenntnis zu Technical Compliance und schaffen formalisierte Instrumente zur Einbindung von Führungskräften, Mitarbeitern und Geschäftspartnern. Technische Compliance ist Teil der Zielvereinbarung des Managements, von Anreizsystemen zur Förderung regelkonformen Verhaltens und Sanktionsmechanismen bei Fehlverhalten. Die Integrität von handelnden Führungskräften, Mitarbeitern und Geschäftspartnern wird sichergestellt.

8.2.2 Compliance Ziele

Für das CMS ist auch die Zielsetzung für das Teilrechtsgebiet Technische Compliance in Arbeitssicherheit und Gesundheitsschutz festzulegen. Als Ambitionsniveau kommt grundsätzlich eine Bandbreite infrage – von einer Rechtskonformität bei Vermeidung von Bußgeldern oberhalb einer Bagatellgrenze und Gefängnisstrafen für handelnde Personen bis gesteigert zur Vermeidung von Reputationsschäden aus Compliance Verstößen bereits dem Anschein nach.

In Arbeitssicherheit und Gesundheitsschutz schließt bereits das Ambitionsniveau der Rechtskonformität gemäß deutschem Arbeitsschutzgesetz die Vermeidung sämtlicher Gefährdungen von Mitarbeitern ein. Lediglich für ausländische Geschäftsaktivitäten ist die Festlegung des Ambitionsniveaus oberhalb der Rechtskonformität zu prüfen, weil lokale Gesetze eventuell weniger ambitioniert sind oder Wert- und Moralvorstellungen zwischen von im Unternehmen handelnden Personen und anderen Anspruchsgruppen auseinander gehen können. Wegen dieser Unterschiede können, wie am Beispiel der Bhopal-Katastrophe 1984 illustriert, ein Verlust der „License to operate“ sowie jahrzehntelange Rechtsstreitigkeiten drohen. Die Zielsetzung schließt deshalb sinnvollerweise auch antizipierte Anforderungen zu Prozess- und Anlagensicherheit[499] und Nachhaltigkeitsaspekten, wie Menschenrechten und Umweltschutz, ein.

Für Unternehmen in der EU beginnt eine Zielsetzung für Rechtskonformität typischerweise bei der EU-Richtlinie 89/391/EWG über Maßnahmen zur Verbesserung der Sicherheit und des Gesundheitsschutzes der Arbeitnehmer bei der Arbeit („Rahmenrichtlinie“) mit deren jeweils nationaler Umsetzung in den EU-Mitgliedsstaaten, wie dem Arbeitsschutzgesetz in Deutschland. Dieses sieht bspw. Bußgelder bis 25.000 € und Freiheitsstrafe bis zu einem Jahr bei Nichteinhal-

499 Vgl. Bundesimmissionsschutzgesetz (BImSchG) mit bspw. Störfall-Verordnung (12. BImSchV).

tung von Maßnahmen der Arbeitssicherheit und des Gesundheitsschutzes vor. Im Zusammenhang mit tödlichen Arbeitsunfällen bei objektiver Sorgfaltspflichtverletzung oder bewusster Fahrlässigkeit kommt bspw. auch eine Verurteilung wegen fahrlässiger Tötung gem. § 222 StGB mit Geldstrafe oder Freiheitsstrafe bis zu fünf Jahre sowie die Ahndung als Ordnungswidrigkeit nach § 130 Abs. 1 OWiG mit Geldbuße bis zu 1 Mio. € infrage. Branchenbezogen und je nach Absatzmarkt können auch andere oder weitere Anforderungen zutreffen.[500]

Neben gesetzlichen Vorgaben können zur Zielsetzung (Branchen-)Selbstverpflichtungen, Verträge mit Kunden und ggf. weitere implizite Vorgaben, wie Versicherungsbedingungen oder internationale und nationale Normung herangezogen werden. In Deutschland sind hierzu insbesondere die Regeln der gesetzlichen Unfallversicherung (DGUV) zu berücksichtigen, die neben Unfallverhütungsvorschriften[501] auch Regeln und Informationen zur praktischen Anwendung und einzelnen Sachverhalten veröffentlicht. Diese Anforderungen gehen über eine Zielsetzung auf Rechtskonformität hinaus.

Die technischen Anforderungen in Arbeitssicherheit und Gesundheitsschutz sollten in einem unternehmensweiten Rechtskataster unter Berücksichtigung der Vertraulichkeit von Verträgen mit Dritten und Lizenzbedingungen von Normen gesammelt und an Organisationseinheiten verteilt werden. Über die reine Wiedergabe hinaus ist eine klare Kennzeichnung der für die Zielsetzung relevanten Anforderungen, deren Verdichtung zur Erhöhung der Verständlichkeit und die Verknüpfung mit den Instrumenten der Compliance Kultur sinnvoll.[502]

Betreibt das Unternehmen bereits ein Arbeitsschutzmanagementsystem, so kann auf den hierzu etablierten Prozess zur Ermittlung von rechtlichen und anderen Anforderungen nach ISO 45001:2018 gem. Kap. 4.2 für die Organisation i.V. mit Kap. 6.1.3 für deren operative Abläufe zurückgegriffen werden. Hier werden bereits anspruchsgruppen- und kontextbezogene technische Anforderungen ermittelt, analysiert und bestimmt. Diese können über die Rechtskonformität hinaus um Themen aus der Kontextanalyse gem. ISO 45001:2018 Kap. 4.1 ergänzt werden.

TAB. 15: Beispiele technischer Anforderungen als Grundlage für die Setzung von Compliance Zielen

Thema	Technische Anforderungen
Allgemein	RL 89/654/EWG (Arbeitsstätten), RL 89/391/EWG (Arbeitnehmer), RL 2006/54/EG (Gleichbehandlung Männer und Frauen), RL 91/383/EWG (Befristet Beschäftigte, Leiharbeiter)
Arbeitszeit	RL 2003/88/EG (Allgemein), RL 2002/15/EG (Fahrtätigkeiten)
Jugendschutz	RL 94/33/EG
Mutterschutz	RL 92/85/EWG
Bildschirmarbeit	RL 90/270/EWG
Lasthandhabung	RL 90/269/EWG

500 Vgl. Tab. 15 - Beispiele technischer Anforderungen als Grundlage für die Setzung von Compliance Zielen.
501 DGUV Regelwerk, online abrufbar unter: https://publikationen.dguv.de/regelwerk/.
502 Vgl. Abschn. 8.2.2 Compliance Ziele.

Thema	Technische Anforderungen
Maschinen	RL 2006/42/EG, RL 2006/95/EG (elektrische Betriebsmittel), RL 2014/33/EU (Aufzüge)
Stoffe	RL 98/24/EG (Chemikalien), VO 1907/2006/EG (Materialien, REACH), RL 91/322/EWG (Grenzwerte), RL 2000/39/EG (Grenzwerte), RL 2006/15/EG (Grenzwerte), RL 2000/54/EG (Biostoffe), RL 83/477/EWG (Asbest)
Explosionsschutz	RL 2014/34/EU
Physikalische Einwirkungen	RL 2002/44/EG (Vibrationen), RL 2006/25/EG (künstliche optische Strahlung), RL 2003/10/EG (Lärm)
Elektromagnetische Felder	RL 2013/35/EU
Persönliche Schutzausrüstung	VO (EU) 2016/425

8.2.3 Compliance Risiken

Im CMS ist für das Teilrechtsgebiet Technische Compliance in Arbeitssicherheit und Gesundheitsschutz in einer Risikoanalyse für die Compliance Ziele je Risikoträger zu ermitteln, in welchem Maß dieser zu einer Nichterreichung der Compliance Ziele beitragen kann. Risikoträger werden dabei sinnvoll aus der Kombination von Legaleinheiten, geografischen oder funktionalen Organisationseinheiten, Prozess und Verfahren, sowie Produkten bzw. Dienstleistungen gebildet. Risikoträger mit gleichartigen Kombinationen von Merkmalen können zusammengefasst werden.[503]

In der Praxis bietet sich eine Gliederung der Risikoanalyse entlang der Wertschöpfungskette und deren unterstützenden Prozesse an. Der Betrachtungsrahmen sollte dabei die Wechselwirkungen aus benachbarten oder überlappenden Arbeitsbereichen von Subunternehmern und Dienstleistern, sowie – soweit nicht bereits aus den Compliance Zielen abgeleitet – dritten Unternehmen, Kunden und Besuchern einschließen. Risiken sollten gemäß einer einheitlichen Taxonomie, wie bspw. der Arbeitshilfe BG RCI A017[504], standardisiert beschrieben werden.[505]

Risikoträger mit Bezug zur Supply Chain und Beschaffung werden Ergebnisse aus Geschäftspartneranalysen und Due Diligence-Prozessen zugeordnet. Diese Ergebnisse sollten auch anderen Risikoträgern zugeordnet werden, wenn diese stark arbeitsteilig mit Geschäftspartnern zusammenarbeiten. Am Beispiel der Deepwater Horizon (2010) wird deutlich, dass die Risikoanalyse für den Betrieb der Bohrplattform unter Einbeziehung verschiedener Geschäftspartner auch Informationen über den Geschäftspartner enthalten sollte, um die eigenen Compliance Ziele erreichen zu können.

Mögliche Verläufe für eine Nichterreichung der Compliance Ziele werden für die Risikoträger entlang der Kette „Auslöser-Ursache-Effekt“ und mögliche Wechselwirkungen mit anderen Ket-

503 Vgl. Arbeitsschutzgesetz.

504 A017 online abgerufen unter: http://go.nwb.de/2yslj.

505 Vgl. Tab. 15.

ten beschrieben. Für diese Ketten werden Bruttorisiken vor etwaigen Maßnahmen eines Compliance Programms ermittelt. Die Definition für Risikoklassen, bspw. nach Schadenshöhe und Eintrittswahrscheinlichkeit, sollte auf die Compliance Ziele abgestimmt werden. Risiken sollten auch bei Überschreiten von festgelegten Bagatell- oder Nichtaufgriffsgrenzen identifiziert werden. Gleichzeitig ist eine Differenzierung der Risikoklassen sinnvoll, um auf dieser Basis die nachfolgend abgeleiteten Elemente des CMS – Programm, Organisation und Überwachung – wirksam und gleichzeitig effizient gestalten zu können.

In Unternehmen mit Arbeitsschutzmanagementsystem kann auf den etablierten Prozess zur Bestimmung von Chancen und Risiken nach ISO 45001:2018 gem. Kap. 6.1.1 und 6.1.2 im Rahmen einer tätigkeitsbezogenen Gefährdungsbeurteilung zurückgegriffen werden. Hier werden zu den Compliance Zielen bzw. die nach ISO 45001:2018 Kap. 4.2 ermittelten technischen Anforderungen und darüber hinaus nach ISO 45001:2018 Kap. 4.1 kontextbezogenen Themen die relevanten Chancen und Risiken ermittelt, analysiert und bestimmt.

Für eingesetzte Maschinen und Anlagen mit CE-Kennzeichnung (ProdSG) enthalten produkt- und verfahrensbezogene Risikoanalysen („Failure mode and effects analysis" bzw. FMEA[506]) des Herstellers bereits grundlegende Informationen, die in der eigenen Risikoanalyse weiterverarbeitet werden können.

TAB. 16: Beispiel für die Verknüpfung von technischen Anforderungen mit Gefährdungs- und Belastungsfaktoren der Arbeitshilfe BG RCI A017

	Grundlegende organisatorische Faktoren	Gefährdung durch Arbeitsplatzgestaltung	Gefährdung durch ergonomische Faktoren	Mechanische Gefährdung	Elektrische Gefährdung	Gefährdung durch Stoffe	Gefährdung durch Brände/ Explosionen	Biologische Gefährdung	Gefährdung durch spez. physikalische Einwirkungen	Psychische Belastungsfaktoren	Sonstige Gefährdungs- und Belastungsfaktoren
RL 89/654/EWG	X	X			X		X				
RL 2006/95/EG					X						
RL 2006/42/EG		X	X	X	X	X	X		X		
RL 2014/33/EU	X			X	X						
RL 2014/34/EU			X		X	X	X				
VO 2016/425	X				X		X				
RL 2006/15/EG		X				X		X			
RL 2000/39/EG		X				X		X			
RL 98/24/EG		X				X	X	X			
RL 91/322/EWG						X		X			
RL 83/477/EWG		X				X					
VO 1907/2006/EG						X	X	X			

506 Vgl. AIAG & VDA, FMEA Handbook, Juni 2019.

	Grundlegende organisatorische Faktoren	Gefährdung durch Arbeitsplatzgestaltung	Gefährdung durch ergonomische Faktoren	Mechanische Gefährdung	Elektrische Gefährdung	Gefährdung durch Stoffe	Gefährdung durch Brände/ Explosionen	Biologische Gefährdung	Gefährdung durch spez. physikalische Einwirkungen	Psychische Belastungsfaktoren	Sonstige Gefährdungs- und Belastungsfaktoren
RL 2003/10/EG		X							X		
RL 2006/25/EG		X				X			X		
RL 2000/54/EG								X			
RL 90/270/EWG		X	X							X	
RL 90/269/EWG			X	X							
RL 2003/88/EG		X	X							X	
RL 2002/15/EG	X									X	
RL 94/33/EG	X										
RL 92/85/EWG	X										
RL 91/383/EWG	X										
RL 2006/54/EG	X										
RL 89/391/EWG	X										
RL 2002/44/EG									X		
RL 2013/35/EU										X	
VO (EU) 2016/425	X										

8.2.4 Compliance Programm

Die grundsätzlichen Festlegungen zur Gliederung und Ausgestaltung des CMS werden typischerweise in einer Richtlinie zusammengeführt, durch die Unternehmensleitung freigegeben und über ein Richtlinienmanagement in der Organisation verteilt. Betreibt das Unternehmen bereits ein Arbeitsschutzmanagementsystem, so kann auf die gem. ISO 45001:2018 Kap. 7.5.2 und 7.5.3 festgelegten Verfahren zur Lenkung dokumentierter Informationen zurückgegriffen werden.

Unter Berücksichtigung von Compliance Kultur, Zielen und Risiken ist ein geeignetes Compliance Programm zu entwickeln. Bestandteile des Compliance Programms sind präventive und erkennende Compliance Maßnahmen für das Teilrechtsgebiet Technische Compliance in Arbeitssicherheit und Gesundheitsschutz sowie deren Integration in die Geschäftsprozesse, Instrumente zur Compliance Konsultation, ein Hinweisgebersystem, Fallmanagement zum Umgang mit Hinweisen und Compliance von Geschäftspartnern.

Zu Entwicklung geeigneter präventiver Compliance Maßnahmen kann in Unternehmen mit Arbeitssicherheitsmanagementsystem auf den etablierten Prozess zum Umgang mit Chancen und Risiken nach ISO 45001:2018 gem. Kap. 6.1.4 zurückgegriffen werden. Hier werden zu den

Compliance Risiken bzw. den nach ISO 45001:2018 Kap. 6.1.2 ermittelten Chancen und Risiken relevante Maßnahmen zum Umgang mit diesen sowie eine passende Wirksamkeitsbewertung geplant.

Diese präventiven Maßnahmen werden in die jeweils relevanten Geschäftsprozesse integriert, wobei diese in Unternehmen mit Arbeitsschutzmanagementsystem bereits nach ISO 45001:2018 gem. Kap. 8.1 festgelegt wurden. Relevante operative Kernprozesse der Wertschöpfungskette mit wesentlichen Kontrollen sind dabei in vielen Branchen bereits festgelegt. Typische Kontrollen sind automatisierte Sicherheitseinrichtungen (wie Totmannschaltungen, Zweihandschaltung), Arbeits- und Erlaubnisscheine für gefährliche Arbeiten, sowie die Freigabe von Änderungen.[507]

TAB. 17: Beispiele für Kontrollen

Kontrollen/Maßnahmen	Beispiele
Substitution	Vermeidung von nicht notwendigen Arbeiten; Reduzierung von Mengen und Umfang; Austausch der risikobehafteten Arbeitsmittel, Gefahrstoffe oder Arbeitsmethoden
Technisch	Brandmeldeanlage kombiniert mit Sprinkleranlage; automatisierte Sicherheitseinrichtungen (wie Totmannschaltungen, Zweihandschaltung); Absperrungen
Organisatorisch	Eignungs- und Vorsorge-Untersuchungen; Arbeitsschein, Erlaubnisschein für gefährliche Arbeiten (Begehen von Dächern, Abbruch, Elektroarbeiten, Schweißen, Tauchen); zeitliche Trennung von Arbeiten in gemeinsamen Arbeitsbereichen
Persönlich	Persönliche Schutzausrüstung, wie Schuhwerk, Bekleidung, Handschutz, Gesichtsschutz, Gehörschutz, Kopfbedeckung

Die Übertragung von Compliance Zielen sowie die Anwendung des Compliance Programms kann im Kontext des Einzelfalls zu Anwendungsfragen führen, die über einzurichtende Konsultationsverfahren zur Klärung gebracht werden. Damit wird vermieden, dass einzelne Mitarbeiter ohne ausreichende Kenntnisse und Befugnis Entscheidungen zu Auslegungsfragen mit übergeordneter Bedeutung für das CMS treffen. Auslegungsfragen können auch Hinweise auf Verbesserungspotential liefern.

Unabhängig von anderen Kommunikationskanälen können bereits bekannte Hinweisgebersysteme aus dem CMS für andere Teilrechtsgebiete auch für die Meldung möglicher Straftaten und Verstöße zu Technischer Compliance in Arbeitssicherheit und Gesundheitsschutz durch Mitarbeiter und Dritte genutzt werden. Hierfür ist das Fallmanagement anzupassen, um eine inhaltliche Bearbeitung von gemeldeten Fällen sinnvoll durchführen zu können.

Neben Geschäftspartneranalysen und Due Diligence-Prozessen zur Auswahl und Überwachung von Geschäftspartnern in der vor- und nachgelagerten Supply Chain ergibt sich aus der Analyse der Compliance Risiken regelmäßig der Bedarf, Kontrollen des Compliance Programms auch bei Geschäftspartnern einzurichten. Können bspw. Mängel bei der Einhaltung von Arbeitszeiten,

507 Vgl. Tab. 17 - Beispiele für Kontrollen.

Qualifikation und Unterweisung in gefährliche Arbeiten oder Ausstattung mit Arbeitsmitteln nicht über Abnahmen und Rechnungsprüfung ermittelt werden, so kann stattdessen das Arbeitsschutzmanagement des Geschäftspartners überwacht werden. Praktisch kann dies über eine Kombination aus Durchsicht von Prüfdokumentation (wie „Akkreditierung von Fremdfirmenpersonal"), eigenen, vertraglich eingeräumten Inspektionen und Lieferantenaudits sowie einer Akkreditierung oder Zertifizierung durch einen unabhängigen Dritten realisiert werden.

Werden Informationen zu Geschäftspartnern im Rahmen von Brancheninitiativen oder aus externen Ratings, bspw. zu Nachhaltigkeitsaspekten, im Rahmen von Kontrollen verarbeitet, so sollte ein Abgleich der angewendeten Kriterienkataloge mit den Compliance Zielen und eine eigene Wirksamkeitskontrolle erfolgen.

8.2.5 Compliance Organisation

Die Aufbauorganisation des CMS für das Teilrechtsgebiet Technische Compliance in Arbeitssicherheit und Brandschutz kann gem. des „3 Lines of Defense"-Modells unter Berücksichtigung von Funktionstrennung gegliedert werden. Weiterhin sollte die Aufbauorganisation in eine zentrale Organisationsstruktur mit übergeordneten Aufgaben für den Aufbau und die Steuerung des CMS und dezentrale Organisationsstrukturen mit überwiegend Umsetzungsaufgaben gegliedert werden.

Die zentrale Organisationsstruktur umfasst den im dualistischen System („two-tier") bestehenden Aufsichtsrat, sowie die Unternehmensleitung, also Vorstand oder Geschäftsführung, und relevante Stabsstellen, zweckmäßigerweise zumindest die Compliance Stabsstelle und die Innenrevision. Besteht die Unternehmensleitung aus mehreren Personen mit, per Geschäftsverteilung oder implizit gelebt, aufgeteilten Verantwortlichkeitsbereichen für Aufbau- und Ablauforganisation, so sollten die relevanten Personen in einem Compliance Komitee unter geeigneter Einbeziehung der Arbeitnehmervertretung regelmäßig den Sachstand zum CMS beraten. Im Übrigen wird auf die bereits bestehenden Berichtslinien in der Aufbau- und Ablauforganisation zurückgegriffen.[508]

In Unternehmen mit Arbeitssicherheitsmanagementsystem bestehen bereits Instrumente für Kommunikation und Information nach ISO 45001:2018 gem. Kap. 7.4, Einbeziehung der Beschäftigten gem. Kap. 5.1, sowie die Einbeziehung der obersten Leitung über die Managementbewertung gem. Kap. 9.3. Wird das Instrument der Managementbewertung für das CMS herangezogen, so ist ein bestehender Aufsichtsrat zweckmäßig einzubeziehen, obwohl dies im Rahmen des Arbeitssicherheitsmanagementsystems meist nicht erfolgt. Weiterhin sollte das Arbeitssicherheitsmanagementsystem alle relevanten Organisationsbereiche abdecken.

Dezentrale Organisationsstrukturen umfassen alle weiteren Organisationseinheiten, die zur Erfüllung der Compliance Ziele beitragen oder Risikoträger von Compliance Risiken sind. Typischerweise bilden sich Organisationseinheiten je Betriebsstätte einer Legaleinheit. Sind an einer Betriebsstätte einer Legaleinheit mehrere Stufen der Wertschöpfungskette angeordnet, so sollten hier jeweils getrennte Organisationseinheiten gebildet werden.

Weiterhin können sich aus der Gestaltung der Kontrollen des Compliance Programms Anforderungen an die Funktionstrennung ergeben. So kann bspw. die Trennung von operativen Berei-

508 Vgl. Tab. 18 - Typische Funktionen im „3 Lines of Defense"-Modell.

chen und deren Überwachungsfunktion, bspw. bei Erlaubnis- und Änderungsscheinverfahren, mit Zuordnung zu jeweils eigenen Organisationseinheiten notwendig sein.

Umsetzungsaufgaben und entsprechende Befugnisse im CMS, insbesondere des Compliance Programms, werden an die leitende Führungskraft der Organisationseinheit delegiert. Leitende Führungskräfte von Organisationseinheiten dürfen Teilaufgaben und Teilbefugnisse in der Organisationseinheit weiter delegieren, bleiben jedoch für zweckmäßige Auswahl, wirksame Delegation und Überwachung verantwortlich. Insbesondere die Bündelungen aller Umsetzungsaufgaben auf Managementbeauftragte ohne wirkliche Entscheidungsbefugnisse, analog zu Managementbeauftragten der Vorgängerversion der BS OHSAS 18001:2017, sollten vermieden werden.

Leitende Führungskräfte von Organisationseinheiten müssen sich gem. Arbeitssicherheitsgesetz (ASiG) und sinngemäßer Regelungen im Ausland von Spezialisten, wie Fachkräften für Arbeitssicherheit und Betriebsärzten beraten lassen. Bei Einordnung in die Aufbauorganisation und Delegation von Umsetzungsaufgaben muss berücksichtigt werden, dass diese Spezialisten in deren Tätigkeit weisungsfrei sind.

Kritische Rollen in der Compliance Organisation sollten nur durch zuverlässige Personen ausgeübt werden, die über ausreichend Verständnis und Expertise zu Compliance Management für das Teilrechtsgebiet Technische Compliance in Arbeitssicherheit und Gesundheitsschutz verfügen. In der Praxis kann eine Anpassung der bestehenden Aufbauorganisation zur wirksamen Gestaltung der zentralen Organisationsstruktur notwendig werden, insbesondere bei reinen Managementholdings ohne bspw. operative Geschäftsführer bzw. Vorstände.

TAB. 18: Typische Funktionen im „3 Lines of Defense"-Modell

1st Line	2nd Line	3rd Line
Forschung & Entwicklung, Einkauf, Produktion, Logistik, Vertrieb, Kundendienst, Personalwesen	Stabsstellen Arbeitssicherheit und Gesundheitsschutz mit Spezialisten, wie Fachkräften für Arbeitssicherheit und Betriebsärzten, Recht & Compliance	Innenrevision, Interne Auditoren Arbeitssicherheitsmanagement

8.2.6 Compliance Kommunikation und Information

Für das Teilrechtsgebiet Technische Compliance in Arbeitssicherheit und Gesundheitsschutz sollten die wesentlichen Kommunikationskanäle und Trainingsformate für die Wissensvermittlung in einem Kommunikationskonzept festgelegt werden. Dies betrifft Berichtslinien der Aufbau- und Ablauforganisation, zwischen zentraler Organisationsstruktur und dezentralen Geschäftseinheiten, sowie weiteren, internen und externen Anspruchsgruppen. Kommunikation schließt alle Arten von Informationsaustausch ein; persönliche Gespräche, Schriftverkehr, per Email, als elektronische Datenmeldung oder auf Internetseiten.

Typische, bestehende Kommunikationskanäle im Teilrechtsgebiet sind die Unfallmeldungen gem. § 193 SGB VI, Jahresmeldungen an die Unfallversicherung, die Kommunikation im Arbeitsschutzausschuss gem. § 11 ASiG, die Abstimmung mit anderen Arbeitgebern nach § 8 ArbSchG sowie die Verteilung aushangpflichtiger Gesetze, wie z. B. AGG, ArbZG, ArbGG, JArbSchG,

MuSchG. Die Kommunikationskanäle sind dahingehend anzupassen, dass die Compliance Funktion Zugang zu den ausgetauschten Informationen als Grundlage für deren Überwachungsaktivitäten erhält.

Sieht das Compliance Programm auch Maßnahmen zur Sicherstellung des Geschäftsbetriebs („Business Continuity Management", BCM, vgl. ISO 22301:2012) bspw. im Rahmen der Pandemieplanung vor, so sollte das Kommunikationskonzept auch die BCM-bezogenen Kommunikationsinstrumente mit Relevanz für das Teilrechtsgebiet Technische Compliance in Arbeitssicherheit und Gesundheitsschutz einschließen. Der Umfang der direkten Steuerung dieser Kommunikationsinstrumente durch die Compliance Funktion sollte abgestimmt werden, da einzelne Geschäftseinheiten dezentral weiteren externen Anforderungen zur Kommunikation mit Behörden und der Öffentlichkeit unterliegen können und eine Umlenkung der Kommunikation über eine andere Legaleinheit eventuell nicht möglich oder sinnvoll ist.

Informationen zum CMS des Unternehmens, dessen Zielen in Bezug auf Technische Compliance in Arbeitssicherheit und Gesundheitsschutz sowie den vorgesehenen Abläufen und Instrumenten können auch über Trainings an Funktionsträger, Führungskräfte, Mitarbeiter, sowie Geschäftspartner adressatengerecht vermittelt werden. Anders als bei einer rein einseitigen Informationsverteilung kann der Erfolg der Wissensvermittlung in Trainings direkt gemessen werden.

In Unternehmen mit Arbeitssicherheitsmanagementsystem bestehen bereits Instrumente für Kommunikation und Information nach ISO 45001:2017 gem. Kap. 7.4.1, i.V. mit 5.4, 7.3 und 10.2.

8.2.7 Compliance Überwachung und Verbesserung

Im CMS ist für das Teilrechtsgebiet Technische Compliance in Arbeitssicherheit und Gesundheitsschutz festzulegen, wie typische bestehende Instrumente zur Überwachung und Verbesserung angewendet werden sollen. Hierzu zählen das Monitoring durch die Innenrevision, stichprobenhafte Überprüfung Compliance relevanter Kontrollen durch die Compliance Funktion, externe Auditierung des CMS und die Analyse von Verbesserungspotential.

Für ein Monitoring durch die Innenrevision sind die Kompetenzen der Innenrevision um Kenntnisse zu Technischer Compliance in Arbeitssicherheit und Gesundheitsschutz zu ergänzen. Dies kann über Kompetenzaufbau bei den Revisoren selbst, über Hinzuziehung von ausreichend unabhängigen Spezialisten oder die Verlagerung der in einem bestehenden Qualitätsmanagementsystem bereits vorhandenen Funktion für interne Audits erfolgen.

Das gem. ISO 45001:2015 Kap. 9.2.2 notwendige interne Auditprogramm wird typischerweise gem. ISO 19011:2018 geplant und durchgeführt. Es liefert Belege über die wirksame Erfüllung der technischen Anforderungen in einem Arbeitssicherheitsmanagementsystem. Die nach ISO 19011 angewendete Methodologie ist mit den „Internationale Standards für die berufliche Praxis der Internen Revision" (Version 6.1) vergleichbar, so dass Auditergebnisse effizient für das CMS und das Arbeitssicherheitsmanagementsystem verwendet werden.

Die Compliance Funktion überprüft auch stichprobenhaft Kontrollen mit Relevanz zum Teilrechtsgebiet Technische Compliance. Hierbei sollte die Überprüfung die Kontrollen zu allen Grundelementen des CMS grundsätzlich abdecken und vertieft die Kontrollen zur Wertschöpfungskette mit dem höchsten Restrisiko berücksichtigen. Ist das Restrisiko unbekannt, so sollte dazu hilfsweise das Bruttorisiko als Restrisiko angenommen werden.

Die Kontrollen zur Wertschöpfungskette ergeben sich aus Maßnahmen zu den Compliance Risiken. Besondere Beachtung verdienen im Rahmen der Überprüfung Freigaben von Gefährdungsbeurteilungen, sowie Erlaubnis- und Änderungsscheinen gem. ISO 45001:2017 Kap. 8.1.3.[509]

Betreibt das Unternehmen bereits ein Arbeitssicherheitsmanagementsystem, so kann auf die gem. ISO 45001:2015 Kap. 9.1.1 festgelegte Wirksamkeitsbewertung zu den für die Compliance Risken bzw. nach ISO 45001:2015 ermittelten Chancen und Risiken festgelegten Maßnahmen zurückgegriffen werden. Dazu stehen bereits gem. ISO 45001:2018 Kap. 9.1.1 und 9.1.2 ermittelte Informationen zu den Prozessen und Ergebnissen zur Verfügung.

Für eine unabhängige, externe Überprüfung des CMS für das Teilrechtsgebiet Technische Compliance mit Produktbezug kommt eine Zertifizierung nach IDW PS 980, die Auditierung nach ISO 19600:2014 bzw. deren Nachfolger ISO/CD 37301 infrage. Die Auswahl des Prüfungsstandards hängt dabei vom konkreten Informationsinteresse der adressierten Anspruchsgruppen ab.

Die Ergebnisse aus Monitoring der Innenrevision, stichprobenhafter Überprüfung durch die Compliance Funktion und externer Überprüfung sollten zusammengeführt und nach den Grundelementen des CMS sowie weiterhin nach den Compliance Zielen systematisiert werden. Auf dieser Basis identifiziert die Compliance Funktion unter Einbeziehung relevanter Anspruchsgruppen Verbesserungspotentiale, um Restrisiken im CMS weiter zu reduzieren. Die abgeleiteten Verbesserungsmaßnahmen werden über das Maßnahmenmanagement im Compliance Programm nachverfolgt.

8.3 Praxishinweise zur Integration des Teilrechtsgebiets in das CMS

8.3.1 Compliance Ziele

Bei der Entwicklung der Compliance Ziele wird ein hoher Reifegrad erreicht, wenn neben der Einbeziehung von technischen Anforderungen in Arbeitssicherheit und Gesundheitsschutz auch weitere, gesellschaftlich relevante Fragestellungen holistisch berücksichtigt werden. Hierzu bieten sich die Bearbeitung der UN-Leitprinzipien für Wirtschaft und Menschenrechte (Ruggie Framework), der OECD-Leitsätze für multinationale Unternehmen, der ILO Kernarbeitsnormen, sowie der Charta der Vielfalt an. Auf diesem Weg wird das CMS für das Teilrechtsgebiet Technische Compliance in Arbeitssicherheit und Gesundheitsschutz proaktiver in Bezug auf langfristige Herausforderungen und Chancen.

8.3.2 Risikoanalyse

Psychische Belastungen am Arbeitsplatz können zu Arbeitsüberforderung, der Sammeldiagnose „Burnout“ und Folgeerkrankungen, wie Depression, Medikamentenabhängigkeit oder Tinnitus führen. In den letzten Jahren wurden diese Phänomene, sowie die weitere Ökonomisierung von Arbeit und neue Arbeitsformen, in der Öffentlichkeit breit diskutiert.

509 Vgl. Abschn. 8.2.4 Compliance Programm.

Bereits mit dem Arbeitsschutzgesetz von 1996 waren Arbeitgeber zur Beurteilung von psychischen Belastungen verpflichtet. Gleichzeitig begann unter dem Stichwort „Deregulierung" der Rückzug der Aufsicht durch staatliche Behörden und der Fokus auf die Eigenverantwortung des Arbeitgebers.

In der Praxis ergeben sich häufig Probleme bei der Ermittlung von psychischen Belastungen, weil die öffentliche Diskussion und Standardsetzung über deren korrekte Erhebung und Bewertung laufend ist und es häufig keine betriebliche Praxis und Vereinbarung mit Arbeitnehmervertretern über die Vorgehensweise und Verarbeitung personenbezogener Daten gibt.

Werden tätigkeitsbezogene Gefährdungsbeurteilungen typischerweise für Personengruppen (Persona) erstellt, so ergeben sich bei gleicher Vorgehensweise zu psychischen Belastungen zwangsläufig Ungenauigkeiten zu Einzelpersonen wegen bspw. Überschneidungen mit Belastungen aus dem privaten Umfeld, sowie dem Stichtagsbezug der Betrachtung.

Weiterhin werden derzeit in der Praxis regelmäßig Mitarbeiterbefragungen als Gefährdungsbeurteilung durchgeführt, wobei fraglich ist, wie bei einer Anonymisierung der Bezug zu den tätigkeitsbezogenen Gefährdungsbeurteilungen und eine korrekte Maßnahmenzuordnung erfolgen soll.

Eine geeignete und effiziente Vorgehensweise ist die Erstellung einer Gefährdungsbeurteilung auf Basis einer einheitlichen Taxonomie zu psychischen Belastungen, wie bspw. der Arbeitshilfe BG RCI A017. Diese erfolgt zunächst Desktop, sowie durch Beobachtung von Arbeitsplätzen und Datenanalyse bestehender Krankenstände und Beschwerden. Die Arbeitshilfe BG RCI A017 schlägt bereits spezifische Maßnahmen für physische Belastungen vor. Für ermittelte Belastungen und geplanten Maßnahmen der Gefährdungsbeurteilung wird im Folgeschritt eine geeignete Wirksamkeitsüberprüfung entwickelt. Die Wirksamkeitsprüfung kann auch Mitarbeiterbefragungen zu den auf diesem Wege überprüfbaren Fragestellungen einschließen.

TAB. 19: Auswahl von Praxisbeispielen

Thema	Beispiel
Risiken und Gefährdungen	Merkblatt A 017 Gefährdungsbeurteilung – Gefährdungskatalog Einfaches Maßnahmenkonzept Gefahrstoffe (EMKG) UK HSE Toolbox, online abrufbar unter: http://go.nwb.de/goqb8
Maßnahmen	DGUV Publikationen, online abrufbar unter: https://publikationen.dguv.de/ Einfaches Maßnahmenkonzept Gefahrstoffe (EMKG) BG Bau Broschüre Psychologie der Arbeitssicherheit mit Erläuterung zu A-B-C Modell, online abrufbar unter: http://go.nwb.de/s0kxa
Auswertung von Ereignissen	DGUV Leitfaden zur Untersuchung von Arbeitsunfällen, online abrufbar unter: http://go.nwb.de/4onmh UK HSE Case Studies, online abrufbar unter: http://go.nwb.de/5pvpe
Kennzahlen	Definitionen, online abrufbar unter: http://go.nwb.de/zua83

V. Fazit und Ausblick

WP/StB Dr. Jan-Hendrik Gnändiger

Das vorliegende Buch hat aufgezeigt, wie sich der wandelnde Compliance Begriff darstellt und in welcher Form sich dieser in einer angemessenen und wirksamen Aufbau- und Ablauforganisation – dem Compliance Management System – strukturieren lässt.

In Deutschland ist der Prüfungsstandard 980 des IDW für die Strukturierung sicherlich noch immer maßgeblich, gleichwohl bieten die Guidance des DOJ und auch die stärker international ausgerichteten ISO Standards beachtenswerte Alternativen.

Dabei ist festzuhalten: Compliance umfasst längst nicht mehr nur Anti-Korruption, sondern eine ganze Reihe für das jeweilige Unternehmen relevante Rechtsbegriffe. Unternehmen müssen sich heute mit einer Vielzahl rechtlicher Themen beschäftigen und diese systematisch bearbeiten. Das sehr konkret unter dem Begriff Verbandssanktionengesetz diskutierte „Gesetz zur Stärkung der Integrität in der Wirtschaft“ wird die Debatte um angemessene Compliance Strukturen weiter intensivieren und voraussichtlich noch stärker auch in den Mittelstand tragen.

Dieses Buch ist sicher hilfreich bei der Frage, wie ein solches System aufgebaut sein sollte und wie mit aktuellen regulatorischen Neuerungen umzugehen sein wird. Es zeigt auch auf, wie neue Themen in ein bestehendes System integriert werden können. Ausgangspunkt ist hierfür immer das Risk Assessment, in dem Unternehmen prüfen und strukturiert aufbereiten, in welchen Rechtsgebieten Risiken bestehen. Nur dadurch ist es Unternehmen möglich zu entscheiden, welche Themenbereiche betrachtet werden müssen, um dann risikoorientiert angemessene Maßnahmen festzulegen.

Für die Zukunft ist zu erwarten, dass die Compliance Abteilungen entscheiden müssen, wo ihre Aufgabe beginnt, was sie konkret umfasst und wo sie endet, d. h., an welchen Stellen die Fachabteilungen konkret verantwortlich sind und es auch bleiben. Die Beantwortung dieser Frage ist umso wichtiger, je stärker die Zahl der relevanten Rechtsgebiete ansteigt und je eindeutiger diese in den jeweiligen Fachabteilungen angesiedelt sind, wie z. B. die Bereiche Datenschutz, Steuern oder Produktqualität. Es wird zu diskutieren sein, ob und inwieweit diese neuen Gebiete Teil des CMS werden und wie die Rollen und Verantwortlichkeiten zu klären sind.

Ferner ist unter Berücksichtigung der weltweiten COVID 19-Pandemie und der Konjunktureinbrüche davon auszugehen, dass der weiter ansteigenden Regulierung, z. B. durch ein mögliches Lieferkettengesetz, nicht mit gleich steigenden Ressourcen begegnet werden wird.

Die Herausforderung wird sein, wie bei steigender Qualität und sinkenden Durchlaufzeiten der Dienstleistung durch die Compliance Abteilung, die Kosten signifikant verringert werden können. Manche Compliance Abteilung wird sich Restrukturierungsprojekten stellen müssen, d. h. klären müssen, wo die Kernkompetenzen liegen, wo etwas ausgelagert oder fremdbezogen werden kann, etwa durch Managed services. Auch die Frage der Integration der einzelnen Teilbereiche, aber auch die Frage der Integration mit anderen Governance-Systemen, wird relevant sein, da sich hierdurch Synergien heben lassen und dadurch Einsparungen generiert werden können. Und nicht zuletzt wird es um Automatisierung von gewissen Abläufen gehen – hier ist der größte Kostenhebel zu erwarten und gleichzeitig bietet dies die Chance, die Prozessgeschwindigkeit zu erhöhen. Der rechte Umgang mit Compliance ist daher ein Thema, das auch in Zukunft große Relevanz haben und ein fester Bestandteil der unternehmerischen Steuerung sein wird.

LITERATURVERZEICHNIS

AIAG & VDA, FMEA Handbook, Juni 2019.

Amberg/Mossanen/Walser, Vorteile und Herausforderungen IT-gestützter Compliance-Erfüllung, Studie, 2007, online abrufbar unter: http://go.nwb.de/lmiqj (Abruf 30.11.19).

Arnold, ZGR 2014 S. 76, 91.

BaFin, Auslegungs-und Anwendungshinweise gem. § 51 Abs. 8 GwG, Stand Dezember 2018.

BayLDA, Veröffentlichungen, abrufbar unter: http://go.nwb.de/uhgez (Abruf 16.3.2020).

BayLDA, Risikobeurteilung nach ISO 31000, abrufbar unter: http://go.nwb.de/g5pz6 (Abruf 16.3.2020).

Bayrisches Staatsministerium des Inneren, für Bau und Verkehr, Gemeinsames Merkblatt der Länder der Bundesrepublik Deutschland, Basisinformationen Geldwäschegesetz (GwG), online abrufbar unter: http://go.nwb.de/4fssf (Abruf 21.1.2020).

Becker/Arnold, Organisationsentwicklung, Studienbrief SB-1E10 im Rahmen des Fernstudiums Systemische Beratung, TU Kaiserlautern, 2. Aufl. 2012.

Behringer, ZRFC 2010 S. 8.

Behringer, Compliance kompakt, Best Practice in Compliance-Management, 2011.

Birkemeyer/Koch, Ubg 2016 S. 90.

BMJV, Bekanntmachung des Deutschen Corporate Governance Kodex in der Fassung v. 24.6.2014.

BMJV, Referentenentwurf des Bundesministeriums der Justiz und für Verbraucherschutz – Entwurf eines Gesetzes zur Stärkung der Integrität in der Wirtschaft, 2020, online abrufbar unter: http://go.nwb.de/hj4u7 (Abruf 28.5.2020), S. 54.

Brendel/Herold/Schlegel, CGO Magazin 1/2020 S. 12–17.

Brouwer/Schreiner, CCZ 2010 S. 228.

Business and Human Rights Resource Center, Entwicklungsministerium erarbeitet Vorschlag für Wertschöpfungsketten-Gesetz für deutsche Unternehmen, abrufbar unter: http://go.nwb.de/haedu (Abruf 28.8.2019).

Bussmann/Salvenmoser, CCZ 2008 S. 192 ff.

Bussmann/Salvenmoser/Jeker, CCZ 5/2016 S. 235–240.

Campos Nave/Bonnenberger, BB 2008 S. 734 ff.

CMS law.tax, 4. Compliance Barometer 2019, online abrufbar unter: http://go.nwb.de/u85m7 (Abruf 24.6.2020).

Creed/Link, BB 17/2016 S. 983.

Dahlke, Risikobewertung in einem Tax-Compliance-Management-System, BB 2019 S. 620.

Department of the Treasury, A Framework for OFAC Compliance Commitments, 2020, online abrufbar unter: http://go.nwb.de/d0pdy (Abruf 28.5.2020), S. 2.

Destatis, Statistisches Bundesamt, online abrufbar unter: https://www.destatis.de (Abruf 30.6.2020).

Deutscher Bundestag, abrufbar unter: http://go.nwb.de/2374s (Abruf 28.8.2019).

Deutsches Global Compact Netzwerk/consense – Forum Nachhaltige Entwicklung der Deutschen Wirtschaft (Hrsg.), Neuer Impuls für die Berichterstattung zu Nachhaltigkeit? Studie zur Umsetzung des deutschen CSR-Richtlinie-Umsetzungsgesetzes, http://go.nwb.de/cy3r2 (Abruf 28.8.2019).

DGUV, Regelwerk, online abrufbar unter: https://publikationen.dguv.de/regelwerk/ (Abruf 30.6.2020).

DSK, Infothek, abrufbar unter: http://go.nwb.de/m7rec (Abruf 16.3.2020).

DSK, Kurzpapier Nr. 1, abrufbar unter: http://go.nwb.de/vscyi (abgerufen am 16.3.2020).

DSK, Kurzpapier Nr. 5, abrufbar unter: http://go.nwb.de/dvt3u (Abruf 16.3.2020).

DSK, Kurzpapier Nr. 18, abrufbar unter: http://go.nwb.de/cc8mp (Abruf 16.3.2020).

DSK, Liste der Verarbeitungstätigkeiten, für die eine DSFA durchzuführen ist, abrufbar unter: http://go.nwb.de/u5i7y (Abruf 16.3.2020).

Diebel/Erhard, Tax Compliance: Pflichten des Aufsichtsrats, Der Aufsichtsrat 07-08/2019 S. 112.

Dieners/Reese (Hrsg.), Handbuch des Pharmarechts, 2010.

EDSA, DSGVO: Leitlinien, Empfehlungen, bewährte Verfahren, abrufbar unter: http://go.nwb.de/nxs17 (Abruf 16.3.2020).

Ehmann/Selmayr (Hrsg.), DSGVO, 2. Aufl. 2018.

European Commission, EudraLex – Volume 4 – Good Manufacturing Practice (GMP) guidelines, online abrufbar unter: http://go.nwb.de/v7n09 (Abruf 29.6.2020).

European Commission, Leitlinien zur Datenschutz-Folgenabschätzung (DSFA) und Beantwortung der Frage, ob eine Verarbeitung i. S. der VO 2016/679 „wahrscheinlich ein hohes Risiko mit sich bringt" (17/DE WP 248 Rev. 01), abrufbar unter: http://go.nwb.de/o8ydi (Abruf 30.6.2020).

Eurostat, online abrufbar unter: https://ec.europa.eu/eurostat/de/home (Abruf 30.6.2020).

Euskirchen, Geldwäscheprävention und Compliance Management Systeme, 2017.

FCA Financial Conduct Authority, EG 3.3 Reports by skilled persons (section 166), 2016, online abrufbar unter: http://go.nwb.de/gueh4 (Abruf 28.5.2020).

FCA Financial Conduct Authority, Skilled Person Panel – effective until 31 March 2021, 2020, online abrufbar unter: http://go.nwb.de/7rrw1 (Abruf 28.5.2020).

Federmann/Gnändiger/Scheben, Zeitschrift für Fraud, Risk & Compliance 6/2019 S. 268–275.

Financial Intelligence Unit, Jahresbericht 2018.

Fissenewert, Praxishandbuch internationale Compliance-Management-Systeme, 2015.

Fleischer, DB 2014 S. 1971 ff.

Fleischer, NZG 2014 S. 322.

Fleischer et al., Handbuch des Vorstandsrechts, 2. Aufl. 2019.

Frank, SEC-Imposed Monitors, in: Stuart (Hrsg.), 2017-SEC Compliance and Enforcement Answer Book, Practising Law Institute, 2017, Q9.3.

Frankenberger, Kontrolle als Kultur? Compliance und Compliance – Kommunikation aus systemischer Perspektive, 2018.

Geiß et al. (Hrsg.), FS BGH.

Geißler, Harvard Business Manager 2/2004 S. 17.

Ghassemi-Tabar/Pauthner/Wilsing, Corporate Compliance, 2016.

Gnändiger/Falk, CGO Das Governance Magazin 2018 o. S.

Gnändiger/Steßl, Im Blickpunkt: Akzeptanz von Compliance Management-Systemen auf Mitarbeiterebene, BB 2012 o. S.

Goette, ZHR 2011 S. 394.

Goette/Habersack (Hrsg.), Münchener Kommentar Aktiengesetz, 2014.

Göhler (Hrsg.), Ordnungswidrigkeitengesetz, 2009.

Görtz, CCZ 2010 S. 127 ff.

Görling/Inderst/Bannenberg (Hrsg.), Compliance, Aufbau – Management – Risikobereiche, 2010.

Gößwein/Hohmann, BB 2011 S. 963 ff.

Graeff/Grieger (Hrsg.), Was ist Korruption?, 2012.

Graf/Jäger/Wittig (Hrsg.), Wirtschafts- und Steuerstrafrecht, 2011.

Habersack/Hommelhoff/Hüffer/Schmidt (Hrsg.), Festschrift für Peter Ulmer, 2003.

Handelsblatt, Verschleierung und Geldwäsche-Verdacht, 17.7.2012, online abrufbar unter: http://go.nwb.de/zb4r1 (Abruf 17.6.2020).

Hardtke/Kleinfeld, Gesellschaftliche Verantwortung von Unternehmen, 2010.

Harbarth, ZHR 2015 S. 137.

Hauschka, ZIP 2004 S. 877.

Hauschka (Hrsg.), Corporate Compliance, Handbuch der Haftungsvermeidung im Unternehmen, 2010, und 3. Aufl. 2016.

Hauschka/Moosmayer/Lösler (Hrsg.), Corporate Compliance: Handbuch zur Haftungsvermeidung im Unternehmen, 3. Aufl. 2016.

Hecking, „Kleine Auszeit" im Fünf-Sterne-Hotel, Spiegel Wirtschaft, 19.6.2018, online abrufbar unter: http://go.nwb.de/2u52a (Abruf 17.6.2020).

Helisch, CB 2014 S. 225 ff.

Hilsebein, CB 2016 S. 120.

Hofmann/Fuhlert, CCZ 2015 S. 237 ff.

Holle, Legalitätskontrolle im Kapitalgesellschafts- und Konzernrecht, 2015.

Hüffer/Koch, Aktiengesetz: AktG, 2014.

IDW, IDW Praxishinweis 1/2016, Ausgestaltung und Prüfung eines Tax Compliance Management Systems gemäß IDW PS 980, Stand: 31.05.2017.

IDW, IDW PS 261 n. F., Feststellung und Beurteilung von Fehlerrisiken und Reaktionen des Abschlussprüfers auf die beurteilten Fehlerrisiken, Stand 1.3.2012.

IDW, IDW PS 300 (2006), Prüfungsnachweise im Rahmen der Abschlussprüfung.

IDW, IDW PS 340, Die Prüfung des Risikofrüherkennungssystems nach § 317 Abs. 4 HGB.

IDW, IDW PS 980, Grundsätze ordnungsmäßiger Prüfung von Compliance Management Systemen.

IIA, Position Paper: The Three Lines of Defense in effective Risk Management and Control, abrufbar unter: http://go.nwb.de/q3orb (Abruf 16.3.2020).

Inderst/Bannenberg/Poppe (Hrsg.), Compliance: Aufbau – Management – Risikobereiche, 2013.

International chamber of commerce, ICC Guidelines on Agents, Intermediaries and Other Third Parties, 2010, abrufbar unter: http://go.nwb.de/64fju (Abruf 28.5.2020).

ISO, ISO 19600:2014 Compliance management systems – Guidelines, online abrufbar unter: http://go.nwb.de/f0t6p (Abruf 30.6.2020).

ISO, ISO 22301:2012 Business continuity management, online abrufbar unter: http://go.nwb.de/il1wz (Abruf 30.6.2020).

Jäger/Rödl/Nave (Hrsg.), Praxishandbuch Corporate Compliance: Grundlagen – Checklisten – Implementierung, 2009.

Jung, ZD 2018 S. 208.

Kampmeyer/Kuckelmanns, ZRFC 2014 S. 211 ff.

Karzinski, ZRFC 2014 S. 150.

Klein, AO, 15. Aufl. 2020.

Klotz, Regelwerke der IT-Compliance – Klassifikation und Übersicht Teil 1: Rechtliche Regelwerke, SIMAT Arbeitspapiere, SIMAT Stralsund Information Management Team, Fachhochschule Stralsund, No. 03-11-011, online abrufbar unter: http://go.nwb.de/5j637 (Abruf 30.11.19).

Knoll/Strahringer (Hrsg.), IT-GRC-Management – Governance, Risk und Compliance, 2017.

Koch/Stauder, Assurance: Vertrauensleistungen außerhalb der Abschlussprüfung, 2017.

Koenig, AO, 3. Aufl. 2014.

Kompetenzzentrum kritische Infrastrukturen e. V., Kritische Infrastrukturen; online abrufbar unter: http://go.nwb.de/74qje (Abruf 27.9.2019).

Kort, GmbHR 2013 S. 568.

KPMG, Compliance Benchmark Studie 2013.

KPMG, CSR-Berichtspflicht, Wie Unternehmen die verpflichtende Nachhaltigkeitsberichterstattung richtig umsetzen, abrufbar unter: http://go.nwb.de/5ztji (Abruf 28.8.2019).

KPMG, Das BMJV veröffentlicht den aktuellen Referentenentwurf des Verbandssanktionengesetzes, 2020, online abrufbar unter: http://go.nwb.de/h2t5q (Abruf 28.5.2020).

KPMG, Nachhaltig überzeugen, CGO Das Governance Magazin 3/2018 S. 8 ff.

KPMG, Studie „e-Crime in der deutschen Wirtschaft 2019“, abrufbar unter: http://go.nwb.de/i1e49 (Abruf 4.6.2020).

KPMG, unveröffentlichte/eigene interne Analyse zur Umsetzung der CSR-Berichtspflicht; Erkenntnisse und Best Practices der Berichterstattung der DAX 30 aus dem zweiten Jahr.

KPMG, Webinar DOJ OFAC Guidance, 26.6.2019.

KPMG (Hrsg.), Das wirksame Compliance-Management-System, 2. Aufl. 2016.

Kraft/Winkler, CCZ 2009 S. 29 f.

Kremer/Klahold, ZGR 2010 S. 113 ff.

Krieger/Günther, NZA 2010 S. 367 ff.

Kromer/Pumpler/Henschel, BB 2013 S. 265.

Kromer/Pumpler/Henschel, BB 2013 S. 791.

Kromer/Pumpler/Henschel, Compliance Berater 4/2013 S. 156.

Kronschnabl, Vorstellung der Studienergebnisse: IT-Sicherheitsstandards und IT-Compliance, 2010, online abrufbar unter: http://go.nwb.de/p7p4y (Abruf 30.11.19).

Labinsky, Environmental Compliance: Eine rechtsvergleichende Untersuchung der Unternehmensorganisationspflichten in den USA und Deutschland mit Fokus auf dem Umweltrecht, 2019.

Liese/Schulz, BB 2011 S. 1353.

Makowicz/Meiers, Prof. Dr. Bartosz Makowicz im Gespräch mit Dr. Thomas Meiers, Comply 01/2019.

Manager Magazin, Wie deutsche Konzerne mit US-Aufpassern klarkommen, 11.1.2017, online abrufbar unter: http://go.nwb.de/rnaib (Abruf 17.6.2020).

Martinek/Semler/Habermeier/Flohr (Hrsg.), Handbuch des Vertriebsrechts, § 82, 3. Aufl. 2010.

Maschmann (Hrsg.), Corporate Compliance und Arbeitsrecht, Mannheimer Arbeitsrechtstag, 2009.

Mengel, Compliance und Arbeitsrecht, Implementierung, Durchsetzung, Organisation, 2009.

Merck KGaA, Bericht über Meldesystem und Vorfälle, abrufbar unter www.merck.de.

Meyer, DB 2014 S. 1063.

Mittendorf, Compliance Management System als Haftungsbegrenzungsinstrument in der mittelständischen Wirtschaft, Berlin 2017.

Möhrle/Kunath (Hrsg.), Zwei für alle Fälle, Handbuch der optimalen Zusammenarbeit von Juristen und Kommunikatoren, 2011.

Mössner/Kerner, CCZ 2011 S. 182.

Mössner/Reus, CCZ 2013 S. 54 ff.

Moll (Hrsg.), Münchener Anwaltshandbuch Arbeitsrecht, 2012.

Moosmayer, Praxisleitfaden für Unternehmen, 2015.

Moosmayer/Hartwig (Hrsg.), Interne Untersuchungen, 2012.

Morford, 163. Selection and use of monitors in deferred prosecution agreements and non-prosecution agreements with corporations, 2008, online abrufbar unter: http://go.nwb.de/5cwpd (Abruf 28.5.2020).

Müller, IDW Life 3/2016 S. 117.

Nothelfer, CCZ 2013 S. 23.

Papp/Weidinger/Meir-Huber/Ortner/Langs/Wazir, Handbuch data science, 2019.

Pauther/de Lamboy, CCZ 2011 S. 146 ff.

Peppard, Managing IT as a Portfolio of Services, Eur. Manag. 2003 S. 467-483.

Peppard, Managing the Investment Portfolio, 2015, o. S.

Peppard/Ward, Strategic Management of information systems: building a digital strategy, o. O. 2016.

Pielke, Tax Compliance: Effektive Organisation der Einhaltung steuerlicher Pflichten, 2018.

Prehl, IT-Sicherheit – das kalkulierte Risiko, 2015, online abrufbar unter: http://go.nwb.de/gg2o9 (Abruf 27.9.2019).

Rademacher/Köhler, sinergie, revista di studi e recherche, Nr. 88/2012 S. 35 ff.

Rath/Sponholz, IT-Compliance: Erfolgreiches Management regulatorischer Anforderungen, 2014.

Regierungskommission, Deutscher Corporate Governance Kodex.

Reufels/Deviard, CCZ 2009 S. 201.

Rieder/Jerg, CCZ 2010 S. 201 ff.

Rodewald/Unger, BB 2007 S. 1629 f.

Rudel/Lechner, IT-Sicherheit für Kritische Infrastrukturen – State of the Art, Ergebnisse des Förderschwerpunkts IT-Sicherheit für Kritische Infrastrukturen, IST/Kritis des MBMF, 2018, online abrufbar unter http://go.nwb.de/s09g4 (Abruf 26.9.2019).

Ruud/Kyburz, Gedanken zum Three Lines of Defense Modell – Was ist mit Verteidigung gemeint?, Der schweizer Treuhänder 2014 S. 761–766.

Schantz, in: BeckOK Datenschutzrecht, DSGVO.

Schautes/Kunath, Kommunikationsmanager 2011 S. 21.

Scheben, Unternehmen aufgepasst: Einblick in das Verbandssanktionengesetz, 2019, online abrufbar unter: http://go.nwb.de/uyrda (Abruf 16.6.2020).

Schlegel, Zeitschrift für Fraud, Risk & Compliance 2/2016 S. 55–62.

Schönke/Schröder/Hecker, Strafgesetzbuch Kommentar, 30. Aufl. 2019.

Schneider, Wirkungsvolle Compliance, 2018.

Schulz/Renz, BB 2012 S. 2511 ff.

Schürrle/Fleck, CCZ 2011 S. 218 ff.

Sowa, Management der Informationssicherheit, Kontrolle und Optimierung, 2017.

Stauder, Tax Compliance, 2017, S. 48 ff.

Steßl, BB 2012 S. VI.

Strasser/Wittek, IT-Compliance, online abrufbar unter: http://go.nwb.de/hz1pq, 2012 (Abruf 26.9.2019).

The Code of Hammurabi King of Babylon (Übersetzung *Robert Francis Harper*, 1904).

The Committee of Sponsoring Organizations of the Treadway Commission, 2004, abrufbar unter: http://go.nwb.de/8g3wj, S. 5. (Abruf 29.5.2020).

The World Bank, online abrufbar unter: http://go.nwb.de/yn0ub (Abruf 29.6.2020).

Thole, ZHR 2009 S. 510.

Transparency International Deutschland e. V., online abrufbar unter: http://www.transparency.de (Abruf 4.9.2019).

UK Bribery Act 2010, abrufbar unter: http://go.nwb.de/s42wg (abgerufen am 28.5.2020).

UK Public General Acts, 2000 c. 8 – Part XI Information Gathering and Investigations, Financial Services and Markets Act 2000, online abrufbar unter: http://go.nwb.de/ku3nu (Abruf 17.6.2020).

Unesco Institute for Statistics, abrufbar unter: http://go.nwb.de/hpjv9 (Abruf 29.6.2020).

United Nations, abrufbar unter: http://go.nwb.de/nwq8k (Abruf 29.6.2020).

United States Sentencing Commission, Chapter 8 | Chapter Eight – Sentencing of Organizations, 2018, online abrufbar unter: http://go.nwb.de/si3k2 (Abruf 17.6.2020).

United States Sentencing Commission, Guidelines Manual 2018, abrufbar unter: http://www.ussc.gov (Abruf 4.9.2019).

U.S. Department of Justice – Criminal Division and SEC Enforcement Division, FCPA – A Resource Guide to the U.S. Foreign Corrupt Practices Act. Second Edition, Criminal Division of the U.S. Department of Justice and the Enforcement Division of the U.S. Securities and Exchange Commission, 2020, online abrufbar unter: http://go.nwb.de/wsg0j (Abruf 24.7.2020), S. 72 ff.

U.S. Department of Justice – Criminal Division, Evaluation of Corporate Compliance Programs, 2020, online abrufbar unter: http://go.nwb.de/j9xe7 (Abruf 24.7.2020), S. 1 f.

U.S. Department of Justice, Foreign Corrupt Practices Act Review, 13.6.2008, online abrufbar unter: http://go.nwb.de/o07tw (Abruf 17.6.2020).

U.S. Department of Justice, Lanny A. Breuer, Breuer-Memorandum 2009, online abrufbar unter: http://go.nwb.de/0tkd6 (Abruf 17.6.2020), S. 3.

U.S. Department of Justice, Justice News, 1.4.2010, online abrufbar unter: http://go.nwb.de/dmllc (Abruf 17.6.2020).

U.S. Department of Justice, Justice News, 30.6.2014, online abrufbar unter: http://go.nwb.de/ho642 (Abruf 17.6.2020).

U.S. Department of Justice, Principles of Federal Prosecution of Business Organizations, 2015, online abrufbar unter: http://go.nwb.de/bom8k (Abruf 28.5.2020).

U.S. Department of Justice, SEC Speech: Second Annual General Counsel Roundtable, 3.12.2004, online abrufbar unter: http://go.nwb.de/nb017 (Abruf 17.6.2020).

U.S. Department of Justice, Selection of Monitors in Criminal Division Matters, 2018, online abrufbar unter: http://go.nwb.de/ddai4 (Abruf 28.5.2020), S. 1.

U.S. Securities and Exchange Commission – Division of Enforcement, Enforcement Manual, 2017, online abrufbar unter: http://go.nwb.de/ol8e9 (Abruf 28.5.2020), S. 100 ff.

U.S. Securities and Exchange Commission, Remarks before the 2018 AICPA Conference on Current SEC and PCAOB Developments, 2018, online abrufbar unter: http://go.nwb.de/4vo27 (Abruf 28.5.2020).

U.S. Securities and Exchage Commission, Report of Investigation Pursuant to Section 21(a) of the Securities Exchange Act of 1934 and Commission Statement on the Relationship of Cooperation to Agency Enforcement Decisions, 2001, online abrufbar unter: http://go.nwb.de/5xepy (Abruf 28.5.2020).

Varian, Artificial Intelligence, Economics and Industrial Organization, The Economics of Artificial Intelligence: An Agenda 2017.

von Busekist/Birkemeyer, Ubg 2015 S. 231 ff.

Waeber, CCZ 2012 S. 114.

Wagner, CCZ 2009 S. 8 ff.

Wecker/van Laak (Hrsg.), Compliance in der Unternehmenspraxis, 2008, o. S.

Wegner, SteuK 2016 S. 292.

Werner, ZWH 2014 S. 449.

Whistleblower Netzwerk e. V., abrufbar unter: http://go.nwb.de/h4avt (Abruf 4.9.2019).

Wieland (Hrsg.), Handbuch Wertemanagement, Erfolgsstrategien einer modernen Corporate Governance, 2004.

Wieland/Steinmeyer/Grüninger, Handbuch Compliance-Management: Konzeptionelle Grundlagen, praktische Erfolgsfaktoren, globale Herausforderungen, 2. Aufl. 2014.

Withus, Betriebswirtschaftliche Grundsätze für Compliance-Management-Systeme, 2014.

Wöhe, Einführung in die Allgemeine Betriebswirtschaftslehre, 2013.

Wolf, DStR 2011 S. 997 f.

World Economic Forum, online abrufbar unter: http://go.nwb.de/0tz1u (Abruf 29.6.2020).

Wrase/Fabritius, CCZ 2011 S. 69 f.

Zoll, Fachliche Informationen, Abgabe von Verdachtsmeldungen, online abrufbar unter: http://go.nwb.de/qe2tc (Abruf23.6.2020).

Rechtsprechung

EuGH v. 13.7.1966, Verb. Rs. 56 u. 58/64.

EuGH v. 13.2.1979 – Rs. 85/76 – Hoffmann-La Roche/Kommission, Slg. 1979, 461 LS 4.

EuGH v. 4.6.2009 – C-8/08, Rz. 51-53.

EuGH, NJW 2014 S. 2169, 2172.

BGH, Urteil v. 17.7.2009 – 5 StR 394/08.

BGH, NJW 2012 S. 3439, 3441; 2010 S. 3458, 3460.

BGH, NJW 2013 S. 1958, 1960; 1997 S. 130, 131.

BGHZ 127, S. 336, 347.

OLG Düsseldorf v. 24.4.1991, wistra 1991.

OLG Düsseldorf, Beschluss v. 12.11.1998 – 2 Ss (Owi) 358/98 – (Owi) 112/98 III.

LG München, Urteil v. 1.12.2013 – 5 HKO 1387/10.

LG Osnabrück, Urteil v. 20.9.2013 – 10 KLs 16/13.

STICHWORTVERZEICHNIS

D

O

P

Q

R

S

T

U

V

W

Z